Flight Levels –
Organisationen mit Business-Agilität führen

Klaus Leopold ist Informatiker und unterstützt als Topmanagement-Berater seit circa 15 Jahren Unternehmen auf der ganzen Welt dabei, sich agil am Markt zu bewegen. Das Flight-Levels-Modell hat Klaus entwickelt, weil er in der Praxis von agilen Transformationen immer wieder ein Phänomen beobachtet: Zwar werden Teams »agilisiert«, aber diese lokalen Optimierungen ergeben in Summe kein agiles Business. Mit seinen Büchern »Agilität neu denken«, »Kanban in der Praxis« und als Co-Autor des Standardwerks »Kanban in der IT« zeigt er auf, wie man diesen Irrtum von Anfang an vermeidet und was bei der Ausrichtung einer Organisation auf den Markt für echte Wendigkeit sorgt. Seine Gedanken, Erlebnisse und Erkenntnisse teilt er auf dem Blog von *www.leanability.com* sowie unter *@klausleopold* auf Twitter.

Siegfried Kaltenecker ist geschäftsführender Gesellschafter der Loop GmbH, die sich auf agile Unternehmensentwicklung spezialisiert hat. Seit den 1990er-Jahren unterstützt er die Umsetzung innovativer Arbeits- und Organisationsformen in den unterschiedlichsten Branchen und fungiert als Pionier des Flight Levels Coaching. Die Erfahrungen, die er dabei sammelt, verarbeitet er in Artikeln und Büchern wie »Kanban in der IT«, »Selbstorganisierte Teams führen«, »Selbstorganisierte Unternehmen«, »Tatort Kanban« und »Tod dem Management«.

Klaus Leopold · Siegfried Kaltenecker

Flight Levels –

Organisationen mit Business-Agilität führen

dpunkt.verlag

Klaus Leopold
klaus@flightlevels.io

Siegfried Kaltenecker
siegfried.kaltenecker@loop-beratung.at

Lektorat: Christa Preisendanz
Lektoratsassistenz: Julia Griebel
Redaktion: Dolores Omann, *www.doloresomann.com*
Illustrationen: Matthias Seifert, *www.matthias-seifert.com*
Copy-Editing: Ursula Zimpfer, Herrenberg
Satz & Layout: Birgit Bäuerlein
Herstellung: Stefanie Weidner
Umschlaggestaltung: Helmut Kraus, *www.exclam.de*
Druck und Bindung: mediaprint solutions GmbH, 33100 Paderborn

Bibliografische Information der Deutschen Nationalbibliothek
Die Deutsche Nationalbibliothek verzeichnet diese Publikation in der Deutschen Nationalbibliografie; detaillierte bibliografische Daten sind im Internet über *http://dnb.d-nb.de* abrufbar.

ISBN:
Print 978-3-86490-971-9
PDF 978-3-98890-038-8
ePub 978-3-98890-039-5
mobi 978-3-98890-040-1

1. Auflage 2023
dpunkt.verlag GmbH
Wieblinger Weg 17
69123 Heidelberg

Hinweis:
Dieses Buch wurde mit mineralölfreien Farben auf PEFC-zertifiziertem Papier aus nachhaltiger Waldwirtschaft gedruckt. Der Umwelt zuliebe verzichten wir zusätzlich auf die Einschweißfolie.
Hergestellt in Deutschland.

PEFC-zertifiziert
Dieses Buch stammt aus nachhaltig bewirtschafteten Wäldern und kontrollierten Quellen
PEFC/04-31-0810
www.pefc.de

Schreiben Sie uns:
Falls Sie Anregungen, Wünsche und Kommentare haben, lassen Sie es uns wissen: *hallo@dpunkt.de*.

5 4 3 2 1 0

Vorwort

Herzlich willkommen an Bord unseres Buches, das dir ein besonderes Flugerlebnis bieten möchte. Ganz ohne Sitzgurt und Sauerstoffmaske erfährst du hier alles, um erfolgreich mit Flight Levels abheben und messbare Verbesserungen landen zu können: von der Entdeckung des Flight-Levels-Modells über die Vorbereitung unternehmerischer Flight-Levels-Initiativen und den Bau maßgeschneiderter Flight-Levels-Systeme bis hin zu deren professionellem Betrieb. Damit möchten wir deine Freude am Fliegen wecken, selbstverständlich 100 % ökologisch und höchst ökonomisch dazu. Schließlich haben unsere diversen Einsätze in den letzten Jahren bereits vielen Unternehmen zu effizienterer Zusammenarbeit, besseren Arbeitsabläufen und höherer Wertschöpfung verholfen.

Was wir dabei gelernt haben, steht im Zentrum dieses Buches. Der Ausdruck »letzter Stand des Irrtums«, den wir dafür gerne verwenden, verweist auf eine längere Geschichte. Tatsächlich sind wir mit dem Buch *Kanban in der IT* [Leopold & Kaltenecker 2018] bereits vor 12 Jahren als schreibende Co-Piloten in Erscheinung getreten. Es folgten individuelle Buchprojekte wie *Selbstorganisierte Teams führen* [Kaltenecker 2021a], *Kanban in der Praxis* [Leopold 2017], *Selbstorganisierte Unternehmen* [Kaltenecker 2017], *Agilität neu denken* [Leopold 2022] sowie die beiden agilen Kriminalromane *Tatort Kanban* [Kaltenecker 2019] und *Tod dem Management* [Kaltenecker 2021b] Wie unsere diversen Vorträge, Interviews oder Blogposts sind diese Bücher von unseren Praxisprojekten und von all den Erfahrungen inspiriert, die wir im Rahmen der *Flight Levels Academy* (*https://www.flight-levels.io*) oder bei den Events *Flight Levels Day* (*https://fld.inside-agile.com*) sammeln durften.

Angesichts einer rasant wachsenden Community an Praktikerinnen und Praktikern aus den unterschiedlichsten Unternehmenskontexten trauen wir uns mittlerweile zu behaupten, dass Flight Levels nicht nur Spaß machen, sondern eine höchst lukrative Investition sind:

- Sie schaffen Transparenz und öffnen den Blick für das größere Ganze.
- Sie bieten ein Denkmodell, mit dem sich Geschäftsprozesse erhellen und zielgerichtet umgestalten lassen.
- Sie stärken die gemeinsame Verantwortung, da die unternehmerische Verbesserung von Anfang an ko-kreativ erfolgt.

- Sie konzentrieren die Kommunikation darauf, die richtigen Leute zu den richtigen Themen zur richtigen Zeit zusammenzubringen.
- Sie entlasten, indem sie auf allen Ebenen für Fokus sorgen.
- Sie erhöhen die Arbeitszufriedenheit, da mit der sinkenden Belastung die Anzahl der Erfolgserlebnisse steigt – nicht zuletzt, weil nun alle Beteiligten sehen, wie ihre Arbeit gleichermaßen zur Kundenzufriedenheit und zur Unternehmensentwicklung beiträgt.

Bevor du nun deine persönliche Entdeckungsreise durch dieses Buch fortsetzt, wollen wir dich auf zwei besondere Flugbegleiterinnen hinweisen. Zum einen wird dir wahrscheinlich schon aufgefallen sein, dass wir in diesem Buch die direkte Anrede pflegen. Das »Du« bzw. »Ihr« will jene persönliche Nähe und Offenheit betonen, die in unserem Trainings- und Beratungsalltag gang und gäbe sind. Zum anderen benützen wir durchgängig die weibliche Form und sehen darin alle binären und nicht binären Geschlechter inkludiert.

Vor der endgültigen Startfreigabe möchten wir noch all jenen Kolleginnen und Kollegen danken, ohne deren Hilfe dieses Buch nicht zustande gekommen wäre: Katrin Dietze, Sabine Eybl, Stella Kaltenecker, Dolores Omann, Kathrin Schröder, Mathias Böni, Markus Brandl, Stephan Neck, Lukas Schmidt, Thorsten Schillo, Matthias Seifert.

Last but not least wollen wir uns auch bei euch, liebe Leserinnen und Leser, bedanken. Wenn ihr nämlich mit dem Kauf dieses Buches nicht euer ganz persönliches Flugticket gelöst hättet, müssten wir mit all unseren schönen Erfahrungen und Ideen am Boden bleiben. Erst eure Reiselust verleiht dem Flight-Levels-Modell jene Flügel, ohne die kein unternehmerisches Verbesserungsvorhaben auskommt. Dafür bietet euch dieses Buch mehrere Ansatzpunkte. Je nach Interesse und Vorwissen habt ihr folgende Möglichkeiten:

- In Kapitel 1 »Flight Levels entdecken« könnt ihr die wichtigsten Bausteine des Modells kennenlernen oder eure bisherigen Kenntnisse auffrischen und erweitern.
- Ihr könnt die technischen Bausteine überspringen und in Kapitel 2 »Flight Levels vorbereiten« gleich die sozialen Dimensionen ausloten: von der gemeinsamen Klärung der Ausgangssituation über die Fokussierung auf ein unternehmerisches Verbesserungsziel bis hin zu den unterschiedlichen Baumeisterinnen, ohne deren agile Veränderungsarbeit ihr nichts verbessern könnt.
- Ihr könnt technische wie soziale Grundlagen links liegen lassen und direkt in die Raffinessen des Systemdesigns eintauchen – sei es nun in das Kapitel 3 »Flight-Level-2-Design«, das Kapitel 4 »Flight-Level-3-Design« oder das Kapitel 5 »Flight-Levels-Systemarchitektur«, die alle jede Menge Gestaltungsoptionen bieten.

- In Kapitel 6 »Flight Levels betreiben« könnt ihr euch Tipps und Tricks in Sachen Flugalltag abholen, falls die Entdeckung, die Vorbereitung und der Bau bereits hinter euch liegen.

Wie auch immer du durch dieses Buch navigieren möchtest: Wir wünschen dir viel Vergnügen beim Lesen und viel Erfolg beim Anwenden der Flight Levels – ganz unter der Devise, die wir uns standesgemäß von den Austrian Airlines ausborgen: »Fly with a smile!«

Klaus Leopold & Siegfried Kaltenecker
Wien, im März 2023

Inhaltsverzeichnis

1 Flight Levels entdecken

»Wenn jemand eine Reise tut, dann kann er was erzählen«, heißt es. Egal, ob diese Reise nun zu Fuß erfolgt, per Fahrrad, Kreuzfahrtschiff oder Düsenjet – die Erzählung darüber wird stets den gleichen Fragen folgen: Was ist das für eine Reise? Wozu machst du sie? Wohin führt sie dich? Und wie organisierst du sie?

Dieselben Fragen stellen sich, wenn es um deine Reise durch dieses Buch geht. Lass uns gleich einmal mit der ersten Frage beginnen: Was sind Flight Levels? In der Luftfahrt beschreibt ein Flight Level, wie hoch ein Flugzeug fliegt. Je nach Flughöhe verändert sich der Detailgrad, mit dem du eine Landschaft wahrnehmen kannst. Fliegst du sehr hoch, siehst du kilometerweit in die Ferne, gleichzeitig erkennst du aber am Boden nicht mehr jede Einzelheit. Fliegst du eher niedrig, kannst du quasi in die Wohnzimmerfenster hineinschauen. Gleichzeitig verlierst du allerdings die flächenmäßige Ausdehnung einer Stadt aus den Augen. Jede Flugebene hat also ihre Vorteile, sie hat aber auch ihre Einschränkungen im Umfang dessen, was die Personen an Bord erkennen können.

Das gleiche Prinzip gilt für Unternehmen: Ein Flight Level ist hier als Beobachtungs- und Gestaltungshorizont zu verstehen, innerhalb dessen wir wertschöpfungsrelevante Zusammenhänge erkennen und gestalten können. In jedem Unternehmen lassen sich drei Flight Levels unterscheiden, die wir im nächsten Abschnitt genauer beschreiben werden: die strategische Ebene, die koordinative Ebene und die operative Ebene.

In Abschnitt 1.2 wenden wir uns dann den Aktivitäten zu, die auf jeder dieser Ebenen stattfinden. Ohne diese Aktivitäten kann eine Organisation weder zielorientiert abheben noch die unternehmerischen Verbesserungen landen, für die das Flight-Levels-Modell eingesetzt wird.

In Abschnitt 1.3 zeigen wir, dass dieselben Aktivitäten sinnvollerweise auch zwischen den Ebenen stattfinden. Dafür musst du allerdings erst die unterschiedlichen Arbeitssysteme in deinem Unternehmen identifizieren sowie die sogenannten Flight Routes, auf denen sich jede Arbeit über die verschiedenen Flugebenen hinweg zum ultimativen Ziel bewegt: einem für Kundinnen und Userinnen hochwertigen Produkt oder Service.

Abschnitt 1.4 fasst noch einmal die großen Glücksversprechen zusammen: Wozu sind Flight Levels gut? Was hat das Unternehmen davon? Was bringt es den Beschäftigten? Und was musst du beachten, um all diese Versprechen einzulösen?

Nachdem wir das »Was?« und Wozu?« der Flight Levels adressiert haben, bleibt natürlich immer noch die Frage nach dem »Wie?«: Wie genau wendest du das Modell denn nun für dein Unternehmen an? Wie kannst du es für eine zielgerichtete Verbesserungsinitiative einsetzen? Und wie gewinnst du deine Kolleginnen für die gemeinsame Gestaltung des dafür notwendigen Veränderungsprozesses? Kapitel 2 umreißt in groben Zügen, welche Antworten wir in Sachen »Change Leadership« für richtungsweisend halten.

1.1 Die drei Ebenen des Flight-Levels-Modells

Abbildung 1–1 bietet dir eine erste Übersicht über die verschiedenen Ebenen und deren Verbindungen.

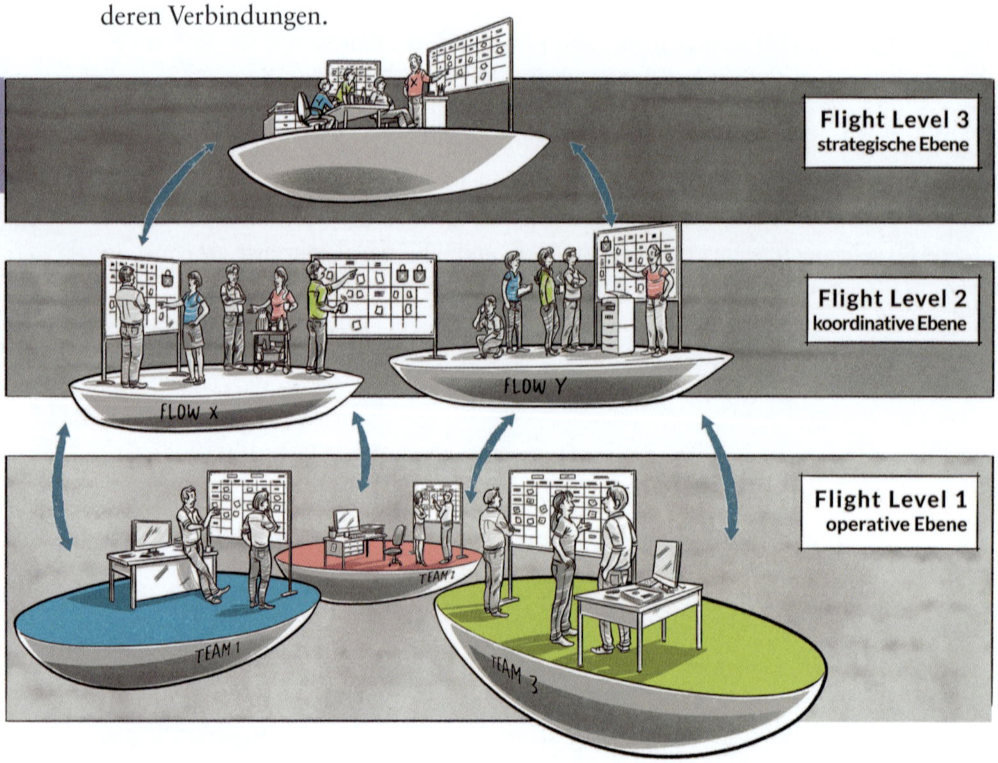

Abb. 1–1 *Die drei Flight Levels – strategische, koordinative und operative Ebene*

Flight Level 1: operative Ebene

Fangen wir bodennah an. Die erste Flugebene gehört den Teams, die die tägliche Arbeit erledigen: in der Produktentwicklung oder Softwareentwicklung, im Marketing oder Vertrieb, im Kundenservice oder Labor, in der Personal- oder Rechtsabteilung etc.

Mit welchen Methoden ein Team arbeitet, ob agil oder herkömmlich, ist völlig egal, denn das Flight-Levels-Modell ist methodenagnostisch. In einem Unternehmen gibt es meistens mehr als ein Team und nicht jede Arbeitsweise ist für jeden Arbeitskontext gleich gut geeignet. Man wird in ein und derselben Organisation daher verschieden gestaltete Flight-Level-1-Systeme antreffen. Ein Team von Juristinnen muss in seinen Abläufen und bei der Wahl des Fokus auf andere Dinge achten als ein Team von Maschinenbauerinnen oder Softwareentwicklerinnen.

Um Wert zu generieren, müssen die einzelnen Teams in irgendeiner Art und Weise kooperieren, denn »no team is an island«. Wird dieses Grundprinzip ignoriert, indem die Optimierungsbemühungen nur auf die einzelnen Teams gerichtet werden, besteht die Gefahr der Suboptimierung. Ja, vielleicht entsteht dadurch das eine oder andere Hochleistungsteam. Allerdings bleibt die Gesamtleistung des Unternehmens, also die Performance aller Teams zusammengenommen, im besten Fall gleich. Viel wahrscheinlicher wird sie sogar sinken.

Willkommen in der Welt des Systemdenkens! Lokale Optimierung führt meist zu globaler Suboptimierung. Der Grund sind die Abhängigkeiten und deren Management – was der Hauptzweck von Flight Level 2 ist.

Flight Level 2: koordinative Ebene

Damit ein Produkt entstehen oder eine Dienstleistung geliefert werden kann, müssen in der Regel mehrere Teams interagieren. Meistens besteht zwischen diesen Teams bereits ein reger Austausch, nur sollten diese Interaktionen auch zielführend sein. Die Kunst besteht folglich darin, dass die richtigen Teams (Flight Level 1) zur richtigen Zeit an der richtigen Sache arbeiten. Auf Flight Level 2 zoomen wir daher aus dem einzelnen Team heraus und visualisieren den Wertstrom, also die Art und Weise, wie ein Produkt oder Service bis zu seiner Auslieferung an die Kundinnen Form annimmt.

In der Praxis treffen wir zumeist auf drei Varianten von Flight-Level-2-Systemen:

1. **Koordination mehrerer Teams**
   Ein Online-Händler möchte den Handel mit Gebrauchtwagen im Internet vereinfachen. In die Entwicklung seiner Plattform sind sechs Teams involviert. In regelmäßigen Interaktionen zwischen Vertreterinnen der einzelnen Teams wird geklärt, wer sich mit wem, wann und an welcher Stelle abstimmen muss, damit für Kundinnen Wert entstehen kann. Wieder sind wir methodenagnostisch unterwegs, denn für die Koordination ist es völlig irrelevant, auf welche Weise die einzelnen Teams liefern.
2. **Ende-zu-Ende-Teilfluss**
   Selbst wenn mehrere Teams zusammenarbeiten, muss das noch keine Ende-zu-Ende-Koordination im Sinne eines gesamten Wertstroms bedeuten. Ganz einfach deshalb, weil manchmal mehrere Teams gemeinsam nur einen bestimmten Teil eines sehr viel größeren Vorhabens umsetzen. Umgekehrt kann aber sehr wohl

ein einziges Team ein vollständiges Flight-Level-2-System darstellen, wenn es die Ende-zu-Ende-Verantwortung für ein ganzes Produkt oder einen Service hat.

3. **Koordination mehrerer Flight-Level-2-Systeme**
   Je größer eine Organisation ist, desto mehr Wertströme gibt es – zum Beispiel in Form verschiedener Produkte und Services. Deswegen wird man in einem Unternehmen mit Tausenden Beschäftigten in der Regel mehrere Flight-Level-2-Systeme und zwischen diesen Wertströmen wiederum diverse Abhängigkeiten finden. Wird zum Beispiel in einem Produkt etwas verändert, muss häufig auch etwas in einem anderen Produkt geändert werden. In solchen Fällen werden die verschiedenen Boards, auf denen Wertströme visualisiert werden, physisch oder virtuell zusammengeführt, um die Abhängigkeiten sichtbar zu machen und dadurch managen zu können.

In Kapitel 3 findest du eine detaillierte Darstellung dieser Systeme und was du bei deren Bau beachten solltest.

Flight Level 3: strategische Ebene

Jedes Unternehmen hat eine Strategie, also eine Vorstellung davon, welche Marktposition es kurz-, mittel- und langfristig einnehmen will und wie die Mitarbeiterinnen dieses Ziel gemeinsam erreichen können. Die Gretchenfrage ist jedoch, wie klar diese Strategie formuliert und wie explizit sie kommuniziert wird. Üblicherweise wird die Entwicklung der Strategie als Kernaufgabe des Topmanagements betrachtet. Nur bringt die schönste Strategie nichts, wenn lediglich die Unternehmensspitze weiß, wohin die Reise gehen soll. Auf Flight Level 3 sind daher vor allem drei Fragen relevant:

1. Wie sieht unsere Strategie aus?
2. Welche Ergebnisse wollen wir in unterschiedlichen Zeithorizonten erreichen – zum Beispiel in drei Jahren, in einem Jahr oder in den nächsten drei Monaten?
3. Welche großen Initiativen, mittelfristigen Projekte oder kleineren Aktionen können wir daraus für die unmittelbare Zukunft ableiten?

Mithilfe eines Flight-Level-3-Systems werden diese Fragen nicht länger hinter verschlossenen Türen und im exklusiven Kreis beantwortet. Stattdessen entsteht eine transparente Verbindung zwischen allen drei Flight Levels (Strategie, Koordination und operative Umsetzung) und es wird von Anfang an für kontinuierliche Kommunikation gesorgt.

Das am Ende eines Jahres oft stattfindende nachträgliche Hineinpressen der Arbeitsergebnisse (»Backward Mapping«) in die strategischen Vorgaben fällt damit weg. An dessen Stelle tritt das »Forward Mapping«, das gemeinsame Planen überschaubarer Schritte und der laufende Check der Ergebnisse in kurzen Abständen. Wie genau ein Unternehmen zu einem solchen Mapping kommst und was das für die unternehmerische Strategiearbeit bedeutet, erfährst du in Kapitel 5.

Vision, Strategie & Flight Levels

Obwohl die Vision und die Strategie eines Unternehmens wichtige Ausgangspunkte sind: Deren Ausarbeitung selbst ist nicht Teil des Flight-Levels-Modells. Zwar beschäftigt uns die Frage, wie die Strategie operationalisiert wird, aber wir befassen uns nicht mit dem Finden und der Formulierung der Strategie selbst. Ob ein Unternehmen als Nächstes den lateinamerikanischen oder den asiatischen Markt erobern soll, lässt sich mit dem Flight-Levels-Modell nicht beantworten. Wenn aber die strategische Entscheidung getroffen wurde, hilft das Denken in Flight Levels bei der Umsetzung der strategischen Vorhaben.

Ein umfassendes Bild über die Performance einer Organisation ergibt sich erst, wenn die Sichtweiten dieser drei Flugebenen zusammengeführt, aufeinander abgestimmt und koordiniert werden.

Wie wir in diesem Buch im Detail beschreiben werden, können wir mithilfe des Flight-Levels-Modells herausfinden, wo innerhalb der Organisation welche Hebel für die Verbesserung liegen. Dazu ist es nicht immer notwendig, Rollen und Verantwortlichkeiten neu zu verteilen oder originelle Organisationsstrukturen zu schaffen. Die Frage lautet vielmehr: An welchen Stellen in den Wertströmen können wir ansetzen, um mit möglichst wenig Veränderungsaufwand eine substanzielle Verbesserung zu erreichen? Um diese Frage beantworten zu können, werden die in einer Organisation existierenden Arbeitssysteme mit ihren Abhängigkeiten, die in den einzelnen Systemen gemanagten Arbeiten sowie deren Wege in und zwischen den einzelnen Arbeitssystemen abgebildet. Womit wir nun beim eigentlichen Motor kontinuierlicher Verbesserung gelandet wären: den fünf Kernaktivitäten, die in einem nachhaltigen Zyklus auf allen Flight Levels angewendet werden.

Ablauf- nicht Aufbauorganisation

Bitte zieh das Flight-Levels-Modell nicht dazu heran, um ein Unternehmen nach Flight Levels auseinander zu dividieren! Die Flight Levels sind weder ein Organisations- noch ein Maturitätsmodell. Sie dienen nicht zum Aufbau eines hierarchischen Organigramms, in das du nur noch die bestehende Abteilungs-, Team- oder Führungsstruktur einsortieren musst. Flight Level 3 ist nicht dreimal besser oder wichtiger als Flight Level 1.

1.2 Fünf Kernaktivitäten auf dem Weg zur Business-Agilität

Im Folgenden umreißen wir jede der fünf Aktivitäten, die du auf allen Flight Levels kontinuierlich anwenden solltest, wenn dein Ziel nicht »agile Teams«, sondern »Business-Agilität« lautet (siehe auch Abb. 1–2 auf S. 8).

Die Situation visualisieren

In der Wissensarbeit haben wir das Problem, dass schwer greifbar ist, was eigentlich getan wird. Am Ende eines Arbeitstages existiert in irgendeinem Kopf eine Idee, Dokumente schwirren durch die Cloud oder ein Stück Code wartet auf einem Rechner auf seine Weiterbearbeitung. Was nicht sichtbar ist, sorgt oft für Missverständnisse, und die Koordination voneinander abhängiger Fachexpertinnen, Teams oder Abteilungen ist wesentlich schwieriger.

Bevor wir überhaupt an Lösungen denken, sollte daher die aktuelle Situation für alle Beteiligten sichtbar werden. Die Idee ist, ein Abbild der Arbeiten und Tätigkeiten zu schaffen, mit denen die jeweilige Organisation derzeit beschäftigt ist. So können die beteiligten Expertinnen besser verstehen, wie diese Arbeiten durch die Organisation fließen und welche Wechselwirkungen es zwischen den einzelnen Organisationseinheiten gibt.

Diese Visualisierung passiert in der agilen Welt hauptsächlich durch Boards, deren professionelle Erstellung wir in den Kapiteln 3 bis 5 thematisieren.

Fokus schaffen

Für gewöhnlich haben Menschen weit mehr Ideen, als sie tatsächlich umsetzen können. An allen Ideen gleichzeitig zu arbeiten, bringt aber nicht viel, da sonst alles ewig dauert. Damit etwas innerhalb eines akzeptablen Zeitrahmens fertig werden kann, müssen wir uns jeweils auf eine bestimmte Menge an Arbeit fokussieren und diese Schritt für Schritt umsetzen. Das hilft auch dabei, Planungsunsicherheiten aufzulösen. Erst wenn etwas abgeschlossen ist, wird mit etwas Neuem begonnen, denn: Arbeiten kostet Geld. Arbeit abschließen bringt Geld.

Agil interagieren

Wir können die schönsten Boards bauen und den sensationellsten Fokus schaffen: Es wird sich nichts verbessern, wenn die Menschen in einer Organisation nicht gut zusammenarbeiten. Das klingt nach Binsenweisheit – und entpuppt sich bei genauerer Betrachtung doch als ziemlich anspruchsvoll. Immerhin hängt eine gute Zusammenarbeit ganz wesentlich davon ab, dass sich die richtigen Menschen zur richtigen Zeit mit den richtigen Dingen beschäftigen.

Aus unserer Sicht ist dies nur durch agile Interaktionen zu bewerkstelligen. Interagieren bedeutet ja buchstäblich aufeinander bezogen zu handeln, was intensive Kommunikation und effektive Koordination voraussetzt. Wie bereits erwähnt wird durch die Visualisierung der Arbeit auf einem Flight Level Board ein gemeinsames Medium geschaffen. Das Board spiegelt den jeweiligen Stand und Fortschritt der Arbeit wider, sodass alle ihre Kommunikation auf den zukünftigen Handlungsbedarf konzentrieren können:

- Wo müssen wir etwas tun, um besser voranzukommen?
- Wie entscheiden wir, was als Nächstes zu tun ist?
- Wie legen wir fest, wer sich worum kümmert?
- Wo sind noch Informationen erforderlich, um die richtigen Entscheidungen treffen zu können?

In Kapitel 6 erfährst du, wie du diese Fragen adressieren kannst, indem du ein für eure Flight-Levels-Initiative maßgeschneidertes System agiler Interaktionen gestaltest.

Fortschritt messen

Wenn wir Verbesserungen anstreben, sind eine Übersicht, ein klarer Fokus und intensiver Austausch unbedingt erforderlich, wie auch Messungen. Woran genau erkennen wir den Fortschritt? Welche messbaren Optimierungen zeichnen sich ab? Und woran sehen wir, dass wir wie gewünscht vorankommen?

Messungen sind nichts anderes als eine ständige Feedbackschleife. Sie zeigen, ob wir einem Ziel nähergekommen sind und ob wir uns verbessert oder verschlechtert haben. Sinnhaftigkeit und Aussagekraft von Messungen hängen einmal mehr vom Kontext ab. Was als Verbesserung bzw. Fortschritt betrachtet wird, ist für jede Organisation höchst individuell. Deshalb hält das Flight-Levels-Modell zwar zum Messen an, gibt aber keine Standardmetriken vor.

Für aussagekräftige Messungen sollte nicht ein Hype die wichtigste Grundlage sein. Wirkliche Kraft hat das im Kommunikationsprozess einer Gruppe ausgehandelte gemeinsame Verständnis darüber, was warum wie gemessen werden soll. Angenommen, das gemeinsame Ziel lautet »bessere Qualität«. Wenn jemand dieses Ziel in die Runde wirft, werden wahrscheinlich viele zustimmend nicken. Sobald aber gefragt wird: »Woran erkennen wir, dass sich die Qualität verbessert hat?«, wird ein Raunen durch die Menge gehen. Ist die Qualität gestiegen, wenn sich die Anzahl der Fehlerbehebungen verringert hat? Merken wir es am positiven Feedback der Kundinnen? Oder an der sinkenden Zahl der Anrufe bei der Support-Hotline?

Es versteht sich von selbst, dass es darauf verbindliche Antworten braucht. Wie genau dabei vorgegangen wird und warum dabei auch sogenannte Gegenmessungen berücksichtigt werden sollten, erläutern wir in Abschnitt 6.3.

Verbesserungen durchführen

»Wir könnten ja mal schauen, ob …«, »Man sollte wirklich einmal …«, »Könnten wir nicht … probieren« – über Verbesserungen kann man viele schöne Gespräche führen, aber: »The proof of the pudding is in the eating.« In anderen Worten: Verbesserung passiert nur, wenn tatsächlich etwas getan wird. Deshalb ist es uns Menschen von der Flight Levels Academy so wichtig, das Verbessern als Tätigkeit in einem ständigen Kreislauf explizit hervorzuheben. Verbesserung ist ein integraler Bestandteil der Arbeit, für die auch angemessene Kapazitäten innerhalb des jeweiligen Flight-Levels-System reserviert sein sollten.

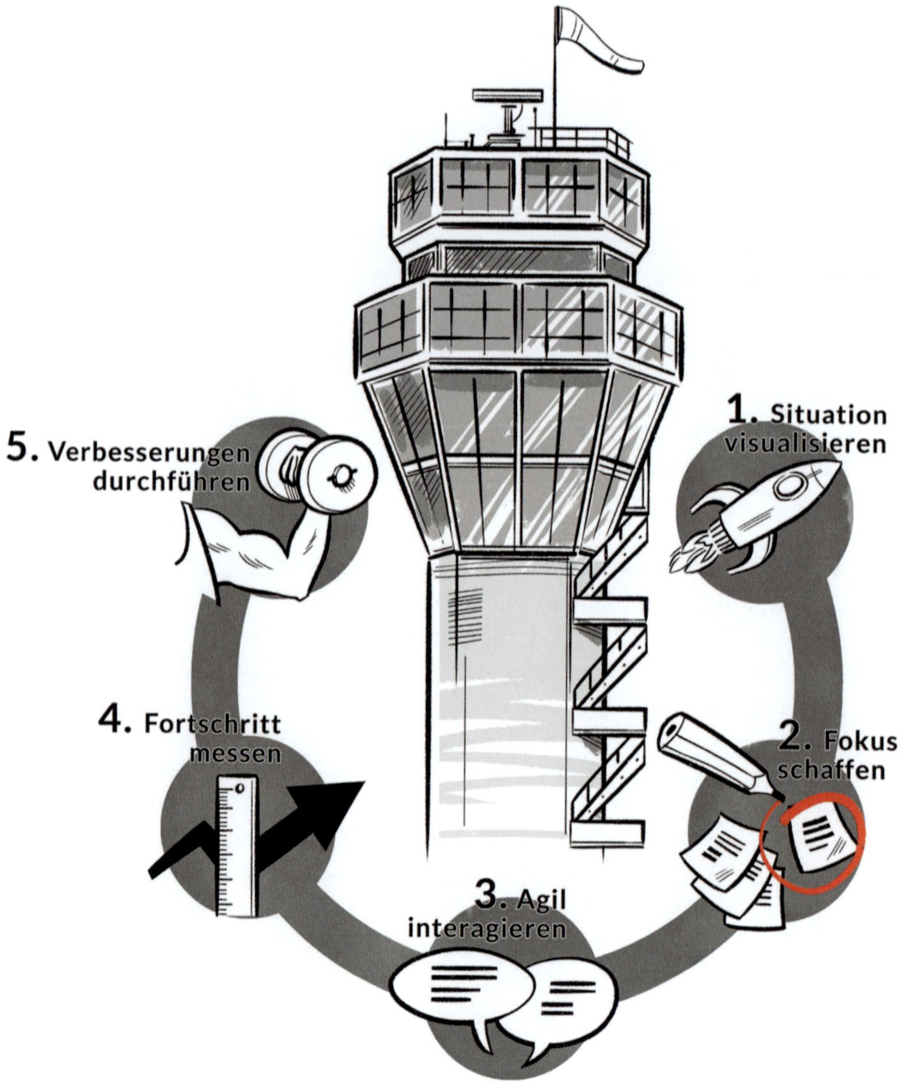

Abb. 1–2 *Kreislauf der fünf Kernaktivitäten des Systemdesigns*

Jetzt wirst du dich vielleicht fragen: Was ist denn so einzigartig an diesen fünf Kernaktivitäten? Und wir antworten dir: Im Grunde sind sie nichts Neues. Ähnliche Kreisläufe liegen auch Scrum, Kanban, Lean Startup oder Design Thinking zugrunde. Aus unserer Sicht ist der springende Punkt, dass die beschriebenen Kernaktivitäten selbst völlig unabhängig davon sind, nach welcher Methode gearbeitet wird. Das Besondere am Flight-Levels-Modell ist nun, dass dieser Kreislauf nicht nur in einzelnen Organisationsbereichen, sondern auf und zwischen allen drei Flugebenen angewendet wird. Erst dadurch können alle Planungshorizonte und Aktivitäten aufeinander abgestimmt werden.

Konsequent angewendet unterstützen diese Aktivitäten also die kontinuierliche, messbare Verbesserung des gesamten Unternehmens – daher können wir sie auch als die »fünf Kernaktivitäten des Systemdesigns« im Rahmen des Flight-Levels-Modells bezeichnen. In Kapitel 2 werden wir sehen, dass auch die Veränderung, die durch die Einführung von Flight Levels in einer Organisation angestoßen wird, entlang von fünf zentralen Schritten gestaltet werden kann – diese Schritte werden wir daher als die »fünf Kernaktivitäten des Veränderungsdesigns« bezeichnen.

1.3 Abläufe zwischen den Flight Levels

Die Flight Levels sind also eine Denk- und Kommunikationshilfe, in deren Mittelpunkt die Verbesserung der Ablauforganisation steht. Die fünf Kernaktivitäten machen deutlich, wo wir dafür am besten ansetzen können. Mittlerweile sollten wir einen ersten Überblick gewonnen haben, wie das auf den einzelnen Flight Levels funktioniert. Aber wie schaffen wir es, auch die Abläufe zwischen den Flight Levels zu verbessern? Dafür sind zwei Bausteine nötig:

1. **Die Arbeitssystem-Topologie**
   Welche Arbeitssysteme gibt es derzeit in der Organisation? Wie sind diese Systeme miteinander verbunden?
2. **Die Flight Routes**
   Wie bewegt sich die Arbeit durch die Arbeitssysteme, die wir identifiziert haben?

Topologie und Flight Routes zusammen bezeichnen wir als Flight-Levels-Systemarchitektur. Und das Schönste daran ist: Diese Architektur kann ebenso visualisiert und durchleuchtet werden wie die einzelnen Flugebenen. Im Folgenden erhältst du einen kurzen Überblick über die Bausteine, die wir in Kapitel 5 detailliert beschreiben.

1.3.1 Arbeitssystem-Topologie

Um eine passende Systemarchitektur erstellen zu können, müssen wir herausfinden, welche Arbeitssysteme es in einem Unternehmen zum aktuellen Zeitpunkt überhaupt gibt. Das heißt, wir bilden die sogenannte Topologie ab und untersuchen das Unternehmen auf existierende Flight-Level-1-, Flight-Level-2- und Flight-Level-3-Systeme. Im Anschluss erkunden wir, welche Abläufe und Abhängigkeiten es derzeit zwischen diesen Systemen gibt. Dadurch können wir erkennen, wie sich diese Systeme miteinander verbinden lassen, um das Unternehmen gezielt zu verbessern.

Was ist ein Arbeitssystem bzw. Flight-Level-System?

Mit einem Arbeits- oder Flight-Level-System meinen wir einen Ausschnitt der Organisation, in dem die fünf Kernaktivitäten angewendet werden. In Abbildung 1–3 wird so ein Systemausschnitt beispielhaft durch ein Kästchen in der Topologie repräsentiert.

Was ist eine Arbeitssystem-Topologie?

Eine Topologie bezeichnet im Allgemeinen die Position und Beziehung von Objekten zueinander. Die Arbeitssystem-Topologie ist eine Visualisierung, die abbildet, welche Flight-Level-Systeme in einer Organisation für die Erledigung von Arbeit gebraucht werden und wie diese miteinander verbunden sind.

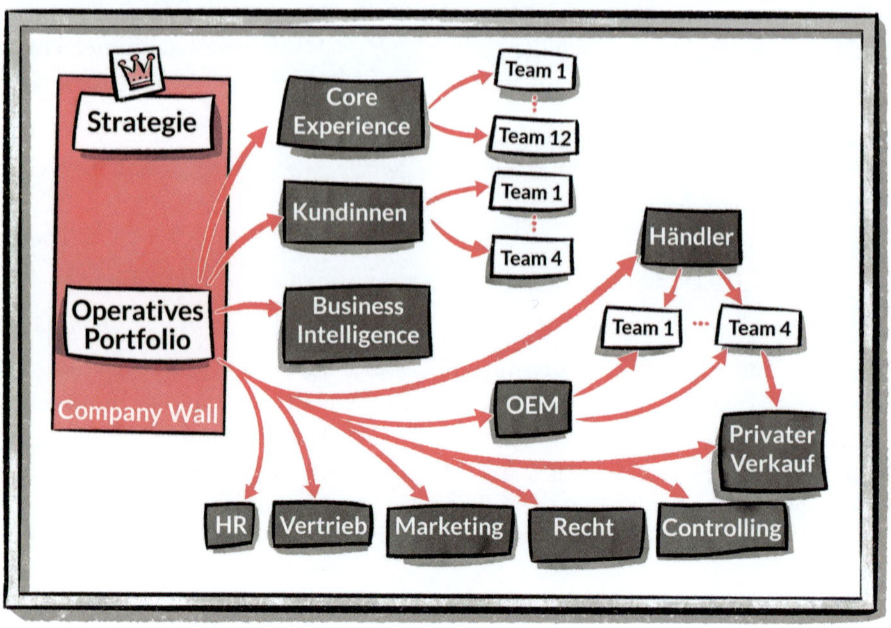

Abb. 1–3 Beispiel für eine Flight-Levels-Systemarchitektur

Flight-Level-1-Systeme zu finden, ist meistens recht einfach, denn dabei können wir uns an den einzelnen Teams orientieren. Flight-Level-3-Systeme berühren immer die Strategie, also auch hier fällt es grundsätzlich leicht, sie herauszuarbeiten.

Die größte Herausforderung steckt zumeist in der Identifikation der Flight-Level-2-Systeme. Hier ist Sorgfalt angebracht, denn genau diese Drehscheiben der Koordination sind der Schlüssel zur Business-Agilität.

Das in Abbildung 1–3 dargestellte Beispiel einer Arbeitssystem-Topologie stammt aus dem echten Leben und zeigt die Flight-Level-Systeme einer Webplattform für Automobil-Inserate:

- Hier sehen wir, dass die Teams 1 bis 12 (Flight Level 1) gemeinsam an der »Core Experience« (eine Plattform, daher Flight Level 2) arbeiten und sich koordinieren müssen.
- »Business Intelligence« ist ebenfalls ein Flight Level 2. Im konkreten Fall war die Plattform »Business Intelligence« ein kleines Arbeitssystem mit 15 involvierten Personen in zwei Teams. Diese zwei Teams sind zu dem Schluss gekommen, dass es nicht viel Sinn ergibt, zwei separate Teamboards und ein weiteres, gemeinsames Board für die Koordination zu bauen. Sie verantworten zusammen ohnehin die gesamte Wertschöpfungskette. Also koordinieren sich die zwei Teams regelmäßig vor einem gemeinsamen Flight-Level-2-Board.
- Bei den unterstützenden Services wie Vertrieb, Marketing oder die Rechtsabteilung ist es in diesem Unternehmen hingegen wieder recht klar, dass es sich um Flight-Level-2-Systeme handelt, weil sie jeweils aus einem einzelnen Team bestehen. An diesen Abteilungen zeigt sich, dass es bei der Arbeit mit den Flight Levels nicht um einen einzigen Ausschnitt der Organisation geht, zum Beispiel um die IT.

Was in diesem Beispiel auffällt: Alle Systeme sind mit der Strategieebene, der sogenannten »Company Wall«, verbunden. Warum ist das so? In diesem Unternehmen gibt es viele Abhängigkeiten zwischen den einzelnen Produkten. Die Company Wall ist der Ort, an dem die Vertreterinnen dieser Produkte die Abhängigkeiten und die zu erledigende Arbeit koordinieren. Wir sehen außerdem, dass die Company Wall eine Mischung aus Flight-Level-2- und Flight-Level-3-Systemen ist, denn hier werden auch strategische Informationen gemanagt.

Auf Architekturebene geht es also nicht darum, lustig drauflos ein paar Boards zu bauen. Stattdessen erarbeiten wir uns Schritt für Schritt einen ersten Überblick über die bestehende Ablauforganisation. Von diesem Punkt aus können wir Topologien nach verschiedenen Gesichtspunkten entwerfen und durchdenken. Das Ziel ist, die meist unsichtbare Ablauforganisation in den Mittelpunkt zu stellen und sichtbar zu machen. Wie das genau funktioniert, erfährst du in Kapitel 5.

1.3.2 Flight Routes beschreiben

Wenn wir wissen, welche Arbeit so durch unsere Systeme fließt, können wir heraus finden, auf welchen Wegen sie sich durch die verschiedenen Systeme bewegt. Wir versuchen also, die »Flight Routes« verschiedener Kategorien von Arbeit nachzuvollziehen.

Aus diesen Bewegungen lässt sich indirekt ablesen, wie ein Unternehmen tickt. Was bedeutet es zum Beispiel, wenn Flight Routes größtenteils von der strategischen zur operativen Ebene, aber nie von der operativen zur strategischen Ebene weisen? Es könnte sein, dass in diesem Fall eine Gruppe sehr kluger Menschen alles weiß und dem Rest der Organisation am liebsten Anweisungen erteilt. Gibt es hingegen Routen, die von der operativen auch wieder zurück zur strategischen Ebene verlaufen, dann werden anscheinend Kolleginnen der koordinativen und der operativen Ebene in die strategischen Entscheidungen eingebunden und es findet ein Abgleich zwischen der Strategie und den Ergebnissen der Arbeit statt. Verlaufen die Flight Routes hauptsächlich durch Flight-Level-2- oder Flight-Level-1-Systeme, dann ist das meistens ein Zeichen dafür, dass viele Entscheidungsbefugnisse und Verantwortungen an die ausführenden Stellen weitergegeben werden.

Wie wir in Kapitel 5 noch genauer ausführen werden, lassen sich anhand der Flight Routes Rückschlüsse über die Funktionsweise einer Organisation ziehen. Leider kennen viele Organisationen ihre Flight Routes und deren Auswirkung auf die Abläufe überhaupt nicht. Das Sichtbarmachen hilft dabei, die Störungen zu erkennen, die durch ungünstige Flight Routes entstehen.

1.4 Wozu Flight Levels?

Die wichtigsten Bausteine von Flight-Level-Systemen haben wir dir nun kurz vorgestellt. Eine Grundsatzfrage ist jedoch noch offen: Wozu das Ganze? Anders gefragt: Was hat ein Unternehmen davon, mit Flight Levels zu arbeiten? Was bringt es den einzelnen Fach- und Führungskräften, das Modell auf die eigene Arbeitssituation anzuwenden? Und was haben eigentlich die Kundinnen und Userinnen davon?

Der konkrete Nutzen der Flight Levels ist natürlich von Unternehmen zu Unternehmen unterschiedlich. Die Erfahrung zeigt allerdings, dass es durchaus so etwas wie typische Probleme und Herausforderungen gibt, die mit Flight Levels gut adressiert werden können.

- Im Unternehmen wird Business-Agilität angestrebt, ihr kommt aber nicht über die Grenzen der Aufbauorganisation hinaus. Bei dieser Ausgangssituation hilft das Flight-Levels-Modell, da es an den wertgenerierenden Abläufen ansetzt und die einzelnen Arbeitssysteme zu einer sinnvollen Architektur verbindet (Kap. 5).
- In einzelnen Geschäftsbereichen ist das Unternehmen zwar schon agil unterwegs, scheitert aber an einer erfolgreichen Skalierung. Auch in diesem Zusammenhang kann eine Flight-Levels-Architektur gute Dienste erweisen, da dadurch

eine Übersicht über die systemischen Zusammenhänge, Abhängigkeiten und Koordinationspunkte entsteht, ohne die eine effektive Skalierung nicht gelingen kann (Kap. 5).

- Der Vorstand legt zwar klare strategische Ziele fest, am Ende des Jahres stellt sich allerdings heraus, dass das Unternehmen großteils mit ganz anderen Dingen beschäftigt war. In so einem Fall könnte das Unternehmen davon profitieren, wenn die Ziele mit messbaren Ergebnissen und konkreten Initiativen verbunden werden, ein transparentes System dafür geschaffen und dieses parallel zu den Umsetzungsfortschritten regelmäßig geprüft und adaptiert wird (Kap. 4).
- In allen Geschäftsbereichen wird an einer Fülle vielversprechender Projekte gearbeitet, diese gehen aber weit langsamer voran als erwartet. Diese Situation schreit geradezu nach einer differenzierten Visualisierung der aktuellen Arbeitssituation, damit ihr eine Übersicht über die verschiedenen Projektarbeiten gewinnt und diese sinnvoll fokussieren könnt (Kap. 3 und 4).
- Es sind viele agile Teams im Einsatz, allerdings wird weder schneller geliefert noch mehr Wert erzielt. In so einer Situation können Flight Levels helfen, indem sie auf Ende-zu-Ende-Wertströme fokussieren und für eine zielorientierte Koordination agiler wie nicht agiler Inseln sorgen (Kap. 3).
- Die Fachabteilungen arbeiten sehr produktiv, wissen aber nicht, auf welches größere Ganze ihre Arbeit einzahlt. Diese Leerstelle kann ebenfalls durch ein Strategieboard gefüllt werden: Es schafft ein für alle transparentes System, wenn dazu auch regelmäßig kommuniziert wird (Kap. 4).
- In der Organisation wurden bereits einige agile Frameworks ausprobiert, aber es ist immer daran gescheitert, die vorgegebenen Organisationsstandards, Rollen und Interaktionen planmäßig im Unternehmen zu implementieren. Falls dem so ist, könnte sich eine genauere Auseinandersetzung mit dem agilen Veränderungsansatz der Flight Levels lohnen (Kap. 2).

In diesem Kapitel haben wir umrissen, wie dir das Flight-Levels-Modell bei solchen Problemen und Herausforderungen helfen kann. Du kannst damit Transparenz über die aktuelle Situation und dadurch ein gemeinsames Ausgangsbild schaffen. Du konzentrierst dich auf die Wertschöpfung und die damit verbundenen Arbeitsabläufe. Du hast die Möglichkeit, ambitionierte Vorhaben nicht bloß zu konzipieren, sondern über die verschiedenen Flugebenen hinweg für deren konsequente Umsetzung zu sorgen. Du unterstützt die Zusammenarbeit agiler Expertinnen, förderst aber auch deren team- und bereichsübergreifende Koordination. Dafür stellen dir die Flight Levels ein praxiserprobtes Set an Gestaltungselementen, Methoden und Techniken zur Verfügung, das du in einer Weise zusammenbauen kannst, die zu deinem Unternehmen passt.

Um damit die gewünschten Verbesserungen zu erzielen, brauchst du allerdings nicht nur geeignete Flugsysteme, sondern auch Menschen, die sie mit dir gestalten. Dementsprechend kommen zu all den technischen noch viele soziale Fragen hinzu:

Wie genau bringst du die Flight Levels in deinen Organisationsalltag ein? Wie kommst du vom allgemeinen Modell zu einer punktgenauen Anwendung? Wie gewinnst du deine Kolleginnen für eine gezielte Verbesserungsinitiative? Und wie kannst du den dafür notwendigen Veränderungsprozess bestmöglich gestalten? Kapitel 2 liefert dir darauf praxisorientierte Antworten.

2 Flight Levels vorbereiten

Nun hast du also eine erste Übersicht über das Modell der Flight Levels gewonnen – zumindest über jenen Teil, den wir der Einfachheit halber »den technischen« nennen. Doch genau genommen hat dieser Teil von Anfang an auch eine soziale Komponente, schließlich sind die Flight Levels nicht ohne die Menschen denkbar, die sie auf ihre eigene Situation anwenden. Verbesserung kommt eben nicht über das technische Systemdesign zustande, sondern über die agilen Interaktionen innerhalb dieses Systems. Verbesserung passiert durch die Ideen, die Expertinnen miteinander entwickeln, in der Praxis erproben und gemeinsam auswerten.

Kurzum: Es sind die Akteurinnen und deren Aktivitäten, die Unternehmen ins Fliegen bringen. Soziales und Technisches bleiben miteinander so untrennbar verbunden wie die zwei Seiten der sprichwörtlichen Medaille (siehe auch Abb. 2–1). Erst dadurch werden Flight Levels zum Motor jener kontinuierlichen Verbesserung, die im agilen Zeitalter allerorten gefragt ist.

Damit das gelingt, musst du allerdings auch für Veränderung sorgen. Diese Veränderung beginnt schon mit der Frage, wie du Flight Levels in dein Unternehmen bringst und deine Kolleginnen für eine zielgerichtete Initiative gewinnst. Handlungsleitende Antworten liefern dir die fünf Kernaktivitäten des Veränderungsdesigns, die sich analog zum in Kapitel 1 beschriebenen Kreislauf des Systemdesigns identifizieren lassen:

1. Ist-Situation klären
2. Verbesserungsfokus definieren
3. Führungskoalition schaffen
4. Engagement fördern
5. Agil vorgehen

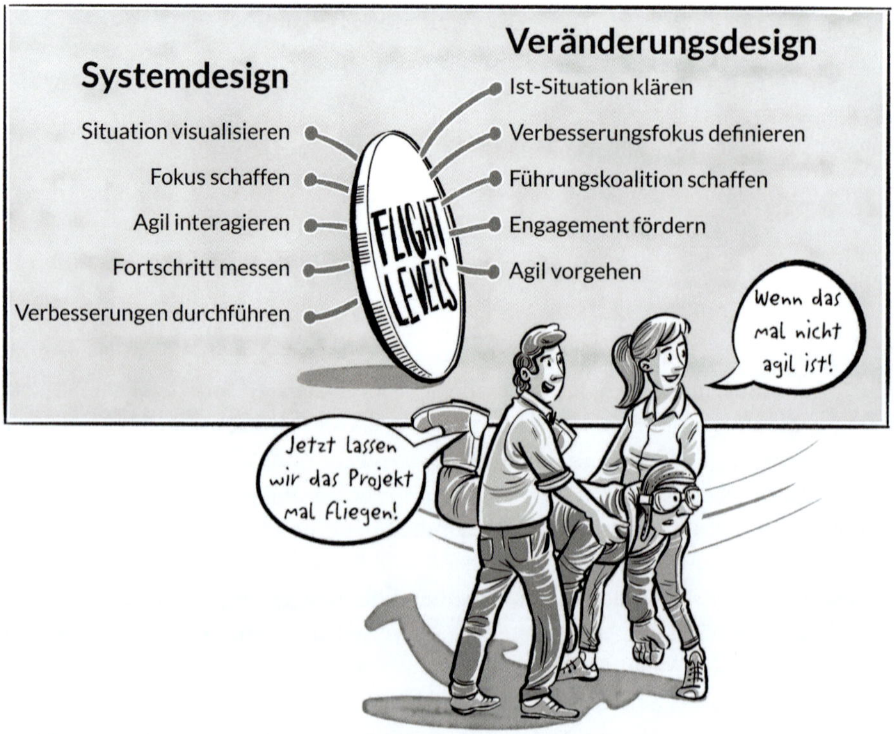

Abb. 2–1 *Zwei Seiten derselben Flight-Levels-Medaille*

Diese fünf Veränderungsdimensionen komplementieren die technischen Kernaktivitäten, die auf allen Flight Levels zur Anwendung kommen und denen wir uns in den Kapiteln 3 bis 6 widmen werden. Zeitlich betrachtet stellen die Kernaktivitäten des Veränderungsdesigns sogar den logischen Startpunkt jeder Flight-Levels-Initiative dar. Denn ohne eine umsichtige Klärung des Startfelds, ohne die Klärung des eigenen Flugziels, ohne eine versierte Crew und ohne ein Vorgehen, das der Dynamik des regulären Flugbetriebs gewachsen ist, werden wir gar nicht abheben, geschweige denn nachhaltige Verbesserungen landen können.

Weniger metaphorisch gesagt schaffen die fünf Veränderungsaktivitäten also die Voraussetzungen für die unternehmerische Verbesserung, indem sie den dafür notwendigen Veränderungsprozess so gestalten, dass er der Komplexität heutiger Geschäftsprozesse gewachsen ist. Sie helfen insbesondere:

- Flight-Levels-Initiativen vorzubereiten, von einer umsichtigen Klärung der Ausgangssituation über die Definition eines strategischen Verbesserungsfokus bis zur gezielten Beteiligung der unterschiedlichen Stakeholder;
- bereits in der Vorbereitung jene Verhaltensformen zu modellieren und zu bestärken, die für den erfolgreichen Betrieb von Flight-Levels-Systemen notwendig sind – von der gemeinsamen, team- und siloübergreifenden Verantwortung über die offene Kommunikation bis hin zur ko-kreativen Lösungsarbeit;

- idealerweise mit jedem Veränderungsschritt auch ein kleines Stück Verbesserung zu verwirklichen – sei es nun auf der Ebene des persönlichen Kennenlernens (andere Leute, Perspektiven, Erfahrungen), der sozialen Interaktionen (fach- und hierarchieübergreifend, auf das große Ganze fokussiert, im gesamten Unternehmen) oder des Wissens (Business-Agilität, Ablauforganisationen, Wertströme);
- die Einführung maßgeschneiderter Systeme und Architekturen zu orchestrieren, etwa durch klar definierte Veränderungsrollen, durch das iterative Vorgehen, durch den Einsatz agiler Workshop-Formate oder durch regelmäßige Feedbackschleifen;
- den Betrieb von Flugsystemen so zu strukturieren, dass ein regelmäßiges Inspect & Adapt kultiviert und kontinuierliche Verbesserung auf allen Ebenen gefördert wird.

In diesem Kapitel wollen wir jede der fünf Veränderungsaktivitäten genauer beschreiben: Worum geht es dabei? Was sind die wichtigsten Herausforderungen unternehmerischer Verbesserung, die jede dieser Aktivitäten adressiert? Welche Formate haben sich dafür bewährt? Und wie sieht das Ganze in der Praxis aus?

Es liegt nahe, diese Fragen in der vorgestellten Reihenfolge der Kernaktivitäten nacheinander zu beantworten – schließlich klären wir für gewöhnlich zuerst die Ist-Situation und legen dann einen Verbesserungsfokus fest oder definieren erst die Führungskoalition, bevor wir auf breiter Basis Engagement fördern. Doch die Praxis lehrt uns, dass diese Kernaktivitäten mitunter gleichzeitig laufen, einander überschneiden oder hin- und herpendeln. So kann bereits die Klärung der aktuellen Situation das Engagement vieler Leute fördern und die explizite Vereinbarung von Veränderungsrollen einen starken Einfluss auf das Verbesserungsziel haben. Zuweilen gibt es von Anfang an eine ambitionierte Sponsorin, die ein klares Verbesserungsziel verfolgt. Und in anderen Fällen sorgen unterschiedliche Fachexpertinnen bereits für starke Veränderungsimpulse, die gewissermaßen das Feld für eine offizielle Flight-Levels-Initiative aufbereiten.

Um ein fundiertes Verständnis dieser oft eigenwilligen Veränderungsdynamiken abzusichern, wollen wir daher mit der fünften Kernaktivität beginnen. Das agile Vorgehen stellt nämlich so etwas wie die Basis dar, auf der alle anderen Aktivitäten, Formate und Methoden aufbauen.

What's wrong with changing?

»What's wrong with changing?«, fragt die irische Musikerin Wallis Bird. »A hell of a lot!«, möchten wir zurücksingen – sei es nun im Hinblick auf die hohe Misserfolgsrate unternehmerischer Verbesserungsprojekte, im Hinblick auf haarsträubende Fehler im operativen Change Management oder im Hinblick auf die weitverbreitete Veränderungsmüdigkeit.

Da wir unternehmerischen Wandel ungebrochen als Kernkompetenz betrachten, möchten wir in diesem Kapitel die wichtigsten Bausteine einer »Change Leadership« skizzieren, die den Anforderungen des agilen Zeitalters gewachsen ist.

2.1 Die Basis: agil vorgehen

Wenn ihr im Unternehmen Flight Levels einführen wollt, seid ihr schlagartig mit einer ganzen Latte von Fragezeichen konfrontiert:

- Wie genau wollt ihr in eurer speziellen Situation vorgehen?
- Welche einzelnen Schritte setzt ihr?
- Wie lange dauern diese Schritte und wie aufwendig sind sie?
- Wann tut ihr was?
- Wer genau ist woran beteiligt?
- Wie behaltet ihr die Übersicht über all eure Verbesserungsaktivitäten?
- Wie geht ihr mit unvorhergesehenen Ereignissen um?
- Wie stellt ihr sicher, dass ihr sukzessive dazulernt?
- Wie überprüft ihr euren Fortschritt und wie nehmt ihr notwendige Kurskorrekturen vor?

Das traditionelle Change Management liefert dazu eindeutige Antworten: Definiere, wie dein Arbeitsprozess aussehen soll, entwirf eine Roadmap, die dich dort Meilenstein für Meilenstein hinführt, beauftrage eine Projektmanagerin, die für die plangetreue Umsetzung sorgt, und wickle das Ganze generalstabsmäßig ab. Die hohe Rate an gescheiterten Verbesserungsinitiativen und die grassierende Veränderungsmüdigkeit in vielen Unternehmen dokumentieren allerdings, dass ihr mit diesem klassischen Rezept nicht allzu weit kommt.

Also zurück zum Start: Wie können wir unsere Verbesserungsreise mit Flight Levels so gestalten, dass sie den Anforderungen des 21. Jahrhunderts gewachsen ist? Indem wir dabei agil vorgehen, lautet die kurze Antwort. Und die etwas längere: Nicht nur das Ziel unserer Reise sollte agil sein, sondern auch der Weg dorthin.

Prinzipien des Flight Levels Change

Starke Ansagen stehen hoch im Kurs, wenn es um Agilität geht. Nicht umsonst postuliert bereits das Manifest für Agile Softwareentwicklung vier Wertepaare und zwölf Prinzipien [Beck et al. 2001]. Da liegt die Frage nahe, wie das denn bei den Flight Levels ist. Beruht dieses Modell auf ähnlich starken Fundamenten? Gibt es so etwas wie programmatische Grundsätze? Und wie sehen diese aus, wenn es um unternehmensweite Business-Agilität und nicht nur um agile Softwareentwicklungsteams geht?

Aus unserer Sicht sind für Flight Levels vier Parameter handlungsleitend:

1. Wir setzen an den Abläufen an. Aus zahlreichen Flight-Levels-Verbesserungsinitiativen wissen wir, dass sich messbare Verbesserungen für Kundinnen und Userinnen deutlich schneller über effizientere Abläufe realisieren lassen als über einen Umbau der Organisationsstrukturen.

→

2. Wir gehen agil vor. Statt Change-Expertinnen top-down damit zu beauftragen, detaillierte Transformationspläne auszuarbeiten, setzen wir auf ein iteratives Vorgehen mit kurzen Feedbackschleifen.
3. Wir arbeiten ko-kreativ. Nachhaltige Verbesserung kann nur gelingen, wenn Betroffene von Anfang an beteiligt sind und für die Umsetzung der Flight Levels interaktive Gestaltungsformate eingesetzt werden.
4. Wir fangen bei uns selbst an. Flight Levels verlangen einen hohen persönlichen Einsatz, da sie nicht nur Systeme, sondern auch unsere individuellen Verhaltensformen in Bewegung bringen. Es liegt daher nahe, neben den unternehmerischen Prozessen auch sich selbst regelmäßig auf den Prüfstand zu stellen.

Fragt sich natürlich, was genau unter einem agilen Weg zu verstehen ist. Immerhin hat der Begriff in den letzten Jahren eine spektakuläre Karriere hingelegt. Agil scheint heutzutage alles Mögliche sein zu können, aber auch das Gegenteil davon. Für die einen heißt es, rasch auf neue Anforderungen zu reagieren, für die anderen, Mitarbeitende möglichst flexibel einzusetzen, für die dritten bedeutet Agilität primär Schnelligkeit, während die vierten es als Rückgrat von »New Work« sehen. Auf die Gefahr hin, dass wir jetzt nur einen weiteren vergeblichen Versuch starten, den sprichwörtlichen Pudding an die Wand zu nageln, behaupten wir: Agil vorzugehen bedeutet, möglichst beweglich zu agieren und dabei auf überschaubare Etappen und kurze Feedbackschleifen zu bauen. Aus dem klassischen »Big Design Up Front« wird dadurch ein iteratives Vorgehen, wobei jede Iteration auf konkrete Ergebnisse ausgerichtet ist, die am Ende gemeinsam überprüft werden können.

Aus mehr als 20 Jahren agiler Produktentwicklung wissen wir, dass sich neben solchen Reviewschleifen auch Retrospektiven bewährt haben, die auf die Zusammenarbeit fokussieren. Durch diese doppelten Feedbackschleifen werden regelmäßig zwei Fragen beantwortet, die für jeden agilen Veränderungsprozess essenziell sind: *Was* haben wir in der letzten Etappe tatsächlich erreicht? Und *wie* haben wir das erreicht?

Die Antworten, die dabei ausgearbeitet werden, sind nicht nur für einen gepflegten Rückspiegel interessant. Sie liefern uns vielmehr wichtige Einsichten für den weiteren Veränderungskurs und die Kultur der kontinuierlichen Verbesserung, die damit gefördert werden soll. *Wo* kommen wir wie geplant voran? Und wo fehlen uns wesentliche Zwischenergebnisse? *Wie* kommen wir miteinander voran? Und welche Ideen haben wir entwickelt, um unsere Zusammenarbeit zu optimieren?

Die Beantwortung dieser Fragen ist richtungsweisend für das weitere Vorgehen. Sie stärken uns den Rücken (»das ist uns gelungen!«) und spornen weitere Verbesserungsmaßnahmen an (»da müssen wir noch nachschärfen!«). Im besten Sinne eines selbstkritischen Inspect & Adapt dienen sie dazu, den ursprünglich angedachten Weg genauer abzustecken. Sie können aber auch dazu führen, dass wir die nächste Etappe oder sogar das gesamte Vorhaben nochmals grundsätzlich überdenken.

Allen Leserinnen, die bei diesem Ausblick sogleich ein unangenehmes Bauchgefühl verspüren, rufen wir an dieser Stelle zu: Willkommen beim Abenteuer unternehmerischer Verbesserungsarbeit!

Agil vorgehen

Agil vorzugehen bedeutet für uns, im Veränderungsprozess auf überschaubare Etappen und kurze Feedbackschleifen zu bauen. Jede Etappe fokussiert auf konkrete Ergebnisse, die am Ende gemeinsam geprüft und ausgewertet werden. Erst auf Basis dieses Lernprozesses wird entschieden, wie die nächste Etappe der unternehmerischen Verbesserungsreise aussieht.

Bevor wir dich jetzt zu sehr verunsichern, versuchen wir lieber ein wenig mehr Übersicht zu schaffen. Schließlich ist Transparenz eine der großen Stärken des Flight-Levels-Modells. Mithilfe ähnlicher Visualisierungstechniken, wie du sie für die Darstellung von Arbeitsabläufen und Wertströmen verwendest, kannst du auch den Veränderungsprozess sichtbar machen. Abbildung 2–2 zeigt, wie du dir eine Basisvisualisierung des agilen Vorgehens vorstellen kannst.

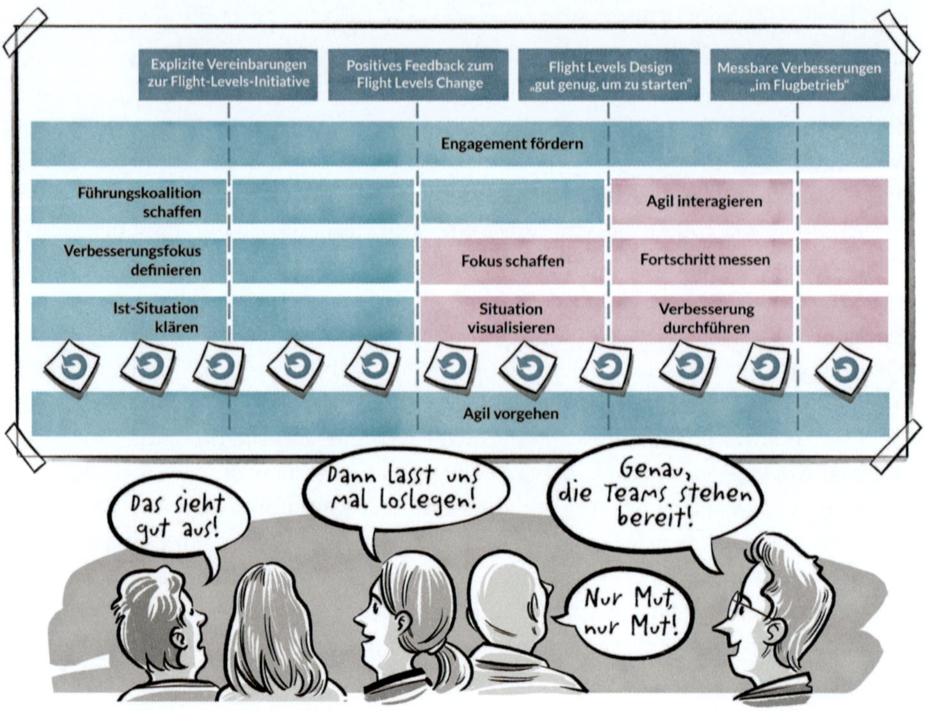

Abb. 2–2 *Agiles Vorgehen visualisieren*

Abbildung 2–2 macht alle bisher beschriebenen Aspekte sichtbar: die Kernaktivitäten des Veränderungsdesigns (hellblaue Balken), das Vorgehen in Etappen mit klarer Ergebniserwartung (dunkelblaue Rechtecke), die regelmäßigen Feedbackschleifen (Klebezettel mit Loops) sowie die Kernaktivitäten des Systemdesigns bis hin zum Betrieb (lila Balken) Das Bild ist allerdings noch so allgemein, dass wir dich förmlich nach Konkretisierung rufen hören:

- Wie viele Etappen brauchen wir in unserem Unternehmen?
- Wie lange dauern sie jeweils?
- Was genau passiert in den einzelnen Etappen?
- Wer soll woran aktiv beteiligt werden und bei welchen Stakeholdern genügt es, sie regelmäßig zu informieren?
- Und wie soll das Ganze ablaufen?

Agile Change Flow

Die Bearbeitung dieser Fragen gehört zu den wichtigsten Aufgaben jener agilen »Change Leadership«, die wir mit diesem Buch stärken wollen. Es geht darum, richtungsweisende Antworten zu fördern und einen für das Unternehmen maßgeschneiderten Veränderungsfluss – Change Flow – zu gestalten, der die vorhandenen Verbesserungsenergien kanalisiert und das operative *Wie* der Flight-Levels-Initiative konkretisiert. Abschnitt 2.6 gibt hierzu detaillierte Hilfestellung.

Im agilen Umfeld gibt es selbstverständlich nur eine richtige Antwort auf all diese Fragen: It depends! Tatsächlich kommt es in der Ausgestaltung eines für das jeweilige Unternehmen maßgeschneiderten Veränderungsdesigns auf viele verschiedene Aspekte an: etwa auf die Themen, die die Leute gerade am stärksten beschäftigen, auf den organisations- und marktspezifischen Kontext oder die bisherige Veränderungsgeschichte. Umso wichtiger ist es eben, nicht schnell einmal Flight Levels ins Unternehmen zu schrauben, sondern die Ist-Situation sorgsam zu klären. Was uns nunmehr zur ersten Vertiefung in jene Kernaktivitäten bringt, die für das agile Vorgehen wesentlich sind.

2.2 Ist-Situation klären

Gut durchdachte Verbesserungsinitiativen fallen nicht vom Himmel. Stattdessen haben sie immer eine spezielle Geschichte, die mit den unterschiedlichsten Ereignissen verbunden ist: mit Marktveränderungen, die traditionelle Geschäftsmodelle radikal infrage stellen; mit Veränderungen der Eigentumsverhältnisse, die zu neuen Zielsetzungen führen; mit politischen Veränderungen, die elementare Rahmenbedingungen auf den Kopf stellen, oder mit höheren Gewalten, wie wir sie alle in Form der globalen Covid-19-Pandemie erlebt haben. Ob aus diesen Veränderungsgeschichten eine zielgerichtete Initiative erwächst, hängt davon ab, welche Lehren gezogen werden. Dabei stellen sich jeder einzelnen Mitarbeiterin Fragen wie:

- In welcher Arbeitssituation befinde ich mich gerade?
- Was beschäftigt unser Unternehmen aktuell am stärksten?
- Was läuft gut?
- Was läuft nicht gut?
- Womit bin ich zufrieden, womit ist mein Team oder meine Abteilung zufrieden?
- Womit bin ich unzufrieden, womit ist mein Team oder meine Abteilung unzufrieden?
- Womit sind unsere Kundinnen und Userinnen zufrieden?
- Womit sind unsere Kundinnen und Userinnen unzufrieden?
- Welche Ursachen liegen allen diesen Problemen und Unzufriedenheiten zugrunde?
- Welche Schlussfolgerungen ziehen wir aus unserer Bestandsaufnahme?
- Was sind derzeit unsere wichtigsten Verbesserungsthemen?

Die Vielfalt dieser Fragen spiegelt sich in den unterschiedlichen Wegen wider, mit denen wir zu richtungsweisenden Antworten kommen können. Die Geschichte agiler Arbeitskulturen ist reich an Methoden, die sich für eine differenzierte Klärung der Ist-Situation einsetzen lassen. Je nach deiner eigenen Geschichte, deiner aktuellen Position im Unternehmen und deinen Präferenzen kannst du beispielsweise:

- eine persönliche Retrospektive durchführen, um deine aktuellen Erfahrungen zu reflektieren, Erkenntnisse zu gewinnen und Entscheidungen bezüglich deines weiteren Vorgehens zu treffen;
- die aktuelle Situation im Team beleuchten, um über deine eigenen Eindrücke hinauszugehen und unterschiedliche Erfahrungsschätze zusammenzutragen;
- die Ergebnisse mehrerer Teamretrospektiven, etwa innerhalb einer bestimmten Geschäftseinheit, zusammenführen, um gemeinsame Stärken, Schwächen und Verbesserungsfelder zu verdichten;
- Schlüsselpersonen zu sogenannten Retrospektive-Interviews einladen, um die Top-3-Stärken, Top-3-Herausforderungen und das allerwichtigste Verbesserungsziel aus der Sicht der Interviewten herauszuarbeiten;
- das Thema »Gemeinsame Zwischenbilanz« auf die Agenda von Regelmeetings setzen, um eine kritische Selbstreflexion mit verschiedenen Stakeholder-Gruppen anzuregen;
- sozusagen aufs Ganze gehen und Delegierte aus den unterschiedlichsten Teams, Fachbereichen und Hierarchiestufen zu einem Großgruppenevent einladen, um bewusst über Silogrenzen und Kommunikationsroutinen hinaus zu gehen.

»Den ganzen Elefanten erkunden«, könnte das Motto für diesen unternehmerischen Reflexionsprozess lauten. Die Komplexität des System-Elefanten bringt es mit sich, dass die Ist-Situation nicht in einem einzigen Kraftakt geklärt werden kann – geschweige denn die Geschichte, die dazu geführt hat. Stattdessen kann eine solche Klärung nur iterativ gelingen, einem Puzzle-Spiel gleich, bei dem ihr Schritt für Schritt ein ganzes Bild hervorbringt.

Sechs Blinde

Auf ihrem Weg durch die Dunkelheit stoßen sechs Blinde auf ein großes Hindernis. Um herauszufinden, um welches Hindernis es sich handelt, beschließen sie, dass jede von ihnen einen anderen Teil erkunden soll. Beim Austausch über ihre individuellen Erkundungen bemerken die Blinden rasch, dass sie nicht nur verschiedene Erfahrungen gemacht, sondern auch ganz unterschiedliche Schlussfolgerungen gezogen haben. Die eine Blinde, die die spitzen Stoßzähne erkundet hat, hält das Hindernis für ein gefährliches Raubtier, die zweite Blinde schließt von der rauen Haut auf eine Hauswand, die dritte Blinde am Bein ist sich sicher, es mit einem kräftigen Baumstamm zu tun zu haben. Und während die vierte eine Seilkonstruktion vermutet und die fünfte von einem großen Fächer berichtet, warnt die sechste wiederum vor einer riesigen Schlange.

Längst gehört die Geschichte der sechs Blinden zu den klassischen Metaphern der Unternehmensentwicklung. In anschaulicher Form weist sie uns darauf hin, dass viele Unternehmen zu komplex sind, um einheitlich wahrgenommen werden zu können. Der ganze Elefant steht dann für die vielfältigen Aspekte eines Unternehmens, das eben nur durch einen offenen Austausch und die kritische Reflexion der verschiedenen Erfahrungen angemessen wahrgenommen werden kann [Kaltenecker & Eybl 2020].

Abb. 2–3 *Sechs Blinde erkunden einen Elefanten.*

Um mit diesem Elefantenpuzzle voranzukommen, solltest du jedoch nicht nur auf offizielle Reflexionsformate setzen, sondern auch auf die informelle Kommunikation. Die aktuelle Situation des Unternehmens wird nämlich nicht nur in formellen Meetings besprochen, sondern überall, wo sich Menschen in Organisationen begegnen: an der Kaffeemaschine, beim Mittagessen, in der Raucherinnenecke, zwischen zwei Schreibtischen, bei spontanen Abstimmungen auf dem Flur und zuweilen sogar am stillen Örtchen.

Du fragst dich jetzt vielleicht, wieso du dich um den ganzen Tratsch kümmern solltest, wenn du doch eigentlich bloß Flight Levels einführen willst. Warum musst du dafür auch informell kommunizieren? Wozu dich mit Gerüchteküchen herumschlagen? Reichen nicht gezielte Trainings- und Coachingmaßnahmen, um die Leute mit allem Nötigen auszurüsten?

Aus unserer Sicht gibt es gute Gründe, die Kommunikation in Veränderungsprozessen nicht auf Regelmeetings und Weiterbildungsevents zu beschränken. Ob Mitarbeiterinnen eine Initiative für sinnvoll erachten, wird nämlich zu einem erheblichen Teil abseits der offiziellen Gremien und Veranstaltungen entschieden. Und zwar dort, wo Menschen ganz selbstverständlich ins Gespräch kommen, wo sie einander ungezwungen begegnen und kein Blatt vor den Mund nehmen. Da es bereits in der Vorbereitung einer Flight-Levels-Initiative um Offenheit und Transparenz geht, solltest du diese Netzwerke bewusst nützen. Damit erhöhst du sowohl die Chancen, dass alle wesentlichen Karten auf den Tisch kommen, als auch, dass sich Leute respektiert und beteiligt fühlen. Schließlich liegt Widerstand in der Luft, sobald es um unternehmerischen Wandel geht.

Diesbezüglich ticken wir alle ziemlich ähnlich: Wir wehren uns nämlich nicht so sehr gegen Veränderungen an sich als dagegen, verändert zu werden. »Menschen kommen besser mit Veränderungen zurecht, wenn sie sie selbst mitgestalten können«, bringen es Mary Lynn Manns und Linda Rising auf den Punkt ([Manns & Rising 2005], S. 11). In ihrem bahnbrechenden Buch *Fearless Change* zeigen die beiden Autorinnen, mit welchen Mitteln zu einer solchen Mitgestaltung eingeladen werden kann. Im Folgenden ist eine erste Auswahl der von ihnen empfohlenen Praktiken bezogen auf angstfreie Veränderungskommunikation aufgeführt:

- **Bitte um Hilfe**
  Gerade wenn du für Flight Levels brennst, kann es dir leicht passieren, dass du während der Veränderungsarbeit ausbrennst. Im Handumdrehen fühlst du dich für zu viele Dinge allein verantwortlich, bearbeitest zu viele Probleme gleichzeitig und suchst im Lonesome-Cowgirl-Modus nach passenden Lösungen. Unternehmerischer Wandel ist jedoch viel zu komplex, um von Einzelnen bewältigt zu werden. Statt lange nach dem heiligen Verbesserungsgral zu suchen, solltest du möglichst früh andere Menschen um Hilfe bitten, die in der Organisation gut vernetzt und bereit sind, die Veränderung zu unterstützen.

- **Folge kritischen Stimmen**
  Obwohl es sich zweifellos besser anfühlt, mit Leuten zusammenzuarbeiten, die ähnlich ticken wie du selbst – es lohnt sich, von Anfang an auch auf kritische Geister, unbequeme Querdenkende oder notorische Skeptikerinnen zu hören. Das beginnt mit der ersten Klärungsphase, in der du für den Austausch unterschiedlicher Sichtweisen sorgst, und führt über die gemeinsame Definition eines herausfordernden Verbesserungsfokus zu den vielfältigen Beteiligungsformaten, mit denen du auf breiter Ebene Engagement für die Flight-Levels-Initiative fördern kannst (mehr dazu in Abschnitt 2.5).
- **Fürchte dich weniger**
  Wozu tendierst du gleichsam automatisch, wenn du in voller Fahrt plötzlich Gegenwind verspürst? In den meisten Fällen wirst du den Kopf einziehen, die Angriffsfläche verringern oder vielleicht sogar ganz stehen bleiben. Ganz ähnlich verhalten sich viele, wenn sie in Veränderungsprozessen dem begegnen, was gerne Widerstand genannt wird: Sie weichen aus, geraten in die Defensive, ziehen sich zurück. Gut möglich, dass du skeptische Grundhaltungen, kritische Fragen oder scharfe Gegenargumente intellektuell als Herausforderung begrüßt. Emotional sind sie dennoch nicht besonders angenehm. In den meisten Fällen ist es allerdings besser, nicht dem Fluchtimpuls zu folgen, sondern den Kontakt mit solchen »Widerständlerinnen« zu stärken.

Feedback statt Widerstand

Wie kann es sein, dass deine Kolleginnen den Flight Levels skeptisch gegenüberstehen? Wie kommt es, dass dich Leute für deinen Einsatz in Sachen Veränderung kritisieren? Welcher Teufel hat sie geritten, dass sie die gut durchdachte Verbesserungsinitiative kategorisch ablehnen?

Statt solchen Verhaltensweisen auf den Grund zu gehen, brandmarken wir sie oft als Widerstand, der überwunden oder gar gebrochen werden muss. Wenn dir Verbesserung wirklich am Herzen liegt, solltest du allerdings jedes Feedback respektieren und es zu verstehen versuchen. Gehe Gedanken und Gefühlen, die du als negativ erlebst, bewusst nach. Suche den informellen Austausch, am besten in einem Einzelgespräch. Lerne skeptische Haltungen zu begreifen, höre dir Bedenken und Einwände aufmerksam an und frage Leute, die einen Vorschlag ablehnen, danach, was sie stattdessen empfehlen würden.

- **Bleibe in Kontakt**
  Wenn du deine Furcht überwunden und den Kontakt mit kritischen Geistern gestärkt hast, vergiss diese nicht. Ziehe dich nicht wieder in deine Komfortzone zurück, selbst wenn du mit weiterem Gegenwind rechnen darfst. Es braucht Geduld und Beharrlichkeit, um skeptische Schlüsselpersonen für dein Vorhaben zu gewinnen.

All diese furchtlosen Praktiken haben gemeinsam, dass sie Kommunikation abseits der ausgetretenen Besprechungspfade fördern. Sie helfen, bestehende Netzwerke zu erweitern, sie stärken den direkten zwischenmenschlichen Draht und sie etablieren jene Kultur kurzer Feedbackschleifen, die sowohl für die Vorbereitung als auch für den Betrieb von Flight Levels essenziell ist. Salopp zusammengefasst: Durch's Reden kommen d'Leit z'samm.

Obwohl das stark nach Kalenderspruch klingt, empfehlen wir, bereits in der ersten Klärungsphase möglichst breit zu kommunizieren. Für eine nachhaltige Verbesserungsarbeit müssen wir die Menschen nämlich schon von Beginn an für eine gemeinsame Analyse der unternehmerischen Herausforderungen gewinnen und nicht erst, wenn wir eine fertige Lösung verkaufen wollen. In dieser Hinsicht sehen wir, um ein Beispiel anzuführen, das Vorgehen einer deutschen Online-Plattform mit knapp 350 Mitarbeiterinnen als durchaus vorbildlich an. Obwohl sich deren Verbesserungsvorhaben auf die digitale Produktentwicklung mit immerhin 100 Expertinnen konzentrierte, wurde dieses Vorhaben keineswegs als rein technisches Projekt verstanden. Stattdessen schlossen sich gleich zu Beginn Vertreterinnen aus dem Business Development, dem Produktmanagement, dem Marketing, der Personalabteilung und natürlich der Softwareentwicklung zu einer fach- und hierarchieübergreifenden Gruppe zusammen. Noch bevor Flight Levels eine Rolle zu spielen begannen, erkundete diese Gruppe in mehreren internen Meetings die Ausgangssituation.

Dass dieser Erkundungsprozess keineswegs harmonisch verlief, schadete dem Vorhaben nicht im Geringsten. Im Gegenteil: Die frühe Klärung der unterschiedlichen, mit einigen alten Geschichten gewürzten Sichtweisen und die Konsolidierung der teilweise stark auseinanderlaufenden Erwartungen an die anvisierte Verbesserung schufen schlussendlich eine stabile Grundlage für die Entwicklung der gesamten Organisation. Sie bekräftigten das Commitment aller Beteiligten und erleichterten in weiterer Folge jene Fokussierung, um die es im nächsten Abschnitt gehen wird.

2.3 Verbesserungsfokus definieren

Welche Praktiken du auch immer wählst: Erst die umsichtige Klärung der aktuellen Stärken, Probleme und Verbesserungsthemen bringt ein Unternehmen auf einen guten Weg in Richtung Business-Agilität. Was diesem Weg jedoch oft fehlt, ist ein starkes Ziel. Damit es dir nicht ergeht wie Monty Pythons 100-Meter-Läufern ohne Orientierungssinn (*https://www.youtube.com/watch?v=ksrItPfz6A0*), könntest du dir unter anderem folgende Fragen stellen:

- Welches der identifizierten Verbesserungsthemen erscheint dir derzeit am wichtigsten?
- Was verspricht die größte Hebelwirkung?
- Was genau möchtest du optimieren?
- Welches Geschäftsproblem adressierst du damit?

- Warum ist das wichtig?
- Warum ist das *jetzt* wichtig?
- Was passiert dem Unternehmen, wenn ihr euch nicht verbessert?
- Woran erkennst du, dass ihr auf eurem Weg wie gewünscht vorankommt?

Abb. 2–4 *Wenn im entscheidenden Moment die Orientierung fehlt.*

Es ist klar, dass dieser Fragenkatalog weder vollständig ist noch einfach von oben nach unten checklistenartig abgearbeitet werden kann. Sofern du nicht auf ein triviales Geschäftsproblem fokussierst, dessen Lösung gleichsam auf der Hand liegt, wirst du einen der Komplexität angemessenen Erkundungsprozess brauchen.

Ähnlich wie die in Abschnitt 2.1 beschriebenen Klärungsschritte kann auch die strategische Fokussierung nicht exakt vorausgeplant werden. Sie gleicht eher einem Tanz, bei dem es hin und her, vor und zurück, manchmal sogar drunter und drüber geht. Anders als im klassischen Change Management konzentrieren wir uns dabei nicht auf vordefinierte Idealzustände, sondern auf aktuelle Geschäftsprobleme.

Worin zeigen sich diese Probleme? Wie oft zeigen sie sich? Welche Auswirkungen haben sie? Welche systemischen Ursachen liegen diesen Problemen zugrunde? Und wo müssen wir ansetzen, um mit unserer Lösungsarbeit eine möglichst gute Hebelwirkung zu erzielen?

Agilität ist ein Mittel, kein Selbstzweck

Agiler zu werden, ist im Übrigen keine Business Challenge. Dass Agilität gerade in Mode ist und sowieso irgendwie zur Digitalisierung dazugehört, sollte nicht euer primärer Veränderungstreiber sein. Agilität ist ein Mittel, kein Selbstzweck – was leider oft genug verwechselt wird. Wir können uns an dieser Stelle nur wiederholen: Nehmt euch ausreichend Zeit, um ein klares »Wozu?« zu formulieren. Euer Verbesserungsprozess und die daran beteiligten Leute werden es euch danken! [Kaltenecker 2017]

Als langjährige Geschäftsführer unserer Beratungsunternehmen haben wir am eigenen Leib erlebt, wie anspruchsvoll es sein kann, sich solchen selbstkritischen Fragen zu stellen. Viel zu oft tendierten wir zur Schmerzvermeidung, sobald wir auf schwierige Herausforderungen fokussierten. Der bekannte Zahnarzteffekt (»unmittelbar vor dem Termin tut es auf einmal gar nicht mehr weh«) hat uns indes so wenig geholfen wie oberflächliche Symptomkuren (»bitte nicht bohren, ein bisschen spülen reicht vollkommen«).

Der Bereich der digitalen Produktentwicklung eines großen Telekommunikationskonzerns zeigt beispielhaft, wie sich Schmerzen konstruktiv verarbeiten lassen. Die von den Digitalisierungsexpertinnen identifizierten Schmerzen hörten sich für uns als externe Berater recht vertraut an: eine große Anzahl an Anforderungen, die von allen Fachbereichen auf sie herein prasselten (Stichwort: Überflutung); unklare Abläufe im internen Produktentwicklungsprozess (Stichwort: Blackbox); lange, schwer kalkulierbare Lieferzeiten (Stichwort: Staumanagement); schlechtes Feedback (Stichwort: Kunden(un)zufriedenheit).

Dass Verbesserung dringend nötig war, war allen Beteiligten klar. Unklar war allerdings, wo man angesichts der erdrückenden Vielfalt der Herausforderungen ansetzen sollte: Womit sollten sie anfangen? Worauf sich konzentrieren? Welche Hebel betätigen? Statt in richtungslosen Aktionismus zu verfallen, nahmen sich die Verantwortlichen zunächst die Zeit, um eine zentrale Business Challenge herauszuschälen. Auf Basis einer gemeinsamen Retrospektive verständigte sich die crossfunktionale Gruppe an Expertinnen schließlich auf die Kernprobleme Geschwindigkeit und Wertschöpfung. In der Tradition des Lean Thinking wurde daraus ein Nordstern abgeleitet, der alle Verbesserungsschritte auf ein gemeinsames Ziel ausrichten sollte.

»Schneller mehr Wert« diente freilich eher als Vision denn als exakter Zielpunkt. Dieser Nordstern gab weder einen genauen Weg vor (aka Veränderungsplan) noch die Werkzeuge dafür (aka Veränderungsmethode). Stattdessen pointierte er ein Leitbild, auf das der Verbesserungsweg Etappe für Etappe ausgerichtet wurde. Auf der Basis des agilen Vorgehens war jede dieser Etappen auf bestimmte Ergebnisse fokussiert, die gemeinsam erarbeitet und am Ende kritisch geprüft wurden: Was ist uns in dieser Etappe gelungen, was nicht? Was an unserem Vorgehen war gut, was weniger? Und wie hat unsere Verbesserungsarbeit auf den gemeinsamen Nordstern eingezahlt? Die jeweiligen Antworten auf diese Fragen führten immer wieder dazu, dass wir die darauffolgenden Etappen ganz anders gestalteten als ursprünglich angedacht. Die Vision »Schneller mehr Wert« blieb aber, ganz im Sinne eines leuchtenden Nordsterns, stabil.

Nordstern

Die Tradition des Nordsterns ist stark von Toyota geprägt. Es ist eines der Herzstücke ihrer Lean-Management-Philosophie, da es die gesamte Produktion auf ein gemeinsames Leitbild ausrichtet. Dieses Bild vereint vier handlungsleitende Aspekte:

1. Null Fehler,
2. 100 Prozent Wertschöpfung,
3. durchgängiger Arbeitsfluss und
4. Sicherheit für Menschen.

Handlungsleitend werden diese Aspekte, indem sie eben nicht ein einfaches Projektziel, sondern leitsternartige Grundhaltungen formulieren. Alle Mitarbeiterinnen sollen sich daran orientieren, um Geschäftsprozesse kontinuierlich zu verbessern, vermeidbare Verschwendung zu minimieren und Wertschöpfung und Kundenzufriedenheit gleichermaßen zu maximieren.

Obwohl wir die fundamentalen Unterschiede zwischen Automobilproduktion und digitaler Produktentwicklung nicht übersehen wollen, halten wir das Konzept eines Leitsterns für die kontinuierliche Verbesserung nach wie vor für sehr hilfreich.

Die gute Nachricht zuerst: Wenn ihr eure aktuelle Situation angemessen erfasst und euren Verbesserungsfokus ausreichend durchgerüttelt habt, ist schon einmal einiges erreicht. Die nicht so gute Nachricht, im Geiste eines berühmten Fußballtrainers formuliert: Damit habt ihr noch nicht fertig!

Einerseits ist es ratsam, sich nicht allein mit dem Nordstern eurer Verbesserungsinitiative zu beschäftigen, sondern ebenso mit der Frage, woran ihr erkennen könnt, dass euer Veränderungsprozess auf Kurs ist.

- Wie könnt ihr euren Fortschritt überwachen?
- Woran macht ihr fest, dass eure Schritte tatsächlich auf die Business Challenge einzahlen?
- Welche Beobachtungs- und Messpunkte habt ihr, um festzustellen, ob ihr euch wie gewünscht verbessert?
- Wie brecht ihr die Verbesserung auf die einzelnen Veränderungsetappen herunter?

Auch auf diese Fragen fanden die oben im Beispiel erwähnten Digitalisierungsexpertinnen richtungsweisende Antworten, indem sie jede Verbesserungsetappe auf dem Weg zum Nordstern mit überprüfbaren Ergebnissen verknüpften – sei es nun mit qualitativen Ergebnissen wie dem Feedback, das Mitarbeiterinnen wie Stakeholder auf bestimmte Maßnahmen gaben, oder mit quantitativen Ergebnissen wie der schrittweisen Verkürzung der Durchlaufzeiten. Im Zuge der Flight-Level-2-Initiative, die den Verbesserungsprozess beflügeln sollte, wurden sogar eigene Nordstern-Metriken festgelegt. »Schneller mehr Wert« zu erzielen wurde an der Anzahl der gelieferten Features, dem NPS (Net Promoter Score) der digitalen Nutzerinnen und dem Auftragsvolumen der Werbekundschaft festgemacht. Es liegt in der Natur der agilen Sache, dass die Messergebnisse ein fixer Bestandteil der Reviews und Retrospektiven im laufenden Betrieb waren (siehe Kap. 6).

Wie auch immer euer Nordstern und die dazu passenden Feedbackschleifen aussehen: Es schadet keineswegs, wenn ihr euch bereits während der Fokussierung auf euer wichtigstes Verbesserungsvorhaben mit dem präferierten Lösungsansatz beschäftigt.

- Warum wollt ihr das von euch identifizierte Geschäftsproblem mithilfe von Flight Levels adressieren?
- Was bringt euch das Flight-Levels-Modell?
- Inwiefern unterstützt es die von euch anvisierte Verbesserung?
- Und worauf wollt ihr in der praktischen Umsetzung besonders achten?

Die Komplexität eines zielgerichteten Unternehmenswandels bringt es mit sich, dass auch diese Fragen alles andere als einfach zu beantworten sind. Umso mehr raten wir, den Verbesserungsfokus wie das Verbesserungsmodell nicht nur einmal kurz im kleinen Kreis zu diskutieren. Einmal mehr steht und fällt der Verbesserungsprozess mit einem konsequenten iterativen Ansatz. Was verbessert werden soll und warum das unternehmerisch wichtig ist, kann so wenig fertig vorgegeben werden wie der konkrete Veränderungsweg. Wir plädieren vielmehr für intelligente Formen der Beteiligung: Etwa, indem ihr

- potenziell richtungsweisende Ideen nach allen Regeln der furchtlosen Veränderungskunst testet;
- die wichtigsten Verbesserungsthemen aus dem Klärungsprozess gemeinsam priorisiert;
- euch auf relevante Beobachtungs- und Messpunkte verständigt;
- Flight Levels einem breiteren Kreis vorstellt und Feedback dazu einholt (siehe Abschnitt 2.4).

Ein solcher iterativer Ansatz bringt es oft mit sich, dass die Klärung der Ist-Situation und die Definition eines starken Verbesserungsfokus Hand in Hand gehen. Wie bei vielen anderen Veränderungsaktivitäten gibt es kein striktes Vorher-Nachher. Ein wasserfallartiges Abarbeiten wäre ja kaum im Sinne der angestrebten Agilisierung. Die Reflexion der aktuellen Lage und das Herausschälen der wichtigsten Business Challenges greifen untrennbar ineinander. In manchen Fällen taucht ein starker Nordstern bereits sehr früh auf, zuweilen beginnt die Lösungssuche sogar mit einem starken Verbesserungsimpuls. In anderen Fällen entsteht ein solcher Impuls wiederum aus der Entdeckung des Flight-Levels-Modells. Plötzlich wird vorstellbar, wie aus einem vagen Bedürfnis nach Business-Agilität eine konkrete Verbesserungsinitiative erwachsen kann, und der aktuelle Kontext wird erst im Folgeschritt ergründet.

Im Übrigen haben Mary Lynn Manns und Linda Rising [Manns & Rising 2005] auch für diese Phase der Fokussierung einige Praxistipps auf Lager:

- **Teste Ideen**
  Obwohl du gerade zu Beginn eines Veränderungsprozesses nicht sofort auf eine mögliche Lösung losstürmen solltest, kann es durchaus sinnvoll sein, neben der Klärung der aktuellen Probleme auch einen konkreten Lösungsansatz auszuprobieren. Überlege dir daher, wie du die Grundideen des Flight-Levels-Modells kurz und knackig präsentieren und erstes Feedback einholen kannst. Vielleicht stellst du ein konkretes Praxisbeispiel aus einem vergleichbaren Kontext vor. Vielleicht berichtest du kurz von der Ausgangssituation und dem, was sich mit Flight Levels verbessert hat. Vielleicht verwendest du bloß ein Bild, das mitunter ja mehr sagt als tausend Worte. Was auch immer dir einfällt, um deine Verbesserungsidee zu erproben, kann dir schon früh wertvolles Feedback liefern.
- **Lade zum Essen und Trinken ein**
  Kaum etwas fördert die offene Kommunikation stärker als eine entspannte Atmosphäre, wie sie bei gutem Essen oder einem gepflegten Gläschen auf fast natürliche Weise zustande kommt. Unser Bedürfnis nach einem genussreichen Austausch lässt sich auch für Veränderungsprozesse nützen. So könntest du dir beispielsweise überlegen, eine Retrospektive im Rahmen einer Happy Hour durchzuführen, du könntest das Thema unternehmerische Verbesserung über ein Quizspiel thematisieren oder einen Business-Class-ähnlichen Service mit Fingerfood & Drinks bieten, um Flight Levels vorzustellen.
- **Lade einen großen Namen ein**
  Die im letzten Punkt skizzierte Idee des gemütlichen Beisammenseins lässt sich noch durch die Einladung hochkarätiger Fachleute steigern. Hole namhafte Leute ins Unternehmen, um den agilen Verbesserungsansatz, die Wichtigkeit eines starken Nordsterns oder die Grundideen der agilen Veränderung mit Flight Levels zu erläutern. Frage nach praktischen Umsetzungsbeispielen und fördere eine offene Diskussion, bei der die Anwesenden ihre eigenen Erfahrungen einbringen und kritische Fragen stellen können. Organisiere dazu eventuell noch ein Meeting in einem kleineren Rahmen, damit wichtige Stakeholder deines Verbesserungsvorhabens eingehender mit der prominenten Flight-Levels-Expertin diskutieren können.

2.4 Führungskoalition schaffen

Nachdem das »Was« und »Warum« der Flight-Levels-Initiative konsolidiert wurde, ist es höchste Zeit, sich genauer mit dem »Wer« zu beschäftigen. Hierzu dienen unter anderem folgende Fragen:

- Wer entscheidet nun definitiv, dass es eine unternehmerische Verbesserungsinitiative geben wird und worauf sich diese konzentrieren soll?
- Wer entscheidet, dass für diese Initiative das Flight-Levels-Modell eingesetzt wird?
- Wer kommuniziert, warum die gewünschte Verbesserung wichtig ist?
- Wer sichert die für eine solche Verbesserung notwendigen Rahmenbedingungen ab?
- Wer kümmert sich um den dafür notwendigen Veränderungsprozess?
- Wer ist davon betroffen?
- Wie werden alle Betroffenen auf dem Laufenden gehalten?
- Wer sollte sich aktiv beteiligen, damit die Verbesserung tatsächlich gelingt?

Aus diesem Fragenkatalog lassen sich zumindest zwei grundsätzliche Schlüsse zum »Wer« der Verbesserung ziehen: Zum einen, dass es neben einem starken Fokus für die angestrebte Verbesserung zumindest eine Sponsorin braucht, die für die Initiative einsteht; und zum anderen, dass engagierte Leute nötig sind, um diese Initiative operativ umzusetzen.

»You'll never walk alone«, lautet unser vom FC Liverpool geborgtes Motto für diese Gruppe von Personen, die wir in Anlehnung an Change-Guru John Kotter »Führungskoalition« nennen wollen [Kotter 1996]. Ein genauerer Blick auf diese Koalition zeigt, dass sie sich aus mehreren Rollen mit unterschiedlichen Verantwortlichkeiten zusammensetzt.

Abb. 2–5 *Rollen und Verantwortlichkeiten in agilen Veränderungsprozessen*

2.4.1 Sponsorin

Die Erfahrung hat uns gelehrt, dass keine der in Abbildung 2–5 gezeigten Rollen vernachlässigt werden sollte. Vor allem der immer wieder zu beobachtende Versuch, Flight Levels ohne eine vom Konzept überzeugte Sponsorin einzuführen, ist meistens zum Scheitern verurteilt. Auf Teamebene (Flight Level 1) mag ein solcher Guerilla-Ansatz ja noch machbar sein. Doch spätestens, wenn es um teamübergreifende Koordination (Flight Level 2) oder gar um das strategische Portfolio (Flight Level 3) oder eine umfassendere Systemarchitektur (Arbeitssystem-Topologie, Details dazu in Kap. 5) geht, braucht die Flight-Levels-Initiative ausreichend einflussreiche Personen, die sich dafür engagieren.

Sponsorship

Flight-Levels-Initiativen stehen und fallen mit starken Sponsorinnen, die sich nicht mit schönen Worten begnügen. Statt Rhetorik haben solche Personen messbare Verbesserung im Sinn und engagieren sich aktiv in dem dafür notwendigen Veränderungsprozess.

Sponsorship ist eben kein Ehrentitel, den man sich wie einen Orden ans Revers heftet. Das erwartete Engagement hängt ganz wesentlich vom Einfluss und den unternehmensinternen Machtstrukturen ab, die Verbesserungsinitiative nachhaltig schützen und im Zweifelsfall auch unpopuläre Entscheidungen treffen zu können. Vor allem zwei Strategien helfen, hier nicht in die Falle von Proxy- oder Pseudolösungen zu tappen: Einerseits hilft eine differenzierte Analyse der bisherigen Verbesserungshistorie und der Sponsorship. Geleitet wird sie von Fragen wie »Gab es so etwas überhaupt schon einmal?«, wenn ja: »Wer hat sich dabei hervorgetan?« und: »Was kann aus der Analyse für die aktuelle Initiative gelernt werden?« Andererseits hilft ein sorgsames Stakeholder-Mapping, mit dem das soziale Netzwerk sowie geeignete Kandidatinnen für ein starkes Sponsoring identifiziert werden können.

Ob diese Aufgabe nun eine einzelne Sponsorin mit ausreichend Entscheidungsautorität übernimmt oder mehrere Sponsorinnen, etwa ein Managementteam, ist nicht so wichtig. Viel wichtiger ist, dass jemand das »Was« und »Warum« der jeweiligen Flight-Levels-Initiative im Fokus behält und die dafür nötigen Rahmenbedingungen absichert.

Sponsorship bedeutet also nicht, eine Maßnahme mit salbungsvollen Worten zu bedenken und sie dann im wahrsten Sinne des Wortes zu verabschieden. Sponsorship beschränkt sich ebenso wenig allein auf die Absicherung von ausreichend Basisressourcen im Sinne von Personal, Zeit und Geld. Weit darüber hinaus heißt Sponsorship aus unserer Sicht, dass es zumindest eine Top-Führungskraft im Unternehmen gibt, für die die Flight-Levels-Initiative mehr ist als eine weitere Maßnahme unter ferner liefen. Ohne ein herzhaftes Engagement im Managementalltag bekommt diese Initiative nämlich nicht die notwendige Schwerkraft im Tagesgeschäft.

2.4.2 Change-Team

Selbst die engagierteste Sponsorin allein reicht natürlich nicht aus, um die gewünschte Verbesserung zu erreichen. Darüber hinaus sollte es eine Gruppe von Leuten geben, die sich um das konkrete »Wie« des Veränderungsprozesses kümmert. Es fragt sich natürlich, wie eine solche Gruppe zustande kommt. Wer sollte ihr angehören? Wie kann sie sich effizient organisieren? Und welche Unterstützung braucht sie, um sich zu einem tatkräftigen Change-Team entwickeln zu können?

Bezüglich der Gruppenzusammenstellung haben wir sowohl auf Flight-Level-2-Ebene als auch für größere Systemarchitekturen die besten Erfahrungen mit einem diversitätsorientierten Setup gemacht. Ein bunter Mix von Leuten mit unterschiedlichem Fachwissen, Erfahrungshorizonten, Führungskompetenzen und Persönlichkeiten modelliert jene silo- und hierarchieübergreifende Vernetzung, die wir mit Flight Levels insgesamt fördern wollen. In manchen Fällen ist auch die Sponsorin (oder eine der Sponsorinnen) Teil dieses Mixes und vielfach ist außerdem zumindest eine erfahrene Flight-Levels-Expertin dabei, die als versierte Sparringspartnerin fachlich wie prozessual unterstützt.

Die Bedeutung eines solchen Change-Teams darf nicht unterschätzt werden. Immerhin kümmert es sich per definitionem um das konkrete »Wie«, also die operative Umsetzung des gesamten Veränderungsprozesses. Da sind Pleiten, Pech und Pannen vorprogrammiert. Selbst ein iteratives Vorgehen in kurzen, auf klare Ergebnisse fokussierten Etappen (siehe Abschnitt 2.6) garantiert nicht, dass alles wie am Schnürchen läuft. Schon gar nicht kann davon ausgegangen werden, dass die Erreichung der gesetzten Verbesserungsziele das ist, was Wienerinnen so schön »eine g'mahte Wiesn« nennen (und dabei dennoch nicht ans Oktoberfest denken).

Mitunter beginnt das Unkraut bereits ganz am Anfang zu wuchern. Beispielsweise, indem der Zusammenstellung des Change-Teams nicht die nötige Aufmerksamkeit geschenkt wird: Personen werden hierarchisch dazu abkommandiert, es werden wieder nur die üblichen Verdächtigen nominiert oder das Change-Team wird zur politischen Arena, in die sich viele Leute hinein reklamieren. Doch wenn die vermeintlichen Change-Expertinnen nur über wenig einschlägige Informationen verfügen, das größere Bild nicht kennen oder sich in einem Kick-off-Meeting mit 25 anderen Kolleginnen wiederfinden, ist Mühsal vorprogrammiert. Wenn die vermeintliche Sponsorin dann noch ins Mikromanagement verfällt, können wir uns vom Thema Verbesserungskultur gleich verabschieden.

Flieger, grüß mir die Sonne!

»Piloten ist nichts verboten«, schmetterte die Band Extrabreit einst auf dem Höhepunkt der Neuen Deutschen Welle. Viele Jahre später wurde diese Textzeile zum Leitmotiv zweier agiler Coaches, die in einem rasant wachsenden Start-up mit dem Thema agile Unternehmensentwicklung beschäftigt waren. Zu den vielfältigen Wachstumsschmerzen des IT-Dienstleisters, dessen Belegschaft sich binnen zwei Jahren von 30 auf knapp 120 vervierfacht hatte, kam nämlich die große Frage, wie die agile Kultur des einstigen Innovators von der Team- auf die gesamte Unternehmensebene übertragen werden konnte.

Zur offiziellen Business Challenge wurde das Thema »Agile Wertschöpfung und agile Kultur skalieren« aber erst, als die beiden Coaches das Flight-Levels-Modell entdeckten. Beflügelt von der Möglichkeit, sowohl teamübergreifende Koordination als auch die Verknüpfung von Strategie und Produktentwicklung zu fördern, bereiteten die beiden Piloten quasi undercover eine entsprechende Verbesserungsinitiative vor. Zuerst übersetzten sie das Modell in eine zu ihrem Unternehmen passende Kurzpräsentation, um diese informell mit einigen Kolleginnen zu testen, die sie als Leistungsträgerinnen kannten und schätzten. Auf Basis des Feedbacks, das sie dabei erhielten, adaptierten sie ihre Präsentation, bevor sie diese der Geschäftsführung vorstellten. Diese zeigte sich sehr angetan und entschied spontan, dass eine Person aus ihrem Kreis die Verantwortung für das Sponsoring übernehmen sollte. Außerdem verständigte man sich darauf, ein kleines, interdisziplinär besetztes Team zusammenzustellen, das nun den offiziellen Auftrag hatte, eine Flight-Levels-Initiative ins Leben zu rufen. Regelmäßige Reflexionstreffen zwischen diesen Flight-Levels-Piloten und dem Sponsor rundeten das organisatorische Setup für die erste Phase ab (siehe Abschnitte 2.4 und 2.5 für weitere Informationen).

Erfreulicherweise gehen immer mehr Unternehmen als Vorbild voran und verdeutlichen, an welchen guten Praktiken wir uns in Sachen Führungskoalition orientieren können.

- **Aktive Sponsorship**
  Die Sponsorinnen der Verbesserungsinitiative klären ihre Erwartungen an das Change-Team, setzen alle wesentlichen Eckpfeiler (siehe die nächsten Punkte) und kommunizieren diese aktiv.
- **Starker Zweck**
  Alle Beteiligten wissen, wozu es das Change-Team gibt, was es erreichen soll und woran sich erkennen lässt, dass es einen guten Job macht.
- **Transparentes Setup**
  Alle wissen, wie sich das Change-Team in fachlicher und sozialer Hinsicht zusammensetzt und wie viele Mitglieder es haben soll.
- **Klare Rahmenbedingungen**
  Alle wissen, innerhalb welcher Vorgaben das Change-Team die gesetzten Ziele erreichen soll, welche Ressourcen ihm dafür zur Verfügung stehen, welche Entscheidungskompetenzen es hat und welche Feedbackschleifen es geben soll.
- **Freiwillige Teilnahme**
  Alle wissen, dass die Mitgliedschaft im Change-Team ein starkes Commitment voraussetzt. Manche Unternehmen laden sogar dazu ein, sich für die Mitgliedschaft zu bewerben, andere delegieren diese Einladung in verschiedene Fachbereiche oder Teams, die selbstorganisiert jeweils eine Kandidatin bestimmen. Was auch immer favorisiert wird: Die Kriterien für die Teilnahme müssen für alle nachvollziehbar sein [Kaltenecker 2017].
- **Persönliche Vereinbarungen**
  Die Sponsorin nimmt sich ausreichend Zeit, um mit allen Mitgliedern des Change-Teams persönlich in Kontakt zu treten, die wechselseitigen Erwartungen zu klären und eine vertrauensvolle Basis für die Zusammenarbeit zu schaffen.

Unabhängig von der Zusammensetzung der für die Umsetzung verantwortlichen Gruppe wird oft übersehen, dass sie Zeit und Übungsgelegenheiten braucht, um sich zu einem schlagkräftigen Change-Team zu entwickeln. Dabei sind Fehler ebenso unvermeidlich wie Unsicherheiten und Spannungen, die nicht selten organisatorische Konflikte widerspiegeln. Umso ratsamer erscheint es uns, das Change-Team nicht allein zu lassen, sondern ihm zumindest eine erfahrene Flight-Levels-Expertin zur Seite zu stellen. Eine solche Expertin hilft dabei, erwartbare Risiken auf Sicht zu managen, unerwartete Herausforderungen zu meistern und das Team kontinuierlich weiterzuentwickeln.

2.4.3 Change Agents

So wichtig eine engagierte Sponsorin und ein Change-Team sind, um ein maßgeschneidertes Veränderungsdesign zu gestalten: Eine Gruppe von drei, fünf oder acht Personen schafft es nicht allein, ein großes Unternehmen mit Hunderten oder gar Tausenden von Beschäftigten wie gewünscht zum Fliegen zu bringen. Deswegen sind für die Verbesserungsarbeit nicht nur Leute gefragt, die Verantwortung für das operative Veränderungsmanagement übernehmen (aka Change-Team), sondern auch die wesentlich größere Gruppe sogenannter Change Agents.

Wie finden wir nun wiederum diese Gruppe? Wie identifizieren wir geeignete Change Agents? Und was ist deren Aufgabe im Verbesserungsprozess? Nun, ganz allgemein gesprochen wirken diese Agents als Botschafterinnen und Multiplikatorinnen der gewünschten Verbesserung. Dafür können sie ihre fachliche Kompetenz einsetzen, ihr prozessuales Know-how, ihre formelle Machtposition oder auch ihren informellen Einfluss als Meinungsführerinnen. Daraus folgt, dass sowohl Fach- als auch Führungskräfte als Change Agents fungieren und für unternehmerische Verbesserung sorgen können.

Change Agents verbreiten und verstärken jedoch nicht nur, was sich Sponsorinnen und Change-Teams ausdenken. Sie gestalten die Verbesserung maßgeblich mit. Beispielsweise indem sie immer wieder Feedback geben und eigene Ideen einbringen (siehe Abschnitt 2.5). Nicht selten rücken sie sogar ins Zentrum der Verbesserungsarbeit, indem sie Systeme oder Architekturen federführend mitgestalten oder den Betrieb moderieren (siehe Kap. 6).

Das in Abschnitt 2.4.2 vorgestellte Start-up-Unternehmen führt beispielhaft vor Augen, dass Führungskoalitionen nicht für die Ewigkeit gebaut sind. Im Gegenteil: Eine gewisse Fluktuation ist sogar vorprogrammiert. Im Falle des Start-ups mussten bereits zu Beginn zwei Fachleute aussteigen, da sie dringend in einer anderen Verbesserungsinitiative gebraucht wurden. Kurze Zeit später fiel unglücklicherweise sogar einer der Initiatoren aufgrund einer schweren Covid-19-Erkrankung aus. Und schließlich wechselte auch die Sponsorship auf einen der beiden anderen Geschäftsführer. Es spricht für die agile Kultur des Unternehmens, dass die neuen Leute die anstehenden Aufgaben rasch übernahmen und nur wenig Irritationen auftraten.

Doch nicht nur personell ist in Sachen Führungskoalition immer mit Veränderungen zu rechnen. Da sich die Veränderungsaktivitäten im Lauf einer Flight-Levels-Initiative zwangsläufig ändern, sind auch nicht immer dieselben Leute für das operative Veränderungsmanagement verantwortlich. Wie im skizzierten Fallbeispiel oben fallen einzelne Leute weg, andere kommen dazu oder übernehmen temporär bestimmte Aufgaben – wie etwa das konkrete Design eines Flight-Level-2-Systems, den Entwurf einer Systemarchitektur oder die Moderation des Regelbetriebs (siehe Kap. 6). Das verleiht der Führungskoalition einen fluiden Charakter und hilft zugleich dabei, die Verbesserungsarbeit nicht auf einen exklusiven Zirkel zu beschränken.

In einem Unternehmen, das ein teamübergreifendes Koordinationssystem ausarbeitet, gibt es ein Designteam und später ein Ende-zu-Ende-Team, in einem anderen Unternehmen nennt sich die Kerngruppe durchgängig »Change Master« und im dritten Unternehmen wird zwischen Veränderungs-, System- und Betriebscoaches unterschieden. Aus unserer Sicht sind solche Namen weit mehr als Schall und Rauch. In vielen Kontexten markieren sie wichtige Unterschiede, die eine nicht zu unterschätzende Rolle für die Verbesserung spielen. Schließlich geht es darum, dass verschiedene Leute Verantwortung übernehmen und wir Führung auf allen Ebenen fördern.

Die bisherigen Ausführungen lassen wohl erahnen, wer sich als Change Agent eignet: Es sind vor allem Personen, die fachlich und/oder sozial eine Schlüsselrolle im Unternehmen einnehmen. Da solche Personen das operative Geschehen stark beeinflussen, ist es von entscheidender Bedeutung, sie für die gewünschte Verbesserung zu gewinnen. Nicht alle diese Schlüsselpersonen können in einem Change-Team mitwirken, der erweiterten Führungskoalition sollten sie aber aus naheliegenden Gründen angehören. Immerhin lebt eine Flight-Levels-Initiative davon, dass gerade diese einflussreichen Leute die gewünschte Verbesserung aktiv unterstützen.

2.4.4 Stakeholder

Zu guter Letzt darf die Gruppe der Stakeholder nicht vergessen werden, die von der Flight-Levels-Initiative betroffen ist. Selbstverständlich gehören Sponsorinnen, Mitglieder des Change-Teams und Change Agents ebenfalls zu dieser Gruppe. In den meisten Fällen gibt es darüber hinaus aber noch wesentlich mehr Stakeholder, die unterschiedliche Interessen verfolgen und dabei bewusst oder unbewusst Einfluss auf die jeweilige Initiative nehmen.

Da wir mehr als einmal erlebt haben, dass dieser Einfluss sträflich unterschätzt wurde, sehen wir eine der zentralen Aufgaben der Führungskoalition darin, sich möglichst früh einen guten Überblick zu verschaffen.

- In welchem größeren Netzwerk bewegt sich die anvisierte Flight-Levels-Initiative?
- Welche Unternehmensbereiche, Gruppen und Personen gehören zu diesem Netzwerk?
- Wie sind die einzelnen Stakeholder miteinander verbunden?
- Welche fachlichen und sozialen Einflussgrößen gilt es dabei zu berücksichtigen?
- Was davon könnte die anvisierte Verbesserung maßgeblich beeinflussen?
- Was heißt das für die Gestaltung des Veränderungsprozesses?

Für eine anschauliche Beantwortung dieser Fragen nutzen Sponsorinnen und Change-Teams gerne die Methode der sogenannten »Stakeholder-Landkarte«. Mit einfachen Mitteln wie Whiteboards, Post-its, Eddings (oder kongenialen virtuellen Tools) und einem überschaubaren Zeitaufwand von ein bis zwei Stunden lassen sich damit viele relevante Beziehungen erfassen: Entscheidungsbefugnis, die wahrgenommene Nähe oder Distanz zur Verbesserungsinitiative, die Interaktionshäufigkeit und sogar emotionale Aspekte, die im traditionellen Stakeholder-Management oft vernachlässigt werden.

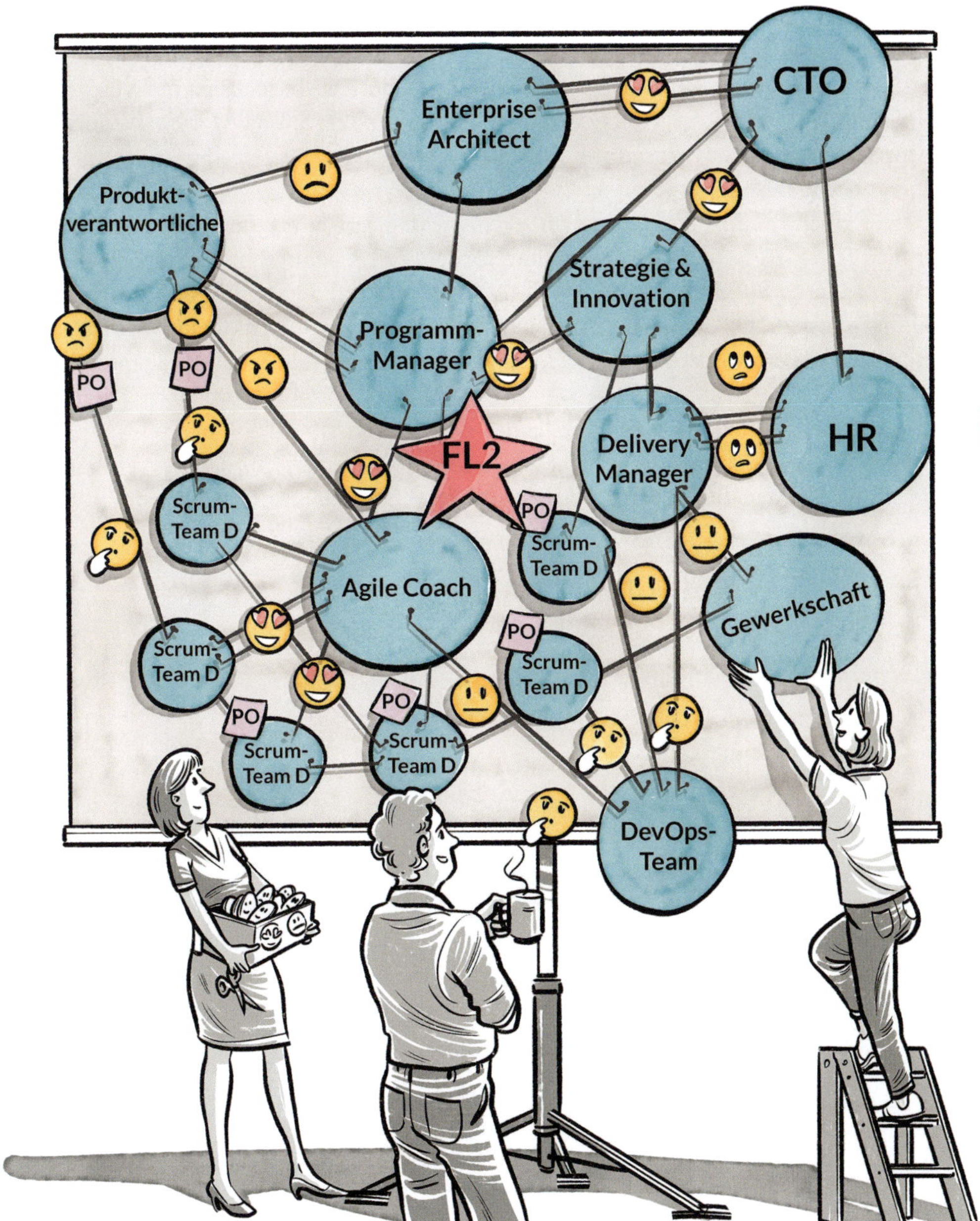

Abb. 2–6 *Stakeholder-Landkarte für eine Flight-Level-2-Initiative*

Abbildung 2–6 zeigt beispielhaft die Stakeholder-Landkarte eines agilen Programms in einem Infrastruktur-Unternehmen mit über 40.000 Beschäftigten. Die rund 150 Mitarbeiterinnen in diesem Programm erinnern an das gallische Dorf aus den Asterix-Cartoons. Wie die größeren Kreise verdeutlichen, hat dieses Dorf nicht nur einen Majestix in Gestalt des Programm-Managers, es ist auch zwangsläufig in das nicht agile römische Reich eingebunden. Der CTO, die Produktverantwortliche, HR und Gewerkschaft sind zwar relativ weit von der aktuellen Verbesserungsinitiative, einem teamübergreifenden Koordinationssystem (= Flight Level 2), entfernt, sind aber wesentliche Stakeholder, deren Interessen und Erwartungen berücksichtigt werden sollten. Zudem zeigen die Kontakthäufigkeit und deren emotionale Färbung einige historisch gewachsene Spannungsfelder auf, die die Flight-Level-2-Initiative maßgeblich beeinflussen könnten.

Eine solche Landkarte gemeinsam zu entwickeln, wie es das für die Umsetzung verantwortliche Change-Team getan hat, fördert den Austausch über individuelle Erfahrungen, macht Annahmen explizit und hilft, sich auf ein aktuelles Bild zu verständigen. Dass das Erkunden der unterschiedlichen Perspektiven die Entwicklung des Change-Teams fördert, ist natürlich ein willkommener Nebeneffekt [Kaltenecker 2021a].

Die Ausdifferenzierung eines gemeinsamen Bildes ist freilich nur eine Etappe auf dem Weg zu einem erfolgreichen Stakeholder-Management. Ihr folgt eine Phase der Analyse, in der du dir beispielsweise folgende Leitfragen stellen kannst:

- Was fällt dir auf?
- Welche Muster erkennst du?
- Wo siehst du Konstellationen, die euer Vorhaben fördern?
- Wo erkennst du Handlungsbedarf?
- Und welche ersten konkreten Maßnahmen fallen dir dazu ein?

Ob diese Analyse nun gleich im Anschluss an die Erstellung der Landkarte erfolgt oder zeitversetzt: Es erhöht den Erkenntniswert, wenn sich alle daran Beteiligten zuerst individuell Gedanken machen und sich dann zu zweit oder zu dritt austauschen, bevor in der gesamten Gruppe diskutiert wird. Auf diese Weise wird ein Maximum an Beobachtungen und Hypothesen gefördert, die dann schrittweise verdichtet werden.

Stakeholder der Verbesserung

Stakeholder sind weit mehr als blinde Passagiere unternehmerischer Veränderung. In vielen Fällen sind deren Bedürfnisse und Interessen sogar ein wesentlicher Katalysator von Flight-Levels-Initiativen. Sei es, weil bestimmte Kundinnen sich beharrlich über lange Lieferzeiten beschweren, sei es, weil Nutzerinnen mit der aktuellen Produktqualität unzufrieden sind, oder sei es, weil das Management mehr Profit realisieren will. Umso wichtiger erscheint es uns, die Stakeholder und deren kontextspezifische Vernetzung zu kennen und sie als wesentliche Adressatinnen des jeweiligen Verbesserungsprozesses zu setzen.

Am Ende eurer gemeinsamen Stakeholder-Analyse solltet ihr euch jedenfalls auf konkrete Maßnahmen verständigt haben:

- Welche Schritte wollt ihr setzen?
- Wen möchtet ihr noch besser über euer Vorhaben informieren?
- Wer soll gezielt involviert werden – sei es nun durch Einzelgespräche, die Einladung zu einem bestimmten Workshop oder ein externes Training?
- Last but not least: Wer kümmert sich bis wann um die Umsetzung der anvisierten Schritte?

Egal wie ihr euch einen Überblick über eure Stakeholder-Landschaft verschafft: Für eine nachhaltige Verbesserung ist es unverzichtbar, eure wichtigsten Stakeholder informiert zu halten und gegebenenfalls gezielt einzubinden. Im Sinne von Abbildung 2–7 ließe sich sogar behaupten, dass wir mit den Flight Levels nur vorankommen, wenn die Veränderungsidee immer größere Kreise zieht.

Abb. 2–7 *Im Auge des Verbesserungsstrudels*

2.5 Engagement fördern

Bevor wir munter zur nächsten Kernaktivität des Veränderungsdesigns fortschreiten, sei uns eine kleine Wiederholung erlaubt. In der Hitze des Gefechts vergessen wir nämlich gerne, dass wir auch die Veränderungsrollen nicht ein für alle Mal definieren können. Wir wollen an dieser Stelle also einmal mehr auf den dynamischen Charakter einer »Change Leadership« hinweisen, die sich gleichermaßen auf der Höhe ihrer Zeit und auf Augenhöhe mit denen befinden will, die diesen Change in die Tat umsetzen. Wie bereits erwähnt folgen die Veränderungsaktivitäten eben nicht einem linearen, wasserfallartigen Prozess. Sie verlaufen in Schleifen, in denen bestimmte Fragestellungen mehrfach auftauchen und zu unterschiedlichen Zeitpunkten und in unterschiedlichen Konstellationen bearbeitet werden. Neben den inhaltlichen Aspekten können sich im Zuge dieser schleifenartigen Bewegungen auch die sozialen Konstellationen ändern.

Zwangsläufig führen gerade Change-Teams ein bewegtes Leben. Ein anschauliches Praxisbeispiel dafür erlebten wir in einem mittelständischen Versicherungsunternehmen, das mithilfe der Flight Levels seine abteilungsübergreifende Abstimmung verbessern und damit seine Lieferzeiten verkürzen wollte. Zu Beginn verständigten wir uns auf ein vierköpfiges Change-Team, das aus einer Abteilungsleiterin, zwei Fachexpertinnen und einem internen Coach bestand. Bereits im Zuge der weiteren Klärungsgespräche stellte sich jedoch heraus, dass eine der Expertinnen die Leitung eines großen Projekts übernehmen sollte und daher nicht mehr für die Verbesserungsinitiative zur Verfügung stehen würde. Für die Vorbereitung des geplanten Flight-Levels-Einführungsworkshops, die mit einer Serie informeller Gespräche einherging, wurden drei weitere Teamdelegierte zur Unterstützung eingeladen. Es versteht sich von selbst, dass dadurch das Zusammenspiel des Change-Teams ebenso stark verändert wurde wie durch das intensive Sparring zwischen der Sponsorin der Initiative (der Leiterin des gesamten Geschäftsbereichs), dem internen Coach und uns als externen Experten.

Im Rahmen des Einführungsworkshops, an dem über 60 Stakeholder teilnahmen, luden wir bewusst einen erweiterten Kreis von Change Agents zur Mitgestaltung ein. Im Anschluss beteiligten sich zum einen vier weitere Fachleute aus verschiedenen Teams sowie zwei Teamleiterinnen am Entwurf eines passenden Systemdesigns. Zum anderen nahmen sich knapp über die Hälfte der Stakeholder 90 Minuten Zeit für ein differenziertes Feedback zu diesem Designentwurf (siehe dazu das Format Sounding Board in Abschnitt 2.5.5).

Nachdem der Flight-Levels-Entwurf einstimmig als gut genug für einen ersten Probebetrieb befunden wurde, veränderte sich das Change-Team noch einmal. Wie von der Designgruppe angedacht, übernahmen drei Leute gemeinsam die Verantwortung für die Moderation des operativen Flugbetriebs (siehe Kap. 6). Parallel dazu verblieb ein Kernteam von drei Leuten, das sich einmal pro Monat für eine Stunde traf, um den gesamten Verbesserungsprozess und mögliche Skalierungsschritte zu reflektieren. Last but not least vereinbarten wir, dass wir als externe Experten in drei Monaten einen Verbesserungsworkshop durchführen würden.

Es spricht vieles dafür, die Verantwortung für den Verbesserungsprozess sukzessive auf mehrere Schultern zu verteilen. Das bedeutet selbstverständlich nicht, dass das initiale Change-Team oder gar die Sponsorinnen ausgebootet werden. Es heißt aber sehr wohl, dass wir die einzelnen Veränderungsrollen und die Führungskoalition insgesamt als temporäre Konstellationen betrachten sollten, die laufend geprüft und an bestimmten Punkten sinnvoll adaptiert werden [Kaltenecker & Eybl 2020].

Darüber hinaus unterstreicht dieses Praxisbeispiel modellhaft, dass sich die Frage »Wer sorgt eigentlich für Verbesserung?« so wenig von der »Wie genau verbessern wir?«-Frage trennen lässt wie das weiter oben erläuterte »Was wollen wir überhaupt verbessern?« vom »Wozu ist diese Verbesserung wichtig?«. Daraus lassen sich zumindest zwei handlungsleitende Prinzipien für die Gestaltung des Verbesserungsprozesses ableiten: Erstens, dass die konkrete Besetzung der dafür benötigten Rollen (wer fungiert als Sponsorin, wer arbeitet im Change-Team, wer unterstützt die Verbesserung?) von den unternehmerischen Herausforderungen abhängt, die mithilfe der Flight Levels gemeistert werden sollen. Und zweitens, dass die angestrebte Verbesserung nur gelingen kann, wenn alle wichtigen Stakeholder angemessen beteiligt sind. »Für organisatorische Veränderung«, halten Daniel Mezick und Mark Sheffield programmatisch fest, »brauchst du das Engagement der Mitarbeiterinnen und Mitarbeiter oder du wirst scheitern« ([Mezick & Sheffield 2018], S. 184).

Fragt sich einmal mehr, wie du dafür sorgen kannst, dass sich möglichst viele Mitarbeitende engagieren.

- Was brauchst du als Sponsorin, Mitglied des Change-Teams oder Change Agent, um deine Verantwortung für den Verbesserungsprozess bestmöglich wahrzunehmen?
- Wie kannst du deine Rolle und das Zusammenspiel der verschiedenen Rollen ausgestalten?
- Wie lässt sich das Verbesserungsvorhaben im gesamten Unternehmen kommunizieren?
- Wie gelingt es dir, ausreichend Aufmerksamkeit dafür zu generieren?
- Wie hältst du deine Stakeholder über den Veränderungsprozess auf dem Laufenden?
- Wie schaffst du es, deine Stakeholder gezielt einzubinden?

Im Zeichen der Ko-Kreation

»You'll always fly together«, ließe sich der bekannte Liverpool-Slogan variieren, wenn es um den unternehmerischen Einsatz von Flight Levels geht. Ko-Kreation lautet die Devise. Das bedeutet zum einen, dass Mitarbeiterinnen möglichst frühzeitig dazu eingeladen werden, aktiv an der Gestaltung des Veränderungsprozesses mitzuwirken. Wir wollen sie eben nicht erst dann ins sprichwörtliche Boot holen, wenn es um die möglichst reibungslose Umsetzung bestimmter Lösungen geht. Und zum anderen können diese Lösungen eben nicht vom Topmanagement oder von Change-Gurus vorgegeben werden. Vielmehr sollten sie gemeinsam mit jenen Fach- und Führungskräften entworfen, geprüft und betrieben werden, die in den jeweiligen Systemen arbeiten und daher über die meisten Erfahrungen verfügen.

Im Folgenden wollen wir einige Formate und Methoden vorstellen, die sich in den letzten Jahren in den unterschiedlichsten Branchen und Unternehmensbereichen als besonders hilfreich erwiesen haben. Neben einzelnen Moderations- und Visualisierungstechniken, wie sie für die Klärung der Ist-Situation, die Definition des Verbesserungsfokus oder die Erstellung einer Stakeholder-Landkarte eingesetzt werden, sind das vor allem folgende Interaktionsformate:

- Das Contracting
- Die Sparringspartnerschaft mit Sponsorinnen
- Die Arbeit im Change-Team
- Der Flight-Levels-Einführungsworkshop
- Die Flight-Levels-System- oder -Architekturdesign-Workshops (siehe dazu die Kap. 3 bis 5)
- Das Sounding Board
- Der Take-off
- Die agilen Interaktionen im Flugbetrieb (siehe Kap. 6)

Wir sehen diese nachfolgend erläuterten Interaktionsformate als Basisbausteine, die auf unterschiedlichen Ebenen Engagement fördern.

2.5.1 Das Contracting

Wir schätzen die »Zusammenarbeit mit dem Kunden mehr als Vertragsverhandlung«, postuliert das Agile Manifest [Beck et al. 2001]. Wie passt das zu unserem Anspruch, möglichst rasch vom ersten Kontakt zu einem klaren Kontrakt zu kommen? Nun des Rätsels Lösung liegt darin, dass das Contracting, das wir für Flight-Levels-Initiativen anstreben, nicht auf formale Verhandlungsprozesse ausgerichtet ist. Stattdessen geht es darum, explizite Vereinbarungen zu allen wesentlichen Eckpfeilern der Zusammenarbeit hinsichtlich der gemeinsamen Unternehmensentwicklung zu erarbeiten.

In der Praxis vollzieht sich diese Arbeit vor allem auf zwei Kommunikationsebenen. Auf der einen Seite geht es um klare Antworten auf die vielzitierten W-Fragen: *Was* genau soll verbessert werden? *Warum* ist eine solche Verbesserung wichtig? *Wer* ist daran in welcher Form beteiligt? Und *wie* wird die Initiative gestaltet? Auf der anderen Seite geht es darum, essenzielles Wissen zusammenzutragen – sei es nun zu den Grundideen von Business-Agilität, zum Flight-Levels-Modell, zu konkreten Praxisbeispielen oder zum agilen Veränderungsansatz.

Tabelle 2–1 bietet einen kurzen Leitfaden für das beim Contracting typische Wechselspiel von Erkunden und Informieren.

Was?	**Fragen** ■ **Fokus** Auf welchen Geschäftsbereich soll sich diese Verbesserung konzentrieren? ■ **Umfeld** Was gibt der Kontext vor? ■ **Verbesserungsziele** Was konkret soll verbessert werden? ■ **Geschichte** Was wurde bereits alles versucht, um die angestrebte Verbesserung zu erreichen? ■ **Ansatz** Was wissen wir bereits über Business-Agilität und Flight Levels? **Informationen** ■ **Business-Agilität** Worum es dabei geht ■ **Flight Levels** Wie das Denkmodell helfen kann ■ **Vergleichswerte** Was sich bei vergleichbaren Zielsetzungen bewährt hat
Wozu?	**Fragen** ■ **Nutzen** Wozu diese Verbesserungsziele? Was soll das bringen? ■ **Dringlichkeit** Warum ist eine Verbesserung gerade jetzt wichtig? ■ **Kräfte** Was sind derzeit die drei größten Herausforderungen, vor denen die (potenzielle) Sponsorin steht? Was sind die drei größten Stärken, auf die sie bauen kann? ■ **Unterstützung** Was erwartet die Sponsorin? Wie sieht professionelle Hilfe für sie aus? **Informationen** ■ **Erfahrungswerte** Warum andere Unternehmen Flight Levels einsetzen ■ **Nutzen** Wie Sponsorinnen von Business-Agilität profitieren ■ **Veränderung** Warum professionelle »Change Leadership« einen Unterschied macht

→

Wer?	**Fragen** ■ **Mitarbeitende** Wer gehört zum System, das verbessert werden soll? ■ **Stakeholder** Wessen Perspektiven und Interessen sollten noch berücksichtigt werden? ■ **Sponsorinnen** Wer setzt Fokus und Rahmen für die Verbesserungsinitiative? ■ **Change Agents & Change-Team** Wer kümmert sich um den nötigen Veränderungsprozess? **Informationen** ■ **Verantwortung** Welche Rollen sich für Flight-Levels-Initiativen bewährt haben ■ **Interaktionen** Gute Praktiken der Zusammenarbeit im Veränderungsprozess ■ **Führungskoalition** Wie Dynamik hinsichtlich Verbesserung aufgebaut und gehalten werden kann
Wie?	**Fragen** ■ **Entscheidungen** Wie können wir eine möglichst gute Kooperationsbasis schaffen? ■ **Zusammenarbeit** Wie sorgen wir für eine regelmäßige Abstimmung hinsichtlich der Flight-Levels-Einführung? ■ **Vereinbarungen** Welche Eckpfeiler sollten wir festlegen? **Informationen** ■ **Wertversprechen** Wie Flight-Levels-Expertinnen für bestmögliche Unterstützung sorgen ■ **Investition** Welche Ressourcen die Initiative benötigt (Zeit, Personal, Geld, Medien, …) ■ **Nächste Schritte** Schriftliche Zusammenfassung, gemeinsames Review, finale Vereinbarungen

Tab. 2–1 *Mögliche Fragen und Informationen zu Flight-Levels-Initiativen*

Selbstverständlich läuft kein Klärungsgespräch genau nach diesem Leitfaden ab. Es wäre ein sonderbares Verständnis von agiler Interaktion, wenn wir diese Basiselemente einfach durchdeklinieren würden. Stattdessen gleicht das Contracting eher einem Tanz zwischen Sponsorinnen und Change-Team und/oder Flight-Levels-Coach als einem einseitigen Assessment. Im echten Leben werden wir von einer Was-Frage direkt zu einer Warum-Frage springen, uns von der Erzählung der potenziellen Sponsorin zu einer Information über Veränderungsrollen leiten lassen, eine Nebenbemerkung zur bisherigen Veränderungsgeschichte als Sprungbrett zum eigenen Wertversprechen nützen. Und so weiter und so fort.

Unser kurzer Leitfaden ist eben keine standardisierte Checkliste, die du für jede Situation anwenden kannst. Er bietet dir aber sehr wohl eine gewisse Orientierung für die Veränderungsarbeit, damit du in der Dynamik deiner Klärungsgespräche nicht die Übersicht verlierst. Viele Flight-Levels-Praktikerinnen nützen ihn gleichermaßen als Inspirationsquelle (»Ah, diesen Aspekt könnte ich auch noch zur Sprache bringen!«) und als Sicherheitsnetz (»Das sollte ich keinesfalls vergessen!«). Die Sammlung an möglichen Fragen und Informationen hilft dir sowohl bei der Vorbereitung als auch bei der Auswertung deiner Gespräche – schließlich kann es gut möglich sein, dass du mehr als eine Klärungsrunde brauchst, um alle wesentlichen Eckpunkte eurer Flight-Levels-Initiative abzustecken.

Egal, ob du nun eine potenzielle Sponsorin, ein Mitglied des internen Change-Teams in spe oder eine externe Flight-Levels-Expertin bist, die das Unternehmen auf seiner Verbesserungsreise unterstützt: Es zahlt sich für alle Beteiligten aus, mit vereinten Kräften für ein transparentes und klares Fundament zu sorgen. Dementsprechend empfehlen wir auch, eine saubere Dokumentation der getroffenen Vereinbarungen zu führen – und das Geschriebene als »lebendes Dokument« zu betrachten, das in sinnvollen Abständen inspiziert und adaptiert werden muss. Folglich sollte das Contracting nicht als einmalige Angelegenheit betrachtet werden, sondern als wiederkehrende Aktivität, die vor allem am Ende jeder Verbesserungsetappe durchgeführt werden sollte. Tatsächlich zählt das agile Recontracting zu den besten Praktiken, die wir kennen. Doch dazu später mehr (insbesondere in Abschnitt 2.6).

2.5.2 Die Sparringspartnerschaft mit Sponsorinnen

Den Begriff »Sparring« kennen die meisten wahrscheinlich aus dem Kampfsport. Die ursprüngliche Bedeutung hat allerdings weder mit Schlagen oder Treten noch mit Sieg oder Niederlage zu tun. Vielmehr geht es darum, sich intensiv mit jemandem auseinanderzusetzen (»to spar with someone«), um die Fähigkeiten beider Sparringspartnerinnen zu verbessern. Um einen dementsprechend offenen Schlagabtausch zu fördern, ohne Verletzungen zu riskieren, werden besondere Vereinbarungen getroffen wie etwa das Tragen von Schutzkleidung oder das Verbot bestimmter Angriffstechniken.

Für uns umreißt diese Definition gut, was wir in der Zusammenarbeit mit Sponsorinnen von Flight-Levels-Initiativen anstreben: eine offene Auseinandersetzung auf Augenhöhe, die in einem geschützten, regelgeleiteten Rahmen stattfindet. Innerhalb dieses Rahmens können sowohl fachliche als auch soziale sowie emotionale Aspekte zur Sprache kommen, die in Veränderungsprozessen fast zwangsläufig auftauchen. Je nach Initiative, Unternehmenskontext und Beziehungskultur nützen wir das Sparringsformat für folgende Aktivitäten:

- die Vermittlung von Wissen, zum Beispiel in puncto Business-Agilität, Leadership oder agile Veränderung;
- die Unterstützung richtungsweisender Entscheidungen, zum Beispiel hinsichtlich der Business Challenge, die mithilfe von Flight Levels gemeistert werden soll, hinsichtlich der Rahmenbedingungen, innerhalb derer ein Change-Team arbeitet, oder hinsichtlich der Durchführung bestimmter Events;

- eine gemeinsame Reflexion der jeweils aktuellen Situation, insbesondere am Ende einzelner Verbesserungsetappen;
- besondere Herausforderungen wie etwa den Umgang mit Widerstand oder die Bearbeitung von Konflikten;
- das Geben von Feedback zu beobachtetem Führungsverhalten, was gerade auf Managementebene oft viel zu kurz kommt;
- das Einholen von Feedback, insbesondere, was die Qualität unserer Arbeit als Mitglieder des Change-Teams oder Flight-Levels-Coaches betrifft.

Eine besondere Sparringskultur erlebten wir im Zuge einer groß angelegten Verbesserungsinitiative einer Online-Plattform mit knapp 250 Mitarbeitenden. Neben der Einführung eines Flight-Level-2-Systems für die teamübergreifende Koordination wurde nämlich besonderer Wert auf die Entwicklung der Führungskultur gelegt. So fanden neben den bilateralen Meetings mit der Flight-Levels-Sponsorin auch regelmäßige Einzel- und Gruppen-Sparrings statt, an denen sowohl Mitglieder des Change-Teams als auch ein erweiterter Kreis von Führungskräften beteiligt waren. Wenn mehrere Leute gleichzeitig teilnahmen, war es zwar um einiges schwieriger, gut in einen sogenannten »Infight« zu kommen: in einen intensiven Schlagabtausch im Sinne des lauten Nach- und Vordenkens – sei es nun zu unternehmerischen, zu agilen oder zu persönlichen Themen. Es zeigte sich aber auch, dass eine solche Intensität eben nicht auf Knopfdruck entstehen kann. Es brauchte Zeit für ein sukzessives Sich-Einspielen, für den Aufbau von Vertrauen und für jene psychologische Sicherheit, auf der die ganze Sparringsidee beruht. Dadurch, dass wir uns regelmäßig, im Abstand von 4–8 Wochen trafen, entstand im Laufe des Jahres eine Kommunikationskultur, bei der auch kritische, potenziell schmerzhafte Aspekte Platz fanden.

Sparring statt Coaching

Du fragst dich jetzt vielleicht, warum wir dieses Interaktionsformat Sparring und nicht Coaching nennen. Nun, der Hauptgrund liegt für uns in dem Image begründet, das Coaching bei vielen Leuten hat. Mit Coaching wird oftmals assoziiert, etwas nicht ausreichend zu können und deshalb auf die Hilfe anderer angewiesen zu sein. Das weckt zuweilen – so viel Psychologie muss dann doch sein – unangenehme Gefühle von Abhängigkeit oder sogar Minderwertigkeit, die sich schwer mit dem Selbstbild vieler Fach- und Führungskräfte vertragen. Darüber hinaus haben gerade Managerinnen ihre Schwierigkeiten mit dem populären Ansatz, dass echtes Coaching primär Hilfe zur Selbsthilfe bedeutet. Wieso sollten sie professionelle Hilfe in Anspruch nehmen, wenn sie die Lösung ihrer Probleme ohnehin allein finden müssen?

Sparring betont hingegen, dass die Partnerinnen einander von Anfang an auf Augenhöhe begegnen, auf gleichwertige Expertisen bauen können und gemeinsam nach Synergien suchen. Das inkludiert, dass Managerinnen in Sparrings zu Flight-Levels-Initiativen auch fachliche Unterstützung und konkrete Ratschläge bekommen. Die Grundidee ist eben, sowohl die jeweiligen Problemstellungen gemeinsam zu erkunden als auch mögliche Lösungswege ko-kreativ auszuarbeiten, ohne deswegen gleich ins Fahrwasser der traditionellen Fachberatung abzugleiten.

Die breite Palette der beschriebenen Zielsetzungen legt nahe, dass solche Sparringsmeetings regelmäßig stattfinden sollten. Da wir die Rolle der Sponsorinnen für erfolgskritisch halten, empfehlen wir, gerade zu Beginn einer Flight-Levels-Initiative eine eher enge Kadenz, da Vertrauen und Verständnis nur Schritt für Schritt aufgebaut werden können. Wie jede Partnerschaft muss eben auch die Sparringskultur in ihrem eigenen Tempo reifen und verlangt daher von allen Beteiligten ein hohes Commitment und einen langen Atem.

2.5.3 Die Arbeit im Change-Team

Wie in Abschnitt 2.4.2 ausgeführt verstehen wir unter einem Change-Team eine Gruppe von Individuen mit unterschiedlichen Erfahrungen und Stärken, die gemeinsam Verantwortung für die zielorientierte Umsetzung einer Flight-Levels-Initiative übernimmt. Wie genau ihr ein solches Team zusammenstellt und einsetzt, hängt von euren Verbesserungszielen, von der Komplexität eures Umfelds, von den verfügbaren Ressourcen und nicht zuletzt von eurer Unternehmenskultur ab.

In der Praxis hilft ein Change-Team vor allem zu Beginn eurer Veränderungsreise. Es intensiviert den Fokus auf unternehmerische Verbesserung, bündelt Kräfte und stärkt die Führungskoalition. Allerdings passiert all das so wenig automatisch wie eine starke Sponsorship. Deswegen raten wir allen, die für eine Veränderung verantwortlich sind, Folgendes:

- Klärt die Agenda des Change-Teams: Welche Rolle hat das Change-Team? Wofür genau ist es verantwortlich? Wann macht es einen guten Job?
- Prüft diese Agenda regelmäßig und adaptiert sie gegebenenfalls.
- Stellt den Mitgliedern des Change-Teams ausreichend Zeit zur Verfügung, um alle Aufgaben zu verstehen, deren Umsetzung zu erproben, kontinuierlich dazuzulernen und gemeinsam zu einem schlagkräftigen Team heranzuwachsen.
- Legt die Rahmenbedingungen für die Zusammenarbeit fest: Worüber kann das Change-Team selbst entscheiden? Was muss mit wem abgestimmt werden? Wie sieht die Zusammenarbeit mit der Sponsorin, anderen Change Agents oder dem weiteren Kreis von Stakeholdern aus? Welche Feedbackschleifen sollen diesbezüglich etabliert werden?
- Unterstützt die professionelle Entwicklung eures Change-Teams und geht nicht davon aus, dass dieses quasi auf Knopfdruck die erwartete Performance zeigt. Was ist notwendig, um die Vorhaben gut zum Laufen zu bringen? Wie genau organisieren sich die Mitglieder? Wie wird für Überblick und Transparenz gesorgt? Woran erkennt das Team, dass es einen guten Job macht?
- Fördert diese Entwicklung durch State-of-the-Art-Methoden – etwa durch die in Abschnitt 2.4.4 beschriebene Stakeholder-Landkarte, die Praktiken der furchtlosen Veränderungskommunikation (siehe Abschnitt 2.2), den sogenannten Change-Flow-Workshop, bei dem ein maßgeschneiderter Veränderungsprozess

skizziert wird (siehe Abschnitt 2.6.3) oder die professionelle Vorbereitung, Durchführung und Auswertung größerer Change-Events (siehe Abschnitt 2.5.4).

- Betrachtet die kontinuierliche Arbeit des Change-Teams als ähnlich roten Faden eurer Verbesserungsinitiative wie die Sparringspartnerschaft zwischen Flight-Levels-Change-Team und Flight-Levels-Sponsorinnen.

In manchen Fällen stellt bereits die Identifikation potenzieller Sponsorinnen eine große Herausforderung dar. Gerade das Management klagt selten über Langeweile – und sieht im Hamsterrad seiner täglichen Verpflichtungen nicht, warum es sich jetzt auch noch mit Verbesserungsinitiativen beschäftigen sollte. Falls du in einer ähnlichen Situation steckst, könnten dir zwei weitere Tipps zur »furchtlosen Kommunikation« helfen:

- **Frage um die Hälfte der Zeit**
  Wenn es dir schwerfällt, Schlüsselpersonen für euer Vorhaben zu gewinnen, weil diese immer viel zu tun und einen entsprechend engen Zeitplan haben, frage doch einfach mal um die Hälfte der Zeit. Vielleicht reichen 25 Minuten statt der gewünschten 50, um ein erstes Klärungsgespräch zu führen. Eventuell hilft es euch mehr, wenn eine Schlüsselperson zwei Stunden an einem halbtägigen Workshop teilnimmt als gar nicht. Und möglicherweise könnt ihr selbst dann ausreichend Schwung erzeugen, wenn ihr eure Flight-Levels-Sponsorin nur alle zwei Wochen statt jede Woche trefft. Einen Versuch ist es allemal wert.

- **Betreibe Korridorpolitik**
  Gerade weil Entscheidungsträgerinnen und wichtige Influencer oft wenig Zeit haben, solltest du auch informelle Kommunikationsgelegenheiten nützen. Nicht, dass alles immer zwischen Tür und Angel laufen muss. Doch eure Flight-Levels-Initiative kann durchaus davon profitieren, wenn du Schlüsselpersonen auf dem Weg zwischen zwei Meetings, in der Kantine oder im Lift zur Tiefgarage bestimmte Ideen vorstellst und sie um Feedback bittest.

2.5.4 Der Flight-Levels-Einführungsworkshop

Mit dem Etablieren von Sparringspartnerschaften und dem Arbeiten im Change-Team taucht zwangsläufig die Frage auf, wie genau ihr denn nun für ein breiteres Engagement sorgen könnt. Es ist zwar schön und gut, wenn es eine Führungskoalition für eure Flight-Levels-Initiative gibt – doch sind alle, deren Arbeit von der Initiative erfasst wird, überhaupt bereit, euren Führungsimpulsen zu folgen? Sich aktiv an der Einführung zu beteiligen? Nach bestem Wissen ihre eigenen Systeme und Architekturen zu gestalten? Und dann im Betrieb für kontinuierliche Verbesserungen zu sorgen?

Der Flight-Levels-Einführungsworkshop will richtungsweisende Antworten auf diese Frage liefern. Mit diesem Format könnt ihr

- die wichtigsten Stakeholder über eure Initiative informieren,
- einen offenen Austausch über Team-, Abteilungs- und Hierarchiegrenzen hinweg fördern,
- unterschiedliche Perspektiven dazu nützen, um die zentralen Stärken und Herausforderungen des aktuellen Arbeitssystems zu identifizieren,
- profundes Know-how über Flight Levels und Business-Agilität vermitteln,
- Feedback von möglichst vielen Stakeholdern einholen und
- Schwung für eure weitere Verbesserungsreise aufnehmen.

Um diese Ziele zu erreichen, ist der Einführungsworkshop bewusst als Großgruppenveranstaltung angelegt. Abhängig von der Größe des Systems, das ihr zum Fliegen bringen wollt, darfst du also mit 30, 50, 100 oder noch mehr Teilnehmenden rechnen. Umso wichtiger ist es, den Workshop gut vorzubereiten: Wozu das Ganze? Was hat das Unternehmen und was hat jede einzelne Teilnehmerin davon? Wie sieht der Rahmen aus (Termin, Dauer, Ort oder Medium, Ausstattung für Präsenzveranstaltung oder virtuelle Tools etc.)? Wer wird eingeladen? Wie wird eingeladen? Wie genau soll der Workshop ablaufen? Und was passiert eigentlich danach?

Agile Interaktionen in großen Gruppen

»Den ganzen Elefanten erkunden«, haben wir als Motto für die gemeinsame Klärung der Ist-Situation ausgegeben (Abschnitt 2.2). Der Elefant steht für die Komplexität von Unternehmen, der Fach- wie Führungskräfte ähnlich betriebsblind gegenüberstehen. Um die blinden Flecken in der Wahrnehmung komplexer Zusammenhänge zu erhellen, können wir vor allem zwei Strategien nutzen: erstens eine intelligente Vernetzung des ganzen Systems in einem Großgruppen-Setup und zweitens die Förderung agiler Interaktionen in diesem Setup.

Was genau ist nun darunter zu verstehen? Nun, das Setup ist schnell erklärt, da Großgruppen in unserem Kontext zumindest vier Charakteristika aufweisen:

1. Die Anzahl der Gruppenmitglieder (mehr als 20)
2. Das Ziel der ko-kreativen Unternehmensentwicklung. Wir haben hier also keine Townhall-Meetings mit einseitiger Beschallung im Visier.
3. Eine klare Agenda, um dieses Ziel zu erreichen (übersetzt in einen detaillierten Moderationsplan)
4. Das Grundvertrauen in die Fähigkeit und Bereitschaft aller Beteiligten, sich in hohem Maße selbst zu organisieren (innerhalb der von der Moderation gesetzten Rahmenbedingungen)

→

Die zweite Anforderung an professionelle Großgruppenarbeit ist durchaus anspruchsvoll. Agile Interaktionen mit 30, 50, 100 oder noch mehr Leuten zu fördern, funktioniert nämlich völlig anders als auf Teamebene. Die pure Anzahl an Teilnehmenden sorgt für eine erhöhte Dynamik, während gleichzeitig der persönliche Kontakt ebenso stark eingeschränkt ist wie das gewohnte Set an Steuerungsmitteln. Mal schnell ins Geschehen einzugreifen wird schwierig, wenn man es mit so vielen Leuten gleichzeitig zu tun hat, dass man nicht einmal weiß, wo man eigentlich hinschauen, geschweige denn, wen man ansprechen soll.

»Warum soll ich mir das dann überhaupt antun?«, fragst du dich jetzt vielleicht. Unsere Antwort darauf ist kategorisch: Ohne eine solide Kompetenz in der Moderation großer Gruppen wirst du Flight Levels nicht fruchtbar einsetzen können! Egal, ob es nun um einen Einführungsworkshop geht, um ein Sounding Board zu Systementwürfen oder um teamübergreifende Retrospektiven, wie sie etwa im Betrieb von Flight-Level-2-Systemen gang und gäbe sind: Professionelle Großgruppenarbeit ist unerlässlich, um systemweites Engagement zu fördern.

Es liegt auf der Hand, dass eine solche Förderung alle Beteiligten gehörig fordert – auch die Co-Pilotinnen, die dabei helfen, Großgruppen-Setups zu gestalten: von den Sponsorinnen über das Change-Team bis hin zu der breiten Vielfalt an Stakeholdern, die an der Flight-Levels-Initiative beteiligt werden sollen.

Viele der aufgeworfenen Fragen richten sich direkt an Sponsorinnen und Change-Teams. Indem die Führungskoalition in der Vorbereitung des Einführungsworkshops klare Antworten erarbeitet, wagt sie gewissermaßen ihr erstes »Going-public«. Ja, mehr noch: Die bisher im kleinen Kreis identifizierten Veränderungsmotive (»Wozu Change?«) werden ebenso in einer breiteren Öffentlichkeit getestet wie die Verbesserungsziele (»Was genau soll optimiert werden?«) und die präferierte Vorgangsweise (»Was sind Flight Levels?«). Der Einführungsworkshop hat also weder ein plumpes Einschwören auf ein vorgefertigtes Veränderungskonzept zum Ziel noch das Verkaufen von Flight Levels. Stattdessen geht es um ein gemeinsames Kennenlernen im besten Sinne des agilen Inspect & Adapt.

Im Laufe der Jahre hat sich dafür eine Sammlung von Gestaltungselementen herauskristallisiert, die einmal mehr als Legosteine betrachtet und für das spezielle Bauvorhaben herangezogen werden können:

- **Check-in**
  Nach einer kurzen persönlichen Begrüßung durch die Sponsorinnen und das Change-Team werden alle Teilnehmenden mit einem gemeinsamen Check-in aktiviert, bevor noch einmal der bereits im Vorfeld kommunizierte Fokus, die Agenda und der organisatorische Rahmen des Workshops in Erinnerung gerufen werden. Es hat sich bewährt, für diese Aktivierung Paare oder Trios einzusetzen, die zu einer bestimmten Leitfrage (zum Beispiel »Wie steige ich in diesen Workshop ein?«) miteinander ins Gespräch kommen.
- **Klärung der Ist-Situation**
  In kleinen, hinsichtlich Rolle, Erfahrung und Fähigkeiten möglichst gut durchmischten Gruppen werden alle Anwesenden dazu eingeladen, sich auf die aus

ihrer Sicht wichtigsten Stärken und Herausforderungen zu verständigen und diese stichwortartig auf Karten zu visualisieren. Im Anschluss werden diese Stichwortkarten kurz im Plenum vorgestellt und zu sinnvollen Clustern zusammengefasst (siehe die schwarzen Überschriften zu den aktuellen Herausforderungen in Abb. 2–8).

- **Know-how zu Flight Levels & Business-Agilität**
  Je nach Verbesserungsfokus wird Basiswissen zu den fünf Aktivitäten, den drei Ebenen, den Flight Items und Flight Routes, der Systemtopologie oder dem agilen Verbesserungsprozess vermittelt.
- **Erlebnisorientiertes Experiment**
  Nachdem wir nicht nur mit dem Kopf lernen, inkludieren wir eine gemeinsame Übung, die alle Teilnehmenden auf ungewöhnliche Weise fordert und zu einigen konterintuitiven Einsichten einlädt.
- **Fitnesstest**
  Die zu Beginn des Workshops gebildeten Kleingruppen werden eingeladen, die von ihnen identifizierten Stärken und Herausforderungen (siehe »Klärung der Ist-Situation«) mit ihren bisherigen Einsichten zu verbinden. Wie passt das Gelernte zur aktuellen Situation? Wobei genau können die Flight Levels helfen? Welche Elemente könnten für welche Verbesserung noch eingesetzt werden? Die Fitness wird dokumentiert, indem alle Gruppen ihre wichtigsten Antworten auf Stickies festhalten und den dazu passenden Herausforderungen zuordnen (siehe Abb. 2–8).
- **Check-out**
  Sponsorinnen und Change-Team bedanken sich für das Engagement, informieren über die nächsten Schritte und laden zu einer letzten agilen Interaktion ein, um finales Feedback zum Workshop zu sammeln.

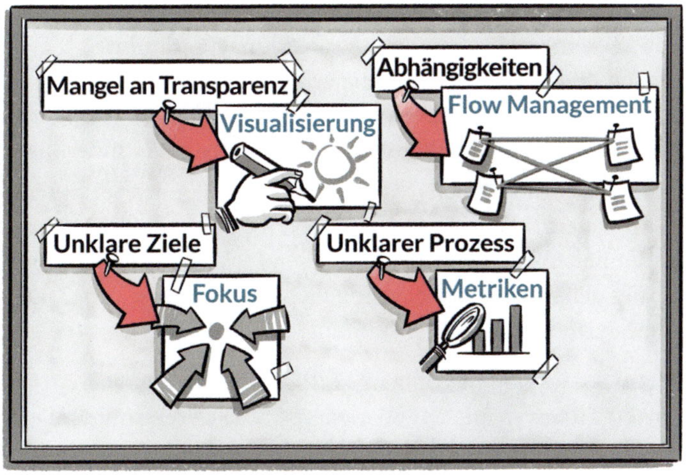

Abb. 2–8 *Fitnesstest*

Für die Flight-Levels-Initiative einer IT-Abteilung in einem Krankenhaus nutzten wir einmal mehr die professionelle Großgruppenarbeit. Der Einführungsworkshop, zu dem alle knapp 120 Mitarbeitenden der Abteilung eingeladen waren, setzte auf eine breite Vielfalt an agilen Interaktionen: vom initialen Austausch über die Ist-Situation (de facto eine unternehmensweite Retrospektive in kleinen, interdisziplinären Gruppen) über die plenare Vernetzung der wichtigsten Einsichten zu aktuellen Stärken, Schwächen und Verbesserungsfeldern, ein erlebnisorientiertes Flussexperiment »Schiffe falten« mit 120 Leuten (siehe [Leopold 2017] und Abschnitt 3.4.1) und dessen Auswertung mit einigen schönen Ahas bis hin zum finalen Fitnesstest (wie in Abb. 2–8 skizziert).

Das positive Feedback am Ende bestätigte uns, dass sich die soziale Vernetzung, das inhaltliche Lernen und die Veränderungsbereitschaft wechselseitig beflügeln. Die gemeinsame Arbeit in der großen Gruppe sorgte nicht nur für Transparenz und Klarheit; sie stärkte mit dem Wir-Gefühl der Abteilung auch den vielbeschworenen Elan für die anvisierte Verbesserungsinitiative mit Flight Levels.

Der große Bogen von Flight-Levels-Einführungsworkshops führte auch in diesem Praxisbeispiel von der initialen Klärung der Ausgangssituation über die Erkundung des Flight-Levels-Modells hin zur finalen Prüfung, inwiefern dieses Modell aus der Sicht der teilnehmenden Personen zu den von ihnen definierten Herausforderungen passt. Dieser Bogen lieferte allen Beteiligten, insbesondere aber Sponsorinnen und Mitgliedern des Change-Teams, wertvolle Einsichten:

1. Sie konnten prüfen, inwiefern die eigene Bestandsaufnahme mit der Sichtweise einer großen Gruppe an Stakeholdern zusammenpasst: Wurden ähnliche Dinge als positiv und als kritisch gesehen? Sah die Mehrheit der Teilnehmenden dieselben Dinge als besonders herausfordernd? Und wie gut passten die identifizierten Herausforderungen zu dem von der Sponsorin gesetzten Verbesserungsfokus?
2. Das Feedback der fast vollständig anwesenden Abteilung zeigte das Potenzial des Flight-Levels-Ansatzes: Welche Verbindungen erkannten die Teilnehmenden zwischen den von ihnen identifizierten Organisationsproblemen und den Lösungen, die Flight Levels anbieten? Wie viele kritische Fragen wurden vorgebracht? Und welche Grundhaltung zur anvisierten Veränderung zeigte sich?
3. Der Verlauf der Großgruppenveranstaltung war ein gutes Seismogramm für die Veränderungsenergie: Wie engagiert waren die anwesenden Personen? Welche typischen Verhaltensmuster haben sich gezeigt? Was war überraschend? Und inwiefern ist es gelungen, jenes emotionale Momentum zu verstärken, ohne das keine Verbesserungsinitiative auskommt?

Es liegt nahe, dass sich Sponsorinnen und Change-Teams ausreichend Zeit für eine differenzierte Auswertung des Workshops reservieren sollten. Der Austausch über die jeweiligen Beobachtungen und die Diskussion der offenen Fragen stellen einen Fixpunkt auf jeder Veränderungsagenda dar. Sie liefern eine wichtige Entscheidungsgrundlage für das weitere Vorgehen, das wiederum – zusammen mit einer guten Dokumentation des Workshops – zeitnah ins Unternehmen kommuniziert werden sollte.

2.5.5 Das Sounding Board

Ein Sounding Board ist ein Interaktionsformat, das du in Flight-Levels-Initiativen für die kritische Prüfung von Systemdesign- oder -architekturentwürfen einsetzen kannst. Einerseits geht es dabei um Information, da die Designgruppe erst einmal ihren Entwurf vorstellt. Andererseits geht es um Feedback in Form von positiven Resonanzen (»diese Lösungsidee spricht uns an«), Fragen (»was uns noch zu unklar ist«) und Vorschlägen (»das könnten wir vielleicht noch durch … verbessern«). Auf diese Weise wird gemeinsam geprüft, ob die vorgestellten Entwürfe gut genug für den operativen Einsatz sind oder ob es schwerwiegende Einwände gibt.

Um ein Sounding Board möglichst produktiv zu gestalten, solltest du Schlüsselpersonen aus unterschiedlichen Teams, Abteilungen oder Hierarchieebenen einladen. Idealerweise haben diese Leute ausreichend Basis-Know-how, beispielsweise weil sie bereits an einem Flight-Levels-Einführungsworkshop teilgenommen haben. Andernfalls solltest du mehr Zeit als die üblichen ein bis zwei Stunden veranschlagen, um auch der notwendigen Wissensvermittlung ausreichend Raum zu geben.

Im Zeichen der Resonanz

Die Geschichte der Unternehmensentwicklung ist von großen Ansagen geprägt. Atemberaubende Visionen werden verkündet, ehrgeizige Ziele formuliert, innovative Strategien abgesteckt und zukunftsweisende Leitbilder ausgemalt. So laut sie oft tönen, so sang- und klanglos verhallen solche Ansagen im Unternehmensalltag. Das hat nicht unwesentlich damit zu tun, dass zwar gerne geredet und informiert, aber nicht so gerne zugehört und nachgedacht wird.

Sounding Boards treten dieser Fehlkommunikation entgegen, indem sie bewusst nach Resonanz suchen – und diese ebenso bewusst von wichtigen Stakeholdern einholen. Welche Gedanken kommen einer Fachbereichsleiterin im Angesicht des entworfenen Systemdesigns in den Sinn? Welche Gefühle löst die skizzierte Flight-Levels-Architektur beim Topmanagement aus? Und welche Schwingungen ergeben sich, wenn Product Owner und Entwicklerinnen ihre unterschiedlichen Perspektiven miteinander verbinden?

Für den zielorientierten Einsatz und die effiziente Gestaltung eines Sounding Board können dir folgende Bausteine helfen, wenn du die Moderation selbst übernimmst:

- **Gute Vorbereitung**
  Am besten verständigen sich Sponsorinnen, Change-Team und die Gruppe derer, die das Design oder die Architektur entworfen haben, gemeinsam auf die Stakeholder, die sie gerne für das Sounding Board gewinnen wollen. Dazu braucht es eine ansprechende Einladung, ein klares Setup (Termin, Dauer, Ort oder Medium, Ausstattung oder virtuelle Tools etc.) und einen Ablaufplan für den Workshop.

- **Kraftvoller Kick-off**
  Ähnlich wie beim Einführungsworkshop solltest du auch zu Beginn des Sounding Board alle Teilnehmenden mit einem kurzen Check-in aktivieren, bevor du nochmals Fokus, Agenda und organisatorische Rahmenbedingungen des Meetings in Erinnerung rufst.
- **Präsentation des Entwurfs**
  Lass die Designgruppe möglichst lebendig vorführen, was sie ausgearbeitet hat – was bei großen Sounding Boards mit vielen Teilnehmenden in parallelen Breakout-Sessions geschehen kann.
- **Feedback einholen**
  Gib den Teilnehmenden die Gelegenheit, das Gesehene und Gehörte in kleineren Gruppen zu diskutieren und die wichtigsten Kommentare und Fragen für das Plenum zu visualisieren.
- **Feedback annehmen**
  Würdige alle Kommentare, kläre im Zweifelsfall nochmals das wechselseitige Verständnis und fördere eine möglichst pointierte Beantwortung offener Fragen.
- **Klare Entscheidung**
  Fasse die wichtigsten Take-aways zusammen und kläre die nächsten Schritte – sei es nun hinsichtlich eines Termins für den offiziellen Take-off eures Systems (siehe Abschnitt 2.5.6), das Einholen weiterer Rückmeldungen oder eine »Ehrenrunde« zur Überarbeitung des präsentierten Entwurfs.
- **Check-out**
  Schließe den Workshop ab, indem du allen für ihr Engagement dankst und gegebenenfalls noch kurz Feedback zum Sounding Board einholst.

So kraftvoll ein Sounding Board ablaufen kann – nicht immer ist es möglich, alle wesentlichen Stakeholder zeitnah in einem Meeting zu versammeln. Alternativ dazu können die Präsentations- und Feedbackschleifen in kleineren Runden durchgeführt und im Anschluss miteinander verknüpft werden. Bei Flight-Levels-Systemarchitekturen ist es sogar ratsam, mehrere solcher Schleifen durchzuführen. Solche Architekturen sind nämlich viel zu komplex, um von einer kleinen Designgruppe akkurat ausgearbeitet werden zu können. Umso mehr lohnt es sich, wenn bereits im Designprozess kleine Sounding Boards durchgeführt werden, um bestimmte Überlegungen zu testen und fehlende Informationen einzuholen. Der Entwurf einer Architektur wird damit zu einem klassischen iterativen Prozess, der von kurzen Feedbackschleifen lebt – womit wir nun punktgenau bei der fünften Kernaktivität des Veränderungsdesigns gelandet wären (siehe Abschnitt 2.6).

2.5.6 Der Take-off

»Cabin crew, prepare for departure«, verkündet die Pilotin, bevor sie das Flugzeug auf die Startbahn steuert. Bis dahin sind alle notwendigen Sicherheitsmaßnahmen abgeschlossen: vom »Schnallen Sie sich an und ziehen Sie die Gurte straff« über »Bringen Sie Ihre Sitze in eine aufrechte Position« bis zu »Schalten Sie Ihre elektronischen Geräte aus«.

In der Luftfahrt bedeutet Take-off also, dass ein bestimmtes Flugzeug vom Boden abhebt und zu fliegen beginnt. Im Kontext von Flight-Levels-Initiativen verwenden wir denselben Begriff, wenn alles für den operativen Start eines bestimmten Systems bereit ist. Auch in diesem Fall haben dann alle wesentlichen Vorbereitungsarbeiten stattgefunden: von der initialen Klärung über den Bau eines Systementwurfs bis hin zu dessen Freigabe im Sinne von »gut genug, um zu starten«. Der Take-off markiert also den Punkt, an dem die Verbesserungsreise in Richtung Nordstern in ein neues Stadium tritt. Das System hebt zum ersten Mal ab, gewissermaßen zum Jungfernflug, bei dem alle Designelemente einem neuen Stresstest unterzogen werden: Haben wir alle wichtigen Zusammenhänge visualisiert? Ist es ersichtlich, wie unser Arbeitsalltag abläuft? Funktionieren die Interaktionen wie angedacht?

Es stellt sich nun die Frage, wie dieser Startpunkt so gestaltet werden kann, dass wir nicht mit einem leeren Flugzeug durchstarten, sondern alle Reisewilligen an Bord haben – idealerweise als aktive Passagiere. Es folgt ein kurzer Überblick über einige Varianten dieses Formats, mit denen wir gute Erfahrungen gemacht haben.

- Take-off als eigenes Meeting, bei dem die verschiedenen Elemente des Systems nochmals einem breiteren Publikum vorgestellt und die Interaktionen im Betrieb erläutert werden.
- Take-off als Meeting, in dem wir Simulationen mit einzelnen Flight Items durchführen, um Flight Routes und Systemzusammenhänge praktisch zu demonstrieren.
- Take-off im Rahmen des ersten Synchronisationsmeetings, zu dem bewusst eine größere Gruppe von Stakeholdern eingeladen wird. Bei dieser Variante werden allerdings keine zusätzlichen Erklärungen gegeben, vielmehr wird der Betrieb öffentlich gestartet.
- Take-off im Sinne eines sukzessiven Onboardings aller wichtigen Stakeholder durch das Betriebsteam.

Es fliegt

»Es fliegt, es fliegt ein …« lautet die Basisformel für das Kinderspiel, bei dem alle die Hände heben müssen, wenn der dazu ergänzte Gegenstand tatsächlich fliegen kann. Im Flight-Levels-Kontext stellt sich ebenfalls die Frage, was alles zum Fliegen kommen soll und wie genau das zu bewerkstelligen ist. Mit einem professionell gestalteten Take-off kann dafür gesorgt werden, dass sich alle Beteiligten die wichtigsten Bausteine und Interaktionen ihres Systems in Erinnerung rufen. Auf dass sie nicht an der falschen Stelle die Hände heben …

2.6 Agil vorgehen

Bis hierher hast du vier Kernaktivitäten des Flight Levels Change kennengelernt, um deine Verbesserungsvorhaben zielorientiert zu gestalten:

- Du weißt, dass ihr nicht mit der technischen Lösung beginnen, sondern erst einmal die aktuellen Probleme und deren Kontext ergründen solltet.
- Du verstehst, wozu ihr euer Verbesserungsvorhaben auf eine starke Business Challenge ausrichten und klären solltet, warum ihr für euren Weg zu eurem Nordstern Flight Levels einsetzen wollt.
- Dir ist klar, dass ihr eine starke Sponsorin für dieses Vorhaben braucht und wie ihr durch einen intelligenten Einsatz von Change-Teams und Change Agents eine breite Führungskoalition für den Veränderungsprozess schaffen könnt.
- Du hast herausgefunden, welche Stakeholder von eurem Vorhaben betroffen sind und mit welchen Formaten ihr für gezielte Beteiligung und Engagement sorgt.

In Abschnitt 2.1 haben wir bereits kurz umrissen, dass all diese Kernaktivitäten auf dem aufbauen, was wir gerne die »Grundplatte« des Flight Levels Change nennen: das agile Vorgehen. Nach der initialen Skizze (siehe Abb. 2–9) wollen wir dieses Vorgehen nun noch einmal genauer beleuchten.

Überschaubare Etappen, klare Ergebniserwartungen pro Etappe, regelmäßige Feedbackschleifen, um die tatsächlich erzielten Ergebnisse auszuwerten und Schlussfolgerungen für die nächsten Schritte zu ziehen – so lautet das Basisrezept der agilen Verbesserung, die wir mit Flight Levels fördern wollen. Allerdings sagt euch dieses Rezept nicht, wo ihr am besten mit eurem Veränderungsprozess ansetzt. Bereits eure erste Iteration kann ganz unterschiedlich aussehen:

- Wenn ihr bislang noch wenig Erfahrung mit agilem Arbeiten gesammelt habt, dann startet ihr vielleicht mit einem breiteren Trainings- und Workshop-Angebot, um Know-how aufzubauen.
- Wenn ihr noch nicht wisst, ob es überhaupt eine Verbesserungsinitiative geben wird, dann tut ihr gut daran, erst einmal das Feld zu sondieren und für ausreichend Aufmerksamkeit im Unternehmen zu sorgen.
- Wenn ihr zwar Verbesserungsbedarf seht, aber keine geeigneten Sponsorinnen oder Mitarbeitende in Change-Teams findet, dann könnte sich die erste Iteration auf eine Retrospektive eurer bisherigen Veränderungsvorhaben konzentrieren, um Ursachen für das wahrgenommene Vakuum zu erkunden und geeignete Folgemaßnahmen in Richtung Führungskoalition ins Auge zu fassen.
- Wenn ihr gleichzeitig mit anderen großen Veränderungsinitiativen beschäftigt seid, dann gilt es wohl, mögliche Synergien und ein sinnvolles »Change-in-Process-Limit«, also eine bewusste Beschränkung paralleler Veränderungsaktivitäten ins Auge zu fassen.

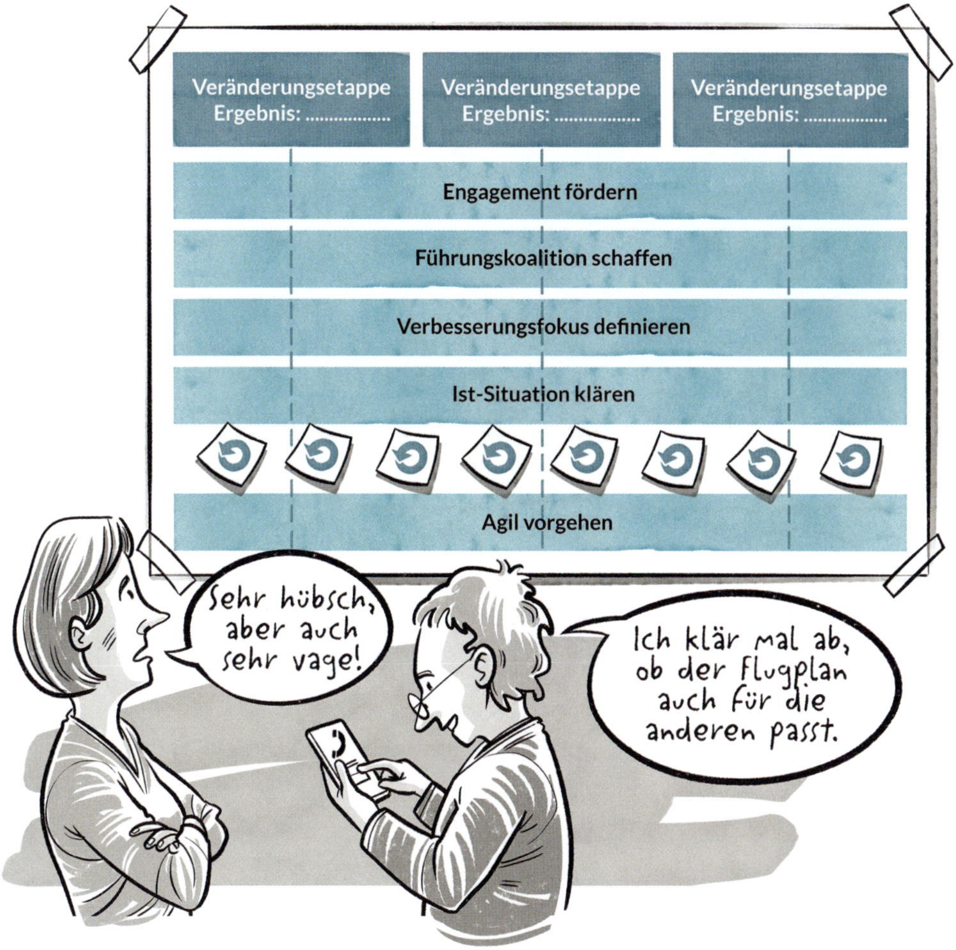

Abb. 2–9 *Agiles Vorgehen*

2.6.1 Ein idealtypischer Einführungsprozess

Für all jene, denen das zu vage ist, skizzieren wir im Folgenden einen idealtypischen Prozess einer Flight-Levels-Einführung, der sozusagen beide Seiten der Medaille, also Veränderungs- und Systemdesignaktivitäten, beinhaltet. Vorweg sei aber eine Warnung ausgesprochen: Obwohl diese Skizze von unseren bisherigen Erfahrungen ausgeht, gilt das gute alte Prinzip: »Don't try this at home!« Mit anderen Worten: Das Folgende ist keine Blaupause für das richtige Veränderungsdesign, die copy-paste-mäßig eingesetzt werden kann und nur noch mit ein bisschen Hauswürze versehen werden muss. Stattdessen wollen wir einige Basiselemente vorstellen, die bereits vielen Praktikerinnen bei der Gestaltung eines maßgeschneiderten Veränderungsprozesses geholfen haben – vergleichbar einem Legokasten mit unterschiedlichen Grundplatten und Bausteinen.

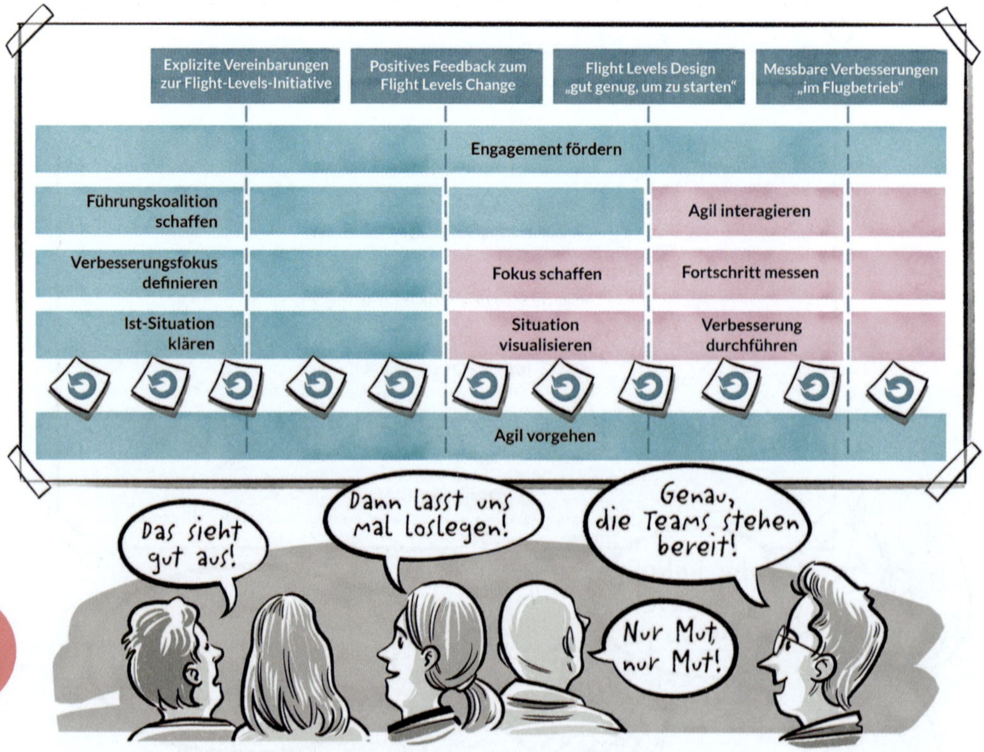

Abb. 2–10 *Wie sich die Einführung von Flight Levels agil gestalten lässt.*

Abbildung 2–10 liegen einige Annahmen zugrunde:

- Es gibt bereits ein starkes Verbesserungsmotiv.
- Eine gewisse Veränderungsbereitschaft bei den Mitarbeitenden ist vorhanden.
- Eine Sponsorin steht in den Startlöchern.
- Es sind ausreichend Personen für ein mögliches Change-Team identifiziert.
- Die Gelegenheit für einen größeren Veränderungsprozess im Unternehmen erscheint günstig.

Diese Punkte vorausgesetzt, ist die erste Veränderungsetappe in Abbildung 2–10 auf explizite Vereinbarungen zu den Grundfragen jedes Verbesserungsvorhabens ausgerichtet. Im Rahmen des Contracting wird gewissermaßen die Basis für die Initiative geschaffen und deren iterative Umsetzung ins Auge gefasst (siehe Abschnitt 2.5.1). Am Ende der ersten Iteration können wir also faktisch prüfen, ob die Ausgangssituation (»Was läuft, was nicht?«), die Business Challenge (»Was und wozu verbessern?«), die Rollen (»Wer verbessert?«) sowie das Vorgehen (»Wie wollen wir uns verbessern?«) ausreichend geklärt sind.

Change depends!

Der agile »It depends!«-Ansatz bringt es mit sich, dass dieser Klärungsprozess ebenso gut in zwei oder noch mehrere Etappen zerlegt werden kann – etwa, indem die Was- und Wozu-Fragen von den Wer- und Wie-Fragen getrennt werden. Möglicherweise gibt es noch keine klaren Etappen und alles verläuft eher chaotisch und informell – da zu diesem Zeitpunkt eben noch keine expliziten Vereinbarungen getroffen worden sind.

Alles in allem dient diese Einflugschneise dazu, ausreichend Einverständnis über die Eckpfeiler des Verbesserungsvorhabens herzustellen. Damit das gelingt, braucht es eine gute Portion Beharrlichkeit, ein passendes Timing, ein wenig Glück und last but not least ein pragmatisches Mindset. Schließlich geht es darum, dass sich die initial Beteiligten auf ein »gut genug, um zu starten« einigen.

Wie auch immer es Sponsorinnen und Change-Teams schaffen, die Herausforderungen der initialen Klärung zu meistern – eine zweite Etappe könnte sich nun darauf konzentrieren, einen größeren Personenkreis am anvisierten Verbesserungsvorhaben zu beteiligen. Es geht darum, Engagement wie Know-how systematisch zu fördern. Für Sponsorinnen und Change-Teams heißt das, bewusst einen Schritt zurückzugehen und die Ausgangssituation, den Verbesserungsfokus und das Potenzial der Flight Levels nochmals auf breiter Ebene zu klären. Die Kurzformel für das erwartete Etappenergebnis könnte also lauten: positives Feedback der wichtigsten Stakeholder zur Flight-Levels-Veränderungsinitiative.

Das hört sich einfacher an, als es in der Praxis ist. Zum einen hast du als Mitglied des Change-Teams selbst bei der besten Vorbereitung keine Garantie auf ein positives Feedback. Zum anderen riskierst du mit dieser Beteiligungsetappe, bereits erarbeitete Vereinbarungen infrage zu stellen. Immerhin rufst du die Geister der Ko-Kreation auf den Plan. Für diesen Ruf braucht es ein gerüttelt Maß an Mut: Was, wenn deine Kolleginnen zu einer deutlich anderen Bestandsaufnahme kommen? Wenn sie sich nicht auf ein ausreichend starkes Verbesserungsmotiv einigen können? Wenn sie das Flight-Levels-Modell nicht anspricht? Oder zwar das Modell interessant finden, sich jedoch dessen praktische Umsetzung in ihrem Betriebsalltag nicht vorstellen können?

Hinzu kommt, dass ihr in eurem Unternehmen vielleicht nicht ein Großgruppenevent, sondern mehrere kleine Workshops durchführt und dabei unterschiedliche Reaktionen bekommt. Vielleicht stellt ihr Flight Levels ja nach Unternehmensbereichen getrennt vor, sodass ein Bereich sehr positiv, der andere eher verhalten und ein dritter sogar überwiegend skeptisch reagieren könnte. Schlussendlich sagt kein Mensch, dass ihr überhaupt eigene Workshops durchführen müsst, um Feedback zu Flight Levels einzuholen. Ebenso gut könnt ihr euch für andere Praktiken der Change-Kommunikation entscheiden, eure Ideen im kleinen Rahmen testen, Feedback einzelner Schlüsselpersonen einholen, Community Meetings durchführen und so weiter und so fort [Kaltenecker 2017].

Als Faustregel darf freilich gelten: Je breiter ihr kommuniziert, umso schwieriger wird es, ein klares Bild zusammenzustellen. Lass uns aber mal frohgemut davon ausgehen, dass ihr auch diese Etappe erfolgreich absolviert und sich ausreichend viele Leute für eine vertiefte Auseinandersetzung interessieren. In diesem Fall könntet ihr den Übergang vom Vorbereitungs- ins Baustadium wagen. Die Ergebniserwartung für die dritte in Abbildung 2–10 skizzierte Etappe richtet sich auf einen Systementwurf, der gut genug ist, um damit einen regulären Flight-Levels-Betrieb zu starten.

Kritische Resonanz vorweg statt Bruchlandung danach

Es versteht sich von selbst, dass dieses »gut genug« gut geprüft werden sollte, bevor es in eine Iteration »messbare Verbesserungen im Flugbetrieb« geht. Genau dafür kann dann das Format des Sounding Board eingesetzt werden (siehe Abschnitt 2.5.5). Wir empfehlen dringend, erst dann in einen regulären Flugbetrieb überzugehen, wenn sich aus dieser kritischen Rüttelstrecke keine schwerwiegenden Einwände ergeben. Solche Einwände zu ignorieren oder erst gar nicht um Feedback zu fragen, kann nämlich schwerwiegende Folgen haben:

- Ihr haltet euren Systementwurf intransparent.
- Ihr riskiert, in eurem Systemdesign oder eurer Architektur wichtige fachliche Aspekte zu übersehen.
- Ihr beteiligt Leute nicht, die für den operativen Betrieb wichtig sind.
- Ihr verspielt eine wichtige Möglichkeit, den Elan für unternehmerische Verbesserung auf breiter Ebene zu stärken.

Es lohnt sich also aus mehreren Gründen, den Systembetrieb gut vorzubereiten. Falls eure Stakeholder keine Showstopper identifizieren, könnt ihr mit eurem Flight-Levels-System starten. Mit dem offiziellen Take-off, gewissermaßen eurem Jungfernflug (siehe Abschnitt 2.5.6), tretet ihr dann in ein neues Stadium agiler Verbesserung ein, das mit weiteren Interaktionsformaten unterstützt werden kann (siehe Kap. 6).

2.6.2 Interaktionsformate im Veränderungsprozess

Apropos Formate: Bereits die Kernaktivitäten »Führungskoalition schaffen« und »Engagement fördern« legen ja nahe, dass die beschriebenen Veränderungsetappen nicht im luftleeren Raum stattfinden. Sie leben vielmehr von agilen Interaktionen, in denen sich die unterschiedlichsten Menschen austauschen, um ein gemeinsames Verbesserungsziel zu erreichen. Wenn wir nun die in Abschnitt 2.5 beschriebenen Formate in unseren idealtypischen Prozess einfügen, ergibt sich beispielsweise die Darstellung in Abbildung 2–11.

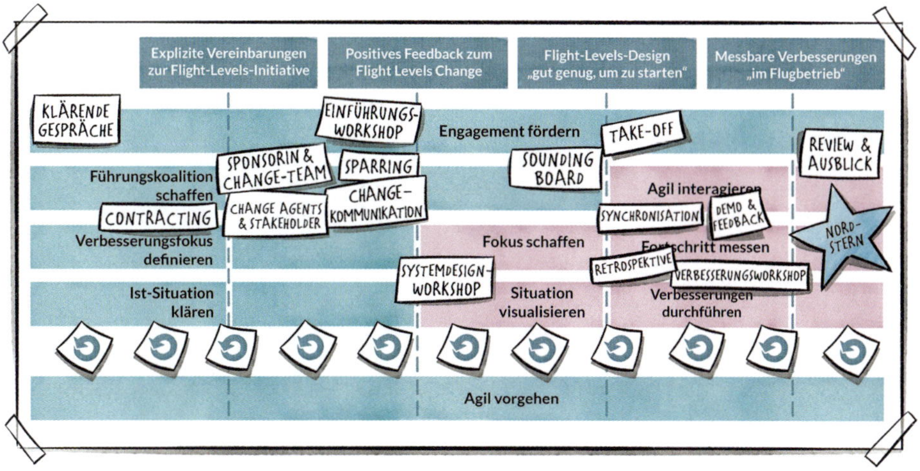

Abb. 2–11 *Interaktionsformate im Veränderungsprozess*

In jede Etappe haben wir nun einige Interaktionsformate gesetzt, die in der Praxis häufig zum Einsatz kommen:

- Die Formate »klärende Gespräche« und »Contracting«, um explizite Vereinbarungen zu erzielen. Dazu gehören unter anderem die für den geplanten Verbesserungsprozess notwendigen Rollen (»Sponsorin«, »Change-Team«, »Change Agents«, »Stakeholder«).
- Die Formate »Sparring«, »Change-Kommunikation« sowie »Einführungsworkshop«, mit deren Hilfe das Verbesserungsvorhaben auf eine breite Ebene gehoben und Feedback zur Flight-Levels-Initiative eingeholt werden kann.
- Die Formate »Systemdesign-Workshop« und »Sounding Board«, in denen Flight-Level-Systeme oder -Architekturen tatsächlich gebaut, geprüft und gegebenenfalls adaptiert werden.
- Die Formate »Synchronisation«, »Demo & Feedback«, »Retrospektive« und »Verbesserungsworkshop«, die den Betrieb strukturieren.

Mit der Lego®-Metapher gesprochen, wechseln wir mit diesen Formaten von der Grundplatte (den Kernaktivitäten agiler Veränderung) und den groben Bausteinen (den ergebnisorientierten Iterationen) gewissermaßen zum »Serious Play®«, das sich durch eine geradezu unüberschaubare Vielzahl an Sonderelementen und Variationsmöglichkeiten auszeichnet. Folglich stellen die in Abbildung 2–11 platzierten Formate nur Platzhalter dar, die weder die reale Anzahl an »Serious-Play®«-Elementen repräsentieren noch deren genaue Reihenfolge. Klärende Gespräche, Sparring oder Change-Kommunikation finden in Unternehmen wahrscheinlich weit häufiger statt als in der Abbildung dargestellt. Und die Natur des agilen Vorgehens bringt es mit sich, dass wir die genaue Abfolge und Gestaltung der einzelnen Interaktionen eben nur Etappe für Etappe präzisieren können:

- Wie viele klärende Gespräche sind initial notwendig?
- Von wem genau möchten wir möglichst früh Feedback einholen?
  Wie aufwendig sind die Bestandsaufnahme und die Definition eines starken Verbesserungsfokus?
- Wie lange dauert es, bis die Rollen im Veränderungsprozess ausreichend geklärt sind?
- In welchem Rhythmus finden Sparrings- oder Change-Team-Meetings statt?
- Und so weiter und so fort.

Die Kontextabhängigkeit dieser Fragen kann dazu führen, dass zwei Unternehmen mit vergleichbaren Zielsetzungen – beispielsweise die Verbesserung der Time-to-Market mithilfe eines Koordinationssystems (Flight Level 2) – bestimmte Formate unterschiedlich oft einsetzen. In einem Fall wird auf eine initiale Führungskoalition mit einer Sponsorin und drei Mitgliedern des Change-Teams gesetzt, im anderen Fall auf ein Sponsorinnen-Duo und ein siebenköpfiges Team. Die einen planen von Anfang an fünf Etappen bis zum Flugbetrieb, während die anderen zwar drei Etappen andenken, nach dem »Feedback auf Flight-Levels-Ebene« aber noch eine Etappe »Agiles Know-how stärken« vorsehen – und nach dem Sounding Board noch eine »Ehrenrunde« drehen, um den bestehenden Systementwurf so umzuarbeiten, dass er wirklich für alle Beteiligten »gut genug, um zu starten« ist.

All diese Optionen spitzen die Frage zu, wie du denn nun zu einem für dein Unternehmen maßgeschneiderten Change Flow kommst. Welche Etappen braucht ihr auf dem Weg zu eurem Nordstern? Welche Ergebnisse wollt ihr jeweils erzielen? Und welche Interaktionsformate setzt ihr dafür ein?

2.6.3 Der Change-Flow-Workshop

Ein spezielles Format, das du für richtungsweisende Antworten nutzen kannst, ist der sogenannte Change-Flow-Workshop. Dabei arbeitet das Change-Team einen Vorschlag für den konkreten Veränderungsprozess aus, der dann mit der Sponsorin, gegebenenfalls auch mit weiteren Change Agents, abgestimmt wird. Die fünf Kernaktivitäten des Veränderungsdesigns dienen dabei einmal mehr als Fundament, auf die bausteinartig verschiedene Etappen und Interaktionsformate gesetzt werden. Bei diesen Formaten handelt es sich einerseits um Klärungsmeetings und Workshops, die oft von erfahrenen Flight-Levels-Expertinnen unterstützt werden. Andererseits gehören dazu alle möglichen Kommunikationsformen, die die gewünschte Verbesserung unternehmensintern voranbringen. Gemeinsam werden die einzelnen Bausteine visualisiert und zu einem sinnvollen Interaktionsfluss verbunden.

Der undogmatische Charakter der Flight Levels bringt es mit sich, dass diese Visualisierung auch ganz anders aussehen kann. Einige Change-Teams lassen beispielsweise die Kernaktivitäten weg; einige Teams setzen kürzere, manch andere wiederum deutlich längere Etappen; und dann gibt es noch jene, die die Legosteine durch Jetons ersetzen, die auf ein Spielbrett mit unterschiedlichen Abschnitten (Iterationen) platziert werden.

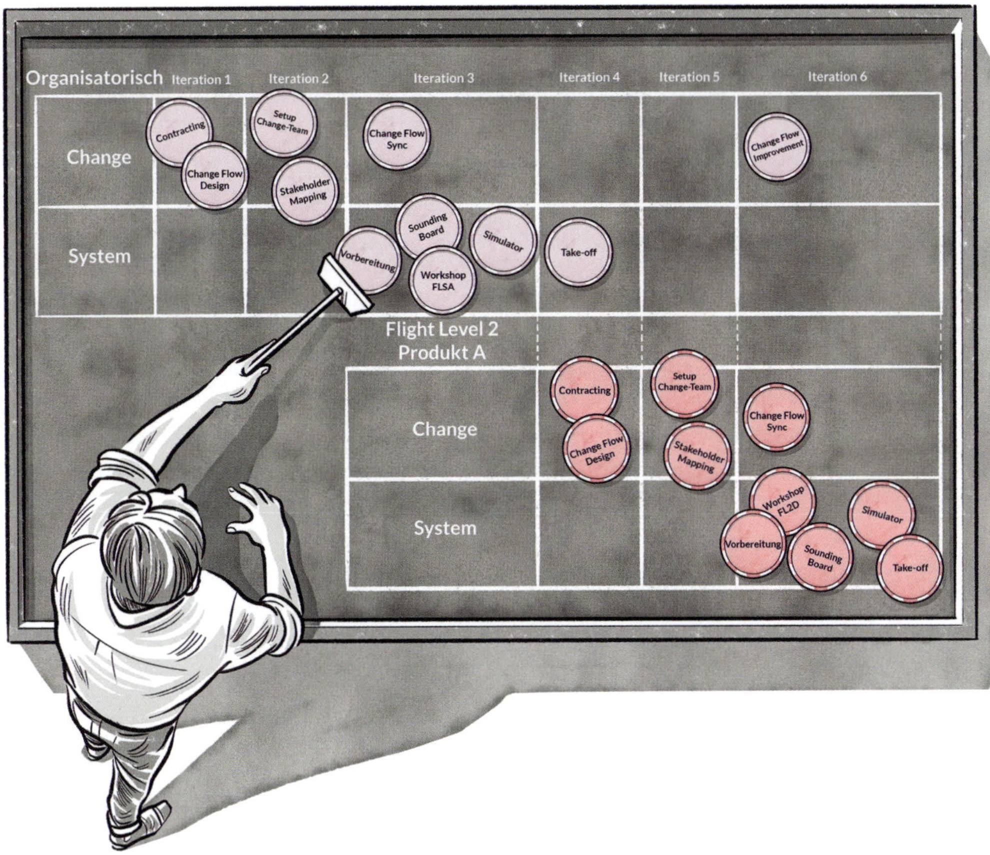

Abb. 2–12 *Veränderungsfluss im Jeton-Stil*

So oder so stärkt die Visualisierung nicht nur die Übersicht, sondern ermöglicht auch unterschiedliche Detaillierungsgrade. Je nach Zeithorizont können die Bausteine gröber oder detaillierter dargestellt und am Ende der jeweiligen »Change Flow«-Etappe ausgewertet und aktualisiert werden (siehe dazu auch das Fallbeispiel in Abschnitt 2.6.4).

Wir empfehlen, dafür ausreichend Zeit und Aufmerksamkeit zu reservieren. Die Visualisierung macht das Vorgehen und dessen agile Veränderung transparent. Damit stellt das Design eines maßgeschneiderten Veränderungsflusses eines der Herzstücke der Verbesserungsarbeit mit Flight Levels dar. Es stärkt gleichermaßen das gemeinsame Verständnis des agilen Vorgehens und das persönliche Vertrauen zwischen den Mitgliedern des Change-Teams und den Sponsorinnen.

Entscheidend ist indes nicht der initiale Entwurf, sondern die laufende Prüfung und Anpassung des Veränderungsflusses. Zugespitzt lässt sich also behaupten: Pläne sind nichts, Planung ist alles. Du kannst dich zwar auf bisherige Erfahrungen beziehen, du kannst Veränderung nach allen Regeln der Kunst vorausdenken oder dich sogar hellseherisch betätigen. Doch erstens kommt es anders und zweitens als man denkt. Genau deswegen setzen wir von Anfang an auf regelmäßige Feedbackschleifen, damit wir unseren Veränderungskurs laufend überprüfen und immer wieder korrigieren oder im Falle des Falles sogar über den Haufen werfen können. Entscheidend ist, dass wir in sinnvollen Abständen die wichtigsten Parameter unserer Verbesserungsarbeit checken: Wie läuft der Veränderungsprozess? Was läuft gut? Was weniger? Wie liegen wir in der Zielerreichung? Was haben wir erreicht? Was nicht? Und wie passt unser Verbesserungsziel (aka Nordstern) zu dem, was uns gerade unternehmerisch beschäftigt? Letztendlich gilt auch für das Geschäftsleben: »Life is what happens while you are busy making other plans« [Lennon 1981].

Der Begriff »sinnvolle Abstände« katapultiert uns indes zu einem anderen Dauerbrenner der agilen Veränderung: dem Timing. Wie lange soll denn eine Iteration dauern? Wie viel Zeit muss einkalkuliert werden, um einen Flight-Levels-Einführungsworkshop professionell vorzubereiten, durchzuführen und auszuwerten? Wie aufwendig ist der Bau einer Systemarchitektur? Was ist eine gute Timebox für ein Sounding Board? Und in welchem Rhythmus sollte eigentlich innegehalten werden, um gemeinsam die Veränderung zu reflektieren?

Du ahnst es wahrscheinlich schon, dass die grundsätzliche Antwort auf diese zeitkritischen Fragen »It depends!« lautet. Im Laufe der Zeit haben wir allerdings einige Erfahrungswerte gesammelt, die uns im Sinne von Planungskorridoren hilfreich erscheinen. Obwohl wir damit rechnen dürfen, dass so manches anders kommt, orientieren wir uns gerne an folgenden Eckpfeilern:

- **Etappen**
  - Nicht kürzer als zwei Wochen
  - Nicht länger als drei Monate
  - Pi mal Daumen bevorzugen wir 6–9 Wochen.
- **Feedbackschleifen**
  - Am Ende jeder Etappe zwischen 60 und 90 Minuten, je nach Etappenlänge und der Anzahl der am Feedback Beteiligten
  - Am Ende größerer Formate wie Einführungsworkshop, Systemdesign-Workshop oder Sounding Board zumindest 30 Minuten
  - Bei oftmals eingesetzten Formaten wie Sparring oder Arbeit des Change-Teams 15 bis 30 Minuten für einen retrospektiveartigen Zwischenstopp etwa alle 5 Meetings
- **Formate**
  - Initiale Klärungen maximal 1 Stunde am Stück
  - Einzelgespräche mit Stakeholdern: maximal 30 Minuten
  - Sparrings: zwischen 45 und 60 Minuten, bei mehreren Teilnehmenden eher 90 Minuten

- Kick-off des Change-Teams: 2–3 Stunden, je nach Größe des Teams
- »Change Flow«-Workshop: 2–3 Stunden, je nach Größe des Teams
- Reguläre Change-Team-Meetings: 1–2 Stunden
- Flight-Levels-Einführung: 4–6 Stunden
- Systemdesign- oder Systemarchitektur-Workshop: 2–3 Tage insgesamt – die sich analog wie digital gut in kürzere Sessions von 2–3 Stunden Präsenzveranstaltung und 1–2 Stunden Intersession Work, also »Hausaufgaben« für Einzelne oder kleine Gruppen, zerlegen lassen.
- Sounding Board: 1–2 Stunden
- Take-off: 30–60 Minuten
- Die für den Betrieb relevanten Interaktionsformate behandeln wir in Kapitel 6.

2.6.4 Ein Fallbeispiel in Detailansicht

Für die praktische Umsetzung könnt ihr nicht nur einen grobgranularen Gesamtüberblick für euren Veränderungsfluss kreieren, sondern auch eine Detailansicht, in der ihr all eure Veränderungsmaßnahmen pro Etappe sichtbar macht.

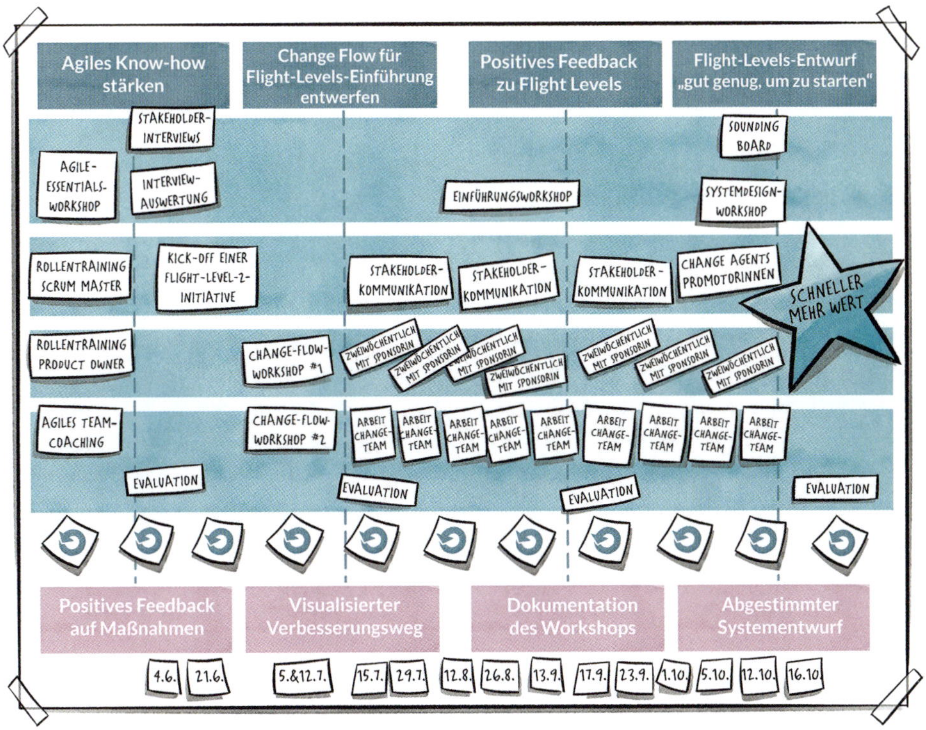

Abb. 2–13 *Detailansicht des Flight-Levels-Veränderungsflusses in einem Telekommunikationskonzern*

Abbildung 2–13 illustriert beispielhaft, wie eine solche Visualisierung aussehen kann. Sie zeigt drei Veränderungsetappen des bereits mehrfach erwähnten Telekommunikationskonzerns, der seine digitale Produktentwicklung verbessern möchte. Die Veränderungsbausteine ganz links dokumentieren, dass die Flight-Levels-Initiative alles andere als zufällig entstanden ist. Vielmehr hat sie ihre Wurzeln in den unterschiedlichen Schulungs- und Coachingmaßnahmen, die im Laufe der Zeit zur Stärkung des agilen Know-hows durchgeführt wurden – von Workshops zu den agilen Grundlagen (»Agile Essentials«) über verschiedene Rollentrainings (»Scrum Master« und »Product Owner«) bis hin zur operativen Unterstützung einzelner Teams (»Agiles Team-Coaching«). Die Entscheidung, eine Flight-Level-2-Initiative zu starten, erwuchs allerdings nicht allein aus dem positiven Feedback zu diesen Maßnahmen. Vielmehr wurde am Ende der Verbesserungsetappe »Agiles Know-how stärken« beschlossen, das Thema Agilität noch breiter ins Unternehmen zu tragen. Mithilfe einer Stakeholder-Landkarte (siehe Abschnitt 2.4.4) wurden insgesamt 15 Schlüsselpersonen identifiziert, die man stärker einbinden wollte. Dafür führten zwei interne Coaches retrospektiveartige Gespräche durch (»Stakeholder-Interviews«). Eine der wichtigsten Erkenntnisse aus diesen Interviews war die vielstimmige Klage über die zahlreichen Abhängigkeiten zwischen den verschiedenen Abteilungen sowie die mangelnde Koordination zwischen agilen und nicht agilen Teams.

Auf diese Erkenntnisse aufbauend entschloss sich der Leiter der Produktentwicklung, der zuvor bereits das agile Trainings- und Coachingprogramm gesponsert hatte, eine größere Verbesserungsinitiative zu starten. Mit der operativen Durchführung betraute er wieder seine zwei internen Coaches, die wiederum uns als externe Experten engagierten. Gemeinsam mit der Sponsorin und einer Kerngruppe von 14 Delegierten aus verschiedenen Teams und Fachbereichen gestalteten wir ein vierstündiges Kick-off-Meeting, bei dem wir sowohl das Flight-Levels-Modell als auch unseren Veränderungsansatz vorstellten (»Kick-off einer Flight-Level-2-Initiative«). Ein wesentliches Ergebnis des Kick-offs war die offizielle Beauftragung eines eigenen Change-Teams, das sich um alle weiteren Umsetzungsschritte kümmern sollte. In Absprache mit der Sponsorin wurde dieses Team bewusst interdisziplinär aufgesetzt und umfasste am Ende sieben Vertreterinnen aus verschiedenen agilen und nicht agilen Teams sowie einen internen und einen externen Coach.

Zur Konkretisierung der Umsetzungsschritte führten wir zwei »Change-Flow-Workshops« durch. Während im ersten Teil gute Praktiken der agilen Verbesserung erkundet und mögliche Bausteine für das eigene Vorhaben entworfen wurden, nutzten wir den zweiten Teil für ein intensives Refinement. Der finale Entwurf des Change Flow (»Visualisierter Verbesserungsweg«) wurde in einem der vereinbarten zweiwöchentlichen Treffen der Sponsorin vorgestellt und für ausreichend tragfähig empfunden – zumal es ja weiterhin regelmäßige Evaluationsmeetings geben sollte, in denen der gesamte Verbesserungsprozess zumindest einmal pro Etappe durchleuchtet wurde.

In einem der weiteren Koordinationstreffen, die während der Urlaubszeit im 2-Wochen-Rhythmus stattfanden, bereitete sich das Change-Team auf die nächste Etappe vor (»Positives Feedback zu Flight Levels«). Trotz Sommerlochs schien es höchste Zeit, die wichtigsten Stakeholder von der Verbesserungsinitiative zu informieren und sie gleichzeitig zu dem für Mitte September geplanten Flight-Levels-Einführungsworkshop einzuladen. Da zahlreiche Stakeholder Teil der initialen Interviewserie waren, folgten überraschend viele der Einladung. Die interaktive Gestaltung des Workshops stillte jedoch nicht nur die Neugier, was denn nun aus den Kritikpunkten und Veränderungswünschen geworden war. Sie sorgte außerdem für einen unerwarteten Schwung, da der Flight-Levels-Lösungsansatz sehr gut ankam.

Eine neue Runde der Evaluation stärkte den spätsommerlichen Schwung für das weitere Vorgehen. Die Abstimmung erfolgte nun in einem engeren Rhythmus, sodass binnen weniger Wochen alle wesentlichen Schritte organisiert waren, die für die Erreichung des neuen Etappenziels gebraucht wurden (»Flight-Level-Entwurf 'gut genug, um zu starten'«). Damit ging eine intensive Kommunikation mit den Stakeholdern einher. Für die konkrete Gestaltung des Flight-Level-2-Systems sollte nämlich eine größere Gruppe von Change Agents gewonnen werden. Darüber hinaus wollte das Kernteam die wichtigsten Stakeholder über die aktuellen Schritte auf dem Laufenden halten, was vor allem informell geschah.

Am Ende dieser Phase waren zwei wesentliche Zwischenergebnisse erreicht: Erstens gab es nun eine neunköpfige Gruppe von Fach- und Führungskräften, die gemeinsam mit drei Mitgliedern des Change-Teams und uns als externen Coaches das geplante Flight-Level-2-System gestalten würden (»Systemdesign-Workshop«). Und zweitens gab es immerhin 32 fixe Zusagen von Stakeholdern aus den unterschiedlichen Unternehmensbereichen, die nur eine Woche nach dem Systemdesign-Workshop den erarbeiteten Entwurf prüfen wollten (»Sounding Board«). Damit waren alle organisatorischen Eckpfeiler abgesteckt, sodass sich die Designerinnen nun voll und ganz auf den Bau eines maßgeschneiderten Koordinationssystems konzentrieren konnten.

Du hast jetzt also gesehen, wie du eine Flight-Levels-Initiative in die Wege leiten und in die Startposition bringen kannst. Jetzt geht es an die Umsetzung! Im nächsten Kapitel zeigen wir, wie du zur Visualisierung eines Flight-Level-2-Systems gelangst und den Fokus schaffst, damit die Arbeit gut durch das System fließen kann.

Zusammenfassung

Verbesserung kann nie durch ein Modell, sondern immer nur durch Menschen geschehen, die ein Modell mit Leben füllen. Die Art und Weise, wie eine Flight-Levels-Initiative in eine Organisation gebracht wird, ist daher wegweisend für ihren Erfolg. Auch eine Flight-Levels-Initiative braucht fünf Kernaktivitäten – nämlich jene des Veränderungsdesigns:

1. **Ist-Situation klären**
   Wo steht die Organisation? Wo stehen die Teams, die von einer Flight-Levels-Initiative betroffen wären? Wo stehe ich persönlich? Diese Information kann aus formellen Formaten wie etwa Retrospektiven gewonnen werden, sie klingt aber auch in informellen Settings durch – etwa in der Kaffeeküche.
2. **Verbesserungsfokus definieren**
   Verbesserung braucht ein klares, starkes Ziel – einen »Nordstern«. Was genau soll optimiert werden, wie kann der Weg dorthin aussehen, und woran lässt sich erkennen, dass der Weg richtig ist? Warum ist genau dieser Fokus jetzt wichtig?
3. **Führungskoalition schaffen**
   Eine Flight-Levels-Initiative braucht Personen, die für sie einstehen (Sponsorinnen), und engagierte Leute, die diese Initiative operativ umsetzen (Change-Team). Verstärkt wird das Vorankommen durch Change Agents, die als Botschafterinnen in der Organisation wirken, und durch den gezielten Dialog mit Stakeholdern.
4. **Engagement fördern**
   Die Besetzung der Veränderungsrollen (u.a. des Change-Teams) kann im Verlauf der Initiative wechseln. Deshalb gilt es, Formate zu schaffen, mit denen die Mitarbeiterinnen möglichst früh aktiv in den Prozess einbezogen werden.
5. **Agil vorgehen**
   Der Veränderungsprozess verläuft in überschaubaren Etappen, in die kurze Feedbackschleifen eingebaut sind. Auf Basis der Erkenntnisse aus dem Feedback und der Ergebnisse wird dann die nächste Etappe geplant.

In allen diesen Schritten bzw. »Schleifen« lautet das wichtigste Prinzip des Flight Levels Change: Wer Agilität erreichen will, sollte auch den Weg dorthin bereits agil gestalten. Anders als bei vielen Veränderungsvorhaben setzt der Flight Levels Change auch nicht an den Organisationsstrukturen, sondern an der Ablauforganisation an. Das impliziert, dass die betroffenen Personen von Anfang an in die Umsetzung der Flight Levels in ko-kreativen Formaten einbezogen werden. Und schließlich ist im Flight Levels Change die persönliche Reflexionsfähigkeit gefragt: Wie trägt mein eigenes Verhalten zum Gelingen bei?

3 Flight-Level-2-Design

Moment, sollten wir in einem Flight-Levels-Buch nicht mit Flight Level 1 beginnen? Aus unserer Sicht nicht, denn auf Flight Level 1 arbeiten Teams mit unterschiedlichsten Methoden und Frameworks, die in vielen anderen Büchern zur Genüge erklärt und beschrieben werden. Wir müssen das Rad also nicht neu erfinden, denn auch wenn in einem Unternehmen eine Flight-Levels-Initiative gestartet wird, werden die einzelnen Teams mit denselben Methoden arbeiten wie bisher.

In diesem Kapitel fliegen wir daher gleich eine Ebene weiter auf Flight Level 2. Wie schon in Kapitel 1 erläutert, zoomen wir dabei aus den einzelnen Teams heraus. Wenn es sich nicht gerade um eine »Ein-Team-Bude« handelt, müssen in der Regel mehrere Teams aus verschiedenen Disziplinen und immer wieder auch Personen mit Spezialwissen innerhalb und außerhalb einer Organisation miteinander interagieren, um ein Produkt oder eine Leistung entstehen zu lassen und liefern zu können. Das heißt also: Auf Flight Level 2 wollen wir deutlich machen, welchen Wertstrom ein Produkt (bzw. allgemeiner ausgedrückt: eine Arbeit oder Leistung) durchläuft, bis es für die Kundschaft einen Mehrwert stiftet, und wie die beteiligten Personen in diesem Wertstrom zusammenwirken. Ein solches Flight-Level-2-System baut bzw. »designt« ihr, indem ihr der Reihe nach die fünf Kernaktivitäten des Systemdesigns anwendet:

- Situation visualisieren
- Fokus schaffen
- Agil interagieren
- Fortschritt messen
- Verbesserungen durchführen

In den folgenden Abschnitten werden wir uns in erster Linie mit dem Skizzieren und Bauen eines Flight-Level-2-Boards befassen sowie mit der Frage, auf welche Art und Weise in einem Flight-Level-2-System (das neben dem Board die involvierten Personen und ihre Interaktionen umfasst) Fokus geschaffen werden kann. Das heißt: Mit welchen Mitteln kann die Menge der Arbeit in einem Flight-Level-2-System so begrenzt werden, dass sie in einem akzeptablen Zeitrahmen abgeschlossen wird und am Markt Geld einbringt? Wie in solchen Systemen die agilen Interaktionen etabliert, wie das System verbessert und der Fortschritt gemessen werden kann, beschreiben wir in Kapitel 6.

Bevor wir aber in die Details der Gestaltung gehen, wollen wir vorab gleich einmal die folgende Frage klären: Wie würde denn ein »schönes« Board auf Flight Level 2 aussehen? Wie immer schicken wir an dieser Stelle gleich einen Disclaimer hinterher: Das Board, über das wir gleich sprechen werden, ist ein Beispiel von Tausenden – es ist kein »So-müsst-ihr-es-machen-Board, weil sonst die Flight-Levels-Polizei kommt«!

Abb. 3–1 *Beispiel für ein Flight-Level-2-Board für 70 Personen*

In Abbildung 3–1 ist ein schön gestaltetes Board zu sehen, das die Ende-zu-Ende-Abbildung des Wertstroms von der Idee bis zur Wirkung verdeutlicht. Rund 70 Personen arbeiten mit diesem Board. Ein wenig Information zum Kontext des Unternehmens: Hier geht es in erster Linie um die Softwareentwicklung für eine Online-Plattform, die Verkäuferinnen und Käuferinnen von verschiedenen Produkten zusammenbringt. Im echten Leben koordinieren mit diesem Board sieben Scrum-Teams ihre Arbeit. Das Coole daran ist: Die Visualisierung geht weit über die bloße Koordination der Teams hinaus. Ganz links sehen wir so etwas wie eine Product Roadmap – das bedeutet, dass die Produktverantwortlichen auch einbezogen werden.

Eine gute Sache! Weil diese sich im Bereich »Discover & Define« den Kopf darüber zerbrechen, welche Initiativen dem Produkt weiterhelfen könnten, ist den Teams immer klar, woran sie in welchem Quartal arbeiten werden. Das bedeutet in diesem Unternehmen: Eine Initiative muss innerhalb von drei Monaten marktreif sein und Wirkung erzielen können.

Im rechten Drittel des Boards sehen wir mit »Design & Deliver« die »Lieferseite« – hier setzen primär die Scrum-Teams die Initiativen um. Für die Umsetzung zerlegen die Scrum-Teams als Erstes die Initiativen in Epics und lagern diese in einem Epic Backlog. Ein Epic wird in der Realität dieses Beispiels innerhalb von einem bis maximal drei Sprints fertiggestellt und kann die Arbeiten von einem oder mehreren Scrum-Teams erfordern. Nach dem Aufspalten in Epics gehen die Teams zuerst in eine Konzeptionierungsphase über, dann werden die Epics implementiert. Doch selbst wenn die Implementierung abgeschlossen ist, ist die Initiative noch nicht »fertig«: Erst wenn in »Measure« die angestrebte Wirkung der implementierten Initiativen erkennbar wird, ist sie wirklich abgeschlossen. Wurde der Effekt nicht erzielt, ist die Initiative eben nicht beendet oder es wird bewusst entschieden, sie abzubrechen.

Auf diesem Flight-Level-2-Board sehen wir aber auch genau das, was wir mit Flight Levels bezwecken: Die Unternehmensstrategie wird ebenfalls sichtbar. In dem Softwareunternehmen, aus dem wir das Beispiel haben, gibt es auch ein Flight-Level-3-System, und auf dem dazugehörigen Board sind die gesamte Unternehmensstrategie sowie die einzelnen strategischen Stoßrichtungen abgebildet. Angenommen, eine dieser Stoßrichtungen auf Flight Level 3 lautet: »Wir wollen in den ungarischen Markt eintreten.« Um dafür auf Flight Level 2 die passenden Maßnahmen zu setzen, fragen sich die Produktverantwortlichen und die Teams, was diese Stoßrichtung für ihr Produkt bedeutet. Basierend auf der übergeordneten Strategie leiten sie eine Strategie für das Produkt ab.

Dieses Board spannt also einen schönen Bogen von der Strategie des Unternehmens bis zur Umsetzung und der Wirkung dessen, was an die Kundinnen geliefert wird. Das Board selbst ist aber nur der sichtbare Teil des Systems, das wir auf Flight Level 2 für eine wirksame Koordination und somit für einen guten Arbeitsfluss durch den Wertstrom etablieren. Schön und gut, aber wie baut ein Team nun so ein System auf?

Grundsätzlich wird ein Flight-Level-2-System aufgebaut, weil damit etwas Bestimmtes erreicht werden soll. Über dieses Ziel sollten sich die Beteiligten einig sein, bevor sie in einem Workshop Boards zeichnen und Meetings planen. Wenn man es »nach Lehrbuch« (in diesem Fall unserem Buch hier) angeht, hat das Change-Team dieses Ziel bereits erarbeitet. Wir starten dieses Kapitel also unter der Prämisse, dass bereits passiert ist, worüber wir in Kapitel 2 schreiben. Mit einem konkreten Ziel im Hinterkopf ist der Rest nicht wirklich Raketenwissenschaft.

3.1 Situation visualisieren

Wenn wir von Visualisierung reden, meinen wir damit in erster Linie Boards, mit deren Hilfe die Koordination zwischen den Beteiligten in einem Flight-Level-2-System stattfindet. Ein Board wird jedoch nicht gebaut, indem sofort die Linien gezogen werden. Die Gestaltungsarbeit beginnt mit einer Skizze, und erst danach entsteht in weiteren Schritten ein erstes Board in der Form, die wir kennen (siehe Abb. 3–2). Völlig losgelöst davon, wie das Board ausschauen soll, nehmt ihr am besten zunächst einen Stapel (virtuelle) Post-its zur Hand und bereitet euch auf ein ordentliches Brainstorming vor.

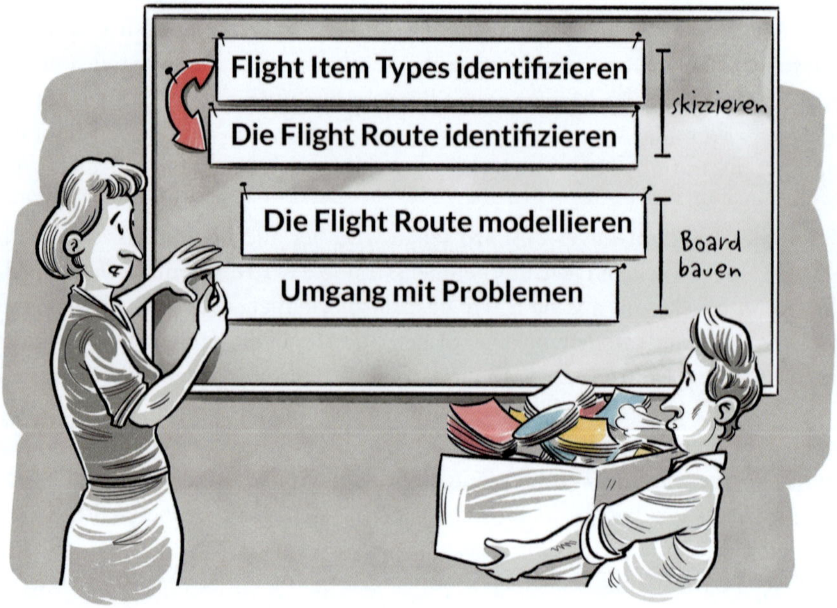

Abb. 3–2 *Der Weg zum Flight-Level-2-Board*

Was genau meinen wir mit der Skizze des Kontextes?

1. Ihr überlegt euch zuallererst, welche Kategorien von Arbeit – welche Flight Item Types – es in eurem System gibt.
2. Ihr identifiziert die Flight Routes, das heißt die Schritte, durch die die Arbeit fließt. Diese Schritte sind potenzielle Spalten am späteren Board.

Was Flight Items und Flight Routes sind, zeigen wir gleich in Abschnitt 3.1.1.

Sobald ihr diese Skizze angefertigt habt, könnt ihr an die Gestaltung des eigentlichen Boards gehen.

3. Ihr modelliert das Board.
4. Ihr überlegt, wie ihr mit Problemen umgeht.

Punkt 4 müssen wir hier vorab noch etwas ausführen. Solange ihr das Board noch skizziert, denkt ihr am besten überhaupt nicht an irgendwelche Probleme, die in einer Flight Route auftreten könnten. Ihr denkt auch nicht über Abhängigkeiten nach oder über die Frage, was passiert, wenn es ein Qualitätsproblem gibt. Alles ist immer in bester Ordnung. Warum ist es hilfreicher, wenn ihr so vorgeht?

Der Ausarbeitungsprozess wird vollkommen unübersichtlich, wenn wir mit den Menschen, mit denen wir an den Boards arbeiten, gleich am Anfang über Probleme und Blockaden grübeln. Wir tendieren nämlich dazu, Probleme zu behandeln und in das Board zu modellieren, die vielleicht alle paar Jahre auftreten und deshalb nicht wirklich große Auswirkungen auf die Flight Routes haben. Damit wird der Prozess des Ausarbeitens lediglich ausgebremst, bevor er noch richtig begonnen hat, und das wirkt gleich einmal ordentlich demotivierend. Sobald ein solides (erstes) Board erstellt ist, wird es in Simulationen relativ einfach sein, tatsächliche Probleme zu identifizieren und das Board entsprechend anzupassen.

Board Basics

Mit dem Design des Boards beginnen wir auf der grünen Wiese. Möglicherweise auftretende Probleme in den Flight Routes werden dann behandelt, wenn es ein erstes funktionsfähiges Board gibt.

3.1.1 Flight Item Types identifizieren

Ein Board auf Flight Level 2 soll für alle Arten von Arbeiten funktionieren, die im Kontext des jeweiligen Flight-Level-2-Systems auftreten können. »Thanks for pointing this out, Captain Obvious!«, wirst du jetzt vielleicht denken – aber das ist gar nicht immer so einfach. Das Problem ist nämlich oft, zwischen Flight Item Types und den einzelnen Flight Items zu unterscheiden. Die berechtigte Frage lautet: Ist das nicht das Gleiche? Die unangenehme Antwort dazu: Nein, ist es nicht. Wir versuchen einmal, Flight Item Types und Flight Items anhand eines Beispiels zu unterscheiden (siehe Abb. 3–3).

»Projekt« ist ein Überbegriff (Kategorie) für umfangreichere Vorhaben, die innerhalb eines gewissen Zeitrahmens mit einem festgelegten Budget ein bestimmtes Ergebnis erzielen sollen. Nun gibt es die unterschiedlichsten Arten von Projekten: Bei einem Projekt geht es um die DSGVO-Konformität sämtlicher Prozesse, bei einem anderen Projekt soll ein Produkt auf eine andere Technologie migriert werden. Auf den Kontext der Flight Levels bezogen, ist »Projekt« ein Flight Item Type und »Technologieumstellung« ein Flight Item. Noch ein Beispiel: Ein Feature ist ein Flight Item Type. Like-Buttons oder Kommentarfunktionen, die implementiert werden, sind Flight Items.

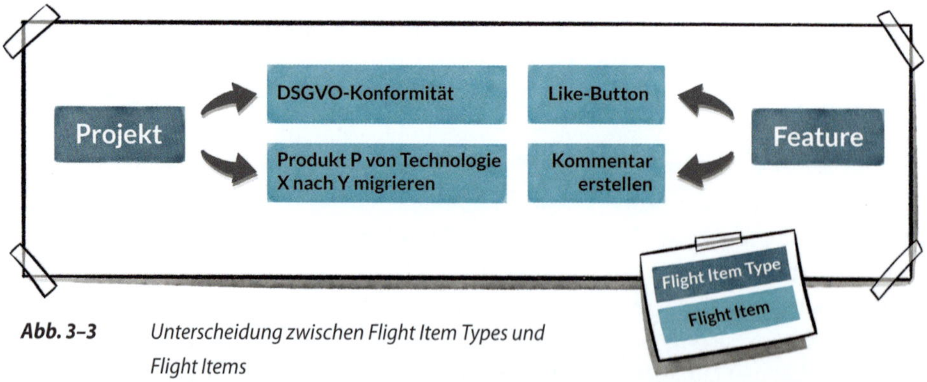

Abb. 3–3 *Unterscheidung zwischen Flight Item Types und Flight Items*

Flight Item Type vs. Flight Item

Ein Flight Item Type ist eine Kategorie von Arbeit. Innerhalb dieser Kategorie gibt es verschiedene Flight Items, also Ausprägungen von Arbeiten. Ein Flight Item ist ein tatsächliches Stück Arbeit, an dem eine oder mehrere Personen arbeiten. Mehr zu Flight Item Types findest du in Abschnitt 5.3.

Auf dem Flight-Level-2-Board, das wir zu Beginn des Kapitels als »schönes« Board bezeichnet haben (siehe Abb. 3–1), finden wir Beispiele für vier unterschiedliche Flight Item Types:

- Ganz links ist die Rede von »Ideen«. Zum Beispiel könnte in den Teams die Idee entstehen: »Wir möchten Immobilienmaklerinnen die Möglichkeit bieten, ein Profil anzulegen.«
- Um diese Idee genauer zu beschreiben und besser zu verstehen, füllen die Teams ein »Feature Canvas«[1] aus (siehe auch Abschnitt 5.3). Darin halten sie fest, welche User-Gruppen dieses Feature interessieren könnte, warum das Unternehmen es anbieten sollte, wie das Profil in den Gesamtauftritt passt und wie viel Aufwand es ist, die Profilfunktion zu entwickeln und auf den Markt zu bringen. Das heißt, mithilfe des Canvas wird die Idee eingeordnet und plakativ dargestellt.
- Wird die Idee aufgrund des Canvas für gut befunden, entstehen daraus eine oder mehrere Initiativen. Wie bereits erwähnt, sollen Initiativen in diesem Unternehmen so zugeschnitten sein, dass sie innerhalb von drei Monaten marktreif sind und Wirkung erzielen können.
- Schließlich werden die Initiativen in Epics zerlegt.

1. Siehe zum Beispiel *http://featurecanvas.com*.

Die Flight Item Types in einer Organisation zu identifizieren ist großteils recht einfach, denn Projekte und Initiativen sind zum Beispiel offensichtlich Flight Item Types. Sollte es dennoch Schwierigkeiten geben, kann man das Pferd auch von hinten aufzäumen: In diesem Fall führen wir einfach ein Brainstorming zu den Ausprägungen von Arbeiten (Flight Items) durch, die anfallen – ähnliche Arbeiten werden anschließend geclustert. Ein Cluster von Arbeiten ist ein guter Kandidat für einen Flight Item Type. Das ist auch schon die ganze Hexerei. Aber natürlich sind wir hier noch nicht ganz fertig.

Ein gemeinsames Begriffsverständnis schaffen

Nachdem die Flight Item Types identifiziert wurden, werden sie beschrieben. Der Plural ist wichtig: die Flight Item Types. Es kann nämlich sein, dass in einem Flight-Level-2-System nicht nur ein Flight Item Type ausfindig gemacht wird, sondern mehrere. Die Flight Item Types zu beschreiben, hilft dabei, dass alle Beteiligten in einem Flight-Level-2-System das gleiche Verständnis haben und wissen, worum es sich bei welchem Flight Item Type handelt. Diese Beschreibung lässt sich am einfachsten anhand von vier Fragen erstellen (exerzieren wir das für das Beispiel »Initiative« gleich durch):

- **Wo hat der Flight Item Type seinen Ursprung?**
  - Die Product Owner in unserem System entwickeln Initiativen.
  - Wir erhalten Initiativen von unserem Flight-Level-3-System.
- **Warum gibt es diesen Flight Item Type? Was ist der Wert für die Kundinnen?**
  - Initiativen werden an den Markt geliefert und haben daher direkten Wert für die Kundinnen.
  - Bei Initiativen handelt es sich um Wünsche der Kundinnen.
  - Wir möchten damit noch mehr Kundinnen gewinnen.
  - Initiativen können Teil von Projekten sein, mit denen wir gesetzlichen Anforderungen nachkommen müssen.
- **An wen wird der Flight Item Type geliefert?**
  - Sie werden Teil eines Produkts.
  - Die Endkundinnen profitieren direkt vom Wert der Initiative.
- **Wie lange braucht es mindestens und maximal, um diesen Flight Item Type zu liefern?** (gemeint sind damit rund 80 Prozent der Fälle und nicht die Ausreißer)
  - Weniger als drei Monate

Es klingt trivial, aber solche Beschreibungen sind für die Zusammenarbeit essenziell. In vielen Organisation ist ein Epic in Abteilung A nämlich etwas ganz anderes als in Abteilung B, und Abteilung C hat sowieso noch nie von Epics gehört. Das ist uns zum Beispiel in einer Bank begegnet: Ein Bereich hatte Epics als Arbeiten definiert, die innerhalb von vier bis acht Wochen fertiggestellt werden. Für einen anderen Bereich waren Epics hingegen nur ein anderes Wort für Jahresprojekte. Die gemeinsame Begriffsklärung in einer frühen Phase der Gestaltung eines Boards ist daher ein wichtiger Punkt, der später viele Probleme erst gar nicht entstehen lässt.

Sobald alle das gleiche Verständnis der Flight Item Types haben, ist es einfacher, über die konkreten Arbeiten an sich – also die Flight Items – zu sprechen. Denn darauf konzentrieren wir uns im nächsten Schritt.

3.1.2 Flight Routes – wie sich Arbeit über das Board bewegt

Die konkreten Ausprägungen der Flight Item Types sind die Flight Items, also die Arbeiten, die von den Personen in einem Flight-Level-2-System erledigt werden. Die Flight Items werden sich später ständig über das Board bewegen, die Frage ist nur: Auf welchem Weg tun sie das? An dieser Stelle geht es nur darum, die Flight Routes innerhalb eines Flight-Level-2-Systems zu finden. Wir werden in Kapitel 5 sehen, dass es auch Flight Routes zwischen den Systemen auf den Flight Levels 3, 2 und 1 gibt – aber dazu kommen wir später.

Was ist eine Flight Route?

Eine Flight Route beschreibt, wie sich die einzelnen Flight Item Types bzw. die Flight Items als ihre konkrete Ausprägung ausgehend von einem auslösenden Moment (Trigger) über ein Flight-Level-Board bzw. über mehrere Flight Levels hinweg durch die Organisation bewegen (siehe dazu auch Abschnitt 5.3). Auf einem Flight-Level-2-Board zeigt die Flight Route, in welchen Schritten Flight Items behandelt werden, um einen Wert entstehen zu lassen. In einem Flight-Level-2-System kann es unterschiedliche Flight Routes für verschiedene Flight Items geben.

Auch das klingt wieder einfach – und auch hier müssen wir sagen: Es ist nicht immer so einfach, wie es klingt. Die grundlegende Frage ist nämlich, welche Art von Flight Route für einen bestimmten Kontext gerade am besten passt. Schauen wir uns zum Beispiel die zwei Boards in Abbildung 3–4 an. Welche Unterschiede gibt es hier?

Große Überraschung! Board A setzt sich nur aus drei Spalten zusammen, nämlich aus der berühmten Dreifaltigkeit »To do – Doing – Done«. Der Workflow auf Board B ist hingegen etwas elaborierter, denn hier wurde genauer benannt, was in den einzelnen Schritten passiert: Analyse – Implementierung – Test – Rollout – Done. Sehen wir uns die Zettel an, die an Board A hängen:

- Like-Button implementieren
- Rollout des Logins
- Funktion »zu Favoriten hinzufügen« testen

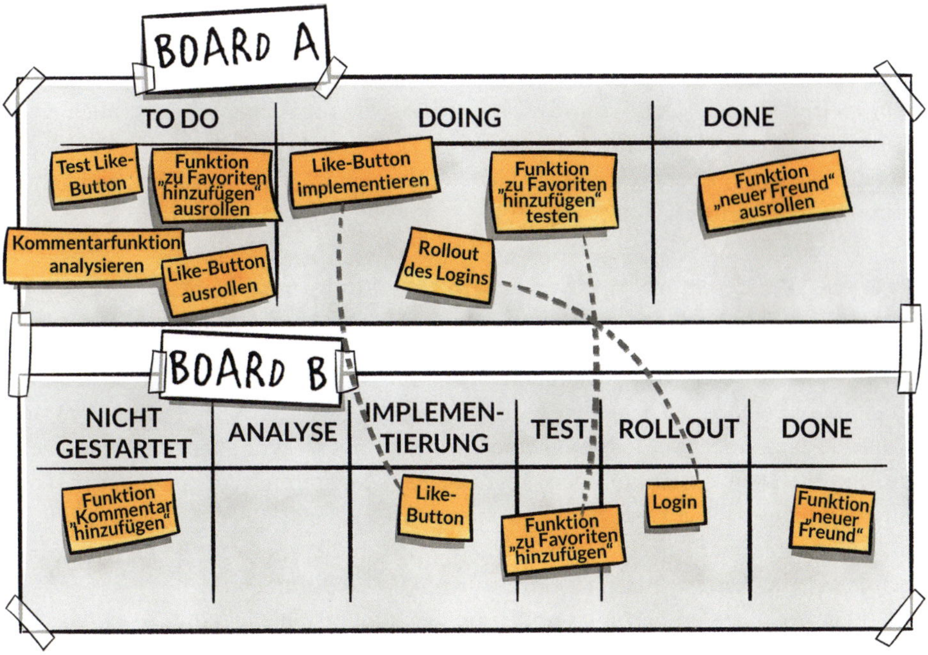

Abb. 3–4 *Was ist der Unterschied zwischen diesen Boards?*

Wenn wir diese Anweisungen mit dem vergleichen, was auf Board B steht, gibt es inhaltlich gar nicht so viele Unterschiede. Beide Boards geben die gleiche Information wieder.

Der zentrale Unterschied ist folgender: Auf Board A wird die Information als Fluss von Aktivitäten oder Tasks dargestellt – das bezeichnen wir daher als »Aktivitätsfluss«. Board B bildet hingegen die Wertgenerierung ab: Sobald wir den Like-Button auf den Markt bringen, ist am Markt ein Wert entstanden. Board B repräsentiert also einen »Wertfluss«. So ein Wertfluss ist natürlich eine Supersache, denn wenn hier etwas rechts aus dem Board flutscht, sprich: geliefert wird, wissen wir, dass sich die Kundin freut und Geld in die Kasse kommt. Der Wert, den wir erreichen wollen, ist quasi immer in Sichtweite und ist das, was mithilfe des Boards gemanagt wird. Es wird deutlich, wie weit wir noch von der Wertgenerierung für die Kundin entfernt sind: Mit dem »Login« sind wir kurz davor, den Wert zu generieren. »Kommentar hinzufügen« steht noch ganz am Anfang – da wird es also noch etwas dauern mit der Wertgenerierung. Das »neuer Freund«-Feature ist auf »Done« gesetzt – damit haben wir bereits Wert erzeugt.

Bei einem Aktivitätsfluss sehen wir das hingegen nicht so deutlich. Zwar wird auch ein Like-Button implementiert und wenn das erledigt ist, wird das Kärtchen auf »Done« geschoben. Doch wenn das (Teil-)Produkt noch nicht ausgerollt ist, kann die Kundin auch nichts damit anfangen und unsere Kasse bleibt leer. Aktivitätsflüsse tendieren also dazu, Output zu generieren, aber nicht zwangsläufig einen Outcome, der für die Kundin wertvoll ist. Der zweite Nachteil eines Aktivitätsflusses ist: Er hält uns zwar beschäftigt, aber dadurch kann der Blick auf den Wert verlorengehen.

»Da fließt der Wert« klingt logischerweise viel cooler als jeder Aktivitätsfluss. Aber: »It depends!« Die Art und Weise, wie Arbeit abgebildet wird, ist auch eine Frage der Entwicklungsstufe. Sie spiegelt wider, was die ausführenden Personen über die Materie, über die zielführenden Prozesse und Arbeitsschritte zu einem bestimmten Zeitpunkt wissen.

Wie ein Wertfluss entsteht oder wie sich aus einem kleinen Event ein Event-Business entwickelt

Nehmen wir an, dass Veronika und Tom in ihrem Unternehmen eine Veranstaltung organisieren wollen, zu der eine Expertin zu einem konkreten Themenkreis als Vortragende eingeladen werden soll. Diese Veranstaltung soll vor allem den Menschen im Unternehmen zugutekommen, aber in einem bestimmten Ausmaß sollen auch unternehmensexterne Personen teilnehmen können. Das Unternehmen ist nämlich immer auf der Suche nach neuen Talenten und ein kleines Event bietet hervorragende Möglichkeiten, um mit Leuten in Kontakt zu kommen.

Nun organisieren Veronika und Tom aber zum ersten Mal ein Event, und das heißt, sie haben noch keinen Plan. Nach einem Brainstorming haben sie einige Aufgaben ausfindig gemacht, die sie erledigen müssen, damit das Event tatsächlich stattfinden kann: Engagiere einen Caterer, suche und buche eine passende Location, bewerbe das Event und setze dafür eine Website auf. Diese Aufgaben bzw. Tasks wandern auf dem für diesen Zweck angelegten Board durch die drei Spalten »To do – Doing – Done«. Was Veronika und Tom auf diesem Board nicht gut sehen können: In welchem Stadium der Organisation befindet sich das Event eigentlich? Aber als Event-Nackerpatzerln (österreichisch für »Nichtwissende«) sind die beiden einfach froh, dass sie zumindest schon einmal herausgefunden haben, welche Vorbereitungen dafür überhaupt erforderlich sind.

Das Event ist ein voller Erfolg! »Na, dann machen wir doch gleich ein zweites«, beschließen die beiden. Also organisieren sie noch ein Event und noch ein Event und noch ein Event. Irgendwann kristallisiert sich heraus, dass diese Events idealerweise alle zwei Monate stattfinden sollen. Das heißt, während ein Event noch gar nicht stattgefunden hat, muss schon wieder alles für das nächste Event vorbereitet werden.

Irgendwann dämmert es Veronika und Tom: »Hey, wir haken hier am Board nicht nur Aufgaben für ein Event ab. Wir organisieren parallel mehrere Events!« Ganz offensichtlich schaffen die Events für die teilnehmenden Personen einen Wert. Also bekommt jedes Event ein eigenes Kärtchen, das über das Board bzw. durch eine eigene »Swimlane« (Zeile am Board) wandert. Weil Veronika und Tom inzwischen viel dazugelernt haben, hat sich das Board etwas verändert: Statt jedes Mal alle To-dos für ein Event neu zu definieren, sehen sich Veronika und Tom an, was sie bei jedem Event immer wieder in einer bestimmten Reihenfolge tun müssen: Jedes Event müssen sie vorbereiten, durchführen und nachbereiten (wir bitten alle Eventmanagerinnen um Verzeihung für die drastische Vereinfachung). Daraus ergibt

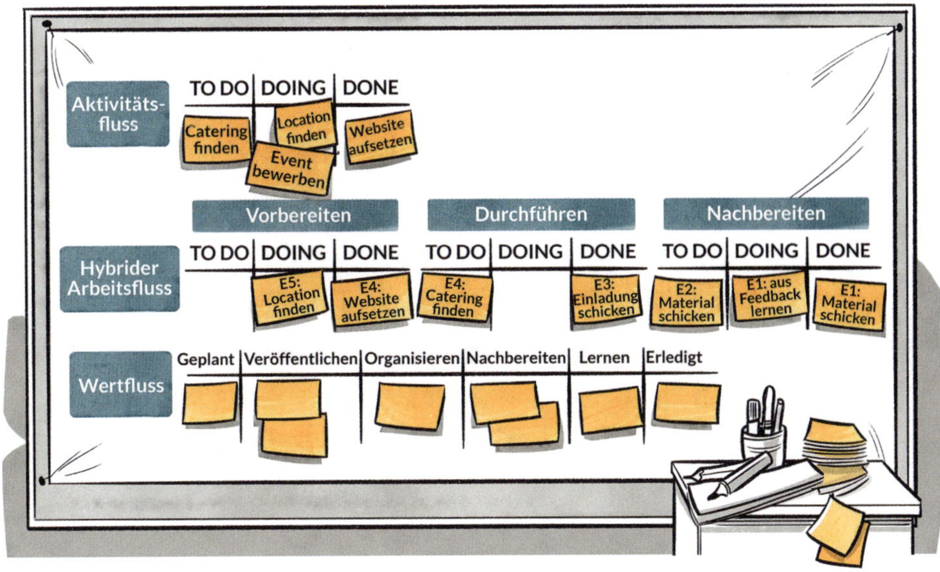

Abb. 3–5 *Evolution vom Aktivitätsfluss zum Wertfluss durch wachsende Erfahrung*

sich für alle zu organisierenden Events ein simpler Wertfluss. Aber es ist kein astreiner Wertfluss: In diesen drei »Hauptaktivitäten« arbeiten die zwei noch immer mit dem Schema »To do – Doing – Done«. Durch die Spalten ziehen sie Aufgaben für die einzelnen Events. Sie arbeiten also mit einer Hybrid-Version aus Aktivitätsfluss und Wertfluss (siehe Abb. 3–5).

Damit sind Veronika und Tom aber noch nicht fertig! Irgendwann stellen sie fest, dass sich auch in den Spalten »Vorbereiten«, »Durchführen« und »Nachbereiten« viele Aufgaben für alle Events wiederholen. Wieder können sie den Arbeitsfluss verfeinern, indem sie aus den wiederkehrenden Aufgaben Spalten auf ihrem Board machen, das jetzt einen echten Wertfluss abbildet.

Je öfter die beiden ihre Events durchleuchten, desto genauer wird die Liste der Aufgaben (siehe Abb. 3–6). Grob gesagt gliedert sich der Arbeitsfluss noch immer in die großen Bereiche »Vorbereitung«, »Durchführung« und »Nachbereitung«, aber diese Bereiche sind nun jeweils in mehrere Teilschritte gegliedert. Die beiden wissen jetzt wirklich bis ins Detail, was für ein Event zu tun ist, und können sich in der Abwicklung immer weiter verbessern. Deshalb kommt irgendwann der Tag, an dem Veronika und Tom ihr Board in ein elektronisches Tool migrieren und dort in den einzelnen Schritten Checklisten anlegen.

Auch dieses Board ist aber nicht »fertig«. Nach einiger Zeit fügen sie noch die Spalte »Lernen« vor der Spalte »Erledigt« ein. Nach jedem Event gibt es nämlich eine Manöverkritik: »Was können wir das nächste Mal noch besser machen?« Die Erkenntnisse werden direkt in den Aktivitäten und Checklisten am Board verankert, damit Veronika und Tom sie leicht für die folgenden Events umsetzen können. Willkommen im Nirvana der Operational Excellence!

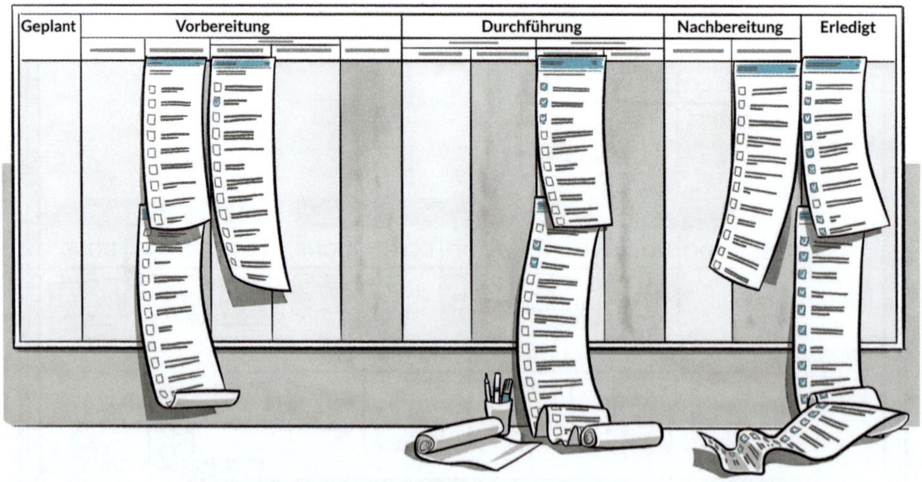

Abb. 3–6 *Wertfluss für Operational Excellence*

Was wir mit diesem Beispiel sagen wollen: Ein Aktivitätsfluss ist nicht per se schlechter als ein Wertfluss. Es kommt darauf an, in welcher Situation sich eine Organisation befindet. Wenn man etwas in seinem Leben zum ersten Mal macht, dann ergibt es keinen Sinn, einen Wertfluss abbilden zu wollen. So schnell kann die Tinte bzw. der Whiteboard-Marker gar nicht trocknen, wie der Flow schon wieder veraltet ist. Am Beispiel von Veronika und Tom ist das noch einigermaßen leicht nachvollziehbar, allerdings sind die beiden auch nicht die ersten Menschen auf diesem Planeten, die ein Event organisieren – sie können sich also gut über den Ablauf informieren. Im Rahmen von wirklich innovativen Vorhaben ist das aber nicht möglich, und daher ergibt es keinen Sinn, einen Wertfluss für die inhaltliche Arbeit an solchen Projekten etablieren zu wollen.

Sinnvoller ist es, am Board mit einem Aktivitätsfluss aus Post-its loszulegen und zuerst einmal zu beobachten, welche Aufgaben sich wie oft oder gar nicht wiederholen. Wenn man mit den gleichen Aufgaben nach dem zweiten, dritten oder vierten Mal auch noch gute Erfahrungen gemacht hat, ist es natürlich unnötig, die Welt immer wieder neu zu erfinden – dann ist es an der Zeit, aus dem Aktivitätsfluss einen ersten Wertfluss abzuleiten. Sobald man sehr genau über die notwendigen Abläufe Bescheid weiß, ist es möglich, sich in Richtung Operational Excellence zu bewegen. Ab diesem Punkt geht es nicht mehr um die Frage, wie etwas zu organisieren oder herzustellen ist, sondern es geht darum, die Abläufe stetig zu verbessern.

Zwinge dich also nicht dazu, sofort einen Wertfluss aufzuzeichnen, wenn das aufgrund des Kontextes nicht zweckmäßig ist. In einer Umgebung mit viel Unsicherheit oder wenn du etwas zum ersten Mal tust, ergibt es überhaupt keinen Sinn, über einen umfassenden Wertfluss nachzudenken. Weiter kommst du in dieser Situation damit, mit einem Aktivitätsfluss zu starten und die Arbeit eine Zeit lang zu beobachten. Es ist schon eine coole Geschichte, zu sehen, was man überhaupt tut bzw. gemacht hat. Dann tut man es noch einmal und noch einmal, und früher oder später bildet sich daraus ein Wertfluss.

Erlaubt ist, was passt

Ein Aktivitätsfluss ist nicht schlechter oder weniger hilfreich als ein Wertfluss. Je nach Situation sind sie zweckmäßig oder weniger zweckmäßig. Ein Wertfluss eignet sich für die Arbeit in einem bekannten, repetitiven Kontext, in dem es wenige Unsicherheiten bzw. Unklarheiten gibt. Ein Wertfluss kann sich im Laufe der Zeit aus einem Aktivitätsfluss herausbilden.

3.1.3 Flight Routes finden und abgrenzen

Gehen wir davon aus, dass ihr in eurer Organisation tatsächlich die Phase des Aktivitätsflusses hinter euch gebracht und für das Erbringen eurer Leistung oder das Bauen eures Produkts einen echten Wertfluss gefunden habt. Nach wie vor befinden wir uns in der Phase des Skizzierens, das heißt, es geht noch immer nicht darum, ein tipptopp feines, fertiges Board zu modellieren, sondern sich zunächst einen Überblick über Anfang und Ende sowie über die einzelnen Etappen einer Flight Route zu verschaffen. Diesen Überblick (siehe Abb. 3–7) verschafft ihr euch am besten in fünf Schritten:

1. Die Kundschaft identifizieren, die mit dieser Flight Route bedient wird
2. Die Arbeitsschritte von Ende bis Anfang identifizieren
3. Externe Arbeitsschritte identifizieren
4. Wichtige Stakeholder den Arbeitsschritten zuordnen
5. Flight Routes mit echten Flight Items von Anfang bis Ende simulieren

Außerdem braucht ihr dafür nicht mehr als ein paar Stifte und Post-its in unterschiedlichen Farben.

1. Die Kundschaft identifizieren, die mit dieser Flight Route bedient wird

Wir haben bereits festgestellt: Sofern wir es mit einem Wertfluss zu tun haben, freut sich am Ende eine interne oder externe Kundin über den Wert, den wir geliefert haben. Meistens freut sich aber nicht nur eine Kundin, sondern am anderen Ende auch eine »Auftraggeberin« (aus der Organisation), die die Umsetzung einer bestimmten Sache ins Rollen gebracht hat. In einem Brainstorming werden also die internen und externen Kundinnen sowie Auftraggeberinnen ausfindig gemacht, die am Anfang bzw. am Ende der Flight Route stehen und Input (Auftrag) geben bzw. ein Resultat erhalten.

In der nun entstehenden Flight-Route-Skizze werden die Auftraggeberinnen auf der linken Seite platziert, die internen und externen Kundinnen auf der rechten Seite.

2. Die Arbeitsschritte von Ende bis Anfang identifizieren

Welche Arbeitsschritte werden gesetzt, damit ein Auftrag als brauchbarer Wert bei der Kundin ankommt? Alle Arbeitsschritte, die auf diesem Weg zur Kundin identifiziert werden, sind potenzielle Spalten am späteren Board. »Potenziell« deshalb, weil sich erst im weiteren Skizzierungsprozess herausstellen wird, ob wirklich jeder Arbeitsschritt so umfangreich ist, dass er als Spalte abgebildet werden muss.

Deshalb empfehlen wir, bei der Sammlung der Arbeitsschritte so ausführlich wie möglich zu sein und lieber einen Zettel mehr als zwei zu wenig zu schreiben. In den späteren Simulationen werden die Schritte sowieso noch ausgedünnt werden. Was passiert nun also mit den gesammelten Arbeitsschritten? Sie werden von hinten nach vorne bzw. von rechts nach links angeordnet. »Wäre von vorne nach hinten nicht logischer?«, fragt sich jetzt die möglicherweise irritierte Leserin. Nun ja, hinter der umgekehrten Richtung steckt ein ganz einfacher psychologischer Trick: Am Ende der Flight Route lachen die Kundinnen hoffentlich – nicht, weil wir Blödsinn gemacht haben, sondern weil wir eine Topleistung abgeliefert haben und sie sich darüber freuen. Aber wie sind wir an diesen Punkt gelangt?

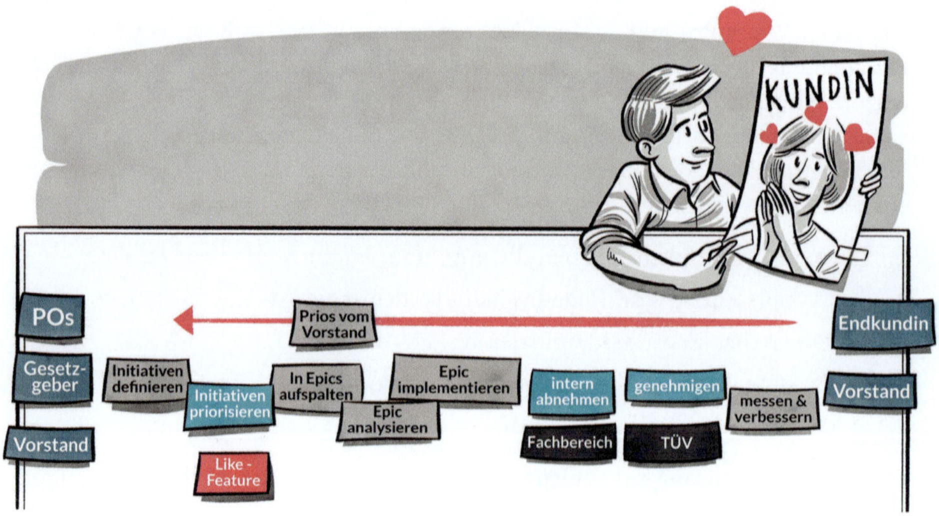

Abb. 3–7 *Arbeitsschritte sammeln*

Bevor die Kundinnen gelacht haben, wurde ein Epic ausgerollt. Bevor es ausgerollt wurde, wurde es integriert. Bevor das Epic integriert wurde, wurde es implementiert. Davor wurde das Epic analysiert usw. Wenn Menschen die Abläufe in der »richtigen« Richtung vom Anfang bis zum Ende erzählen, lassen sie sich mit hoher Wahrscheinlichkeit dazu verleiten, einen offensichtlichen bzw. den formalen Prozess »herunterzuleiern«. Wir sind aber immer auf der Suche nach den *tatsächlichen* Abläufen und Details.

Hier ist nicht das Ende

Die tatsächlichen Abläufe aufzuschreiben, ist bereits ein erster Verbesserungsschritt. Hier sollte die Verbesserung aber nicht enden, denn auch wenn die Realität festgehalten wird: Es geht nicht darum, den Status quo zu zementieren. Wenn die tatsächlichen Abläufe nämlich Scheibenkleister sind, würden wir Scheibenkleister zementieren, und das ist hier nicht das Ziel. Das Sichtbarmachen hat den Zweck, Abläufe immer wieder zu verändern, wenn es die Wertgenerierung verbessert!

Deshalb ist es besser, das Gehirn zu fordern und in die umgekehrte Richtung zu denken. Rückwärts kann man nicht lügen, man würde sich in ziemliche Widersprüche verstricken. Das leuchtet allen ein, die mit Kindern zu tun haben: Manche Geschichten, die Kinder erzählen, sind nicht ganz schlüssig. Ob sie sich die Geschichte ausgedacht haben, findet man meistens mit der wiederholten Frage »Und was ist davor passiert?« heraus. Du kannst es aber auch selbst ausprobieren: Erfinde einfach eine Geschichte und versuche dann, sie von hinten nach vorne zu erzählen. Das ist verdammt schwierig!

3. Externe Arbeitsschritte identifizieren

Wenn wir nun die Flight Route von rechts nach links skizzieren, gelangen wir immer wieder an Punkte, an denen Arbeitsschritte von Personen gesetzt werden müssen, die nicht direkt mit unserem Board arbeiten werden. Das können Personen außerhalb des Unternehmens sein oder Personen im Unternehmen, die nicht Teil des Flight-Level-2-Systems sind.

In unserem Beispiel in Abbildung 3–7 müssen an einem Punkt die Initiativen priorisiert werden. Für diesen einen Zweck werden die Vertreterinnen anderer Produkte gebraucht, doch an allen anderen Arbeitstagen werden sie vermutlich nicht vor dem Flight-Level-2-Board stehen und am Standup teilnehmen. Diese Punkte in der Flight Route, an denen externe Arbeitsschritte ins Spiel kommen, bilden wir in einer anderen Farbe ab.

4. Wichtige Stakeholder den Arbeitsschritten zuordnen

Nachdem wir herausgefunden haben, an welchen Arbeitsschritten externe Stakeholder beteiligt sind, ordnen wir die entsprechenden Stakeholder diesen Arbeitsschritten zu. In die Arbeitsschritte »intern abnehmen« und »genehmigen« müssen in unserem Beispiel der Fachbereich und der TÜV einbezogen werden. Diese Zuordnung von Stakeholdern wird später noch für die Arbeit mit Board Patterns, also verschiedenen Gestaltungsmustern, wichtig sein.

5. Flight Routes mit echten Flight Items von Anfang bis Ende simulieren

Mit konkreten Flight Items lässt sich nun überprüfen, ob diese erste skizzierte Flight Route mit der Realität übereinstimmt. Anders als bei der Identifizierung der Arbeitsschritte lassen wir die einzelnen Flight Items nun in der richtigen Abfolge von links nach rechts über das vorläufige Board wandern. Bei dieser Simulation machen alle Personen mit, die direkt mit dieser Flight Route arbeiten. Meistens erzählen diese Personen zu jedem Arbeitsschritt, wie er im Arbeitsalltag konkret abläuft. Diese Geschichten sind besonders wichtig, weil durch das Erzählen deutlich wird, ob noch ein Arbeitsschritt fehlt oder es ein unterschiedliches Verständnis der Arbeitsschritte gibt. Bei diesen Gesprächen stoßen die Beteiligten auch auf neue Flight Items, die wiederum eine eigene Flight Route brauchen. Deswegen ist es so wichtig, Boards nicht nach dem Highlander-Prinzip »Es kann nur einen geben!« zu bauen: Diese wertvollen Diskussionen, durch die der tatsächliche Arbeitsfluss herausgearbeitet wird, können nur in einer heterogenen, funktions- und hierarchieübergreifenden

Gruppe entstehen, die viele Blickwinkel einbringt. Wird ein Board zum Beispiel von der Abteilungsleiterin allein gebaut, ist es eben das Abteilungsleiterinnen-Board, das nicht alle Personen repräsentiert, die im Alltag mit dem Board arbeiten müssen.

3.2 Das Board modellieren

Bisher wurde noch kein wirkliches Board entworfen, sondern mit einer Menge Post-its ein Gefühl dafür entwickelt, was sich auf diesem Board wiederfinden könnte. Jetzt geht es um die Frage: Wie leiten wir aus dem Entwurf ein richtiges Board ab?

Wenn wir ein Board bauen, greifen wir in der Flight-Levels-Welt auf Board Patterns, also wiederkehrende Muster, zurück. Diese Pattern-Bibliothek wird laufend erweitert, da sie aus den Kontexten entsteht, die wir in der Praxis in verschiedenen Organisationen antreffen. Hinter dieser Bibliothek steckt die Idee, dass wir nicht im Vorhinein wissen, wie das »richtige« Flight-Level-2-System für eine Organisation aussieht. Es gibt kein Flight-Level-2-System aus der Dose, das für alle Unternehmen dieser Welt Gültigkeit hat. Das funktioniert vielleicht mit anderen Frameworks, denen das magische Wissen über die Arbeitsweisen aller Organisationen dieser Welt zugrunde liegt – aber in der Flight Levels Academy sind wir dieser Magie leider nicht mächtig.

Deshalb erfassen wir zunächst die Realität einer Organisation und versuchen, sie zu verstehen; erst dann wird – je nachdem, wie viel sich die Organisation zutraut – eine erste Verbesserung modelliert.

ACHTUNG!

Die Patterns, die wir gleich vorstellen werden, sind keine Vorlagen für ein komplett fertiges Flight-Level-2-System! Sie beleuchten bestimmte Aspekte, basierend auf dem Problem, das gelöst werden soll. Es ist unsexy, ein Flight-Level-System zu bauen, nur um ein Flight-Level-System zu haben – es soll damit ja etwas Bestimmtes adressiert werden. Ein Flight-Level-2-System, das zum Beispiel darauf ausgerichtet ist, die Wartezeiten zu reduzieren, wird anders aussehen als ein Flight-Level-2-System, in dem das strategische Alignment die größte Rolle spielt.

Die folgenden Patterns sind daher als Quelle der Inspiration zu verstehen. Es geht nicht darum, *alle* Patterns in ein Flight-Level-2-System einzubauen. Vielleicht brauchst du für euer System nur eines oder zwei, vielleicht fünf oder gar keines. Du steuerst dein Flight-Level-2-System!

Noch eine Anmerkung zu digitalen Boards: Es gibt viele Tools, die Situationen, wie sie in den Patterns zu sehen sind, nicht wiedergeben können. Die Trennlinien zwischen einzelnen Schritten können meistens nur durchgängig von oben bis unten gezeichnet werden. Wenn solche Tools verwendet werden, sollte in diesem Stadium der Ausarbeitung aber völlig egal sein, was das Tool kann und was nicht! Es geht darum, die Ergebnisse des Brainstormings in einen Arbeitsfluss zu überführen, und zwar in Form einer möglichst realitätsnahen Abbildung. Die Kreativität und der Raum für Lösungen dürfen nicht vom Feature-Set eines Tools eingeschränkt werden. Ziel ist es, ein Board zu bauen, das optimal für den jeweiligen Zweck ist, und erst wenn es gebaut ist, können Überlegungen folgen, wie es elektronisch abgebildet werden kann. Das ist dann aber ein zusätzlicher Schritt!

3.2.1 Board Pattern 1: Mehrere Flight Item Types managen

Abb. 3–8 *Mehrere Flight Item Types managen*

Dieses Pattern ist ja geradezu trivial. Warum? In der Skizzierungsphase haben wir versucht, unsere Flight Item Types ausfindig zu machen. Häufig werden in einem Flight-Level-2-System gleich mehrere Flight Item Types behandelt: Zum Beispiel gibt es Arbeit, die sich aus der Strategie ableitet, es gibt die Veränderungen und Verbesserungen von laufenden Systemen und schließlich noch betriebsrelevante Störfälle, die mehrere Teams betreffen.

In diesem Fall passt die zeilenweise Abbildung am Board ganz gut. Für jeden Flight Item Type wird die Flight Route identifiziert, was in Abbildung 3–8 gut sichtbar ist: Flight Item Type X hat die Flight Route »A, B, C, D«, Flight Item Type Y hat »A, B, E« und Flight Item Type Z hat »A, F«. Natürlich könnte man drei separate Boards bauen, anstatt drei Zeilen auf einem Board abzubilden. »Thanks again for pointing that out, Captain Obvious!« – aber in der Realität verursacht das oft Probleme. Wenn man zum Beispiel mit Farben Referenzen zwischen den Zeilen abbilden will, geht das auf getrennten Boards verloren. Es geht auch das Gefühl für die gesamte Arbeitsmenge verloren. Das kann genauso passieren, wenn elektronische Tools verwendet werden, weil sich nur ein Board nach dem anderen einblenden lässt. Oft ist die Aggregation in Zeilenform daher sinnvoller.

Die andere Seite der Medaille ist: Wenn sich sehr viel Arbeit auf einem Board befindet, kann die Menge überwältigend sein und es ist sinnvoller, mit getrennten Boards zu arbeiten. Das bietet sich auch an, wenn es unterschiedliche Verantwortungsbereiche gibt: Nehmen wir zum Beispiel an, dass Flight Item Type X die Backend-Entwicklung betrifft und Flight Item Type Y die Frontend-Entwicklung. Natürlich müssen sich diese Bereiche miteinander abstimmen und wir wollen, dass sich die Vertreterinnen der Teams vor einem Board treffen und über die Arbeit sprechen. Trotzdem kann es sinnvoll sein, die Boards zu trennen, wenn es diesen Abstimmungsbedarf nur hin und wieder gibt. Es besteht ohnehin immer die Möglichkeit (bzw. sie sollte bestehen), sich auch die Boards der jeweils anderen anzusehen, wenn es notwendig ist. Der Idealfall ist klarerweise, wenn die einzelnen Boards nahe beieinander in einem Raum stehen.

3.2.2 Board Pattern 2: Flight Items ändern ihren Typ im Verlauf der Flight Route

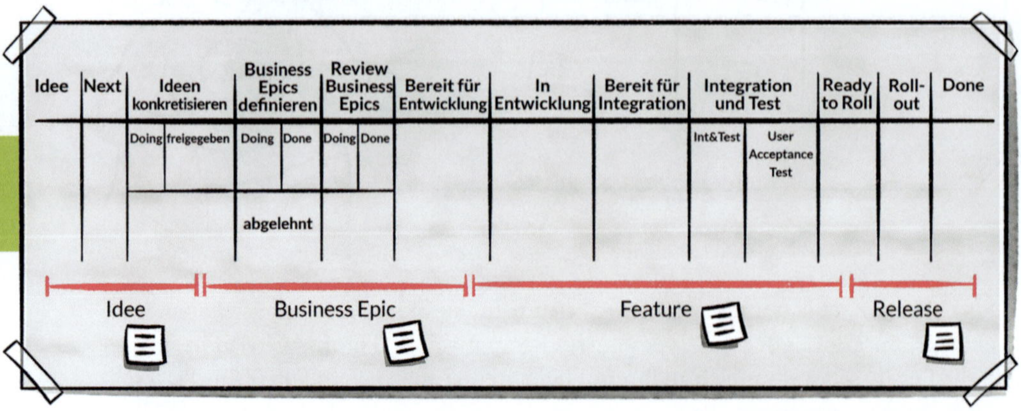

Abb. 3–9 *Das Flight Item ändert seinen Typ.*

Auf Flight Level 2 wird meistens Übersetzungsarbeit geleistet: Zum Beispiel müssen auf Flight Level 3 definierte Outcomes (siehe Kap. 4) in etwas Bearbeitbares wie zum Beispiel eine Initiative umgewandelt werden. Die Initiative muss dann wiederum in Stücke geschnitten werden, damit sie von den Teams in Etappen umgesetzt werden kann. Wenn es also auf der linken Seite eines Boards Menschen mit Ideen gibt und diese ihre Ideen für die umsetzenden Personen konkretisieren, ist das meistens ein Indiz dafür, dass das konkrete Flight Item auf dem Weg durch die Flight Route mutieren, also seinen Typ ändern wird. Sehen wir uns das anhand des Boards in Abbildung 3–9 an: Ganz links heißt der Flight Item Type »Idee«. Diese Idee wird konkretisiert, das heißt, sie wird so zerlegt, dass sie umgesetzt werden kann. Natürlich kann es in diesem Schritt auch passieren, dass eine Idee wieder verworfen wird. Wird die Idee aber bestätigt, werden aus der Idee mehrere Business Epics, die wirtschaftliche Informationen enthalten.

Nun sind die Entwicklerinnen an der Reihe, sich die Business Epics aus technischer Sicht anzusehen, und so verwandeln sich die Business Epics in technische Features. Diese Features werden meistens nicht einzeln ausgerollt, denn in manchen Umgebungen ist es technisch nicht möglich und in anderen Umgebungen will man die Kundinnen nicht ständig mit Updates nerven. Deshalb werden die Features zu Releases gebündelt.

In den seltensten Fällen handelt es sich bei diesen Veränderungen um 1:1-Beziehungen, das heißt, aus einem Business Epic wird nicht immer genau ein einziges Feature. Aus einer Idee werden üblicherweise auch mehrere Business Epics (siehe Board Pattern 13 »Slicing« in Abschnitt 3.2.13). Wenn sich der Flight Item Type ändert, werden entweder aus einem großen mehrere kleine Flight Item Types oder aus mehreren kleinen ein großer.

3.2.3 Board Pattern 3: Jetzt, als Nächstes, später

Abb. 3–10 *Jetzt, als Nächstes, später*

Das ist eigentlich ein lustiges Pattern. Es bringt die Leute oft durcheinander, weil es gleichzeitig eine Zeitleiste ist, aber verkehrt herum: Im »Fertig«-Bereich rechts befindet sich Arbeit, die bereits fertig ist. In der Spalte »Jetzt« ist alles, woran gerade gearbeitet wird. Auf der linken Seite des Boards wird quasi ein Fenster in die Zukunft geöffnet: Als Nächstes – und es wird immer definiert, was als Nächstes gilt – sind bis Weihnachten bestimmte Arbeiten zu erledigen (Annahme: Es ist gerade Oktober). »Später« bezieht sich auf die Zeit nach Weihnachten, aber so weit muss derzeit noch gar nicht gedacht werden, vor allem nicht in irgendwelchen Details. Es wird nur grob vorsortiert, wann was auf die umsetzenden Personen zukommt.

Nun gibt es hier ein paar Besonderheiten: Dieses Pattern funktioniert gut in Umgebungen mit einem hohen Grad an Unsicherheit (wir erinnern uns an den Aktivitätsfluss). Wir können hier keine spezifischere Flight Route aufzeichnen, weil es keine gibt. Genauso gut könnten wir statt »Jetzt« auch »Doing« hinschreiben. Um in den Abläufen etwas klarer zu werden, werden bei diesem Pattern oft Pfeile eingezeichnet, in Abbildung 3–10 etwa von einer Arbeit in der Spalte »Jetzt« zu einer Arbeit in der Spalte »Bis Weihnachten«. Das bedeutet, zuerst muss dieses Flight Item umgesetzt werden, bevor mit dem Item begonnen wird, auf das der Pfeil zeigt. Mit Pfeilen sollen bei diesem Pattern also nicht einfach sämtliche Abhängigkeiten dargestellt werden, sondern ganz klare Bezüge aufgezeigt werden: Was muss erledigt sein, bevor etwas anderes erledigt werden kann? Zum Beispiel sollten Marktstudien ausgewertet werden, bevor das Redesign eines Produkts stattfindet.

Je höher der Grad der Unsicherheit ist, desto wahrscheinlicher ist es, dass im Tun immer wieder neue Arbeiten entstehen. Wir befinden uns sozusagen in einem dynamischen Planungsprozess, weil wir ständig etwas Neues finden, das bis Weihnachten zu tun ist. Irgendwann erkennen wir möglicherweise, dass nicht alles zu schaffen sein wird, und daher verschieben wir einige Arbeiten, die sich in der Spalte »Bis Weihnachten« befinden, in die Spalte »Später«. Oder es tritt das Gegenteil ein: Arbeit wird schneller fertig als gedacht und deshalb können weitere Arbeiten nach vorne verschoben werden. Das ist der springende Punkt bei diesem Pattern: In einem dynamischen Umfeld wird hier sichtbar, wie etwas aus inhaltlichen Gründen verschoben werden muss. In einem weniger dynamischen Umfeld kann die Spalte »Jetzt« im Grunde ein ganzes Board repräsentieren, denn wir könnten einfach Spalten hinzufügen.

Zeit am Board

Wenn der Faktor Zeit abgebildet werden soll oder muss, sieht man auf Boards häufig Spalten mit Überschriften wie »ein Jahr«, »6 Monate«, »3 Monate«. Das Problem mit dieser Darstellung ist: Für ein und dieselben Arbeiten verschieben sich diese 3, 6 oder 12 Monate immer weiter – je nachdem, zu welchem Zeitpunkt man auf das Board schaut.

Die Frage lautet immer: Was wollen wir bis wann *genau* erreichen? Daher ist es wesentlich hilfreicher, konkrete Daten anzugeben, zum Beispiel »31.3.« anstatt »in 3 Monaten«. Dann ist klar, dass dieser Teil des Boards bis zu diesem Zeitpunkt geleert sein muss.

3.2.4 Board Pattern 4: Up- and Downstream miteinander verbinden

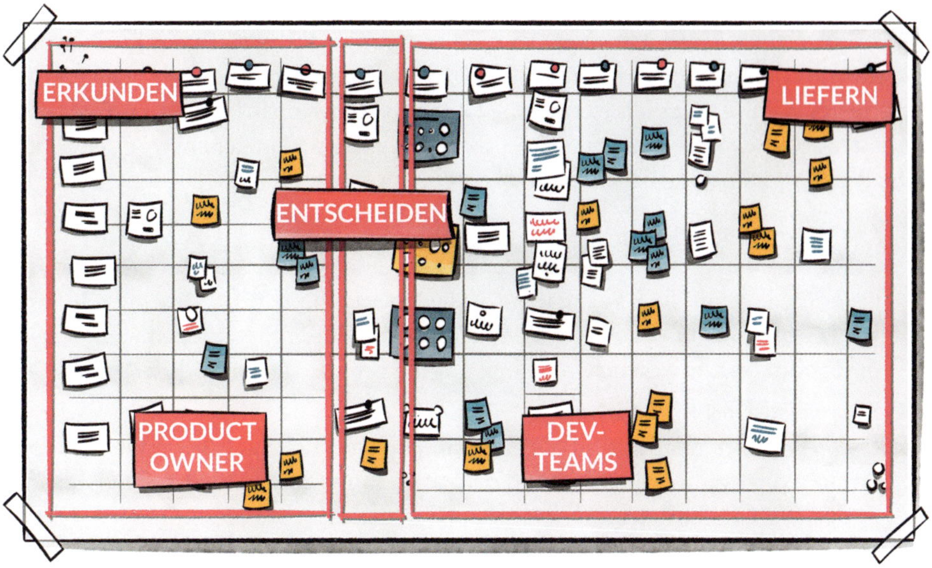

Abb. 3–11 *Up- und Downstream miteinander verbinden*

Mit einem Flight-Level-2-System soll die gesamte Wertschöpfungskette auf einem Flight Level 2 visualisiert werden. Die Idee dahinter ist die Koordination von Ende zu Ende. Nun ist der Anspruch »gesamte Wertschöpfungskette« verdammt hoch: Wo ist der Anfang und wo ist das Ende?

2022 betrug die Wartezeit für ein neues Auto mehrere Monate bis zu einem Jahr. Allerdings waren die Wartezeiten nicht so lange, weil es zum Beispiel VW nicht geschafft hat, Autos zusammenzubauen, sondern weil Produzenten in China keine Chips liefern konnten. Den Kundinnen ist aber vollkommen egal, wo es in der Lieferkette hakt. Daher stellt sich immer die Frage, wo die »gesamte« Wertschöpfungskette anfängt und wo sie aufhört. Natürlich ist es gut, so viel wie möglich davon abzubilden, aber an irgendeiner Stelle gibt es Dinge, die sich nicht beeinflussen lassen – an dieser Stelle sollte ein Schnitt gemacht werden, denn theoretisch ließe sich die Wertschöpfungskette bis zum Urknall zurückverfolgen.

Grob gesprochen gibt es in jeder Wertschöpfungskette drei Abschnitte:

1. Zuerst muss herausgefunden werden, was zu tun ist – das ist der Bereich »Erkunden«.
2. Dann wird hoffentlich eine explizite Entscheidung getroffen, was tatsächlich geliefert werden soll (»Entscheiden«). Denn nicht alles, was jemand liefern will und kann, sollte auch geliefert werden.
3. Basierend auf dieser expliziten Entscheidung wird irgendwann ausgeliefert (»Liefern«).

Dieses Board Pattern sehen wir häufig in der Produktentwicklung mit Scrum: Auf der linken Seite planen die Product Owner die Lieferungen, auf der rechten Seite arbeiten und liefern die Scrum-Teams. Ein Flight-Level-2-Board kann dabei helfen, Scrum zu skalieren, wenn in einem »Scrum of Scrums« mehrere Teams koordiniert werden sollen. Auf dem Board wird explizit gemacht, woran und wie gemeinsam gearbeitet wird. Zusätzlich werden die Produktverantwortlichen mit ins Boot geholt und so wird von Ende zu Ende deutlich, was in dieser Umgebung vor sich geht. Die Produktverantwortlichen zu involvieren, hat mehrere Vorteile:

- **Überblick schaffen**
  Zunächst einmal ergibt es keinen Sinn, auf Teufel komm raus ständig Ideen zu generieren, wenn die Kapazitäten für die Umsetzung fehlen. Mit einem Board wird sichtbar, wann es zu viel ist, und es gibt dadurch klare Argumente, wenn die Produktverantwortlichen einmal auf die Bremse steigen sollten.
- **Ein realistisches Bild zeichnen**
  In den seltensten Fällen sind die Zuständigkeitsbereiche klar getrennt: hier die Produktverantwortlichen – dort die Scrum-Teams. Die Realität sieht vielmehr so aus, dass die Entwicklungsteams auch in der Ideenphase mitarbeiten. Häufig können die Produktverantwortlichen nicht einschätzen, wie aufwendig die Umsetzung einer bestimmten Idee wäre oder ob sie überhaupt machbar ist. Sie bitten die Teams um eine Einschätzung von Zeit und Kosten und vielleicht auch um einen kleinen Prototyp. Das passiert de facto in der Phase »Erkunden«, es geht aber zulasten der Kapazitäten im Bereich »Liefern«. Umgekehrt arbeiten bei Abnahmen, Reviews etc. auch Produktverantwortliche im Liefern-Bereich mit. Das soll auch so sein, weil nur auf diese Weise team-, bereichs- und funktionsübergreifend der Arbeitsfluss gesteuert werden kann. Wenn sich eine fertige Entwicklung in einer Spalte namens »Abnahme« befindet und demnächst marktwirksam werden könnte, aber der Fachbereich nicht reagiert oder keine Zeit für die Abnahme hat und stattdessen munter weitere Ideen entwickelt, können die Entwicklerinnen mithilfe des Boards die Situation viel deutlicher ansprechen und um Klarstellung der Prioritäten bitten.

Das sind genau die Diskussionen, die wir mit einem Flight-Level-2-System anstoßen wollen. Aus diesem Grund sollten von der Idee bis zur Marktreife alle Schritte am Board sichtbar sein, damit solche Trade-off-Entscheidungen getroffen werden können.

3.2.5 Board Pattern 5: Alles visualisieren und auf die Wartezeiten fokussieren

Abb. 3–12 *Alles visualisieren und auf die Wartezeiten fokussieren*

Dieses Pattern bezeichnen wir gerne als das »We are so f*ing agile«-Pattern. Wer das Buch »Agilität neu denken« [Leopold 2022] gelesen hat, kann sich vielleicht schon vorstellen, warum es diesen Namen hat. Von dieser Flight Route haben sich viele Leserinnen sehr angesprochen gefühlt, weil es genau die Situation in diversen Organisationen widerspiegelt: Während in 98 Prozent des Prozesses alles beim Alten bleibt, soll ein kleiner Haufen agil arbeitender Menschen – vorwiegend in der IT-Abteilung – dafür sorgen, dass der Prozess schneller wird. Wer glaubt, dass Business-Agilität auf diese Weise funktioniert, ist Opfer von zwei Trugschlüssen geworden.

Hauptsächlich klassisch strukturierte Organisationen tendieren dazu, im Laufe der Jahre einen ordentlichen Overhead aufzubauen. Das führt zu folgendem Phänomen: Obwohl immer geschäftige Betriebsamkeit herrscht, wird in den wenigsten Schritten auf der Flight Route (bzw. Spalten am Board) wirklich gearbeitet. Viele Organisationen starten nämlich mit viel Arbeit, und dann wird diese Arbeit im Wesentlichen nur verwaltet.

- **Der erste Trugschluss** ist in solchen Situationen:
  Arbeit wird schneller fertig, wenn es ein paar agile Teams gibt, die sich abmühen. Das ergibt überhaupt keinen Sinn, denn in erster Linie müssen in solchen Wertströmen die Wartezeiten ausfindig gemacht werden. Der Blick muss also auf jene Stellen im Wertstrom gerichtet werden, wo Zeit verbraten wird, wo Arbeit im System hängenbleibt und kein Mensch damit weitermacht. Wenn es gelingt, diese Leerläufe zu reduzieren, wird Arbeit plötzlich schneller fertig, obwohl niemand schneller arbeitet.

In dem Arbeitsfluss in Abbildung 3–12 wird an sehr wenigen Stellen *aktiv* gearbeitet. Zuerst wird auf ein Rohkonzept gewartet, dann wird auf das Steering Committee gewartet, dann wird auf das Detailkonzept gewartet usw. Es wird immer nur gewartet.

- Hier passiert **der zweite Trugschluss:**
  Wenn die Menschen einfach schneller arbeiten, wird die elende Warterei wieder wettgemacht. Das ist zu einfach, um wahr zu sein. In der Realität hat schnelleres Arbeiten in so einer Situation keinen Effekt: Die Arbeit landet lediglich schneller in der nächsten Wartezone, um dort wieder ewig lange zu liegen. Wenn man in so einem Prozess die Effizienz erhöhen will, kann man auf diese Weise Mitarbeitende superschnell ins Burnout katapultieren. Dadurch wird nichts gewonnen.

Die Pointe ist: Auf Flight Level 2 wollen wir die Arbeit als Ganzes begreifen und die richtigen Hebel für einen gut funktionierenden Wertstrom finden, statt einfach nur schneller zu arbeiten – das ist in der Regel nämlich der schwächste Hebel. Deswegen ist es so wichtig, auf Flight Level 2 am Board die Wartezeiten sichtbar zu machen, auch wenn es richtig wehtut! Das ist der Grund, warum wir für Spalten, in denen Aufgaben hauptsächlich auf die Bearbeitung warten, eine andere Farbe wählen oder sie mit speziellen Symbolen kennzeichnen, damit allen klar ist: In dieser Spalte hängt zwar Arbeit, aber niemand arbeitet daran. Gerade in klassischen Umgebungen geht es beim Bau eines Flight-Level-2-Systems darum, die Wartezeiten sozusagen kreischend sichtbar zu machen und damit den Fokus darauf zu legen, diese Wartezeiten sukzessive zu verringern. Was wir hier wollen, ist also eigentlich ein Board der Wartezeiten.

Wann verändern wir etwas?

Wenn man auf endlose Wartezeiten oder sonstige Unebenheiten im Wertstrom stößt, stellt sich beim Boarddesign immer wieder die Frage: »Verändern wir gleich etwas an der Flight Route oder fangen wir erst später damit an?« Natürlich fühlt es sich nicht super an, wenn jede Menge Wartezeiten entdeckt werden, und es macht den Arbeitsfluss zunächst auch einmal nicht schneller, wenn diese Wartezeiten plötzlich sichtbar sind. Genau das ist aber der Punkt: Wir wollen nicht den Status quo zementieren, sondern durch die Visualisierung eine Diskussion anstoßen. Sie kann schon beim Bau des Boards entstehen und durchaus dazu führen, dass bereits in diesem Stadium die eine oder andere Spalte auf dem Board eingespart wird. Aber es ist nicht das grundsätzliche Ziel, schon während dieser frühen Phase alles zu verändern.

Realistisch betrachtet sollten wir auch gar nicht versuchen, sofort die gesamte Organisation umzukrempeln. Ein Board soll uns über die Abbildung der Realität permanent auf die Nerven gehen und uns einen Spiegel vorhalten. In den Retrospektiven und Veränderungsmeetings werden die Veränderungen ohnehin thematisiert und angegangen, weil wir die Dysfunktionalitäten des Prozesses immer besser verstehen. Am Board sind solche Dysfunktionalitäten schnell geändert, in der Realität geht das aber langsamer vonstatten.

→

Deshalb ist es so wichtig, dass in den Bau eines Flight-Level-2-Systems bzw. jedes Flight-Level-Systems immer eine Gruppe involviert ist, die alle Funktions- und Hierarchiestufen repräsentiert.

Zum einen soll sich das Wissen im Unternehmen verbreiten und das Vorhaben bekommt eine andere Dimension, wenn Personen direkt am Entstehungsprozess beteiligt sind. Zum anderen werden Veränderungen wahrscheinlicher, wenn ein Querschnitt durch die gesamte Organisation – inklusive der Entscheidungsebene – gesehen hat, wo es hakt. Ohne Rückenstärkung durch die Entscheiderinnen können wir lediglich den Status quo abbilden und uns darüber beschweren, wie bescheiden alles ist. Deshalb ist ein gutes Stakeholder-Management, wie wir es bereits in Kapitel 2 beschrieben haben, so wichtig.

Manche Wartezeiten sind leicht zu identifizieren: Immer, wenn es so etwas wie ein Backlog gibt, bedeutet das eine Wartezeit. Das trifft genauso auf Spalten auf dem Board zu, die zum Beispiel als »Pool«, »Bereit für« oder »Warten auf« übertitelt sind. Hin und wieder sind die Wartezeiten aber auch sehr versteckt, und diese versteckten Wartezeiten sind Thema des nächsten Patterns.

3.2.6 Board Pattern 6: Doing vs. versteckte Wartezeiten

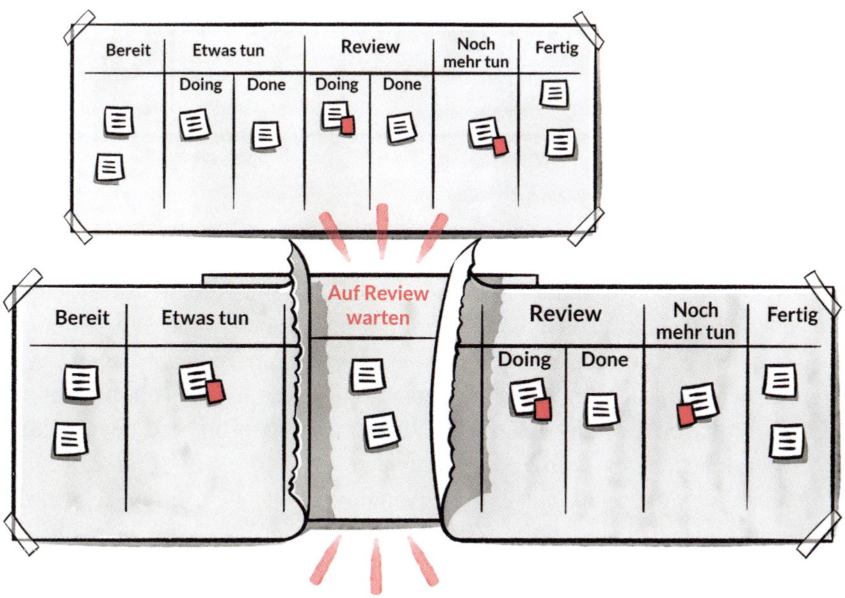

Abb. 3–13 *Doing vs. versteckte Wartezeit*

Ein Board wie im oberen Teil in Abbildung 3–13 dargestellt gibt es recht häufig in Unternehmen zu sehen: Es wird Arbeit erledigt, die anschließend in einer Spalte mit der Überschrift »Review« landet. Sobald das Review abgeschlossen ist, geht es im rechten Teil des Boards wieder weiter.

In vielen Fällen entspricht das aber nicht der Realität, zumindest was die zeitliche Komponente angeht. Denn häufig muss über einen Monat auf ein Review gewartet werden, das innerhalb von zwei Stunden abgeschlossen ist. Die meiste Zeit wird somit mit dem Warten auf das Review verbraucht, und nicht durch das Review selbst. Diese Tatsache sollte am Board explizit gemacht werden: Zuerst wird etwas getan, dann folgt als nächster Schritt im Prozess das *Warten* auf das Review, das idealerweise farblich oder mit Symbolen hervorgehoben wird.

Allgemein gesprochen versteckt sich das Warten vor allem in Schritten, in denen etwas freigegeben oder überprüft werden muss. Klar, der Idealzustand wäre, wenn es dieses versteckte Warten gar nicht gäbe und das Review zeitnah stattfände. Solange die Realität aber eine andere ist, bleibt nur die Option, es am Board deutlich zu machen.

3.2.7 Board Pattern 7: Die Wertschöpfungskette schließen

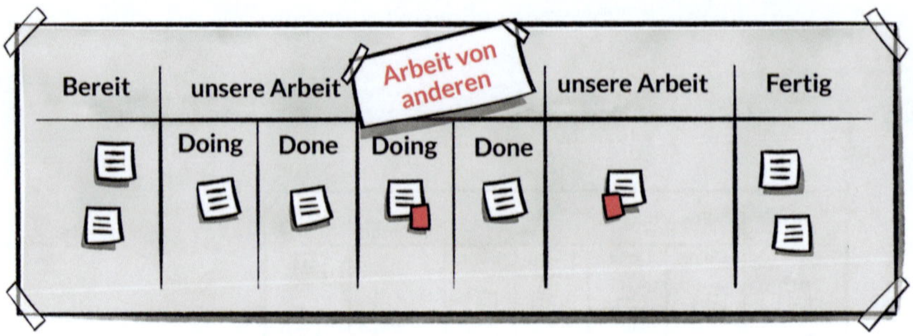

Abb. 3–14 *Die Wertschöpfungskette schließen*

Je komplexer ein Produkt oder eine Dienstleistung ist, desto häufiger kommt es vor, dass auch Teams außerhalb des Flight-Level-2-Systems (bzw. auch außerhalb der eigenen Organisation) das Flight Item übernehmen und daran arbeiten müssen. Wenn diese Teams ihre Arbeiten erledigt haben, kann im Flight-Level-2-System weitergearbeitet werden. In vielen Organisationen wird dieser Ablauf nicht abgebildet. Die Antwort auf das »Warum« lautet meistens: »Ja, weil eben nicht wir diese Arbeit machen, sondern andere!«

Nehmen wir an, es gibt eine externe Abnahmestelle, wie zum Beispiel eine externe Kundin, den TÜV oder eine Zertifizierungsstelle. Wenn der TÜV überprüft oder die Zertifizierungsstelle zertifiziert, tun wir selbst in dieser Zeit aktiv nichts am betreffenden Flight Item – wir sitzen dann nicht mehr im Cockpit, sondern sind Passagiere auf dieser Flight Route. Trotzdem ist es sinnvoll, diesen Schritt in der Flight Route zu modellieren, und zwar aus folgenden Gründen:

1. Zunächst ist es ein **notwendiger Teil des Prozesses,** dass andere in unserer Arbeit mitmischen. Deshalb wollen wir auch sehen, wie viel Arbeit sich in diesem Bereich, auf den wir keinen Einfluss haben, gegebenenfalls bereits staut. Nur so

können wir sehen, ob dieser Schritt noch aufnahmefähig für weitere Arbeit ist oder nicht.

2. Spalten wie »Arbeit von anderen« können Indikatoren dafür sein, ob und wie sich **Agilität in der Organisation skalieren** lässt. Meistens wird ja Skalierung betrieben, indem agile Methoden einfach in die Organisation hineinmultipliziert werden. Nach dem Motto: »Vier Teams machen Scrum. Wir haben aber 300 Teams, also müssen noch 296 Teams Scrum machen, bis wir im agilen Nirvana angekommen sind.« Das ist nicht Skalieren, sondern das Hoffen auf ein Wunder. Unter Skalierung verstehen wir: Die Lücken in der Wertschöpfungskette werden geschlossen. Es hat keinen Zweck, *irgendwelche* Bereiche der Organisation mit Agilität zu beglücken, sondern jene, bei denen Arbeit das System für einige Zeit verlässt. Es geht darum, diese Teams oder deren Vertreterinnen an unser Board zu holen und sich mit ihnen zu koordinieren. Das kann auf eine Skalierung hinauslaufen, wenn sich die »anderen« in der eigenen Organisation befinden. Aber auch wenn es sich dabei um externe Instanzen handelt, schreit das nach besserer Abstimmung.

Das ist auch der wesentliche Punkt dieses Patterns: Lücken in der Wertschöpfungskette werden sichtbar. Durch diese Sichtbarkeit wird es möglich, jene Leute einzubeziehen, die (noch) nicht Teil des Flight-Level-2-Systems sind.

3.2.8 Board Pattern 8: Arbeit von anderen

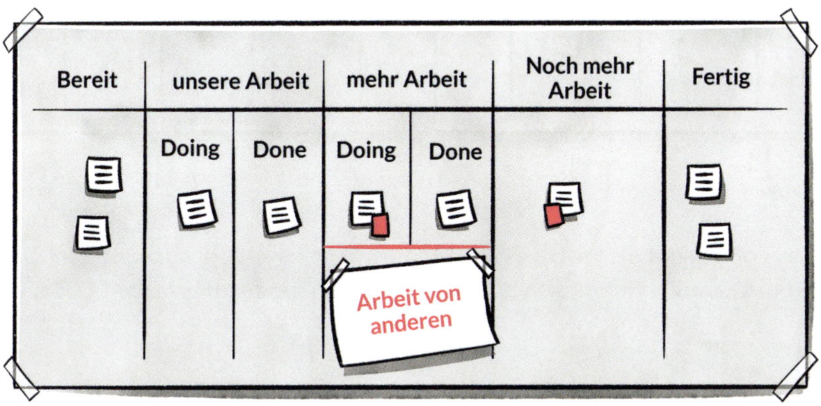

Abb. 3–15 *Arbeit von anderen*

Bei Board Pattern 7 ging es darum, sichtbar zu machen, an welchen Stellen Arbeit von der Flight Route abzweigt, von einer Instanz außerhalb des Flight-Level-2-Systems (extern oder intern) bearbeitet, begutachtet, freigegeben oder abgenommen wird und dann wieder in die Flight Route zurückkehrt.

Wenn mehrere Menschen oder gar Teams zusammenarbeiten, haben wir es aber oft mit einer Art von Pingpong zu tun: Jemand arbeitet etwas aus, übergibt es an ein anderes Team oder eine andere Abteilung, dann geht die Arbeit wieder an die erste Person zurück, dann muss vielleicht etwas korrigiert werden und es geht wieder an die andere Abteilung usw. In der Automobilindustrie entstehen zum Beispiel während der Abnahme durch Behörden immer wieder Nacharbeiten, weil erkannte Fehler sofort korrigiert oder Unterlagen nachgeliefert werden müssen. Die Arbeitsschritte sind also nicht immer völlig klar abgegrenzt: Wir denken, wir sind mit einem Flight Item fertig, aber dann wird doch noch etwas benötigt.

Dieses Pingpong lässt sich gut darstellen, indem die entsprechende Spalte auf dem Board horizontal unterteilt wird. Das macht deutlich, dass sich ein Flight Item noch nicht in einem nächsten, klar abgegrenzten Arbeitsschritt befindet, sondern die Ergebnisse des aktuellen Arbeitsschrittes noch mit anderen abgestimmt und verfeinert werden müssen. Es gibt also eine dominante Aktivität, zum Beispiel die Abnahme durch die Zertifizierungsstelle. Alles, was hier passiert, vollzieht eine Auf-Ab-Bewegung – aber sobald das abgeschlossen ist, geht es rechts mit dem nächsten Arbeitsschritt weiter.

3.2.9 Board Pattern 9: Output vs. Outcome

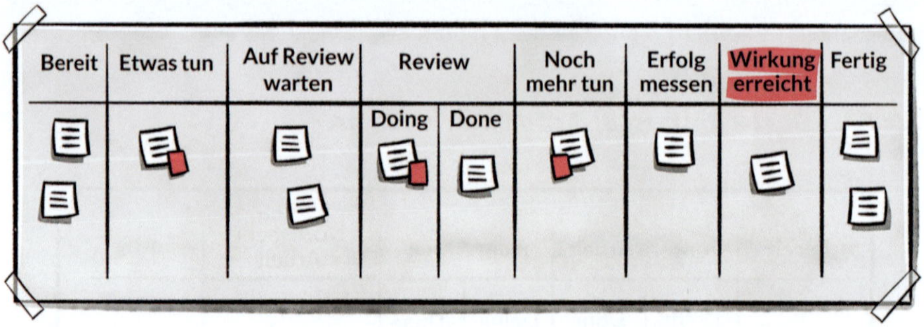

Abb. 3–16 *Output vs. Outcome*

Ein Ziel von Flight Levels ist es, nicht nur auf Flight Level 2, sondern unternehmensweit vom Denken in Outputs zum Denken in Outcomes zu gelangen.

Output vs. Outcome

Unter **Output** verstehen wir eine abgeschlossene Arbeit, die nicht unbedingt einen (wirtschaftlichen) Wert erzielt hat. Der Output bringt uns einem (wirtschaftlichen) Wert zwar näher, aber es handelt sich dabei noch nicht um den endgültigen Wert, der erreicht werden soll.

Outcome bedeutet, dass ein (wirtschaftlicher) Wert für die Kundin und auch für das Unternehmen geschaffen wurde. Daher wird im Idealfall in Outcomes statt in Outputs gedacht, das heißt: Ein Projekt wird nicht nur abgeschlossen, sondern es wird auch geprüft, ob der Wert erzielt wurde.

Abbildung 3–16 zeigt ein Board aus der Softwareentwicklung. Nach der Implementierung würde für viele Beteiligten die Sache als abgeschlossen gelten, aber hier gibt es noch zwei weitere Schritte: »Erfolg messen« und »Wirkung erreicht«. Die Personen, die mit diesem Board arbeiten, fragen sich also: »Wurde das erreicht, was erreicht werden sollte?«

Mit diesen zwei Schritten ist der Prozess aber noch immer nicht abgeschlossen, denn sobald die Messergebnisse vorliegen, wird gegebenenfalls nachgeschärft. Das heißt, diese Teams betrachten ihre Arbeit erst dann als völlig abgeschlossen, wenn ihre Lieferung die Wirkung erreicht oder nicht erreicht hat. Vom Denken in Outputs gelangen wir zum Denken in Outcomes also, indem wir die Ergebnisse messen. Dabei kann man auch sehr radikal vorgehen: In einem Softwareunternehmen haben wir zum Beispiel erlebt, dass Funktionalität auch wieder entfernt wurde, wenn sich der Erfolg nicht eingestellt hat. Natürlich ist das ein harter Schritt, denn es wird noch einmal Zeit in das Entfernen investiert, nachdem bereits Zeit für die Entwicklung investiert wurde. Aber diese Radikalität hat zwei – aus unserer Sicht super – Konsequenzen: Zum einen wird für die Zukunft das Risiko reduziert, dass die betreffende Funktionalität die gesamte Software lahmlegt. Zum anderen entstehen dadurch interessante, weiterführende Diskussionen darüber, wie Erfolg aussieht und welche Konsequenzen es hat, wenn das Angestrebte nur teilweise erreicht wird. Das soll nun nicht heißen, dass immer etwas entfernt oder weggeworfen werden muss – aber wenn sich die Beteiligten mehr Gedanken über den »Erfolg« machen und darüber miteinander sprechen, ist das ein gutes Ergebnis.

Freilich hat es Konsequenzen, wenn am Ende der Flight Route »Erfolg messen« steht. In diesem Fall muss weiter vorne im Ablauf definiert werden, was als Erfolg gilt. Wann ist der Outcome erreicht? Auf dem Flight Item (= auf dem Zettel, auf dem zum Beispiel eine Initiative beschrieben wird) müssen entsprechende Anhaltspunkte vermerkt werden, zum Beispiel: »Wir haben 500 zusätzliche Nutzerinnen gewonnen«, »Wir haben 360.000 Euro verdient«. Bevor die Arbeit überhaupt gestartet wird, sollte also überlegt werden, was damit erreicht werden soll. Und zum Schluss wird überprüft, ob das erreicht wurde, was erreicht werden sollte.

Immer wenn wir das in einem Workshop sagen, nicken alle in der Gruppe und rufen: »Outcome, olé olé, voll lässig!« Aber wenn eine klassische Organisation nach der traditionellen Projektlogik tickt, ist es plötzlich nicht mehr so einfach: Wann ist ein Projekt denn fertig? Wie werden Projekte budgetiert?

Derzeit werden Projekte oft folgendermaßen budgetiert: Wenn alle Arbeitspakete abgearbeitet wurden und die letzte Aufgabe abgeschlossen ist, ist das Projekt fertig. Wie wird nun ein Projekt budgetiert, das einen bestimmten Outcome erzielen soll? In den meisten Fällen hat ja nicht einmal jemand eine Ahnung, was der Outcome eines Projekts überhaupt sein soll. Mit dem Denken in Outcomes taucht eine Unbekannte in der Rechnung auf, und das greift in die Eingeweide einer Organisation ein, weil der Budgetierungsprozess neu gedacht werden muss. »Wir steigen von Output auf Outcome um«, ist also schnell gesagt, aber nicht so schnell umgesetzt.

Trotzdem sind wir Verfechter dieses Patterns! Sich am Ende des Prozesses die Ergebnisse anzusehen, ist ein zusätzlicher Sensibilisierungsschritt, auch wenn eine sofortige Umstellung von Output auf Outcome nicht möglich ist. Das Board erinnert täglich daran, dass für die Kundinnen Wert generiert werden soll und es nicht darum geht, einfach nur Arbeitspakete abzuarbeiten.

3.2.10 Board Pattern 10: Definition of Done

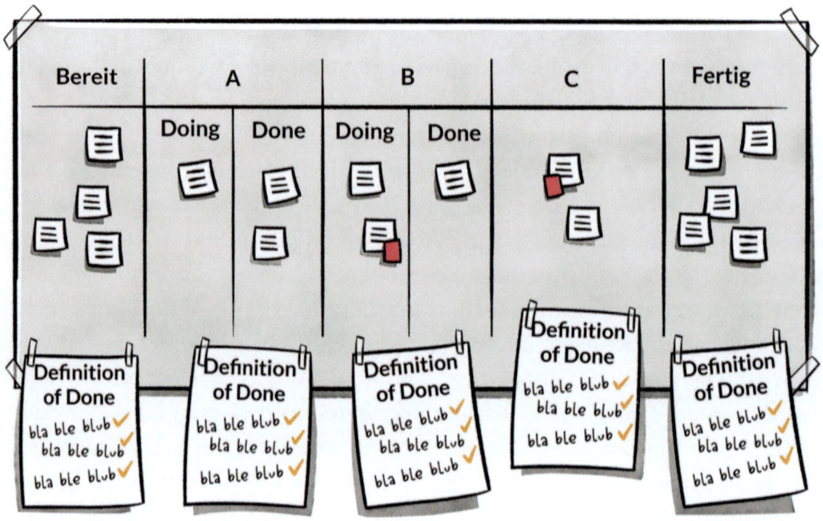

Abb. 3–17 *Definition of Done*

Die Frage »Wann sind wir mit unserer Arbeit wirklich fertig?« ist nicht immer klar geregelt. Deswegen ist es sinnvoll, die Antwort auf diese Frage explizit zu machen. Dafür empfehlen sich zum Beispiel Checklisten, die zeigen, wann ein Flight Item von »Doing« auf »Done« geschoben werden kann – anders ausgedrückt: eine Definition of Done.

Bei diesem Pattern kommt es aber wieder auf den Kontext an: In einer unsicheren bzw. unbekannten Umgebung, die eher nach einem Aktivitätsfluss verlangt, wird es schwer sein, eine allgemeine Checkliste zu erstellen. Ist hingegen sehr klar, was zu tun ist, haben sich Standards bewährt. »Standard« bedeutet in diesem Zusammenhang aber nicht, dass man sich sklavisch daran halten muss. Nein, diese Standards müssen sich mit wachsender Erkenntnis auch verändern können. Sobald deutlich wird, dass der Standard nicht mehr passt, muss der Standard adaptiert werden, und das bedeutet, dass die Definition of Done (DoD) modifiziert wird. So finden Lernen und Verbesserung statt. Wer mit einer DoD nur den Status quo halten will, hat den Sinn von Standards und Prozessen nicht verstanden. Die Veränderung passiert wiederum nicht im Freestyle-Modus: Sie passiert explizit und das heißt, dass wir uns an die geänderten Standards und Normen halten – bis zur nächsten Verbesserung. Die Definition of Done wird also über die ganze Zeit hinweg überarbeitet.

Dieses Pattern sollte allerdings mit Bedacht eingesetzt werden. Es ist sinnvoll, wenn ein System bereits so weit ist, dass es sich in die Richtung der Operational Excellence bewegen kann. Ein gutes Einsatzgebiet ist auch die Ausarbeitung des Flight-Level-2-Systems selbst: Meistens gibt es in den Workshops verschiedene Auffassungen darüber, wann Arbeit von »Doing« auf »Done« weiterziehen kann. Sobald sich die Beteiligten darüber geeinigt haben, machen sie es explizit und halten die DoD am Board fest.

3.2.11 Board Pattern 11: Flight Level 2 Focus Explorer

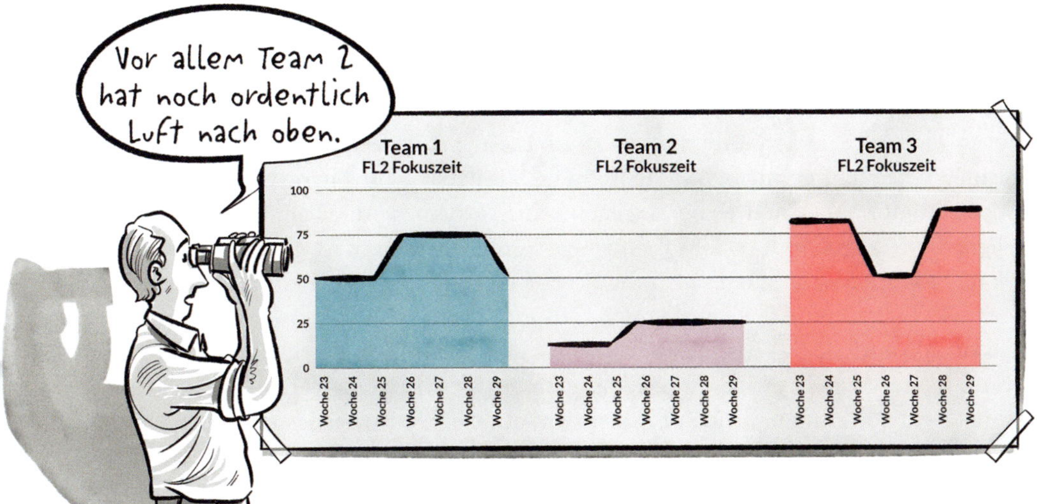

Abb. 3–18 Flight Level 2 Focus Explorer

Ein Team auf Flight Level 1 macht auf seinem Board nicht 100 Prozent seiner Arbeit sichtbar. Wer gerade telefonieren muss, wird deswegen nicht einen Zettel schreiben und an das Board hängen.

Auch auf Flight Level 2 ist nicht die gesamte Arbeit am Board sichtbar, die von den Teams erledigt wird. Wenn wir zum Beispiel ein Flight-Level-2-Board für drei Teams bauen, wird sich durchaus sehr viel von der Arbeit, die tatsächlich gemacht wird, auf dem Board wiederfinden. Bauen wir hingegen ein Board für 20 Teams, dann stellt sich die Frage: Was wird abgebildet und was nicht? In diesem Fall wird es wahrscheinlich eine Regel geben, die besagt: Es sollen nur jene Arbeiten sichtbar sein, an denen mehrere Teams beteiligt sind. Alles, was ein Team allein bewerkstelligen kann, muss nicht unbedingt am Flight-Level-2-Board hängen. Das hat natürlich Konsequenzen: Die Planung fällt schwerer, wenn nicht die gesamte Arbeit abgebildet ist. Zumindest müssten die Teams viel häufiger Feedback geben, damit alle wissen, in welchen Teams wie viel Fokuszeit für das Flight Level 2 zur Verfügung steht.

Eine Lösung ist, neben das Board ein Chart hinzuhängen, das im Wesentlichen für jedes Team anzeigt, wie viel Fokus es für Flight Level 2 aufbringen kann. Diese Charts werden ein bis zwei Wochen im Vorhinein ausgefüllt. Wenn wir zum Beispiel in Woche 26 auf diese Charts schauen, ist alles rechts davon eine grobe Schätzung für die Zukunft, während sich links die Realität der Vergangenheit widerspiegelt. Am Chart ist daher auch die Historie zu sehen, also wie viel Kapazität in den letzten Wochen verbraucht wurde.

Achtung!

Es geht nicht darum, dass die Teams mit Werten wie »wir sind zu 38,4 Prozent ausgelastet« ankommen, und der Kehrwert ist das, was für Flight Level 2 übrigbleibt. Nein, es geht um Größenordnungen: Es werden eher Kategorien wie 10, 25, 75 und 90 Prozent herangezogen. Das gibt schon eine gute Auskunft darüber, in welchem Ausmaß die Teams für Flight Level 2 zur Verfügung stehen können.

Sehen wir uns Team 2 in Abbildung 3–18 an: Dieses hat im Vergleich zu Team 1 und Team 3 eine recht geringe Fokuszeit – nur 25 Prozent – für Flight Level 2 übrig. Wenn das normal ist und Team 2 einfach keinen größeren Anteil an der Arbeit auf Flight Level 2 hat (weil es zum Beispiel ein Betriebsteam ist), ist das vollkommen okay. Möglicherweise gibt es aber die Erwartungshaltung, dass Team 2 gleich viel Zeit wie Team 3 für das Flight Level 2 aufbringen sollte – dann muss das jetzt eine Diskussion anstoßen: Wo liegt das Problem? Habt ihr vielleicht zu viele Fehlertickets abzuarbeiten? Ist ein grober Störfall aufgetreten, der behoben werden muss? Wie können wir euch helfen, denn auf Dauer schränkt diese Situation das gesamte Flight Level 2 ein. Solche Feedbackschleifen sollte es geben, wenn der Focus Explorer eingesetzt wird.

3.2.12 Board Pattern 12: Wissensengpässe sichtbar machen

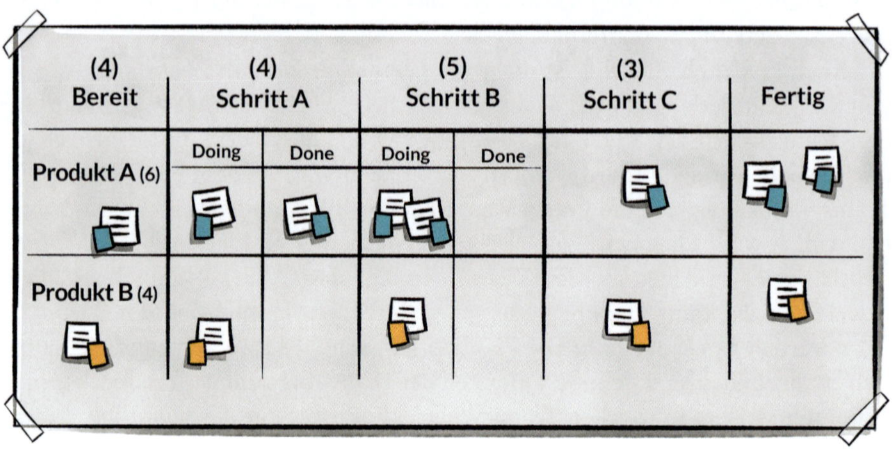

Abb. 3–19 *Wissensengpässe sichtbar machen*

In Abbildung 3–19 sehen wir ein Board, auf dem sich in zwei »Swimlanes« zwei verschiedene Flight Item Types befinden. Nehmen wir an, dass es sich dabei um zwei verschiedene Produkte mit unterschiedlichen Technologien handelt mit folgendem Szenario: Mit blauen und gelben Punkten auf den Tickets wird am Board sichtbar gemacht, welche Spezialistinnen gerade woran arbeiten, und es geht den Leuten in den Teams – auf gut Wienerisch – nie der Schmäh aus. Das heißt, auf der linken Seite kommt immer neue Arbeit in das System.

Nehmen wir außerdem an, dass bei Produkt B in Schritt C das gelb markierte Ticket fertig wird. Jene Teams, die an Produkt B arbeiten, haben jetzt wieder freie Kapazitäten. Nun haben wir festgestellt, dass links immer neue Arbeit in das System kommt, also wie wird das klassische Verhalten aussehen? Nun ja: In der Swimlane von Produkt B liegt ohnehin Arbeit in der Spalte »Bereit« – somit wird das Team höchstwahrscheinlich neue Arbeit aus »Bereit« ziehen und damit anfangen. Grundsätzlich ist das nicht schlecht, weil dann haben die Spezialistinnen für Produkt B wieder etwas zu tun und arbeiten weiter.

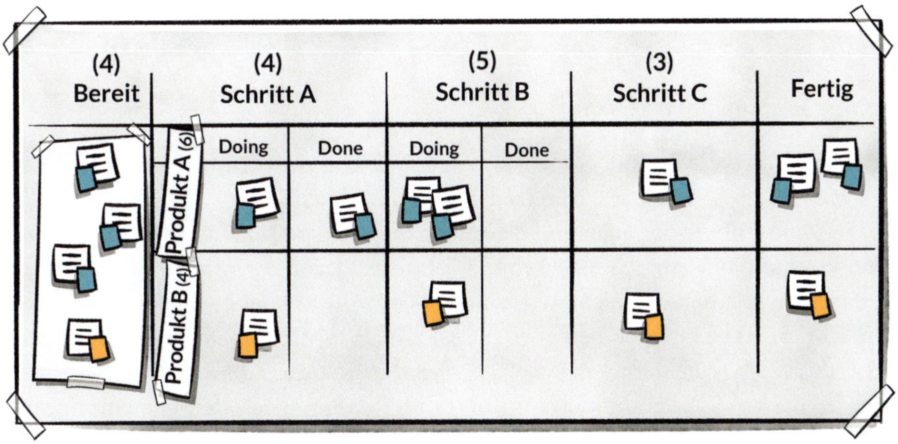

Abb. 3–20 *Ungleichverteilung von Wissen durch ein gemeinsames Backlog sichtbar machen*

Bauen wir das Board nun etwas um: Statt zwei getrennter Backlogs für Produkt A und B modellieren wir ein gemeinsames Backlog für beide Produkte. Nun gibt es in diesem System eine Regel, die besagt: Die Arbeiten in der Bereit-Spalte sind nach der Business-Priorität gereiht. Ganz oben ist das, was als Nächstes umgesetzt werden soll usw.

Spielen wir das gleiche Szenario noch einmal durch: In Schritt C von Produkt B wird die Arbeit fertig. Gemäß dieser Regel müssten die Spezialistinnen für Produkt B nun als Nächstes das oberste Ticket aus der Bereit-Spalte ziehen. Dabei handelt es sich aber um Arbeit für Produkt A. Wie sollen die Produkt-B-Spezialistinnen nun vorgehen?

Wenn nur ein oder zwei Mal pro Monat diese Situation auftritt, wird uns die Regel egal sein und die Produkt-B-Spezialistinnen ziehen das gelbe Ticket, das im

Backlog an vierter Stelle der Prioritäten steht. Sie haben halt die Prioritäten verletzt, so what.

Passiert es allerdings mehrere Male pro Woche, dass mit etwas angefangen werden müsste, aber das Starten nicht möglich ist, dann vermittelt das Board allen Beteiligten: »Schaut hin. Anscheinend ist das Wissen in der Organisation nicht so verteilt, dass die Business-Prioritäten optimal umgesetzt werden können.« Die Backlogs der Produkte A und B in getrennten Swimlanes abzubilden, ändert nichts an der Situation: Man bemerkt die Ungleichverteilung nur nicht. Erst die geänderte Darstellung zeigt das gemeinsame Problem auf.

Autsch!

Genau so sollten Boards modelliert werden: Sie müssen ein wenig wehtun. Ein gutes Flight-Level-2-Board ist in diesem Sinne ein Sadomaso-Spielzeug! Den Grad des Schmerzes können wir selbst einstellen. Der Punkt ist, dass wir jedes Mal auf das Problem hingewiesen werden wollen: Schon wieder können wir mit einer Arbeit nicht anfangen, weil das Wissen nicht richtig verteilt ist! Irgendwann wird hoffentlich jemand auf die Idee kommen, nach einer Lösung für das grundlegende Problem zu suchen.

Arbeit besser verteilen

Damals, als Twix noch Raider hieß, arbeiteten wir mit einem Softwareunternehmen, das genau dieses Problem hatte. In diesem Fall verdeutlichten die blauen Punkte die Backend-Entwicklerinnen und die gelben Punkte die Frontend-Entwicklerinnen. Nun konnte nicht einfach eine Frontend-Entwicklerin etwas im Backend entwickeln – sie wusste einfach nicht, wie es ging. Was wurde in diesem Unternehmen also gemacht? Solange keine gelbe Arbeit die höchste Priorität im Backlog hatte, lernten die Frontend-Entwicklerinnen jeweils im Tandem mit einer Backend-Entwicklerin, wie die Backend-Programmierung funktionierte. Sie überlegten gemeinsam, anhand welcher Arbeiten sich das Wissen der betreffenden Person erweitern ließe. Das gemeinsame Lernen fand immer so lange statt, bis wieder eine gelbe Arbeit die höchste Priorität hatte. Nach einer gewissen Zeit gab es dann schon etwas Backend-Wissen unter den Frontend-Entwicklerinnen, und daher wurde im nächsten Schritt die gemeinsame Bereit-Spalte wieder unterteilt, nämlich in »muss Spezialistin machen« und »können andere machen«. Nicht alles, was in einem Spezialgebiet stattfindet, ist nämlich Raketenwissenschaft. Es gibt sogar mündliche Überlieferungen, dass Backend-Entwicklerinnen es schon einmal geschafft haben sollen, im Frontend einen Rechtschreibfehler auszubessern. Arbeit kann auch segmentiert und dadurch besser verteilt werden. Verbesserung hängt also stark davon ab, wie ein Flight-Level-2-Board modelliert wird. Soll es uns die Schwachstellen zeigen oder wollen wir sie ignorieren? Dieses Pattern vermeidet auch lokale Suboptimierung, die durch die Unterteilung in Swimlanes passiert. Mit einem gemeinsamen Backlog erfolgt die Priorisierung über Produkte hinweg, und das zwingt dazu, einen Weg zu finden, wie die Arbeit am besten erledigt werden kann.

Eine Schwierigkeit gibt es dabei natürlich: Wie funktioniert das, wenn mit Produkt B gleichzeitig Ziele für Teams oder Personen verbunden sind? In diesem Fall ist den Teams für Produkt B vollkommen egal, was bei Produkt A abgeht. Das ist genau die Suboptimierung, die wir in vielen Unternehmen sehen, wenn auf der operativen Ebene Boni für erreichte Ziele verteilt werden. Vor der agilen Welle gab es für jede Mitarbeiterin auf Teamebene einen individuellen Bonus. Daraus sind inzwischen häufig Teamboni geworden. Aber wenn man über Produkte hinweg priorisieren will, steht man auch damit wieder vor einem Problem. Bonussysteme stehen uns hier im Weg.

3.2.13 Board Pattern 13: Slicing

Abb. 3–21 *Slicing*

Dieses Pattern hieß ursprünglich »Slicing the elephant«. Ein Elefant war ein wunderbarer Repräsentant für etwas Großes, wie zum Beispiel eine Initiative, die in Stücken erarbeitet werden muss. Den Elefanten haben wir aus zwei Gründen wieder in die Freiheit entlassen:

1. Als wir dieses Pattern in Thailand zum ersten Mal vorstellten, ernteten wir entgeisterte Blicke und den Hinweis: »We don't slice elephants in Thailand!«
2. Das Bild ist nicht ganz stimmig. In der Business-Realität haben wir es ja selten mit Dingen zu tun, die zerteilt werden, um sie dann wieder zusammenzubauen (und der Elefant würde dann auch etwas seltsam aussehen). Meistens geht es im weitesten Sinne um Ideen, die umgesetzt werden sollen, und das passiert, indem man sich Stück für Stück – in *Slices* eben – an das finale Ergebnis heranarbeitet.

Bei Board Pattern 2 »Flight Items ändern ihren Typ im Verlauf der Flight Route« haben wir schon gesehen, dass aus großen Brocken oft kleine Stücke gemacht werden müssen. An und für sich funktioniert das ganz einfach: Wir stehen zum Beispiel in der Softwareentwicklung vor einer Initiative oder einem Epic (siehe Abb. 3–21). Für die Umsetzung auf Flight Level 2 sind diese Flight Item Types zu groß, deshalb werden sie in einzelne Scheiben zerschnitten (in diesem Fall in Stories), die über das Board wandern. Im Zuge der Arbeit kann sich herausstellen, dass noch mehrere Scheiben geschnitten werden müssen, weil neue Erkenntnisse gewonnen wurden. Das Schneiden der Scheibchen passiert also am besten iterativ. Sobald klar ist, dass der gesamte Brocken aufgearbeitet – das Epic vollständig umgesetzt – ist, wird der zugehörige Zettel an das letzte Stück Arbeit angehängt und bewegt sich mit über das Board, bis dieses letzte Stück abgeschlossen ist.

Das Slicing-Pattern lässt sich ideal mit Swimlanes kombinieren, wenn zum Beispiel mehrere Initiativen gleichzeitig bearbeitet werden müssen.

Dieses Pattern ist recht einfach und grundlegend, daher fragst du dich jetzt vielleicht, warum wir es erst jetzt erwähnen. Der Grund dafür ist das nächste Pattern.

3.2.14 Board Pattern 14: Flight Levels miteinander verbinden

Das Slicing-Pattern brauchen wir häufig, wenn zwei Flight Levels miteinander verbunden werden sollen. Gerade auf Flight Level 2 haben wir dieses Thema ja ständig: Entweder müssen Flight Level 2 und 3 verbunden werden, um die Strategie zu operationalisieren, und/oder mit Flight Level 1, um die Teams zu koordinieren und die Arbeit aufzuteilen. Davon gibt es im Wesentlichen drei Ausprägungen: Slicing sowie die Verbindung von Flight Levels, die parallel an einem größeren Stück arbeiten, und solche, die sequenziell daran arbeiten.

Slicing

Wie kann man sich das jetzt vorstellen? Das Beispiel in Abbildung 3–22 zeigt oben ein Epic auf Flight Level 2 und darunter das Board eines Teams auf Flight Level 1. Das Team muss das Epic in sinnvolle Stücke schneiden, um es bearbeiten zu können, also sehen wir auf Flight Level 1 das Slicing-Pattern. Wie können jetzt aber die zwei Flight Levels miteinander verbunden werden?

Auf Flight Level 2 wird eine Kopie des Epics erstellt, die auf das Flight-Level-1-Board wandert. Dort kommt das bekannte Pattern zum Tragen: Es werden die Scheiben geschnitten, die Scheiben wandern über das Board, an die letzte Scheibe wird die Kopie des Epics angehängt. Sobald alle Scheiben – und damit die Initiative – »fertig« sind, triggert das auf Flight Level 2 das Signal, dass das Epic in die nächste Spalte weiterwandern kann.

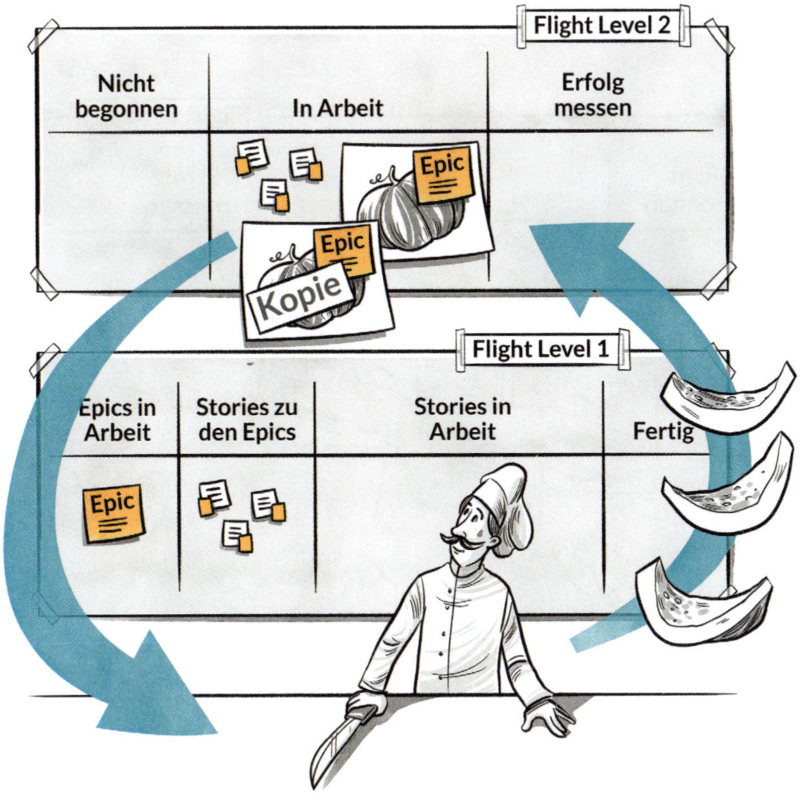

Abb. 3–22 *Flight Levels miteinander verbinden – Slicing*

Was ist also notwendig, um zwei Flight Levels miteinander verbinden zu können?

- Wir brauchen jeweils eine Kopie der Arbeit auf den einzelnen Boards (zum Beispiel eine Kopie der Arbeit von Flight Level 2 auf Flight Level 1).
- Wir brauchen eine Feedbackschleife bzw. eine agile Interaktion – das geht am einfachsten mit einem Standup.

Ob und wie ein Team das Epic schneidet, kann uns aus Sicht von Flight Level 2 egal sein: Ob es die Einzelteile mit Scrum, Kanban oder Voodoo umsetzt – vollkommen nebensächlich. Es geht ausschließlich darum, dass das Epic bearbeitet wird und Flight Level 2 durch regelmäßiges Feedback Bescheid weiß, wie der Stand des Epics ist. Vertreterinnen des Flight Level 1 kommen zum Standup von Flight Level 2 und geben dort Updates über den Zustand des Epics. *Wichtig:* Es wird dabei wirklich über das Epic geredet und nicht über irgendwelche technischen Details der einzelnen Scheiben!

Flight Levels verbinden, die parallel arbeiten

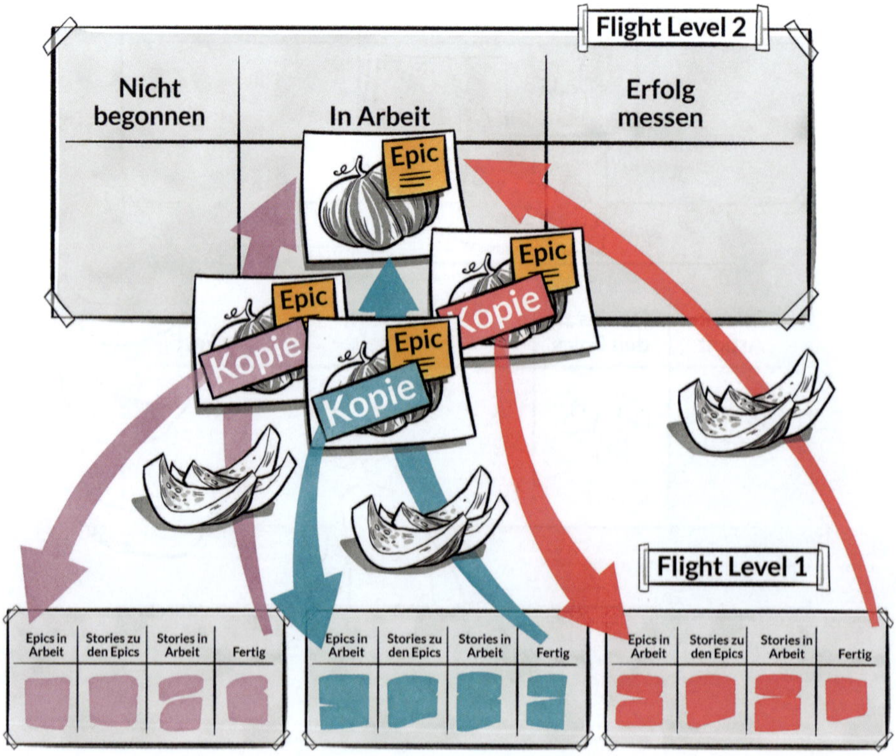

Abb. 3–23 *Flight Levels miteinander verbinden – parallele Arbeit*

Die Teile eines Epics werden nicht immer nur von einem einzigen Team bearbeitet, sondern sehr oft von mehreren parallel. Die interessierte Leserin fragt sich jetzt: »Wie funktioniert das dann?«

Wenn mehrere Teams parallel an einem Epic arbeiten, wird nicht eine, sondern – Überraschung! – es werden mehrere Kopien generiert, nämlich für jedes Team eine. Zusätzlich werden auf das originale Ticket auf Flight Level 2 zum Beispiel farbige Sticker (sie funktionieren als Avatare) geklebt, die anzeigen, welche Teams an diesem Epic arbeiten. Die Kopien werden wieder den Teams zugeordnet und je nachdem, wann die einzelnen Teams ihre Teile fertigstellen, werden die Avatare vom Ticket des Epics auf Flight Level 2 wieder entfernt. Sobald keine Avatare mehr an diesem Ticket kleben, rückt es auch am Flight-Level-2-Board weiter.

Flight Levels sequenziell verbinden

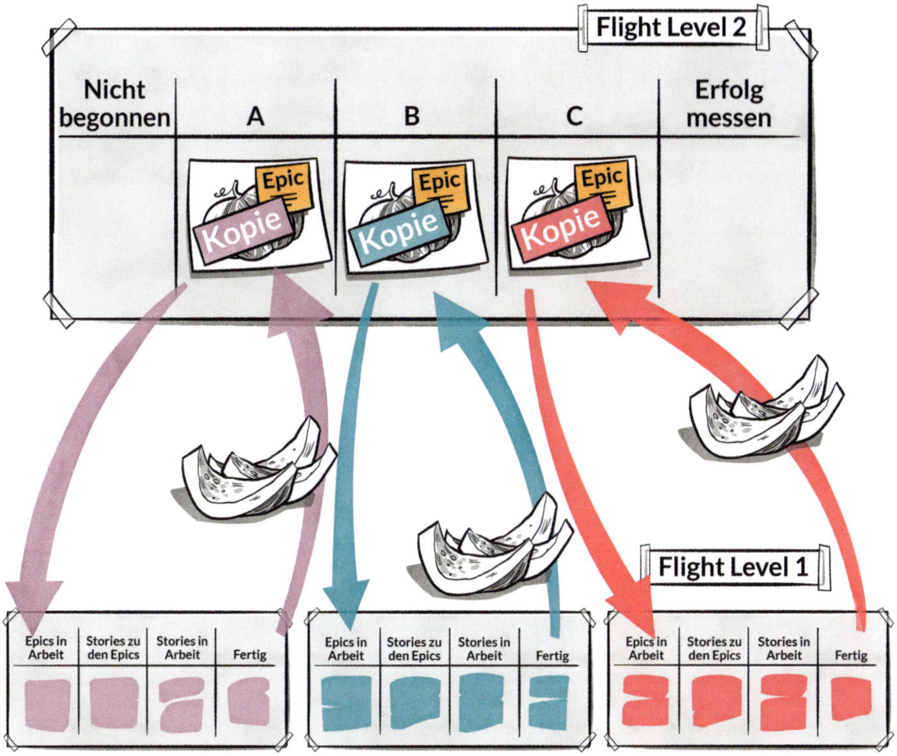

Abb. 3–24 *Flight Levels miteinander verbinden – sequenzielle Arbeit*

Natürlich kommt es vor, dass nicht parallel an den Teilen eines Epics gearbeitet werden kann, sondern sequenziell daran gearbeitet werden muss. Nehmen wir an, dass die Bearbeitung zuerst durch Team A, dann durch Team B und schließlich durch Team C erfolgen muss. Auf Flight Level 2 wird das am Board durch Spalten entsprechend dargestellt. Im Ablauf geht nun eine Kopie des Epics zunächst an Team A. Hat Team A seine Arbeit abgeschlossen, rückt das Epic am Flight-Level-2-Board in die Spalte B weiter und eine Kopie geht an Team B usw.

3.3 Umgang mit Problemen

Bevor wir in den Bau des Boards eingestiegen sind, haben wir bereits erwähnt, was ihr mit Problemen aller Art tun solltet, solange ihr euch noch in der Entwurfsphase befindet: Ihr ignoriert sie, weil ihr euch sonst in Details verstrickt, bevor es einen Entwurf des Boards gibt. Sobald ihr eine erste Version eures Flight-Level-2-Boards modelliert habt, könnt ihr mit echten Flight Items einige Simulationen durchspielen und dabei werdet ihr wahrscheinlich auf das eine oder andere tatsächliche Problem stoßen. Im Wesentlichen gibt es zwei Arten von Problemen:

1. Blockaden
2. Backflow (Rückfluss)

3.3.1 Blockaden

Blockaden sind unvorhergesehene Ereignisse, die den Arbeitsfluss unterbrechen. Das wichtige Wort dabei ist »unvorhergesehen«, denn wenn wir vorhergesehen mit einer Arbeit aufhören, ist es Teil des Prozesses. Etwas Unvorhergesehenes passiert zum Beispiel im folgenden Fall: Die Teams arbeiten an einem Produkt und bemerken, dass sie die Unterstützung von jemandem brauchen, der nicht Teil des Flight-Level-2-Systems ist. Das Produkt könnte in zwei unterschiedliche Richtungen entwickelt werden, doch es stellt sich jetzt die Frage, was juristisch möglich und machbar wäre. Diese Frage kann nur eine bestimmte Kollegin aus der Rechtsabteilung beantworten, doch sie muss sich erst mit dem Thema befassen. Bis sie sich schlaugemacht hat, können die Teams nicht weiterarbeiten. Auch wenn sich Lieferungen von externen Partnern verzögern oder sogar ganz ausfallen, haben wir es mit einer Blockade zu tun, durch die die Arbeit eine Zeit lang stillsteht. In anderen Fällen kann die Arbeit zwar weitergehen, aber bis zu einem bestimmten Zeitpunkt muss die Blockade aufgelöst sein, zum Beispiel bis zum Launch oder Rollout eines Produkts bei Änderungen in den AGB – sonst entsteht ein noch größeres Problem.

Wie geht man mit solchen Blockaden um? Am besten signalisieren wir sie am entsprechenden Ticket (Flight Item) zum Beispiel durch einen roten Sticker und schreiben den Grund der Blockade hinzu. So sieht jeder sofort, dass sich diese Arbeit nicht mehr bewegt bzw. es ein Risiko gibt und was der Grund dafür ist. Das ist auf einem physischen Board leicht zu bewerkstelligen, ein elektronisches Tool braucht dafür eine entsprechende Blockadefunktion. Sollte es diese Funktion nicht geben, müssten wir uns auf Umwegen behelfen, etwa durch Tags oder Labels – je nachdem, was das Feature-Set des Tools hergibt.

Blockaden treten im echten Leben relativ häufig auf, weil in der Wissensarbeit nicht alles planbar ist. Vor allem Flight Level 1 ist für Blockaden anfällig, weil diese in der operativen Arbeit häufiger vorkommen.

Wann ist eine Blockade eine Blockade?

Ein Ereignis lässt sich allgemein als Blockade bezeichnen, wenn es auf Flight Level 2 Auswirkungen auf die Fertigstellung einer Arbeit haben kann.

Nicht alle Blockaden müssen sofort am Flight-Level-2-Board sichtbar gemacht werden. Solange eine Blockade nur ein Team betrifft, sollte sie auch so schnell wie möglich direkt vom Team selbst gelöst werden. Wenn sich noch alles im Rahmen der Parameter bewegt, ist es nicht notwendig, es auf Flight Level 2 zu eskalieren. Sobald aber deutlich wird, dass sich die Blockade auf die Fertigstellung der Lieferung auf Flight Level 2 auswirken wird, **muss** die Arbeit am Flight-Level-2-Board blockiert werden. Es ist also wichtig, ein Gespür dafür zu entwickeln, wann eine Blockade auf dem Flight-Level-2-Board zu früh angezeigt werden würde und wann sie gerade noch rechtzeitig angezeigt wird. Die grundsätzliche Idee ist, immer so viel wie möglich dezentral zu lösen.

Aus Blockaden lernen

Schlaue Organisation sorgen dafür, dass die Blockade aufgelöst wird. Noch schlauere Organisationen sammeln die Blockadetickets und werten sie aus. Damit sind wir wieder beim Thema »haptisch vs. elektronisch«: Echte Sticker lassen sich einfach auf einem Board sammeln, elektronische Sticker müssen zum Beispiel in Excel-Sheets umgewandelt werden oder man verwendet die Blocked-App von Troy Magennis[2].

Warum ist es sinnvoll, die Blockaden zu sammeln? Die meisten Ereignisse treten nicht nur einmal in einem Unternehmen auf, sondern immer wieder. Deshalb empfiehlt es sich, in einem guten Rhythmus ein Blockaden-Clustering durchzuführen. Die Blockaden werden dabei nach ihren Ursachen bzw. Ähnlichkeiten sortiert. Meistens zeigen sich Ansammlungen ähnlicher Probleme. Zum Beispiel: »Lieferant A hat immer wieder Lieferprobleme bei Bestandteil X.« Wenn das öfter auftritt, sagt das etwas über das System aus.

Noch aussagekräftiger wird das Ganze, wenn auch erfasst wird, *wie lange* Flight Items blockiert waren. Dazu ist nicht viel mehr notwendig, als auf den Blockadestickern die Start- und Stoppdaten zu erfassen. Im Rahmen des Blockaden-Clusterings kann dann analysiert werden, wo Zeit und Effektivität verlorengehen (vgl. [Leopold & Magennis 2015] und [Leopold & Magennis 2014]).

Wichtig ist, nicht nur zu analysieren, sondern dann auch weiterzudenken: »Schön, dass wir es immer wieder schaffen, diese Blockaden aufzulösen. Aber was müssen wir verändern, damit diese Blockaden in Zukunft nicht mehr so häufig auftreten?« Das Wort »häufig« ist bewusst gewählt: In den meisten Fällen geht es nicht darum, einen Blockaden-Cluster vollkommen zu eliminieren, denn das ist ziemlich schwer. Oft kann man schon mit wenig Aufwand sehr viel erreichen.

2. *https://blockedapp.com/f/5-15%25-process-efficiency*

Abb. 3–25 *Blockaden-Clustering*

Abbildung 3–25 zeigt das Blockaden-Clustering einer Agentur, in der etwa 50 Personen parallel an den Webauftritten verschiedener Kundinnen arbeiten. Durch das Blockaden-Clustering fiel auf, dass Lieferungen immer wieder behindert wurden, weil die Kundschaft den Content nicht geliefert hatte. Nun kann man natürlich sagen: »Wenn die Kundin das vermasselt, dann kann es mir wurscht sein!« So haben die Menschen in dieser Agentur aber nicht gedacht. Sie haben überlegt, warum der Content immer wieder gefehlt hat. Dabei stellten sie fest, dass in sehr vielen Fällen die Kundschaft nicht wusste, dass die Agentur ihren Content genau zu einem bestimmten Zeitpunkt brauchte. Dadurch hatten sich innerhalb von vier Wochen rund 130 Tage an kumulierter Verzögerungszeit angesammelt.

Verzögerungszeit

Die Verzögerungszeit gibt die Dauer der Blockade einer oder mehrerer Arbeiten an.

Angenommen, innerhalb von 10 Tagen befinden sich 10 Flight Items in Bearbeitung. Fünf Flight Items sind drei Tage lange blockiert – somit beträgt die kumulierte Verzögerungszeit 15 Tage.

Welche geniale Verbesserung ist den Mitarbeitenden in dieser Agentur eingefallen? Genau: »Wir könnten den Kundinnen ja rechtzeitig Bescheid sagen, welche Inhalte und Materialien wir von ihnen bis wann brauchen.« Diese Überlegung wurde im Prozess von nun an mit einer Definition of Done (siehe Board Pattern 10 in Abschnitt 3.2.10) in der Spalte »Kundenauftrag klären« berücksichtigt. Bisher enthielt die DoD bereits den Punkt »Content klären«, und nun wurde noch der Punkt »Content-Lieferung bis wann« hinzugefügt.

Wie zu erwarten ging die Wartezeit nicht sofort auf null zurück, aber sie konnte nach acht Wochen schon um die Hälfte reduziert werden – was schon sehr gut ist. Es geht nicht immer darum, jegliche Wartezeit komplett zu eliminieren. Das Ziel ist, sie vor allem zu reduzieren. Der Effekt durch die Reduktion der Wartezeit ist, dass Arbeit schneller fertig wird, weil sie besser durch das System fließt, ohne dass irgendein Mensch schneller arbeiten muss. Und das wollen wir ja schließlich erreichen.

3.3.2 Backflow – Rückfluss

Es ist doch der schönste Moment, wenn endlich etwas an die Kundin ausgeliefert werden kann, oder? Nicht, wenn sie beim Review oder der Abnahme sagt: »Das habe ich mir etwas anders vorgestellt.«

In vielen Unternehmen passiert nun Folgendes: Die Arbeit wird aus der Review-Spalte genommen und in jene Spalte am Board zurückgesetzt, wo das Problem zu lösen ist. Wenn es ein Problem in der Umsetzung war, geht es dahin zurück. Wenn das Problem der Kundin nicht richtig verstanden wurde, wird die Arbeit noch einmal ganz an den Anfang des Boards in die Analyse gesetzt. Es gibt noch ein weiteres Vorgehen, das für uns intellektuell nicht ganz nachvollziehbar ist: Trotz des Problems wird die Arbeit als »fertig« betrachtet und gleichzeitig werden Arbeiten für die Fehlerbehebung in das System eingespeist.

Abb. 3–26 *Neustart nach dem Review – die übliche Vorgehensweise*

Was wird dadurch signalisiert? Wenn man so vorgeht, geht man davon aus, dass das Beheben von Qualitätsproblemen mit neuer Arbeit gleichzusetzen ist. Das Beheben von Qualitätsproblemen ist aber keine neue Arbeit, sondern die alte Arbeit wurde in bescheidener Qualität gemacht. Wir wollen Arbeit immer abschließen, *bevor* wir etwas Neues starten! Somit ist die alte Arbeit noch nicht »fertig«.

Auch das Zurückspielen in bestimmte Prozessschritte ist nicht das Gelbe vom Ei: Auf diese Weise werden zum einen Wissenssilos einzementiert und zum anderen verfestigt sich dadurch die Denkweise, dass Arbeit um die Menschen herum organisiert werden sollte und nicht die Menschen um die Arbeit. Was ist damit gemeint?

Problembehebung an Ort und Stelle

Gehen wir von einer einfachen Arbeitsabfolge aus: Wir analysieren etwas, wir setzen es um, testen es und liefern es aus. Jetzt könnten wir natürlich sagen: Beim Qualitätscheck haben wir bemerkt, dass etwas noch nicht passt, also schmeißen wir die Arbeit zum Beispiel in den Umsetzungssilo hinein – nicht unser Problem!

Das ist genau das Verhalten, das wir auf Flight Level 2 auflösen wollen. Die Grundidee ist: Wir brauchen verschiedene Wissensdomänen, damit wir Wert für die Kundin generieren können. Die Pointe eines Flight-Level-2-Boards ist doch genau die, dass sich Wissensträgerinnen vor diesem Board zusammenfinden sollen, um gemeinsam Wert für die Kundin zu schaffen. Das ist kein Board von Verantwortlichkeiten einzelner Personen, Abteilungen oder Teams. Wenn also ein Problem auftritt, sollte es auch als solches deklariert werden.

Praktisch umgesetzt heißt das: Auf das entsprechende Flight Item wird ein Sticker geklebt, und dann wird besprochen, wie mit dem Problem umgegangen werden soll. Die Spalte wird von »Review« in »Review + Fehler beheben« umbenannt, das heißt: Das Problem, das in dieser Spalte auftritt, bleibt auch in dieser Spalte und wird hier gelöst (siehe Abb. 3–27).

Das ist eine recht harte Regel, weil das System an dieser Stelle jedes Mal anhält. Und ja, vielleicht besteht ein Weg darin, dass Umsetzungsteams das Problem freiwillig lösen – möglicherweise wird gemeinsam auch ein anderer Weg gefunden. Deshalb sollten über den Spalten eines Boards Verben stehen, die eine Aktivität bezeichnen. Oft hat man eher den Eindruck, dass die Spaltenbezeichnungen lediglich Synonyme für Teamnamen sind.

Abb. 3–27 *Umgang mit Rückfluss – Variante 1*

Ein Flight-Level-2-Board ist also kein Arbeitszuweisungsboard. Natürlich stehen hinter jeder Spalte Teams, die vornehmlich dafür sorgen, dass etwas weitergeht. Aber sie werden nicht mit Arbeitspaketen zwangsbeglückt. Sobald es irgendwo im Arbeitsfluss stockt, kommen alle Beteiligten vor dem Board zusammen und überlegen gemeinsam, was getan werden muss, damit die Arbeit von diesem Punkt an wieder weiterfließt. Das heißt, in allen Spalten wird daran gearbeitet. Die Frage lautet immer: Was tun wir *gemeinsam* dafür, dass sich die Arbeit weiter nach rechts bewegt und über die Ziellinie kommt?

Es gibt noch eine zweite Variante für den Umgang mit Rückfluss. Nun sind Reviews grundsätzlich dafür da, um herauszufinden, wo es bei einer Lieferung noch hakt. Es ist daher sehr wahrscheinlich, dass dabei Probleme zutage treten werden. Genau genommen ist also der Arbeitsfluss nicht vollständig modelliert, deshalb belassen wir die Spalte »Review« und erweitern das Board um die Spalte »Fehler beheben + Review« (siehe Abb. 3–28).

Abb. 3–28 *Umgang mit Rückfluss – Variante 2*

Selbstverständlich kann auch jetzt wieder ein Problem auftreten. Auf Dauer kann die Lösung aber nicht darin bestehen, die Flight Route um 20 Spalten zu erweitern, obwohl man das Problem dadurch sehr schön visualisieren würde. Vielmehr sollte wirklich alles darangesetzt werden, das Qualitätsproblem endgültig aus der Welt zu schaffen. Das Schöne an dieser Herangehensweise ist, dass Qualitätsprobleme einen ganz anderen Stellenwert bekommen. Sie werden nicht auf Einzelpersonen oder einzelne Teams abgeschoben, sie werden nicht durch das neuerliche Einschleusen in das System verschleiert, sondern sie werden bewusst an die Oberfläche geholt und behoben.

Manche Unternehmen gehen sogar noch weiter: Sie haben in der Softwareentwicklung die Bugtracker abgeschaltet, denn eigentlich wird damit »Waste« (Verschwendung) verwaltet. Die Philosophie dahinter lautet: Wenn es sich tatsächlich um einen Bug, ein echtes Qualitätsproblem, handelt, dann beheben wir es *jetzt*. Wenn wir umgekehrt damit leben können, dann wird das Problem später noch einmal auftreten, und dann entscheiden wir aufs Neue, was zu tun ist.

Apropos »Qualität hat einen hohen Wert«: Auch die Sticker mit den Problemen sollten gesammelt und ausgewertet werden, weil sie nichts anderes als Blockaden darstellen.

3.4 Fokus schaffen

Bis jetzt haben wir munter vor uns hin visualisiert und ein 1a-Board für Flight Level 2 modelliert. Damit hören viele Unternehmen auch schon wieder auf, weil die Meinung vorherrscht, dass mit der Sichtbarkeit des Arbeitsflusses bereits alles getan ist. Die Dysfunktionalitäten lassen sich nun auf jeden Fall besser verwalten, aber wenn diese irgendwann weniger werden sollen, ist die Visualisierung erst der Anfang.

Sofern eine schöne Visualisierung des Ist-Zustands nicht das einzige Ziel in einer Organisation ist, sondern auch eine Verbesserung spürbar werden soll, besteht der nächste Schritt darin, Fokus aufzubauen. Rufen wir uns kurz in Erinnerung, was wir damit meinen:

Fokus bringt Geld

Damit Arbeit innerhalb eines akzeptablen Zeitrahmens fertig werden kann, ist es notwendig, auf eine bestimmte Menge an Arbeit zu fokussieren und diese Schritt für Schritt umzusetzen. Denn: Arbeiten kostet Geld. Arbeit abschließen bringt Geld.

3.4.1 Das Flussexperiment – Parallelogramme bauen

Dazu gibt es ein Experiment, das der einen oder anderen Leserin bekannt vorkommen könnte: Es handelt sich dabei um eine weiterentwickelte Form von »Schiffe falten«, ein Experiment, das im Buch »Kanban in der Praxis« [Leopold 2017] vorgestellt wird. Dieses ursprüngliche Experiment hatte sich aus unserer Arbeit mit Kanban entwickelt und zielte in erster Linie darauf ab, zu zeigen, wie Arbeit durch die Organisation fließt. In seiner aktuellen Version ist das Experiment auf teamübergreifende Aspekte ausgerichtet und somit auf Flight Levels getrimmt. Die Pandemie hat auch in der Flight Levels Academy den Digitalisierungsprozess beschleunigt, und daher gibt es nun in unseren Workshops eine Online-Version.[3]

So wie in der Live-Version simulieren wir bei der Online-Version des Flussexperiments in zwei Durchgängen zwei Systeme:

1. Im ersten Durchgang wird in einem unfokussierten Push-System gearbeitet.
2. Im zweiten Durchgang wird in einem fokussierten Pull-System gearbeitet.

Damit das Experiment in endlicher Zeit durchführbar ist, handelt es sich um einen simplifizierten Prozess. Das Board simuliert ein Flight-Level-2-System, das heißt, die an der Simulation teilnehmenden Personen, die in den einzelnen Arbeitsschritten arbeiten, repräsentieren jeweils ein ganzes Team. Pro Arbeitsschritt arbeiten mehrere Teams parallel.

3. Danke an Mike Freislich, Florian Junglas, Lukas Schmidt und Andreas Rein!

Was ist zu tun? Wir bauen Parallelogramme, denn die sind am Markt gerade heiß begehrt. Jedes Parallelogramm kann für 100 Euro verkauft werden und natürlich wollen wir wirtschaftlich erfolgreich sein. Die Parallelogramme werden in fünf Arbeitsschritten gebaut, die jeweils wiederum unterschiedliche Bearbeitungsschritte umfassen:

1. **Pre-Production** (1 Bearbeitungsschritt)
   Das Vertriebsteam zieht ein Post-it aus dem Backlog in die Spalte »Pre-Production« und schreibt die Sequenznummer darauf.
2. **Forming** (1 Bearbeitungsschritt)
   Aus dem Post-it-Quadrat wird hier ein Parallelogramm gemacht.
3. **Shaping** (1 Bearbeitungsschritt)
   Das Parallelogramm wird gedreht (das darf ruhig unterschiedlich aussehen).
4. **Sizing** (1 Bearbeitungsschritt)
   Das Parallelogramm wird an eine fix vorgegebene Box angepasst. Es soll so groß wie möglich sein, aber nicht über die Ränder der Box hinausstehen.
5. **Packaging** (3 Bearbeitungsschritte)
   Das Parallelogramm wird in eine andere Form verpackt. Da diese Form nun die Sequenznummer verdeckt, muss sie natürlich noch einmal auf die Form geschrieben werden. Anschließend müssen die beiden Formen markiert und gruppiert werden, um als Gesamtpaket ausgeliefert werden zu können.

Auf der letzten Position befindet sich die Zeitnahme: Die Personen, die sich für diese Aufgabe gemeldet haben, tippen in ein Spreadsheet jeweils den Zeitstempel ein, wenn ein Parallelogramm fertig ausgeliefert wurde.

Die Regeln

Das Experiment wird in zwei Durchgängen durchgespielt: Zunächst simulieren wir ein unfokussiertes Push-System und danach ein fokussiertes Pull-System.

Im Push-System werden fertig bearbeitete Parallelogramme einfach in den nächsten Prozessschritt weitergeschoben. Das Push-System hat noch eine Besonderheit: Business, Business, Business! Das Vertriebsteam bekommt einen Bonus für jede Arbeit, die in das System gepumpt wird.

→

Folgende Regeln gelten für beide Durchgänge:

- Wir arbeiten schnell. Da wir für jedes ausgelieferte Parallelogramm 100 Euro bekommen, wollen wir so viele wie möglich ausliefern.
- Wir arbeiten nach dem FIFO-Prinzip – first in, first out. Die Annahme ist, dass die Bestellungen in einer gewissen Reihenfolge hereinkommen, und in dieser Reihenfolge wollen wir die Parallelogramme auch ausliefern.
- Die einzelnen Teams helfen einander nicht! Aus zwei Gründen: Sie haben sowieso keine Zeit, weil jedes Team genug Arbeit hat. Außerdem muss man für jeden Arbeitsschritt jahrelang studiert haben, also kann eine Nicht-Expertin nicht einfach so einspringen.
- Es werden keine Prozessverbesserungen gemacht. Vor Kurzem waren superintelligente Beraterinnen da und haben diesen Prozess und das Arbeitsmodell für uns perfektioniert. Das hat mehrere Fantastilliarden Euro gekostet, also bleibt alles so, wie es ist. Wenn das Ergebnis nicht dem entspricht, wie wir es gerne hätten, liegt der Fehler nicht beim Prozess. Wir machen unsere Arbeit einfach nicht gut genug!
- In jedem Durchgang wird zwei Minuten lang gespielt. Danach gibt es eine Pause, um herauszufinden, wie viel Arbeit sich im System befindet.

In der Realität sollten sich Teams natürlich gegenseitig helfen und selbstverständlich sind Prozessverbesserungen absolut erwünscht. Wir wollen bei diesem Experiment aber den Unterschied zwischen dem unfokussierten Push-System und dem fokussierten Pull-System herausarbeiten. Würden wir im zweiten Durchgang den Prozess verbessern und einander helfen, dann – Überraschung! – würde die Performance eindeutig besser sein. Das wollen wir aber nicht zeigen.

Schauen wir uns an, wie dieses Experiment in einem unserer Workshops verlaufen ist.

Der erste Durchgang

Timebox: zwei Runden à 2 Minuten

In diesen zwei Minuten werden so viele Parallelogramme wie möglich abgearbeitet.

Am Anfang sieht noch alles gut aus: Pre-Production (Vertrieb) schiebt kontinuierlich Arbeit in das System, denn die Nummerierung der Parallelogramme ist rasch erledigt. Bald beginnt sich in den Prozessschritten weiter rechts aber die Arbeit zu stauen. Nach zwei Minuten stoppen wir die Uhr und die Arbeit und zählen nach, wie viele Parallelogramme sich im System befinden: Insgesamt sind es 26. Davon ziehen wir jene ab, die bereits fertig sind – nämlich vier. Bleiben also 22 Parallelogramme, die sich noch in Bearbeitung befinden.

Das Experiment geht weiter. Nach wie vor hängt die gesamte Arbeit im System, die in den zwei Minuten zuvor begonnen wurde. Für die nächste Runde legen wir ein rotes digitales Post-it an die oberste Stelle in der Spalte »Potential Work« (das Backlog). Dieses Post-it wird nicht anders behandelt als die anderen, es ist nur ein Kontrollelement, mit dem wir etwas herausfinden wollen. Es wird jetzt so lange weitergespielt, bis das rote Parallelogramm »fertig« ist.

Im System wird die Lage immer unübersichtlicher. FIFO erweist sich immer mehr als Herausforderung, weil sich die Parallelogramme übereinanderstapeln und das nächste in der Reihenfolge erst mühsam gesucht werden muss. Bald ist nicht mehr klar, woran überhaupt gearbeitet werden soll, und es wird immer schwieriger, die Arbeitsmenge zu handhaben. Nach 9 Minuten und 22 Sekunden kann endlich das rote Parallelogramm ausgeliefert werden! Wir ziehen die 2 Minuten aus der ersten Runde ab: Das rote Parallelogramm hat sich somit in 7 Minuten und 22 Sekunden durch das System gequält. Diese Runde wird noch bis zur vollen Minute weitergespielt – nach 10 Minuten ist der erste Durchgang vorbei.

Das Feedback

Nach dem ersten Durchgang fragen wir die teilnehmenden Personen immer, wie es ihnen bei der Arbeit ergangen ist. Meistens lauten die Antworten: Es war total chaotisch und stressig, ich habe mich nicht mehr ausgekannt etc. Wir bringen dann als Antwort die Managementperspektive ein: »Also wir sind total zufrieden. Pro Parallelogramm verdienen wir 100 Euro und wir sehen, dass hier tatsächlich gearbeitet wird! Wir lassen die Kundschaft nicht warten, das ist schließlich das Wichtigste!« Manchmal beklagen sich die Leute, dass so viel zu tun ist. Aber schließlich bekommen die Beschäftigten ihr Geld ja dafür, dass sie arbeiten – danach sieht es doch im ersten Durchgang aus. Oder?

Der zweite Durchgang

Im zweiten Durchgang stellen wir von einem Push- auf ein Pull-System um: Das heißt, erst wenn der nachgelagerte Schritt die Kapazitäten dafür hat, wird Arbeit aus dem vorhergehenden Arbeitsschritt gezogen. Um das Pull-Prinzip zu unterstützen, führen wir sogenannte »WIP-Limits« (WIP = Work in Process) ein: Es darf sich immer nur eine bestimmte Menge an Arbeit in einem Arbeitsschritt befinden. WIP-Limits sind *eine* Art, wie sich Fokus aufbauen lässt – es ist aber nicht die einzige Art (dazu mehr in Abschnitt 3.4.4). Im Rahmen dieses Experiments ist es jedoch die einfachste Variante, um die Wirkung von Fokus zu demonstrieren.

Die Zuteilung der Teams zu den einzelnen Arbeitsschritten bleibt gleich. Was sich allerdings ändert: Wir unterteilen die einzelnen Arbeitsschritte jeweils in die zwei Spalten »Doing« und »Done«, mit Ausnahme des letzten Schritts. Das WIP-Limit richtet sich nach der Anzahl der Teams, die in einem Arbeitsschritt aktiv sind: Bei drei in einer Spalte aktiven Teams zum Beispiel gibt es ein WIP-Limit von 3. Das bedeutet: In der Doing- und der Done-Spalte eines Arbeitsschritts dürfen sich insgesamt nur drei Arbeiten befinden.

Die »Done«-Spalte ist in jedem Arbeitsschritt ein Pull-Signal. Das heißt zum Beispiel: Die Post-its im Arbeitsschritt »Pre-Production« werden in der Doing-Spalte nummeriert und in die Done-Spalte geschoben. Von dort können sie vom nächsten Arbeitsschritt »Forming« gezogen werden, sobald es dort genügend freie Kapazitäten gibt.

Jetzt passiert etwas, das auf den ersten Blick irritieren kann: Nach zwei Minuten befinden sich in den einzelnen Arbeitsschritten beinahe keine Arbeiten. Das Board sieht im Mittelbereich ziemlich leer aus. Insgesamt befinden sich 11 Arbeiten am Board, acht davon sind fertig, drei befinden sich noch in Arbeit. Auch in diesem Durchgang wird wieder ein rotes Post-it in das Backlog gehängt: Dieses Mal wird es nach 2 Minuten und 52 Sekunden fertig. Entsprechend beträgt die Durchlaufzeit nur 52 Sekunden.

Das Feedback

Wieder fragen wir die Teilnehmenden, wie es ihnen in dieser Runde ergangen ist. »Na, das war eher eine Wellness-Runde.« »Ich hatte fast nichts zu tun, die halbe Zeit hatte ich keine Arbeit.« »Ich hatte schon etwas zu tun, aber es war viel entspannter, weil ich wusste, was ich als Nächstes ziehen muss.« »Es war wesentlich effektiver.« – Das sind die Antworten, die wir bekommen.

Und wie geht es ihnen in wirtschaftlicher Hinsicht damit? Hier kommt das Gefühl auf, dass die Beschäftigten für das Nichtstun bezahlt werden. Es entsteht der Eindruck, es mit totalen Underperformern zu tun zu haben und dass nichts weitergeht. Zwar haben die Personen im Pull-System weniger Stress – aber hilft uns das, wenn das Unternehmen dabei pleitegeht?

Diese Eindrücke kommen der Realität schon sehr nahe, denn Managerinnen, die vor diesem Board stehen, würden fragen: »Ihr arbeitet an drei Themen? Seid ihr jetzt völlig verrückt?« Nach wie vor wird nämlich in vielen Unternehmen »es wird viel gearbeitet« gleichgesetzt mit »es wird viel Geld verdient«. Visualisierung kann also trügerisch sein: Viel Arbeit am Board bedeutet hauptsächlich, dass es ein Problem im System gibt, und nicht, dass der Reichtum nahe ist. Deshalb sind Boni für die Vertriebsmannschaft so problematisch: Wer dafür belohnt wird, Arbeit heranzuschaffen, wird sich nicht darum kümmern, ob die Aufträge in angemessener Zeit und in hoher Qualität geliefert werden können.

3.4.2 Erkenntnisse aus dem Flussexperiment

Wenn wir das Parallelogramm-Experiment durchführen, interessieren uns zwar die subjektiven Wahrnehmungen, aber diese sind für die Argumentation in einer Organisation oft nur halb so viel wert, wenn sie nicht mit Daten unterfüttert werden. Deshalb zeichnen wir während des Experiments fleißig Daten auf. Was können wir aus diesen Daten ablesen?

Höherer Durchsatz

Das Management bekommt im zweiten Durchgang des Experiments Zustände, weil ein quasi leeres Board nach leeren Kassen aussieht. Da zwingt sich die Frage auf: Wie viel haben wir in den zwei Durchgängen jeweils verdient? Ein gutes Maß, um diese Frage zu beantworten, ist der Durchsatz. Der Durchsatz ist die Anzahl der Arbeitseinheiten, die innerhalb eines gewissen Zeitraums abgeschlossen werden können: Projekte pro Monat, Features pro Release, Parallelogramme pro Minute etc.

Der Durchsatz – und das ist das Schöne daran – ist sehr leicht zu berechnen. Pro Arbeit brauchen wir nur ein einziges Datum, nämlich den Endzeitstempel. Anschließend werden die Arbeiten chronologisch sortiert: Wie viel wurde im Januar abgeschlossen, wie viel im Februar, März, April usw.? Auf diese Weise erhält man zum Beispiel den Durchsatz der Projekte pro Monat. Das Gleiche können wir mit den Parallelogrammen durchführen:

- Im ersten Durchgang wurde 10 Minuten gearbeitet. Wie viele Parallelogramme wurden pro Minute fertig? Um das herauszufinden, schauen wir in der Zeitnahmetabelle nach, wie viele Parallelogramme in welcher der 10 Minuten fertiggestellt wurden. Die Spaltensummen werden addiert und daraus der Mittelwert berechnet. Dabei stellt sich heraus, dass im Mittel 2,9 Parallelogramme pro Minute geliefert wurden, das heißt, pro Minute haben wir rund 300 Euro verdient.
- Die gleiche Prozedur wird für den zweiten Durchgang wiederholt: 4,3 Parallelogramme pro Minute. Macht mehr als 400 Euro pro Minute.

Das verursacht nun vielleicht ein Knirschen in so manchem Business-Gehirngang, denn warum verdienen wir im zweiten Durchgang mehr, obwohl die Beschäftigten in diesem Durchgang ganz offensichtlich Däumchen gedreht haben? Die interessierte Leserin fragt sich vielleicht: »*Warum*? Woher kommt diese Steigerung?«

Weniger Verschwendung

Im ersten Durchgang befand sich wesentlich mehr Arbeit im System. Wir erinnern uns: Viele Teilnehmende berichteten, dass sie ab einem gewissen Punkt den Überblick verloren hatten und nicht mehr wussten, welches Parallelogramm sie als Nächstes bearbeiten sollten. Das ist genau dann der Fall, wenn ständig Arbeit in ein System gepumpt wird: Es entsteht Overhead, weil die Arbeit – an der gar nicht gearbeitet werden *kann* – dennoch verwaltet werden muss. In Meetings und Lenkungsausschüssen muss über die Arbeit geredet werden, sie muss geplant, priorisiert, verteilt, koordiniert, reorganisiert, wieder geplant, priorisiert, verteilt und koordiniert werden usw. Muss hingegen nur an einer begrenzten Menge an Aufgaben gearbeitet werden, entfällt der ganze Verwaltungszinnober: Es gibt klare Koordinationspunkte, aber die ständige Umschichtung von Arbeit findet nicht statt.

Der Engpass bestimmt den Durchsatz

Stellen wir die theoretische Überlegung an, dass es den Such- bzw. Verwaltungsaufwand nicht gibt, weil egal ist, in welcher Reihenfolge geliefert wird. Unter dieser Voraussetzung wird im zweiten Durchgang mindestens gleich viel Arbeit fertig wie im ersten Durchgang. Jedes System hat nämlich einen Engpass, und dieser Engpass bestimmt, wie hoch der Durchsatz des Systems ist. Es ist völlig nebensächlich, wie viel Arbeit gestartet wird: Es wird nur so viel Arbeit fertig, wie der Engpass durchlassen kann. Deswegen kann man einen Kübel voll Wasser auch schneller ausleeren als eine Flasche voll Wasser. Wie viel verdient werden kann, hängt in einem System also immer vom Engpass ab.

An dieser Stelle ist es wichtig zu erwähnen, dass nicht eine Person der Engpass ist, sondern das System bzw. der Prozess hat einen Engpass. Im Flussexperiment stellt der Schritt »Packaging« einen großen Engpass dar, denn nur hier müssen drei Bearbeitungsschritte erledigt werden. Wir haben im Vorhinein nicht gefragt, wer von den teilnehmenden Personen die schlechteste Parallelogramm-Verpackerin ist, um sie absichtlich mit diesem Arbeitsschritt zu betreuen. Wer in welchem Arbeitsschritt tätig ist, beruht in diesem Experiment auf Zufall.

Im Engpass aushelfen und in Verbesserungen investieren

Im zweiten Durchgang gab es die luxuriöse Situation, dass Mitarbeitende sagen konnten: »Wir haben nichts zu tun.« In der Realität sitzen sie natürlich nicht einfach herum und drehen Däumchen. Was könnten diese Personen tun, um den Durchsatz des Systems zu erhöhen? Sie helfen am besten dort aus, wo der Engpass entsteht. Wahrscheinlich wird jetzt die kritische Leserin fragen: »Wie geht das? Wie kann jemand woanders aushelfen?« Hier ist Nachdenken ausdrücklich erlaubt! Wenn ein Team ein anderes Team unterstützen soll, wird eine gewisse Fachähnlichkeit notwendig sein. Eine Chemikerin wird wahrscheinlich nicht eine Aerodynamikerin bitten, mal eben eine Synthese durchzuführen. Es gibt in Engpässen aber sehr oft Tätigkeiten, die nicht unbedingt Spezialwissen erfordern, zum Beispiel administrative Aufgaben. Alles, was man den Teams in einem Engpass abnehmen kann, trägt dazu bei, dass im Engpass mehr Arbeit fertig werden kann. Im eigenen Spezialgebiet weiterzuarbeiten, obwohl die Teams im Engpass ins Strudeln geraten, ergibt nicht viel Sinn. Vielmehr fördert es die lokale Suboptimierung und bremst das System zusätzlich aus. Dazu aber später noch mehr.

Da Mitarbeitende nicht einfach faul sind, sondern ziemlich oft durch den Prozess an ihrer Arbeit gehindert werden, könnte die Zeit des Leerlaufs für Verbesserungen genutzt werden. Zum Beispiel könnten sie sich überlegen, ob der Prozess in seiner aktuellen Form wirklich optimal ist. Während im »Packaging« drei Bearbeitungsschritte durchgeführt werden müssen, ist in allen anderen Stufen des Prozesses nur jeweils ein Bearbeitungsschritt notwendig. Eine einfache Verbesserung könnte sein, die Bearbeitungsschritte im Packaging im Prozess anders zu verteilen, wenn das für die jeweiligen Teams fachlich machbar ist. Dadurch wird Arbeit schneller fertig, ohne dass jemand schneller arbeiten muss – einfach, weil die Intelligenz des Systems und die freie Zeit genutzt werden, die bei manchen Teams bzw. Mitarbeitenden durch die Blockade des Engpasses entsteht. Nicht durch das Starten von Arbeit wird Arbeit fertig, sondern – Überraschung! – durch das Abschließen von Arbeit. Im System steht gratis Verbesserungsenergie zur Verfügung!

Der Engpass dirigiert das System

Zusammenfassend können wir sagen: Große Teile der Wirtschaftlichkeit eines Systems werden vom Engpass bestimmt. **Unfokussierte Systeme** tendieren dazu, Engpässe zu ignorieren. Sobald sich die Kundin beschwert, wird Arbeit gestartet, als gäbe es kein Morgen. Dadurch wird ein massiver administrativer Overhead aufgebaut, der die Mitarbeitenden noch stärker behindert und langsamer werden lässt. Unterm Strich ist das egal, da ohnehin nur so viel Arbeit fertig werden kann, wie es der Engpass zulässt.

Fokussierte Systeme lösen sich hingegen von der Idee, dass durch das ständige Starten von Arbeit wie durch ein Wunder mehr Arbeit fertig wird. Es wird gerade so viel Arbeit gestartet, dass der Engpass gut ausgelastet ist und gut zu tun hat. In diesen Systemen wird akzeptiert, dass es in den Nicht-Engpässen deshalb mitunter nichts zu tun gibt. Diese freie Zeit wird für Verbesserungen genutzt.

Wandernde Engpässe

Im Experiment war der Engpass einigermaßen statisch, denn mit den drei Bearbeitungsschritten im »Packaging« hatten wir es extra so konstruiert. In der Realität, vor allem in der Wissensarbeit, sind Engpässe oft nicht stabil, vielmehr wandern sie. Das macht die Sache noch etwas komplizierter und umso wichtiger ist es, Fokus aufzubauen.

Warum »wandern« in der Wissensarbeit die Engpässe häufig? Das passiert, weil Wissensarbeit nicht gleichförmig funktioniert. Ein einfaches Beispiel macht das deutlich: Nehmen wir an, es gibt einen Bereich, in dem Menschen etwas entwickeln, und einen zweiten Bereich, in dem die Menschen das Entwickelte umsetzen. Es kommt immer wieder vor, dass die Analyse endlos lange dauert, weil man sich erst durch viel Unbekanntes durcharbeiten muss und ständig von neuen Erkenntnissen oder Erfordernissen überrascht wird. Wenn man endlich zum Beispiel alle nötigen Algorithmen herausgefunden hat, ist die Umsetzung recht trivial, weil vielleicht nur ein paar Zeilen Code geändert werden müssen. Es kann aber auch genau umgekehrt sein, wenn ein Algorithmus zum Beispiel um 20 Millisekunden schneller laufen soll – dann sind die mit der Umsetzung befassten Personen stärker gefordert.

In der Wissensarbeit treffen wir also selten auf stabile Engpässe, außer es gibt ein chronisches Kapazitätsproblem in einem bestimmten Bereich. Außerdem wird die Wissensarbeit nach wie vor meistens von Menschen erledigt, und die haben bekanntlich ganz schlimme Eigenschaften: Sie möchten Urlaub machen, sie werden krank, sie haben Kinder … Menschen bringen einfach eine gewisse Unberechenbarkeit mit ins Spiel.

Die Schlussfolgerung ist: Umso wichtiger ist es in der Wissensarbeit, Kontrolle über die Arbeit im System zu haben. Wenn Engpässe wandern und das System zusätzlich mit Arbeit geflutet wird, entsteht ein großes, chaotisches System, in dem alle Beschäftigten voll ausgelastet sind.

Durchlaufzeit

Aus den Daten, die wir während des Experiments aufgezeichnet haben, können wir auch die Durchlaufzeit herauslesen. Die Durchlaufzeit sagt uns, wie schnell wir es schaffen, eine Arbeit fertigzustellen. Für die Berechnung brauchen wir für eine Arbeit den Start- und den Endstempel – die Differenz ergibt die Durchlaufzeit. Im Setting des Flussexperiments hatten wir das Problem, dass es keine Startdaten gab. Die verwunderte Leserin fragt sich jetzt vielleicht: »Wie soll man dann die Durchlaufzeit berechnen?«

Nicht die Nerven wegschmeißen, wir haben vorgesorgt! Zumindest von einer Arbeit wissen wir sehr genau, wann sie gestartet wurde. Nach zwei Minuten wurde ein rotes Ticket in den Arbeitsfluss geschickt, um dort zum Parallelogramm zu werden. Von diesem roten Parallelogramm haben wir auch den Auslieferungsstempel, somit können wir bequem die Durchlaufzeit berechnen!

- **Im ersten Durchgang** wurde das rote Parallelogramm nach 9,22 Minuten fertig. Davon ziehen wir zwei Minuten ab – ergibt eine Durchlaufzeit von 7 Minuten und 22 Sekunden.
- **Im zweiten Durchgang** haben wir das rote Ticket ebenfalls nach zwei Minuten in das System geschickt und es war bereits nach 2 Minuten und 52 Sekunden fertig. Das ist eine sensationelle Durchlaufzeit von 52 Sekunden! Gegenüber dem ersten Durchgang entspricht das einer Performance-Steigerung von 850 Prozent!

Dieser Unterschied ist kein Lercherlschas, wie man in Wien sagen würde[4]. Doch wie kommen diese Ergebnisse zustande? Warum ist es so?

In beiden Durchgängen haben wir die Arbeit nach zwei Minuten kurz angehalten und den Work in Process (WIP) am Board gezählt, also die Anzahl der Arbeiten, die sich zu diesem Zeitpunkt in einem der Arbeitsschritte am Board befanden. Dabei haben wir herausgefunden, dass es sich im ersten Durchgang um 22 Parallelogramme handelte, im zweiten Durchgang aber nur um drei – und hier liegt der Hase im Pfeffer. Wenn bereits 22 Parallelogramme bearbeitet werden oder auf eine Bearbeitung warten, konkurriert das rote Parallelogramm natürlich mit allen diesen Flight Items. Dementsprechend lange dauert es, bis es an die Reihe kommt. Hingegen liegt das rote Parallelogramm im zweiten Durchgang an der vierten Stelle für die (recht rasche) Bearbeitung: Es hat sozusagen freie Bahn und rutscht zügig durch das System. Das ist der Grund, warum bei gleicher Startzeit die Arbeit in einem fokussierten System wesentlich schneller fertig wird als in einem unfokussierten System.

Also:

- Höherer WIP bedeutet: Die Arbeit stellt sich hinten an.
- Geringerer WIP bedeutet: Die Arbeit hat freie Fahrt.

---

4. *https://echtwien.at/de/wiener-sprache/lexikon/L/1659*

Work in Progress oder Process?

In der Kanban-Community wird WIP als »Work in Progress« bezeichnet. Wir bevorzugen »Work in *Process*«, da sich meistens sehr viel Arbeit im Prozess befindet, aber nur wenig davon tatsächlich bearbeitet wird, also »in progress« ist.

Systemstabilität

Auf Basis der bisherigen Erkenntnisse können wir zwei Gedankenexperimente aufbauen:

- **Experiment 1**
  Was würde im ersten Durchgang passieren, wenn wir das rote Ticket nicht nach zwei, sondern nach zehn Minuten in das System geben? Die Durchlaufzeit wäre sehr viel länger, sie läge etwa bei einer Stunde. Selbstverständlich würde die Durchlaufzeit weiter steigen, je später das rote Ticket in das System gelangt. Wird es erst nach einer halben Stunde losgeschickt, würde es schon ungefähr einen Tag dauern, bis es am anderen Ende des Systems wieder auftaucht. Das ist typisch für ein **instabiles Arbeitssystem.**
- **Experiment 2**
  In unserem fokussierten System wurde das rote Parallelogramm nach 52 Sekunden fertiggestellt. Hätten wir das Ticket nach zehn Minuten in das System gelassen, wäre das Parallelogramm ebenfalls nach 52 Sekunden (oder einer knappen Minute) fertig geworden. Selbst wenn wir es erst nach drei Stunden losgeschickt hätten, wäre es dennoch nach der gleichen Zeitspanne ausgeliefert worden. Das bedeutet: Fokussierte Arbeitssysteme, in denen es eine WIP-Kontrolle gibt, haben das Potenzial, zu einem **stabilen Arbeitssystem** zu werden, wenn man das sogenannte »WIP-Age« berücksichtigt[5] (siehe Kasten).

Wann gilt ein System als stabil?

Ein System wird als stabil bezeichnet, wenn die Start- und Abschlussrate von Arbeiten in etwa gleich ist. Außerdem entwickelt sich das durchschnittliche Alter der Arbeiten im System weder wesentlich nach oben noch nach unten. Das lässt sich feststellen, indem das »WIP-Age« aller Flight Items erfasst und der Mittelwert berechnet wird. Dieser Mittelwert sollte im Zeitverlauf einigermaßen stabil bleiben.

---

5. Zu diesem Thema empfehlen wir das geniale Buch von Dan Vacanti: *Actionable Metrics for Predictability. An Introduction* [Vacanti 2015].

WIP-Age

Die Durchlaufzeit ergibt sich aus dem Fertigstellungsdatum minus Startdatum, deshalb kann sie nur für Elemente berechnet werden, die bereits abgeschlossen wurden. Das WIP-Age hingegen wird nicht für fertige Arbeit berechnet, sondern für Arbeit, die zwar begonnen, aber noch nicht abgeschlossen wurde. Das WIP-Age ergibt sich ganz einfach aus dem aktuellen Datum minus Startdatum.

Das Schöne am WIP-Age ist, dass es sich dabei um einen Frühindikator (Leading Indicator) handelt, während die Durchlaufzeit ein Spätindikator (Lagging Indicator) ist (siehe dazu Abschnitt 4.2.3.2). Frühindikator bedeutet: Wenn das WIP-Age ansteigt, ist das ein Anzeichen dafür, dass die Durchlaufzeit im System ebenfalls bald steigen wird.

Die zweite Bedingung für Systemstabilität ist, dass die Anflug- und Abschlussraten der Arbeiten in etwa gleich sind. Das passiert, wenn der Work in Process in einem System fixiert wird. Solange der WIP ausgereizt ist, kann keine neue Arbeit gestartet werden. Erst der Abschluss von Arbeit gibt das Signal, dass neue Arbeit in das System gespeist werden darf. Die Abschlussrate bestimmt also, wann wieder etwas gestartet werden darf. In der Flight-Levels-Welt ziehen wir als Bild für diese Bedingung immer das Geschehen auf einem Flughafen heran: Der halbwegs reibungslose Betrieb eines Flughafens kann nur aufrechterhalten werden, wenn das Flughafenareal inklusive der Start- und Landebahnen nicht vollkommen von Flugzeugen zugeparkt ist. Sobald ein Flugzeug landen will, muss auch ein Flugzeug abheben.

In instabilen Arbeitssystemen ist aber nicht alles schlecht, sie haben auch gewisse Vorteile. Wenn jemand fragt: »Bis wann wird die Arbeit fertig?«, ist der Vorteil eines instabilen Systems, dass keine Analysen und Schätzungen durchgeführt werden müssen. Es gibt hier wesentlich effizientere Methoden, um ein Fertigstellungsdatum zu ermitteln: Wir können zum Beispiel würfeln, in eine Kristallkugel hineinschauen oder – wie Klaus es gerne macht – Spaghetti an die Wand werfen, die Flussgeschwindigkeit messen und daraus das Fertigstellungsdatum ableiten.

Dieser offensichtliche Sarkasmus soll sagen: In einem instabilen System muss man sich gar nicht die Mühe machen, ein Fertigstellungsdatum zu schätzen, weil man damit selten richtig liegt. Es kann einfach nicht geschätzt werden. In einem stabilen System kann man sich diese Mühe durchaus machen. Nicht, weil alle Mitarbeitenden im Schätzen geschult sind, sondern einfach, weil das System es zulässt.

Apropos Schulungen im Schätzen: In vielen Organisationen ist die Vorhersagbarkeit von Fertigstellungsterminen ein echtes Problem. Es herrscht die Vorstellung, dass man die Arbeit einfach nur richtig »schneiden« muss. Sobald alle Arbeitspakete ungefähr gleich groß sind, klappt auch jede Schätzung. Das ist eine Methode, mit der sich auf wirklich coole Art und Weise sehr viel Geld verbrennen lässt!

Denken wir noch einmal an unser Flussexperiment: Sowohl im ersten als auch im zweiten Durchgang hatten alle Arbeiten die exakt gleiche Größe – wir haben Parallelogramme gebaut. Im ersten Durchgang war in puncto Handling der Arbeiten nicht mehr zu tun als im zweiten Durchgang: Es war eine völlig monotone Arbeit, bei der immer das Gleiche passiert ist. Trotzdem war die Durchlaufzeit der Parallelogramme im fokussierten Pull-System um das 8,5-Fache höher als im unfokussierten Push-System.

Das heißt, die Größe der Arbeit hat homöopathische Auswirkungen auf die Fertigstellungszeit! In der Realität werden wir es nie schaffen, Arbeitspakete so gleichmäßig zu schneiden wie diese Parallelogramme. It's the system, baby!

Das System hat wesentlich mehr Einfluss auf die Durchlaufzeit als die einzelne Arbeit. Wenn das System nicht einmal annähernd stabil ist, ist jedes Schneiden völlig sinnbefreit. Was ist mit Geldverbrennen gemeint: Man kann natürlich Mitarbeitende auf Schulungen im Schneiden schicken, aber wenn danach die Arbeit durch ein instabiles System muss, war alles für die Katz. Da ist es schlauer, das Geld einfach anzuzünden, das ergibt wenigstens einen pyrotechnischen Effekt. Oder man spendet es.

Priorisierung in einem instabilen Arbeitssystem

Angenommen, wir haben es mit einem instabilen Arbeitssystem zu tun, in dem die Arbeit an dem roten Parallelogramm nach zehn Minuten gestartet wird. Das heißt, die Durchlaufzeit des roten Parallelogramms beträgt etwa eine Stunde. Nach 45 Minuten liegt das Parallelogramm wahrscheinlich in einem der Stapel, der sich im Schritt »Sizing« häuft. Genau jetzt kommt Feind Nr. 1 ins Spiel: die Kundin. Die ist leider nicht gut drauf: »Was ist mit euch los? Wenn ich so ein Parallelogramm baue, schaffe ich das in einer Minute, und ihr sagt mir, dass es nach 45 Minuten zu 80 Prozent fertig ist. Es ist immer alles zu 80 Prozent fertig, wenn man nachfragt. Damit bin ich überhaupt nicht zufrieden!« Sehr wahrscheinlich wird die Kundin ihren Unmut an einer einflussreichen Stelle in der Organisation äußern, und sehr wahrscheinlich wird sich eine Managerin finden, die sich der Meinung anschließt, dass diese Situation absolut untragbar ist. Höchstwahrscheinlich taucht diese Managerin demnächst bei den Teams auf Flight Level 2 auf und sagt: »Wir haben eine sehr unzufriedene Kundin. Das rote Parallelogramm hat ab sofort Priorität 1!«

Was passiert auf der systemischen Ebene, wenn unter den gegebenen Umständen plötzlich eine Arbeit zu Priorität 1 wird? So viele Ressourcen wie möglich werden auf das rote Parallelogramm konzentriert (und damit von anderen Arbeiten abgezogen). Weil Pull sowieso nur etwas für Verlierertypen ist, wird das Parallelogramm anschließend weiter in den Schritt »Packaging« geschoben. Selbstverständlich müssen dort alle ihre aktuelle Arbeit fallen lassen, um das rote Parallelogramm bedienen und schließlich in die Auslieferung pushen zu können.

Der Punkt ist: Die Kundin ist einigermaßen zufrieden, sie ist aber nicht superhappy. Sie hat gelernt: »Wenn ich Druck aufbaue, dann bewegt sich was in diesem Laden.« Die Prio-1-Arbeit hat alle anderen Arbeiten überholt. Die Erkenntnis lautet: Durch die Priorisierung des roten Parallelogramms erhöht sich die Durchlaufzeit aller anderen Arbeiten im System.

Limitierung der Prioritäten

Nun haben Unternehmen meistens nicht nur eine einzige Kundin, sondern gleich mehrere. Da die Teams in unserem Beispiel nicht so gut im Liefern sind und das Management erfahren hat, dass mit dem Setzen von Prioritäten etwas vorangeht, gibt es jetzt schon fünf Arbeiten mit Prio 1 bzw. fünf unzufriedene Kundinnen.

Was passiert mit der Durchlaufzeit dieser fünf Arbeiten? Je nachdem, welcher Arbeit tatsächlich Prio 1 zugestanden wird, wird sich die Durchlaufzeit der übrigen vier Prio-1-Arbeiten erhöhen. Leider wachsen den Mitarbeitenden aber nicht plötzlich mehr Hände, nur weil alles zu Prio 1 erklärt wird. Wenn eine Arbeit vorgezogen wird, verzögert sich die Fertigstellung der anderen Arbeiten – das ist keine Raketenwissenschaft.

Was passiert aber mit der *nicht* priorisierten Arbeit, wenn es bereits fünf rote Parallelogramme im System gibt? Sie wird noch später fertig, und das triggert einen fatalen Kreislauf: Braucht die Standardarbeit zum Beispiel schon 90 Minuten bis zur Fertigstellung, dann hat das zur Folge, dass es noch mehr unzufriedene Kundinnen gibt. Wir wissen ja inzwischen, wie sich dieses Problem lösen lässt: Gib ihnen Prio 1, damit lässt sich Unzufriedenheit wunderbar adressieren!

Das hat den Effekt, dass die Durchlaufzeit der Prio-1-Arbeiten höher wird, die Durchlaufzeit der Standardarbeiten noch höher wird, noch mehr Kundinnen unzufrieden werden, noch mehr Prio-1-Arbeiten im System auftauchen usw. Das Ganze geht so weit, bis im gesamten Flight-Level-2-System nur noch an 1er-Prios gearbeitet wird.

Welche Folge hat es aber, wenn sämtliche Teams an Prio-1-Themen arbeiten? Irgendwann ist die Durchlaufzeit der Prio-1-Themen genauso hoch wie zuvor die Durchlaufzeit der Standardarbeiten. Wenn alles Prio 1 hat, bedeutet das: Wir haben keine Prioritäten! »Prio 1« ist zur Standardarbeit geworden und nur noch eine Bezeichnung, die nichts mit dem Wesen oder der Wichtigkeit der Arbeit zu tun hat.

Wenn ein System Prioritäten effektiv unterstützen soll, dann müssen nicht nur die Arbeiten im System limitiert werden, sondern auch die Prioritäten.

Priorisierung von Prioritäten

Das ist aber noch nicht alles: Auch ein System, das bereits mit Prioritäten überfordert ist, kann irgendwann einen Auftrag bekommen, der tatsächlich am wichtigsten ist. Was passiert mit dieser wirklich wichtigen Arbeit? Es wird einfach eine neue Kategorie erfunden, zum Beispiel Prio 1+ oder Prio 1*. Das bedeutet, diese Arbeit darf die anderen, bereits hochprioren Arbeiten überholen. Der Effekt hält aber nur kurz an: Vielleicht wird Prio 1+ schneller geliefert als alles andere in diesem System – aber das funktioniert wieder nur, solange keine weiteren Prio-1+-Arbeiten in das System gepusht werden.

In dieser Situation erkennen wir in vielen Organisationen die folgende Vorgehensweise: Sobald Prio 1 und Prio 1+ ausgereizt sind, werden sogenannte Taskforces gebildet. Ein Erlebnis sticht dabei hervor: In einer Runde mit dem Senior Management eines Unternehmens in Detroit haben wir das Flussexperiment durchgeführt – damals in Form von »Schiffe falten«. Diese Manager (tatsächlich lauter Männer) hatten die Verantwortung für rund 30.000 Mitarbeitende. Als wir beim Thema Prioritäten, Taskforces etc. angelangt waren, sagten sie: »Klaus, listen. Eine unserer Tätigkeiten in dieser Runde ist es, Taskforces zu priorisieren.« Da wurde wohl irgendeine Lernschleife nicht genommen.

Es kann nicht das Ziel sein, Chaos zu verursachen und das Chaos anschließend zu verwalten. Schön wäre es, das Chaos überhaupt zu vermeiden. Das funktioniert gut, wenn man beim Starten von Arbeit sehr diszipliniert vorgeht und es einen höheren Wert hat, Arbeiten abzuschließen, bevor neue gestartet werden.

Es geht nicht darum, ständig neue Prioritäten zu definieren, sondern die Anzahl der Arbeiten im System zu reduzieren und somit Fokus aufzubauen!

Fokus ist magisch

Wir haben jetzt gesehen, wie viel besser ein fokussiertes Pull-System im Vergleich zu einem unfokussierten Push-System arbeiten kann. Was war aber wirklich der Unterschied zwischen dem ersten und dem zweiten Durchgang? Haben wir eine Reorganisation durchgeführt? Gab es im zweiten Durchgang crossfunktionale Teams? Haben wir in der zweiten Runde nach dem Spotify-Modell gearbeitet? Haben wir SAFe®, Scrum oder Kanban eingeführt?

Nein!

Nichts von alledem haben wir gemacht. Wir haben nichts anderes gemacht, als Fokus aufzubauen. Deshalb steht »Fokus schaffen« an der zweiten Stelle der fünf Kernaktivitäten, die für den Betrieb eines Flight-Levels-Systems essenziell sind.

In unserem früheren Kanban-Leben haben wir oft genug gesehen, dass in Unternehmen zwar brav Boards für die Visualisierung aufgestellt wurden, aber damit war auch schon Schluss. Das Setzen von WIP-Limits war zu mühsam bzw. nicht unbedingt erwünscht, weil dadurch die Möglichkeit weggefallen wäre, die Arbeit für quengelnde Kundinnen nach oben zu priorisieren. Genauso haben wir viele Scrum-Teams erlebt, die mit Enthusiasmus alle Meetings, Rollen und Artefakte implementiert haben. Doch wenn wir nachfragten, ob die am Start eines Sprints begonnene Arbeit am Ende des Sprints auch abgeschlossen wurde, hieß es oft: »Nein, nein! Die Arbeit zieht sich natürlich über mehrere Sprints hinweg!« Thema verfehlt. Die wichtigsten Mechanismen dieser Arbeitsmethode wurden nicht verstanden.

Es ist also vollkommen egal, welches Framework in eine Organisation geschraubt wird: Wenn man es nicht schafft, in der Organisation den Fokus auf die wesentlichen Themen zu richten, wird man nicht den Return on Investment bekommen, den man sich von diesen Methoden verspricht. Unser Tipp: Wenn nicht gerade eine Pandemie persönliche Begegnungen verhindert, dann führt das Flussexperiment »Schiffe falten« durch! Wir haben es schon mit vielen Großgruppen durchgespielt, die bis zu 250 Personen umfassten. Für Topmanagerinnen ist es jedes Mal ein Aha-Erlebnis: Sie sehen plastisch vor sich, dass sie es tatsächlich in der Hand haben, das ständige Push-Verhalten in der Organisation abzustellen. Gleichzeitig ist das Flussexperiment ein ideales Instrument, mit dem gleich mehrere Personen auf einmal ein besseres Verständnis für Flight Levels entwickeln können. Es hilft dabei, Dynamik im Veränderungsprozess aufzubauen und das Management für das Thema zu gewinnen.

Das ist eine der Pointen von Flight Levels: Betrachtet es nicht als das nächste neue, hippe Framework. Benutzt es wie einen Röntgenapparat: Durchleuchtet eure Situation, macht sie sichtbar und schaut euch ehrlich an, wo ihr im Moment steht. Dann baut Fokus auf.[6]

3.4.3 Fokus im Allgemeinen

Wir haben uns zunächst im Detail angesehen, warum die beiden Durchgänge des Flussexperiments dermaßen unterschiedliche Ergebnisse hervorbringen. Welche Schlussfolgerung können wir aus diesen Betrachtungen ziehen?

Es läuft alles darauf hinaus, die Menge der Arbeit zu reduzieren, die sich zu jedem Zeitpunkt in einem Arbeitssystem befindet, denn wir wollen ja Fokus schaffen. Für die Visualisierung bedeutet das, dass es eine Trennung zwischen den Arbeiten geben sollte, an denen tatsächlich aktiv gearbeitet wird, und jenen, die zwar gestartet wurden, aber gerade liegen bleiben (inaktive Arbeit).

Im Wesentlichen gibt es dabei zwei Optionen:

1. Arbeit wird *im* System geparkt (siehe Abb. 3–29).
2. Arbeit wird *vor* dem System geparkt (siehe Abb. 3–30).

6. Wir danken Kulawat Wongsaroj und Kamon Treetampinij für dieses geniale Bild!

Die Frage ist: Macht es einen Unterschied, wo die inaktive Arbeit geparkt wird? In beiden Fällen hängt die Arbeit doch einfach irgendwo gut ab und die Kundin bekommt kein Ergebnis geliefert.

Gehen wir dieser Frage auf den Grund, indem wir wieder ein Gedankenexperiment durchführen.

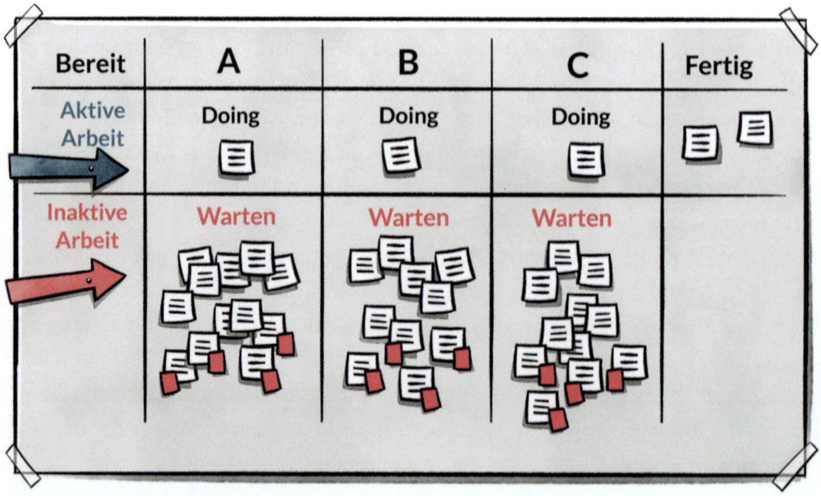

Abb. 3–29 Arbeit wird im System geparkt.

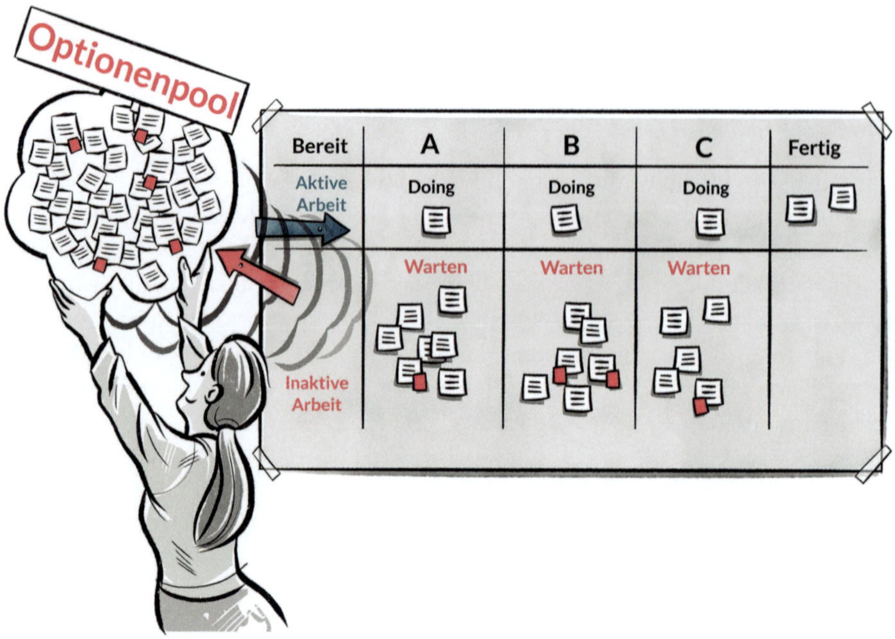

Abb. 3–30 Arbeit wird vor dem System geparkt.

Unterschied 1: Fokus verbessert die Vorhersagbarkeit

Gehen wir für unsere Überlegungen davon aus, dass eine einzelne Person alle Arbeiten erledigt und diese Person nie blockiert ist – nennen wir sie Susi. Die Arbeiten für Susi befinden sich in einem Optionenpool außerhalb des Boards, wo derzeit die Arbeiten A, B und C lagern. Jede dieser Arbeiten braucht fünf Wochen für die Umsetzung. Klug, wie sie nun einmal ist, beschließt Susi, ihren Fokus immer nur auf eine Arbeit zu legen, das heißt, sie muss sich entscheiden, mit welcher Arbeit sie beginnt.

Susi entscheidet sich für Arbeit A, fokussiert sich ganz darauf und schließt diese Arbeit nach fünf Wochen ab. Sie macht mit Arbeit B weiter – nach 10 Wochen ist auch diese Arbeit fertig. Schließlich beginnt Susi mit Arbeit C und kann diese am Ende von Woche 15 liefern.

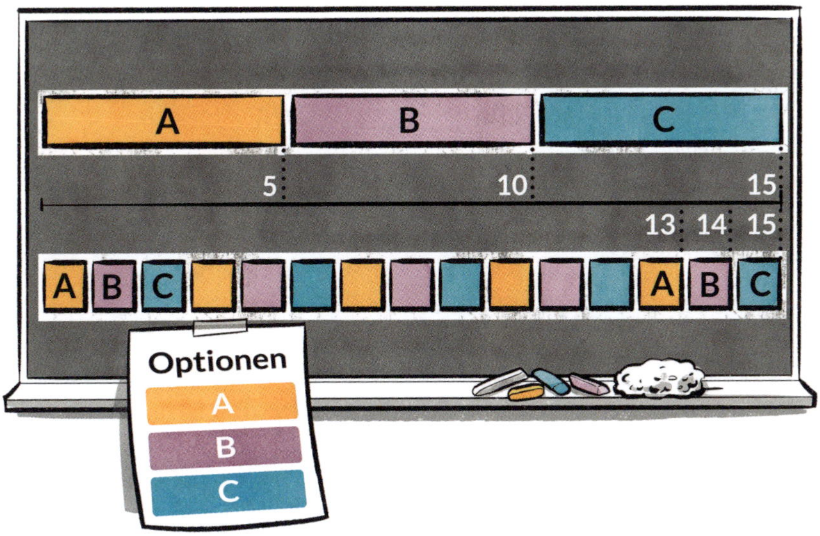

Abb. 3–31 *Fokussierte vs. parallele Arbeit*

Nun ist Susi aber doch neugierig und möchte wissen, ob sie nicht schneller mit allen Arbeiten fertig wäre, wenn sie alle drei gleichzeitig startet. Genau das tut Susi, als wieder drei Arbeiten A, B und C im Optionenpool landen: Immer wieder arbeitet sie abwechselnd (also im Taskswitching-Modus) eine Woche an Arbeit A, dann eine Woche an Arbeit B, dann eine Woche an Arbeit C. Das Ergebnis: Arbeit A wird nach 13 Wochen fertig, Arbeit B nach 14 Wochen und Arbeit C nach 15 Wochen – und das ist nur die halbe Wahrheit. Susi hat die unangenehme Erfahrung gemacht, dass sie sich immer wieder aufs Neue in die Arbeit hineindenken muss, die sie gerade erledigen will, und dass es deshalb eine Weile braucht, bis sie wieder volle Fahrt aufnehmen kann.

Vergleichen wir die Ergebnisse von fokussierter und paralleler Arbeit direkt:

- Arbeit A: 5 vs. 13 Wochen
- Arbeit B: 10 vs. 14 Wochen
- Arbeit C: 15 vs. 15 Wochen

Nun denkt sich manche Leserin (oder die Chefin mancher Leserin) vielleicht heimlich: »Aber sollte nicht **alles** viel schneller fertig werden, wenn die Menge der Arbeit in einem System begrenzt wird?« Nein, solange sich Menschen nicht drei zusätzliche Arme und Köpfe wachsen lassen können, wird das nie der Fall sein. Das Ziel ist nicht, dass Arbeit schneller erledigt werden kann, sondern dass ein **stabiles und damit vorhersagbares System** entsteht.

Auch in einem fokussierten, stabilen System bekommt die eine Kundin ihre Lieferung früher und die andere Kundin erhält sie später. Aber: Susi kann in einem fokussierten, stabilen System den Kundinnen der Arbeit A, B und C eine recht genaue Auskunft darüber geben, **wann** sie ihre Lieferungen bekommen werden. In einem unfokussierten System, in dem alles gleichzeitig gestartet und im Taskswitching bearbeitet wird, sind Vorhersagen nur schwer möglich.

Unterschied 2: Fokus reduziert die Cost of Delay

Folgende Annahme: Dank einer magischen Schätzung wurde am Beginn des Jahres festgestellt, dass wir im Laufe des Jahres vier Projekte schaffen können. Wenn wir alle vier Projekte im Januar starten, dann sind im Dezember wahrscheinlich alle abgeschlossen – juhu!

Jetzt kommt aber jemand mit der revolutionären Idee daher, es einmal anders zu probieren und im Januar nur die Projekte 1 und 2 zu starten. Wir fokussieren uns ausschließlich auf die Arbeit an diesen beiden Projekten, und das Unglaubliche passiert: Bereits im Juni können 1 und 2 abgeschlossen werden. Sofort machen wir mit den Projekten 3 und 4 weiter, die im Dezember über die Ziellinie gehen.

Was ist die Konsequenz? Denn egal, ob wir alle vier Projekte gleichzeitig oder nacheinander starten: Immer sind am Ende vier Projekte fertig. So what?

Doch wenn wir das Ganze von der wirtschaftlichen Seite betrachten, gibt es einen erheblichen Unterschied: Wenn alle Projekte gleichzeitig gestartet werden, verdient unser Unternehmen erst im Dezember Geld. Starten wir die Projekte hingegen gestaffelt, klingelt es schon im Juni zum ersten Mal in der Kasse und im Dezember noch einmal. Zwischen Juni und Dezember können wir mit den bereits fertigen Projekten 1 und 2 also zusätzlich Geld verdienen. Ob es sich dabei um frühere Einkünfte oder um zusätzliche Einkünfte handelt, hängt natürlich davon ab, in welchem Business sich ein Unternehmen bewegt.

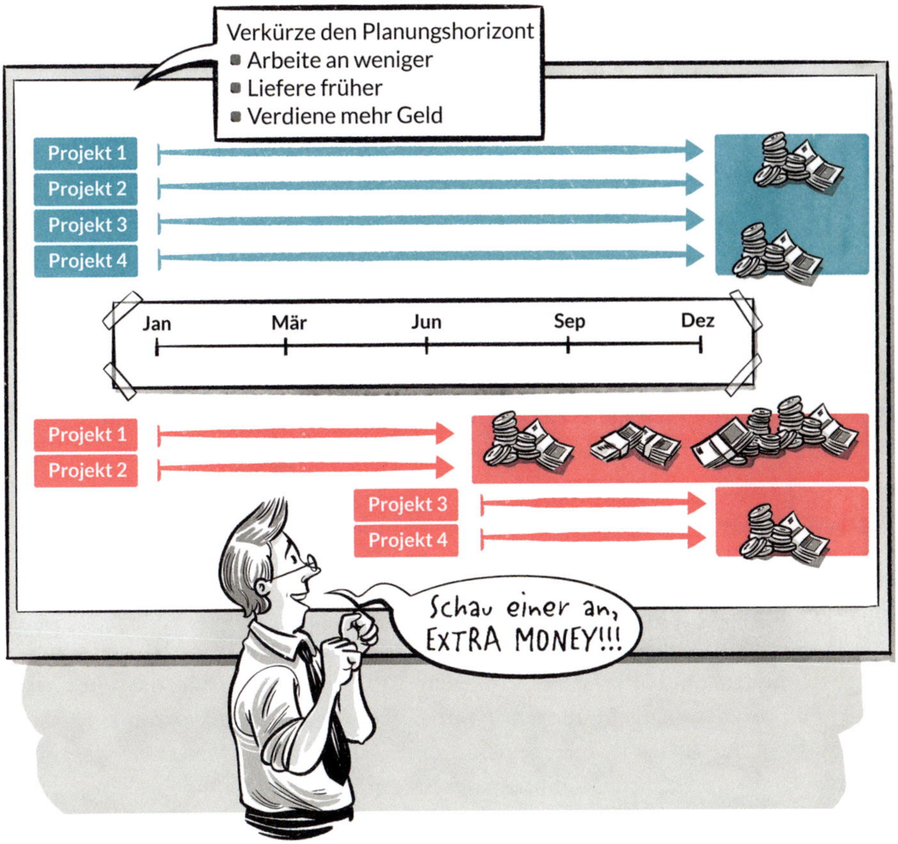

Abb. 3–32 *Mehr Geld verdienen durch Fokus.*

Cost of Delay (Verzögerungskosten)

Spätere Lieferungen sind nicht gratis. Wirtschaftlich betrachtet entgehen einem Unternehmen Einkünfte, da durch früher fertiggestellte Arbeit bereits Gewinn erzielt werden könnte. Diese entgangenen Einkünfte werden als »Cost of Delay« bezeichnet. Das Konzept der Verzögerungskosten bezieht sich in erster Linie auf Produkte und Services, die am Markt in variablen Mengen verkauft werden können.

Abbildung 3–32 hat in Workshops vor allem auf CFOs und CEOs eine beinahe erotische Wirkung, weil dadurch das Thema Agilität aus der esoterischen Ecke geholt wird. In den Ohren des Managements klingen moderne Arbeitsmethoden oft nach einem Wohlfühlprogramm für die Mitarbeitenden. Die Ideen hinter diesen Methoden sind zwar wichtig und tragen dazu bei, dass eine bessere, innovativere Leistung erbracht werden kann und ein Unternehmen auf Dauer gesund bleibt. Die Realität ist aber, dass sich das Management nicht von wirtschaftlichen Aspekten lossagen kann, wenn es eine Entscheidung für oder gegen bestimmte Arbeitsmethoden treffen soll. Schließlich muss sich ein Unternehmen immer noch am Markt bewähren. Wenn die Belegschaft superhappy, aber das Unternehmen bankrott ist, ist das nicht so ideal. Sobald sich bei einem Workshop ein CFO und CEO im Raum befinden, zeigen wir daher dieses Bild: Wirtschaftlichkeit und Arbeitsweisen, mit denen die Beschäftigten ein gesundes Pensum bewältigen können, sind miteinander vereinbar!

In der Kommunikation mit dem Management reden wir übrigens immer davon »Fokus aufzubauen«. Wir vermeiden bewusst das Wort »Limit«, wie zum Beispiel »WIP-Limit«. Limits werden nämlich interpretiert als: »Wir lehnen die Projekte 3 und 4 ab – so verschrecken wir doch die Kundschaft!« Mit einem (WIP-)Limit zu arbeiten, bedeutet nicht, die Projekte 3 und 4 nie durchzuführen. Es bedeutet lediglich, dass später damit gestartet wird. Wie gesagt, in beiden Szenarien werden am Ende des Jahres vier Projekte abgeschlossen. Nur ist bei einem ständigen Wechsel zwischen den Projekten die Wahrscheinlichkeit höher, dass es im Laufe des Jahres Probleme bzw. Verzögerungen geben wird.

Warum Effizienzprogramme meistens keinen Sinn ergeben

Wenn wir von aktiver und inaktiver Arbeit sprechen, müssen wir auch von der sogenannten »Flusseffizienz« sprechen. Die Flusseffizienz bezeichnet jenen Anteil an der gesamten Durchlaufzeit einer Arbeitseinheit, bei dem aktiv gearbeitet wird.

In den seltensten Fällen sieht es in einem Arbeitssystem so aus, dass die aktive Arbeit 50 Prozent ausmacht und die inaktive Arbeit ebenfalls 50 Prozent. Tatsächlich hat die aktive Arbeit lediglich einen Anteil von 2 bis 5 Prozent an der gesamten Durchlaufzeit – die restliche Zeit hängt die Arbeit am Board ab und reift vor sich hin wie Speck in einer Räucherkammer. Viele Effizienzprogramme, die nach eindringlichen Appellen diverser Beratungshäuser in Unternehmen gestartet werden, zielen aber nur darauf ab, die aktive Arbeit noch effizienter zu organisieren. Wie schlau ist das?

Wenn nur 2 bis 5 Prozent der Zeit mit aktiver Arbeit verbracht werden: Wie sinnvoll ist es, den Teams »Arbeitet schneller!« zuzurufen? Das Konzept von Hochleistungsteams haben wir noch nie verstanden: Wenn die Flusseffizienz, also der Anteil der aktiven Arbeit an der Durchlaufzeit, 5 Prozent beträgt und alle Teams um 100 Prozent schneller arbeiten, ergibt das ein theoretisches Verbesserungspotenzial von 2,5 Prozent. Das sind schon eher homöopathische Dosen.

Um es plakativ darzustellen, verwenden wir in unseren Workshops gerne das Bild in Abbildung 3–33: Man muss nicht Flusswissenschaften studiert haben, um es interpretieren zu können. Durch einen Stau wie diesen wird wahrscheinlich niemand mit 200 km/h durchbrausen können. Hier kann nur gähnend langsam gefahren werden, denn Schnelligkeit ist in einem verstopften System zwar gut, aber gerade aus (österreichisch für: die Vorräte sind erschöpft). Wer diesen Autobahnknoten nutzen muss, sollte besser keine Dates vereinbaren, denn niemand kann sagen, wann sich der Knoten am Knoten löst. Termintreue ist also auch gut, aber ebenfalls aus.

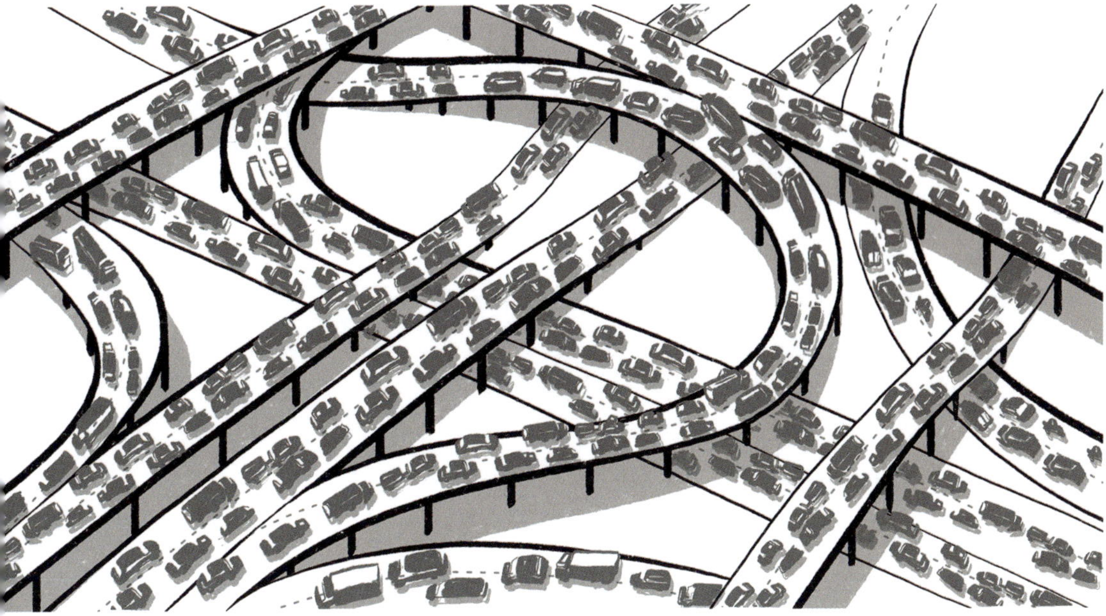

Abb. 3–33 *Hohe Ressourcenauslastung – wer kommt am schnellsten durch den Stau?*

Schlaue Managerinnen könnten jetzt sagen: »Schau doch genau hin! Auf dieser Autobahn liegt die Ressourcenauslastung noch lange nicht bei 100 Prozent. Es gibt noch freie Asphaltfläche – eine vollkommene Verschwendung der Ressource Asphalt, da passen noch ein paar Autos rauf!«

Nehmen wir an, dass die einzelnen Straßen Boards sind. Natürlich sind wir eine agile Organisation, daher gibt es ein Kanban-Board, ein Scrum-Board, ein Flight-Level-Board, hinten fährt irgendwo der SAFe®-Zug vorbei. Analog zum Autobahnknoten lautet die Logik nun meistens: »Wir laden die Boards mit Arbeit voll! Da wir jetzt agil sind, geht alles viel schneller und wir können noch mehr Projekte starten!«

Wahrscheinlich ist inzwischen klar geworden, dass diese Logik etwas Geisterfahrerhaftes hat. Boards werden nicht gebaut, damit dort mehr Arbeit platziert werden kann. Wenn wirklich eine signifikante Verbesserung der Lieferfähigkeit erreicht werden soll, muss Arbeit von den Boards genommen werden. Auch am Autobahnknoten kann sich der Verkehr erst wieder schneller bewegen, wenn sich genügend Fahrzeuge entfernt haben. Das ist auch der Grund, warum bei einem Formel-1-Rennen nicht 4000 Autos an den Start gehen.

Work smarter, not harder!

Deshalb hat schon William Edwards Deming gesagt: »Work smarter, not harder!« Es geht nicht darum, Hochleistungsteams aufzubauen, die das Keyboard so schnell bearbeiten können, dass Rauch aufsteigt. Arbeitssysteme sollten so gestaltet werden, dass Arbeit besser, schneller und termintreuer fertig wird. Das hängt in keiner Weise damit zusammen, wie schnell die Mitarbeitenden in diesem System arbeiten.

Little's Law

Wer sich von Bildern nicht beeindrucken lässt, kann auch noch einen mathematischen Beweis haben. Mathematische Beweise sind so schön, weil man nichts dagegen tun kann. Es ist wie mit der Schwerkraft: Man entgeht ihr nicht. Little's Law ist ein Beweis dafür, dass weniger Arbeit im System dazu führt, dass sich die Durchlaufzeit der Arbeit verkürzt (vgl. [Little & Graves 2008]). John D. C. Little hat folgende Formel aufgestellt:

Durchlaufzeit = Anzahl der Arbeiten in einem System (WIP)/Durchsatz

- **Durchlaufzeit**
  Jene Zeit, die eine Arbeit im System verbringt.
- **Durchsatz**
  Das ist die Zahl der abgeschlossenen Arbeiten in einem bestimmten Zeitraum.

Machen wir einen kurzen Ausflug in die Grundschule: Um die Durchlaufzeit zu verringern, können wir entweder den Zähler (WIP) kleiner oder den Nenner (Durchsatz) größer machen.

Wir erhöhen den Durchsatz: Der Durchsatz lässt sich gut erhöhen, indem mehr Kapazitäten aufgebaut werden. Wenn mehr Leute an der gleichen Menge Arbeit arbeiten, wird die Arbeit schneller fertig. Das ist aber nur in einem gewissen Rahmen möglich: Wenn 1000 Personen an einer Aufgabe arbeiten, wird diese Aufgabe nicht 1000-mal schneller fertig.

Gleichzeitig ist der Aufbau von Kapazitäten ein Investment, denn die zusätzlichen Mitarbeitenden möchten am Monatsende Geld auf ihrem Konto sehen. Außerdem kommen Kapazitäten nicht aus einem Zapfhahn, den man nach Bedarf auf- oder zudreht. Wenn diese Personen eingestellt wurden und im Unternehmen tätig sind, beanspruchen sie einen Teil der Bürofläche und brauchen vielleicht auch das eine oder andere Arbeitsmaterial.

Wir starten mit weniger Arbeit: Diese Variante ist nichts anderes als eine reine Verhaltensänderung – und die ist gratis! Überraschenderweise fällt es Unternehmen dennoch einfacher, hohe Investitionen zu tätigen und ständig Kapazitäten aufzubauen. Weniger Projekte oder Initiativen zu starten, fällt ihnen hingegen schwer. Wir haben auch eine Idee, warum das so ist: Die Personalabteilung weiß, wie es geht, mehr Leute einzustellen. Dafür gibt es etablierte Prozesse und das Geld ist meistens auch vorhanden. Weniger Projekte zu starten, ist hingegen Teufelswerk.

Eine Anmerkung für die an weiterführenden Informationen interessierte Leserin: Little's Law ist wichtig für die Systemstabilität. Es ist keine gute Idee, in einem instabilen System zusätzliche Kapazitäten aufzubauen. Zusätzliches Personal bedeutet, dass meistens überproportional mehr Arbeit gestartet wird, und dadurch entsteht noch mehr Overhead. Das heißt, der WIP bläst sich genauso überproportional auf und die Durchlaufzeit wird noch länger.

3.4.4 Wie Fokus aufgebaut werden kann

Nun haben wir also ein und für allemal festgestellt: Fokus ist wichtig, Fokus ist gut. Aber wie kann Fokus nun praktisch aufgebaut werden?

Dafür gibt es verschiedene Vorgehensweisen, manche davon sind sehr offensichtlich, andere eher nicht. Die folgenden Ansätze sind nur vier von wahrscheinlich vielen, aber sie gehören zu den wichtigsten und sind natürlich miteinander kombinierbar:

- **WIP-Limits**
  Begrenzung der Arbeitsmenge im System
- **Timeboxes**
  Abschließen von Arbeit in einem zeitlichen Rahmen
- **Sequencing Work**
  Reihung von Arbeiten
- **Start Policies**
  Startregeln

Mit allen vier Vorgehensweisen will man das Gleiche erreichen. Es geht nicht darum, ausschließlich das WIP zu limitieren – das ist nur ein Weg, um Fokus zu schaffen. Die Kapazität und Energie der Organisation sollen auf wichtige Themen gelenkt werden, indem die Arbeitsweise so ausgerichtet wird, dass das Abschließen von Arbeiten wertvoller ist als das Starten. Arbeiten kostet Geld. Arbeit abschließen bringt Geld.

WIP-Limits

Die folgenden drei Arten von WIP-Limits können selbstverständlich miteinander kombiniert werden.

- Die einfachste Art, die Anzahl der Arbeiten im System zu beschränken, ist der **Constant WIP** (Con-WIP). Egal, wo sich die Arbeit gerade befindet und wie sie sich verteilt: Für das gesamte Board gilt ein einziges WIP-Limit. Sinnvoll ist der Con-WIP, wenn man gerade erst mit WIP-Limits zu arbeiten beginnt. Er ist einfach umzusetzen und erspart das Kopfzerbrechen über den richtigen WIP für die einzelnen Schritte am Board. Nicht geeignet ist der Con-WIP, wenn es am Board sehr viele Wartebereiche gibt. Hier bietet es sich an, zwei Con-WIPs zu vergeben: einmal für die aktive Arbeit und einmal für die inaktive Arbeit, die sich zum Beispiel in Puffern (Wartebereiche am Board) befindet.
- Mit **Spaltenlimits** wird die Menge der Arbeit in einem Arbeitsschritt (= Spalte am Board) eingeschränkt. Das ist sinnvoll, wenn es zwischen den Spalten zum Beispiel Übergaben gibt: Team A arbeitet, schließt seine Arbeit ab – Team B übernimmt. Wenn ein Team eine Arbeit über mehrere Spalten hinweg ausführt, kann man diese auch zusammenfassen und limitieren. Falls ein Team von vorne bis

hinten die gesamte Arbeit macht, sind Spaltenlimits meistens nicht zielführend, weil dieses Team sein eigener Engpass sein könnte.

- **Zeilenlimits** werden häufig für Kapazitätsfragen genutzt: Wenn zum Beispiel die Arbeit an den Produkten A, B und C jeweils in Swimlanes abgebildet wird und A das höchste WIP-Limit hat, geht die Arbeit an Produkt A am schnellsten voran. Mit Zeilenlimits kann die Kapazität neu und besser verteilt werden, damit auch die Projekte B und C zum Zug kommen.

Immer wieder taucht die Frage auf: Was ist das optimale WIP-Limit? Der Wunsch nach einer Pauschalaussage ist verständlich, aber es gibt sie nicht. Außerdem ist die Suche nach dem Optimum ein Luxusproblem, mit dem sich nur Organisationen beschäftigen sollten, die bereits eine gewisse Reife im Umgang mit WIP-Limits entwickelt haben. Wenn es genug Zeit für WIP-Feintuning gibt, dann bitte.

Das größte Problem, das wir in der Realität antreffen, sind nicht irgendwelche »falsch« gesetzten WIP-Limits. Das größte Problem ist, dass sich einfach viel zu viel Arbeit im System befindet. Wenn ihr in eurer Organisation gerade mit Flight Levels startet, empfehlen wir euch daher einen pragmatischen Ansatz für das Setzen der ersten WIP-Limits:

1. Die Voraussetzung ist, dass die gesamte Arbeit, die derzeit erledigt werden muss, am Board sichtbar gemacht wird.
2. Anschließend wird die Arbeit gezählt: Wie viele Arbeiten befinden sich in den aktiven Spalten und in jenen, in denen auf etwas oder jemanden gewartet wird? Diese inaktiven Bereiche tragen meistens Bezeichnungen wie »Warten auf«, »Bereit für«, »Backlog« oder »Ready«.
3. Nun überlegt ihr, welcher der folgenden drei Fälle auf euer System zutrifft:
   a) **Ihr seid mit euren Lieferungen zufrieden** und auch die Kundinnen geben euch positives Feedback. Wenn das der Fall ist, habt ihr den optimalen WIP bereits gefunden. Die Anzahl der aktiven Arbeiten ist euer WIP.
   b) **Termine werden selten gehalten,** die Arbeit wird nicht sehr schnell fertig, es gibt Beschwerden seitens der Kundinnen. Das klingt ganz danach, dass ihr den WIP reduzieren solltet. Wie stark ihr ihn reduziert, hängt von eurem Mut ab und von der Frage, wie schnell sich eine Verbesserung zeigen soll. Wichtig ist dabei, zwischen den wartenden und den aktiven Arbeiten zu unterscheiden. Es kann nämlich vorkommen, dass die Anzahl von Arbeiten, die sich in den aktiven Spalten befindet, zwar in Ordnung ist, aber gleichzeitig die Wartebereiche überquellen. Bei den wartenden Arbeiten sollte überprüft werden, was der Grund dafür ist: Warten die Arbeiten, weil ihr eine Regelung bewusst so gesetzt habt, oder werden die Wartezeiten durch Störungen im Ablauf verursacht, die durch Verbesserungen beseitigt werden könnten? Was könnt ihr beeinflussen? Werden Wartezeiten vielleicht bewusst in Kauf

genommen, weil die Mitarbeitenden dann endlich an den vielen anderen Aufgaben arbeiten können, bei denen auch nichts weitergeht? Basierend auf diesen Überlegungen sollte definiert werden, wann auf externe Blockaden reagiert wird, wie viel WIP-Age in Kauf genommen wird etc. Dementsprechend wird der WIP reduziert.

c) **Arbeit wird sehr schnell fertig** und die Kundinnen sind mit den Ergebnissen sehr zufrieden. Das könnte ein Indikator dafür sein, dass mehr Arbeit gestartet werden kann. Zugegebenermaßen kommt diese Variante in der Praxis sehr selten vor.

Übrigens: Es sagt niemand, dass 1 das optimale WIP-Limit ist. Aber 100 ist besser als 1000 und 10 ist in den meisten Fällen besser als 100. Nachdenken ist für den eigenen Kontext ausdrücklich erlaubt!

Timeboxes

Die informierte Leserin kennt sicher Scrum und das Konzept der Sprints. Auch das Setzen von Timeboxes beruht auf der Idee, Fokus zu schaffen und Arbeiten abzuschließen. In einem Sprint werden nämlich nicht unendlich viele Arbeiten zugelassen, sondern nur eine begrenzte Anzahl, mit der es möglich ist, das Ziel eines Sprints zu erreichen. Aus einem Pool von Optionen – Arbeiten, die gestartet werden könnten – werden jene ausgewählt, die innerhalb der Sprint-Dauer von zum Beispiel zwei Wochen abgeschlossen werden können. Das ist der wichtige Punkt: Das Ziel ist nicht, an diesen Arbeiten in den kommenden zwei Wochen fröhlich herumzuwerkeln, sondern diese Arbeiten tatsächlich **abzuschließen.** Denn wie ausreichend bekannt ist, sollte am Ende eines Sprints immer ein funktionsfähiges Produktinkrement geliefert werden. Nach zwei Wochen stellt sich das Team dann erneut die Frage: Was wollen wir in den kommenden zwei Wochen abschließen? Die Tatsache, dass Timeboxes dafür da sind, um Arbeit abzuschließen, wird meistens nicht verstanden. Entsprechend wird in den Sprint Plannings die Arbeit auf Basis einer falschen Fragestellung priorisiert, nämlich: »Woran wollen wir in den kommenden zwei Wochen arbeiten?«

In der Flight-Levels-Welt sind Timeboxes relevant, wenn es auf Flight Level 1 Scrum-Teams gibt. Häufig sieht man sie aber auch auf Flight Level 3 (siehe Kap. 4); dort natürlich nicht in einer Granularität von zwei Wochen, sondern eher in Größenordnungen von ein bis vier Monaten. Auf Flight Level 2 werden Timeboxes vorwiegend dann eingesetzt, wenn sie auch auf Flight Level 3 verwendet werden, weil sie mit dem Flight Item Type »mitvererbt« werden. Meistens werden die Timeboxes auf Flight Level 2 dann aber zusätzlich mit anderen Methoden kombiniert, um einen passenden Fokus zu schaffen.

Sequencing Work – Reihung von Arbeiten

Fokus entsteht natürlich, wenn Arbeiten in eine bestimmte Reihenfolge gebracht werden und diese Reihenfolge auch eingehalten wird. Prioritäten werden nicht nur, aber hauptsächlich für große, strategisch relevante Themen gesetzt. Das Flussexperiment hat uns gezeigt, dass so eine Priorisierung ihre Tücken haben kann, und das ist immer genau dann der Fall, wenn die Priorisierung nicht durch klare Regeln gestützt wird. Eine simple Regel lautet: Die höhere Priorität wird nie von einer Arbeit mit niedrigerer Priorität unterbrochen.

Ein Beispiel: Ein Team arbeitet an Priorität 2. Nun braucht das Team, das an Prio 4 arbeitet, etwas von diesem Prio-2-Team. Im Idealfall fragt das Prio-4-Team beim anderen Team nicht einmal an, sondern versucht selbst, es zu beschaffen. Gemäß der Regel wird das Prio-2-Team den Wunsch des Prio-4-Teams nämlich nicht bearbeiten. Umgekehrt könnte ein Team gerade an Prio 3 arbeiten, und plötzlich braucht das Prio-1-Team Unterstützung. In dieser Variante lässt das Prio-3-Team alles stehen und liegen und liefert, was das Prio-1-Team braucht. Das heißt, der Fokus wird auf das gelegt, was für das Business relevant ist. Es wird sichergestellt, dass Prio 1 auf jeden Fall Unterstützung bekommt, wenn es notwendig ist. Auch diese Art, Fokus zu schaffen, kann wieder mit anderen Methoden kombiniert werden. Es ist zwar eine harte, aber sehr effektive Vorgehensweise.

Schwierig wird es, wenn Boni im Spiel sind. Wenn zum Beispiel Initiativen priorisiert werden, hat die Leiterin von Projekt 3 wahrscheinlich keine Lust, nur die dritte Geige zu spielen. Sehr wahrscheinlich wird sie Projekt 1 keine Unterstützung zusagen, weil sie sonst ihr eigenes Ziel nicht erreichen kann. Wie hoch wird die Motivation sein, Projekt 1 zu unterstützen, wenn sie den Bonus für ein erfolgreiches Projekt 3 bekommt? Ganz im Gegenteil: Sobald es in ihrem eigenen Projekt Schwierigkeiten gibt, wird sie alles daransetzen, von überall Unterstützung zu bekommen – auch aus Projekt 1.

> An diesem Beispiel wird wieder sichtbar, dass nicht Priorisierungen an sich problematisch sind. Die Gestaltung des Arbeitsumfeldes, in das Priorisierungen eingebettet sind, kann den Umgang damit zur Hölle machen. Bonifikationssysteme verhindern geradezu, dass ein Fokus auf übergreifende Themen entstehen kann. Die Antwort darauf sollte nicht lauten: »Na gut, wir wollen unsere Boni behalten, also nehmen wir einfach eine andere Methode!« Eine neue Methode wird nichts daran ändern, dass die Unternehmensprioritäten so nicht eingehalten werden können.

Besser ist es, wenn die Diskussion entsteht, ob Boni überhaupt noch zeitgemäß sind und in irgendeiner Form dabei helfen, die gesteckten Ziele zu erreichen.

Start Policies – Startregeln

In einer Organisation im Handel arbeiten rund 370 Personen in einem Arbeitssystem zusammen, aufgeteilt in mehrere Scrum-Teams. Diese Teams koordinieren sich mithilfe eines Flight-Level-2-Systems. In einem Strategy Planning definieren die Produktverantwortlichen jene Themen, die in den kommenden drei Monaten abgeschlossen werden sollten, und diese Themen werden gemeinsam priorisiert. Im nächsten Schritt treffen sich die technischen Verantwortlichen in einem Delivery Planning, an dem auch Vertreterinnen aus allen Teams teilnehmen. Gemeinsam wird überlegt, ob die gewünschten Themen technisch innerhalb von drei Monaten umgesetzt werden können oder ob es zu viel ist. Darüber hinaus wird im Delivery Planning besprochen, welche Teams gebraucht werden, um das Gewünschte liefern zu können. Das Ergebnis wird auf den einzelnen Tickets in Form von Avataren festgehalten: Jedem Team wird also ein Symbol zugeordnet, das dessen Zuständigkeiten anzeigt. Zum Beispiel: Team A und Team B müssen gemeinsam an Arbeit 1 arbeiten. Für Arbeit 2 müssen sich die Teams B, C und E zusammenfinden usw.

Nun gibt es folgende Regel: Never start alone! Angenommen, Team A hat gerade eine Arbeit abgeschlossen und könnte theoretisch eine neue Arbeit aus dem Themenpool ziehen. Das wird Team A nicht tun, sofern für diese Arbeit auch Team B notwendig ist. Die Regel lautet also: Sobald mehr als ein Team nötig ist, um eine Arbeit umzusetzen, muss jedes dieser Teams bereit sein – die Arbeit kann nur gemeinsam gestartet werden.

Diese Regel wurde in dieser Organisation bewusst gesetzt, denn früher passierte immer Folgendes: Sobald zum Beispiel Team A seine Arbeit abgeschlossen hatte, holte es die nächste Arbeit aus dem Themenpool und legte einfach los, obwohl es Abhängigkeiten zu Team B gab. Das war gut gemeint und daher meistens von der Aussage begleitet: »Wir können mit unserem Teil ja schon einmal anfangen!« Wenig überraschend machten sich die Abhängigkeiten dann doch irgendwann bemerkbar und die Arbeit geriet ins Stocken. Was hat Team A in dieser Situation gemacht? Es zog die nächste Arbeit aus dem Themenpool, für die eigentlich auch die Teams C und D gebraucht wurden – aber egal: »Wir können unseren Teil ja schon mal anfangen.« Zumindest, bis wieder die Abhängigkeiten zutage traten usw.

Natürlich war Team A nicht das einzige Team, das sich so verhielt. Alle gingen so vor, und was war die Konsequenz? Es wurde eine Menge Arbeit gestartet und unfertig im System liegen gelassen. Wenig überraschend wurde sehr wenig Arbeit fertig. Irgendwann ging es nur noch darum, dieses Chaos zu managen, statt Arbeiten abzuschließen.

Mit der Regel, dass alle beteiligten Teams eine Arbeit gemeinsam starten müssen, hat diese Organisation das Problem behoben. Plötzlich wird nicht nur Arbeit abgeschlossen, es verändert sich auch in der Unternehmenskultur etwas: Heute hat es einen hohen Wert, sich gegenseitig zu helfen. Team A fragt Team B, ob es unterstützen kann, wenn Team B noch nicht startbereit für die nächste Arbeit ist. Fairerweise müssen wir sagen: Nichts wird so heiß gegessen, wie es gekocht wird. Ein startklares Team fragt bei Abhängigkeiten auf jeden Fall nach, bevor es loslegt. Falls die anderen nur geringfügig hinterherhinken, geben sie durchaus ihr Go. Der wesentliche Unterschied zu früher ist: Arbeit wird nicht mehr gestartet, weil alle immer etwas zu tun haben sollten. Der Dialog und das Liefern haben heute den höheren Stellenwert.

3.4.5 Worauf wird eigentlich der Fokus gelegt?

Fokus ist ja schön und gut, aber worauf soll man sich überhaupt fokussieren? Immer auf das Gleiche? Immer auf etwas anderes? Scrum-Gurus verteidigen die Sprints, Kanban-Anhängerinnen pochen auf ihre WIP-Limits – aber was wird eigentlich limitiert und in Sprints gepackt?

Bevor ein Flight-Level-2-System aufgebaut und gestartet wird, stellen sich die Beteiligten idealerweise die Frage: »Was wollen wir damit erreichen?« Wenn das Liefern von Epics verbessert werden soll, dann sollte der Fokus auf diesem Flight Item Type liegen. Sollte es noch kein klares Ziel geben, hilft meistens die Frage: »Womit generieren wir den größten Wert für unsere Kundinnen?« Vielleicht stellt sich heraus, dass den Kundinnen die gelieferten Epics völlig egal und nur gelieferte Initiativen das Wahre sind. In diesem Fall wird der Fokus natürlich auf den Initiativen liegen, auch wenn die Epics nicht ganz aus dem Blick gelassen und zum Beispiel limitiert werden.

> Man muss die Menge jener Arbeiten im System begrenzen, bei denen man die Wirkung, den Nutzen und die Vorteile des Fokus sehen will.

Wann ist welche Art des Fokussetzens sinnvoll?

Statische **WIP-Limits**, so wie wir sie im Flussexperiment kennengelernt haben, sind bei reproduzierbaren Themen hilfreich, wenn es Übergaben zwischen Teams gibt und der Grad der Unsicherheit niedrig ist.

In Bereichen mit einem hohen Grad an Unsicherheit ist es meistens schwer, die Arbeit zu limitieren, zum Beispiel in der Produktentwicklung. **Timeboxes** sind hier die bessere Lösung als WIP-Limits: Man geht nach heutigem Stand des Irrtums davon aus, eine Frage innerhalb eines gewissen Zeitraums lösen zu können. Außerdem will man mehrere Bälle in der Luft haben. Die Natur des Explorierens besteht darin, dass sich erst im weiteren Verlauf zeigt, was tatsächlich getan werden muss. Dabei entsteht meistens neue Arbeit, an die man am Anfang gar nicht gedacht hat (und an die man auch nicht denken konnte). Meistens handelt es sich dabei um Arbeit, die nicht immer auf einen späteren Zeitpunkt verschoben werden kann, sondern sofort adressiert werden muss, damit das Explorieren weitergehen kann. Solche Situationen würden jedes WIP-Limit ständig sprengen.

Sequencing Work ist sinnvoll, wenn entweder Fokus auf die Prioritäten aufgebaut werden soll, wenn es (noch) keine Prioritäten gibt oder wenn ständig umpriorisiert wird. Wichtig ist dabei immer, dass die Prioritäten mit Regeln einhergehen müssen, die auch eingehalten werden. Diese Art des Fokussetzens ist für Flight Level 2 ideal, aber grundsätzlich ist es auf allen drei Flight Levels hilfreich.

Start Policies sind ein Klassiker für Flight Level 2, wo mehrere Teams in einem System mit Abhängigkeiten miteinander arbeiten. Hier sollten zusätzlich Timeboxes oder WIP-Limits eingesetzt werden, denn wenn es nur Start Policies gibt, kann sich immer noch sehr viel WIP im System aufbauen.

Eine gute Koordination zwischen mehreren Teams und ein klarer Fokus in der Arbeit sind natürlich zentrale Punkte der Business-Agilität, aber sie sind dennoch nur ein Ausschnitt des Ganzen. Für umfassende Business-Agilität können wir hier nicht stehen bleiben. Mit dem Flight-Levels-Modell wollen wir die Lücke zwischen Strategie und operativer Arbeit schließen. Daher sehen wir uns in Kapitel 4 an, wie wir auf der Ebene der Strategie mit der Flight-Levels-Denkweise arbeiten und wie wir die Verbindung zwischen Strategie und Umsetzung herstellen können.

Zusammenfassung

Auf Flight Level 2 wird der **Wertstrom** visualisiert, den ein Produkt oder eine Leistung vor seiner Lieferung an die Kundinnen durchläuft. Um als Ergebnis für die Kundin mit dem Produkt oder der Leistung einen Mehrwert zu stiften, müssen in der Regel mehrere Teams sowie interne und externe Spezialistinnen aus mehreren Disziplinen miteinander interagieren. Für die Visualisierung des Flight-Level-2-Boards empfehlen wir folgende Vorgehensweise:

- **Skizziere den Kontext.**
  - Finde heraus, welche Kategorien von Arbeit – welche Flight Item Types – es in eurem System gibt.
  - Identifiziere die Schritte – die Flight Routes –, durch die Arbeit fließt, bis sie einen Mehrwert für die Kundin stiftet.
- **Gestalte das Board.**
  - Modelliere die Flight Route. Als Hilfestellung gibt es dazu 14 häufig eingesetzte Board Patterns.
- **Überlege, wie Probleme behandelt werden sollen.**
  - Gibt es Blockaden, die immer wieder auftreten?
  - Wie wird mit dem Rückfluss von Arbeit in das System – zum Beispiel aufgrund von Fehlern – umgegangen?
- **Finde heraus, wie in deinem Flight-Level-2-System am besten Fokus aufgebaut werden kann.** Es gibt viele Arten, um die Kapazität und die Energie in einem Flight-Level-2-System auf wichtige Themen zu lenken. Die vier häufigsten Ansätze sind:
  - WIP-Limits – die Begrenzung der Arbeitsmenge im System
  - Timeboxes – das Abschließen von Arbeit in einem zeitlichen Rahmen
  - Die Reihung von Arbeiten (Sequencing Work)
  - Regeln, die besagen, wann mit neuer Arbeit gestartet werden kann (Start Policies bzw. Startregeln)

Um die fünf Kernaktivitäten des Systemdesigns in einem Flight-Level-2-System zu vervollständigen, werden auch noch Messungen und Gegenmessungen definiert und es wird der Betrieb des Systems gestaltet. Mehr dazu findest du in Kapitel 6.

4 Flight-Level-3-Design

Die Geschichte des Flight Level 3 ist eine Geschichte der Missverständnisse. Manche denken, auf Flight Level 3 säßen »die Chefinnen«, andere meinen, dass Flight Level 3 schlechter sei als Flight Level 1 (weil der 3. Platz schlechter als der 1. Platz ist), und schließlich gibt es noch die Gruppe jener, die denken, dass auf Flight Level 3 alle Flight-Level-2-Systeme koordiniert werden. Dieses Kapitel soll daher Licht ins Dunkel bringen: Wir werden zeigen, dass Flight Level 3 nichts mit Hierarchie zu tun hat. Hier geht es um die Ausrichtung der Organisation (oder von Teilen davon) für einen längeren Zeitraum. Dabei ist für uns vor allem die Frage interessant: Wie kann diese Ausrichtung für die Menschen in der operativen Umsetzung greifbar gemacht werden? Nämlich so, dass ein ständiger Rückkopplungsprozess entsteht und die Ausrichtung immer wieder angepasst werden kann, wenn der ursprüngliche Plan nicht aufgeht. Und wie lassen sich diverse Strategiewerkzeuge und das Flight-Levels-Modell auf einen Nenner bringen?

4.1 Aufgaben von Flight Level 3

Auf unserem schönen Flight-Levels-Poster in Abbildung 1–1 steht nachzulesen, dass es sich bei Flight Level 3 um die strategische Ebene handelt. Die Entwicklung von Strategien ist zunächst einmal hierarchieunabhängig: Zum Beispiel werden Strategien für Produkte entwickelt, und wie wir wissen, bewegen wir uns bei Produkten hauptsächlich auf Flight Level 2. Genauso können einzelne Teams Strategien für sich entwickeln, deshalb kann auch ein Flight Level 1 Anteile von Flight Level 3 haben. Hier geraten wir also in Widerspruch mit der (falschen) Annahme, dass es sich bei Flight Level 3 um das Topmanagement handelt. Flight Levels beschreiben keine Hierarchien, sondern Aktivitäten, die für das kundenorientierte Funktionieren einer Organisation notwendig sind.

Worum geht es auf Flight Level 3?

Flight Level 3 befasst sich mit der Frage, wie bestehende Strategien so heruntergebrochen, kommuniziert und gegebenenfalls angepasst werden können, dass sie operativ in definierten Zeiträumen umsetzbar sind. Für die ausführenden Personen soll dabei klar werden, aus welchen Gründen die gewählte Strategie relevant und sinnvoll ist und wie die operative Arbeit zum Gelingen beiträgt.

Wir werden in diesem Kapitel nicht darüber reden, wie man eine ordentliche Strategie entwickelt, dazu gibt es mehr als genug Literatur. Uns geht es hier darum, wie die Strategie implementiert werden kann – nämlich so, dass die Mitarbeitenden im operativen Betrieb den Sinn dahinter erkennen können. Denn im echten Leben scheitert es meistens nicht daran, dass es keine geistreichen und durchdachten Strategien gibt – ganz Silicon Valley ist voll mit genialen Ideen. Das Thema Strategie hat aber ein bisschen etwas von Teenagersex: Alle sprechen darüber. Alle denken, dass es die anderen tun. Niemand weiß, wie es richtig geht, und eigentlich tut es niemand. Unternehmen scheitern einfach daran, die vielen coolen Ideen in die Praxis umzusetzen.

Die Diskrepanz zwischen Strategie und Umsetzung

Strategie wird in vielen Unternehmen folgendermaßen gehandhabt:

- Es gibt eine **Vision mit unbeschränkter Laufzeit**, die beschreibt, was die Menschen in der Organisation antreibt, welche Probleme die Organisation warum lösen möchte und welchen Nutzen sie für ihre Kundschaft damit generieren will.
- Auf Grundlage der Vision wird die **Strategie** formuliert, häufig **für einen Zeitraum von drei bis fünf Jahren**. Die Strategie beschreibt, wie das Unternehmen der Erfüllung seiner Vision ein Stück näherkommen kann. Zu diesem Thema hinterlassen Beraterinnen zum Glück jede Menge umfangreicher Foliensätze, die schnell in diversen Schubladen verschwinden.
- In agilen Organisationen arbeiten Teams dann in **Iterationen von einer bis zwei Wochen** fleißig an User Stories und Aufgaben, ohne zu wissen, welche Verbindung diese zur Strategie haben und ob sie überhaupt eine haben. Es muss einfach Arbeit erledigt werden. Die Ausführenden stellen häufig keine Verbindung mehr zwischen dem her, was sie selbst machen, und dem, was auf den Folien steht, die ohnehin innerhalb von maximal zwei Wochen verdrängt, verstaut und vergessen werden.

Strategie und Aufgaben sind auf stark unterschiedliche Zeiträume ausgerichtet, und diese große Lücke ist üblicherweise mit sehr vielen Fragezeichen gefüllt. Die Strateginnen denken in Jahren, während die ausführenden Personen in Tagen und Wochen denken müssen. Dadurch entstehen immer wieder Priorisierungskonflikte, denn woran Teams in den kommenden drei Wochen oder Monaten konkret im Sinne der Strategie arbeiten sollen – diese Antwort bleibt das strategische Management sehr oft schuldig. Nicht, weil es zu wenig Ahnung hat, sondern weil diese Frage schwer (oder gar nicht) zu beantworten ist. Da sie ohnehin auf sich selbst gestellt sind, arbeiten die Teams deshalb an dem, was ihnen selbst wichtig erscheint. Es bleibt ihnen oft auch gar nichts anderes übrig: Die Strateginnen träumen von Dingen, von denen die Teams aus Erfahrung wissen, dass sie in der gewünschten Form nicht funktionieren werden. So beginnen Strategie und Umsetzung immer weiter auseinanderzuklaffen.

Flight Levels wollen diese Lücke überbrücken. Eine Strategie, deren Umsetzung sich über Jahre erstreckt, sollte auch eine mittelfristige Perspektive anbieten. Das bedeutet: Die Strategie wird zunächst in jährliche Outcomes (Werte, die durch einen bestimmten Output erzielt werden sollen) zerkleinert. Sobald es die angestrebten Outcomes für ein Jahr gibt, ist es wesentlich einfacher, daraus Outcomes für ein Quartal und daraus wiederum Epics und Aufgaben abzuleiten, mit denen die Teams gut arbeiten können.

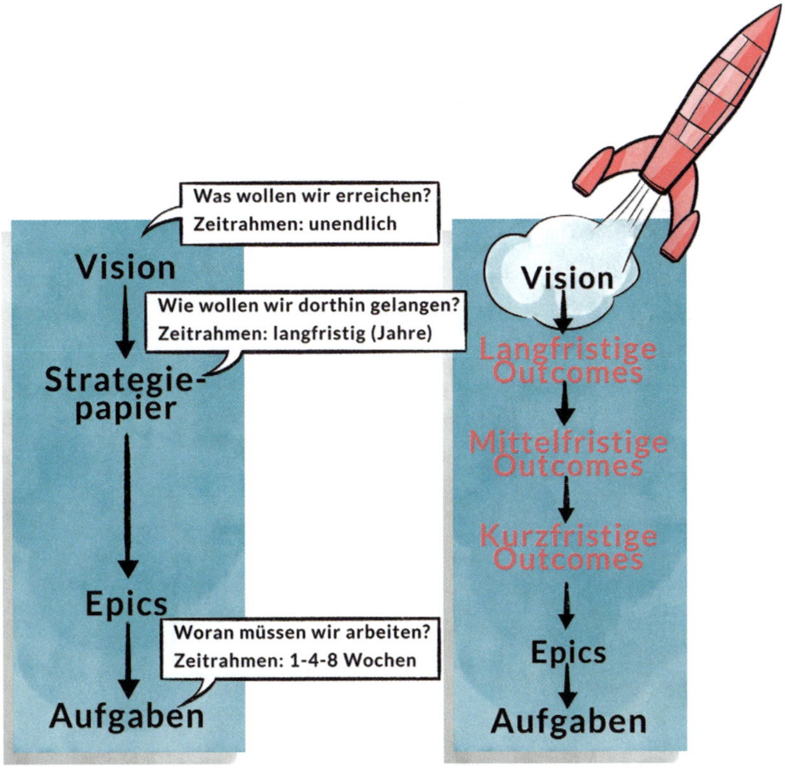

Abb. 4–1 *Wie Flight Levels die Lücke zwischen Strategie und Umsetzung schließen.*

Aus der agilen Welt schallt jetzt möglicherweise der Ruf: »Aber Strategien, die sich über drei Jahre oder länger erstrecken, sind in unserer VUCA-Welt ohnehin Nonsens. Das ist das Denken der Old Economy!« Darauf gibt es nur eine richtige Antwort: It depends.

Ja, wenn es sich beim Business um einen Webshop handelt, wird eine Fünf-Jahres-Strategie zu viel des Guten sein, wahrscheinlich sind sogar drei Jahre zu hoch angesetzt. Im Tunnelbau hingegen sind fünf Jahre gerade einmal ein Teil der Planungsphase. Die Sondierung für den Gotthard-Basistunnel hat 1993 begonnen, Ende 2016 wurde der Tunnel eröffnet. Einen Tunnel gräbt man nicht in drei Sprints, um ihn dann nach einem Jahr wieder zuzuschütten, weil man nicht über die drei Sprints hinausgedacht hat. Das Ding soll mehrere Generationen überstehen.

Deshalb geben Flight Levels nicht vor, was als lang-, mittel- und kurzfristige Zeitspanne zu betrachten ist. Es geht darum, die Strategie quasi durch einen Zeittrichter laufen zu lassen, um den Fokus allmählich zu schärfen. Ausgehend von dem großen Ziel, das in X Jahren erreicht werden soll: Was muss in diesem Jahr, in den kommenden Monaten, in den kommenden Wochen getan werden, um diesem Ziel näher zu kommen?

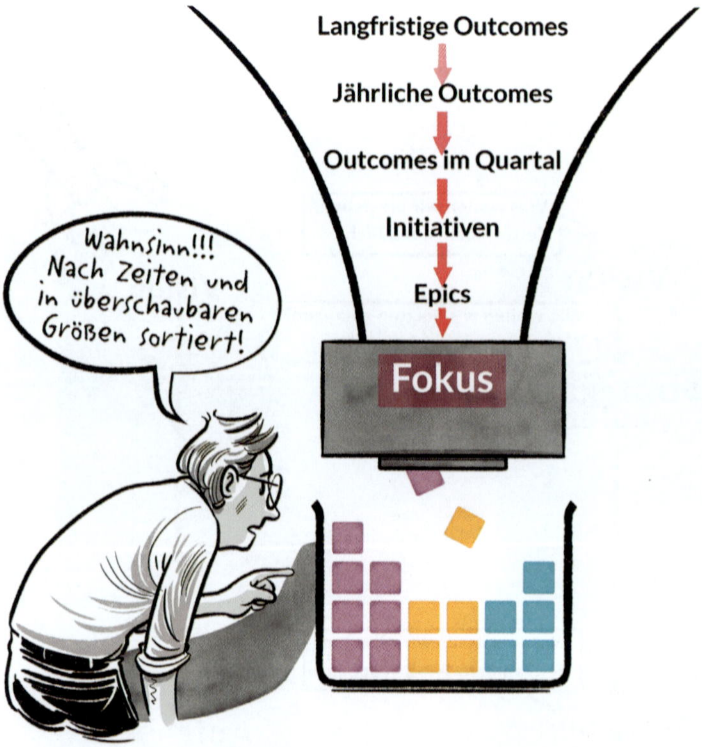

Abb. 4–2 *Mit dem Strategietrichter Fokus schaffen*

4.1.1 Ausführung der Strategie: Kreislauf statt Einbahnstraße

Die Erarbeitung der Strategie ist in vielen Unternehmen eine kostspielige Sache, an der Beratungsfirmen sehr gut verdienen. Der stete Strom des Tagesgeschäfts, in dem die Mitarbeiterinnen vor sich hin arbeiten, wird ein Mal pro Jahr unterbrochen, nämlich dann, wenn die Chefetage die neueste Strategie verkündet. Die einen tun das mit einer unromantischen Mail, die anderen zelebrieren es im Rahmen eines fancy Townhall-Events bei gegrillter Ameisenleber und gefüllten Schnittlauchröllchen. Alle nicken zustimmend und klatschen, denken sich ihren Teil und stellen sich die einzig wichtige Frage: »Wann wird das Buffet endlich eröffnet?«

Am nächsten Tag läuft das Business genau so weiter wie am Tag vor der Verkündung der frohen Botschaft. Im besten Fall bekommt jede Business Unit und jede Abteilung einen Foliensatz, der verrät, was die jeweilige Einheit bis zum Ende des Jahres zu erreichen hat.

Im letzten Quartal stolpert jemand über den Foliensatz und versetzt alle in der Abteilung in Panik: »Achtung, wir müssen noch zeigen, dass wir die Vorgaben erfüllt haben!« Kein Problem, denn mit dem richtigen Spin lässt sich alles, was so im Tagesgeschäft passiert ist, als wertvoll für die Umsetzung der Strategie rechtfertigen. Ein neues Jahr beginnt, das Spiel beginnt von vorne.

Abb. 4–3 *Rückwärtsrechtfertigung – wenn die operative Arbeit für die Strategie passend gemacht wird.*

Wenn das die Realität in Unternehmen ist, fragt man sich zu Recht: Wofür werden Strategien überhaupt gebraucht? Damit Strategien tatsächlich die Kraft entfalten können, die in ihnen steckt, muss sich etwas am Umgang damit verändern.

Der strategische Verbesserungsprozess

Gehen wir noch einmal zurück an den Start: Die Entscheiderinnen in einem Unternehmen agieren idealerweise vorausschauend und definieren daher langfristige Geschäftsziele. Aus diesen Zielen wird eine Strategie abgeleitet: Diese skizziert, *wie* diese Ziele erreicht werden können. Hier passiert also die nächste Ableitung: Es werden Flight Items und Outcomes definiert, im besten Fall werden die Outcomes gemessen und reflektiert. So ergibt sich daraus eine Lernschleife (siehe Abb. 4–4), in der sich die Beteiligten die Frage stellen: »Sind wir auf dem richtigen Weg oder nicht?«

Korrekturbedarf kann sich an drei Stellen zeigen:

1. Entweder müssen die langfristigen Geschäftsziele angepasst werden
2. oder die Strategie muss nachjustiert werden
3. oder die abgeleiteten Flight Items und Outcomes müssen korrigiert werden.

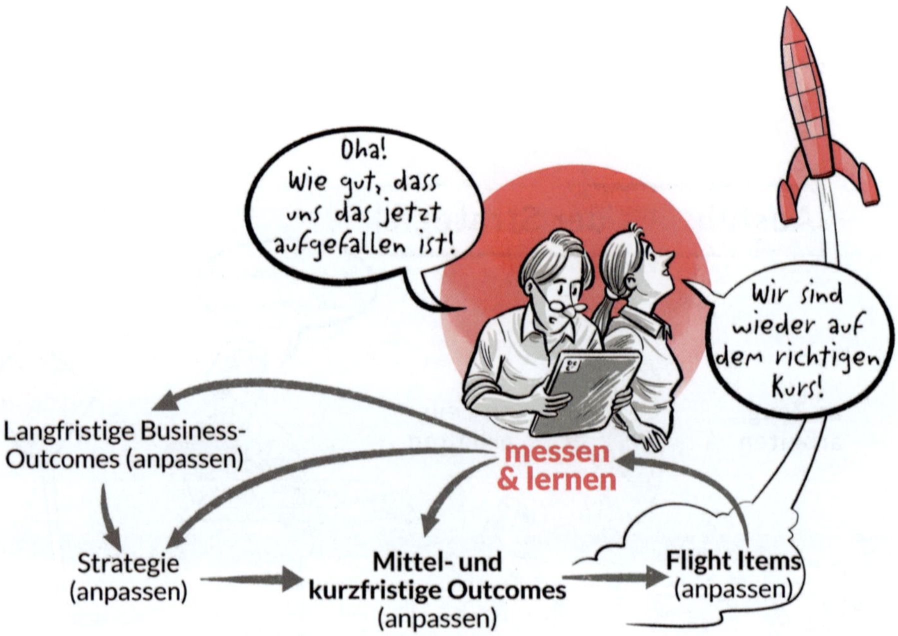

Abb. 4–4 *Strategie als Lernschleife*

Die Strategie zwingt dann nicht mehr zur Rechtfertigung, sondern sie stößt einen Verbesserungsprozess an, in dessen Rahmen die bestehende Strategie auch infrage gestellt werden darf. Zwar bestimmt die Strategie, in welche Richtung sich ein Unternehmen bewegt, aber auf diesem Weg halten alle die Augen offen, um gegebenenfalls die Route anzupassen.

Dieser strategische Verbesserungsprozess ist ein erster Anhaltspunkt dafür, wie ein Board auf Flight Level 3 aussehen könnte, das die Strategie und ihre Umsetzung visualisiert. Wir müssen die Elemente nur etwas anders arrangieren (siehe Abb. 4–5):

- Ganz links wird festgehalten, wie die **langfristigen Outcomes** aussehen bzw. welche die strategischen Stoßrichtungen sind. Zum Beispiel: »Wir wollen in Europa Marktführer werden, indem wir uns auf Produkt X fokussieren.«
- In der nächsten »Spalte« werden **mittelfristige Outcomes** (zum Beispiel für das nächste Jahr) abgebildet, die zur Verwirklichung der langfristigen Outcomes beitragen können: So könnten wir anstreben, dass der Kundenstamm in Ungarn im kommenden Jahr um 20 Prozent wachsen soll.

- Aus diesem mittelfristigen Outcome lassen sich schließlich messbare **kurzfristige Outcomes** ableiten, zum Beispiel für das nächste Quartal: Produkt X wurde in Ungarn an 1000 Kundinnen verkauft.

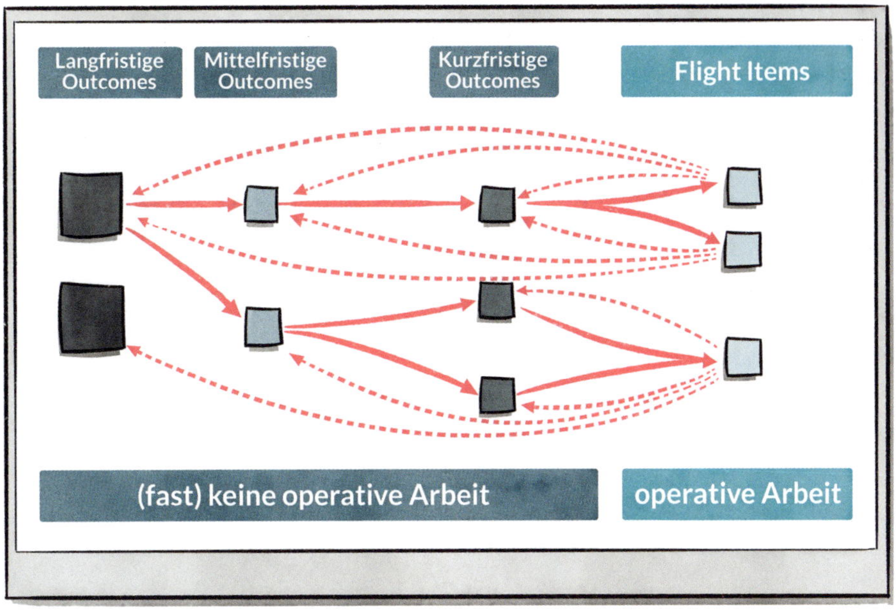

Abb. 4–5 *Eine erste Board-Struktur für Flight Level 3*

Bis zur Definition der messbaren kurzfristigen Ergebnisse ist noch keine operative Arbeit passiert – es wurde nichts entwickelt, produziert oder geliefert. Bisher wurde nur formuliert, welche Outcomes erreicht werden sollen. Nichtsdestotrotz ist die Formulierung der angestrebten Outcomes ein immens wichtiger Schritt, der genau so viel Aufmerksamkeit braucht wie die Umsetzung selbst: Je klarer die Formulierung, desto einfacher wird es sein, aus den messbaren kurzfristigen Outcomes eindeutige Arbeitsaufträge (Flight Items) abzuleiten, die auf Flight Level 2 und 1 umgesetzt werden können (wie Outcomes gut formuliert werden können, werden wir noch in Abschnitt 4.2.3.2 sehen). Im konkreten Beispiel in Abbildung 4–5 könnte das bedeuten, Produkt X an den ungarischen Markt anzupassen. Die Bearbeitung der Flight Items zahlt umgekehrt wieder darauf ein, dass bei den angestrebten Outcomes Fortschritte erkennbar werden.

Denken wir uns nun ein paar Linien in der Darstellung weg und ein paar andere dazu, dann erhalten wir ein prototypisches Flight-Level-3-Board (siehe Abb. 4–6). Auf der rechten Seite sehen wir in der Spalte »Flight Items« ein »Board im Board«, das anzeigt, wie weit zum Beispiel die Umsetzung von Epics gediehen ist.

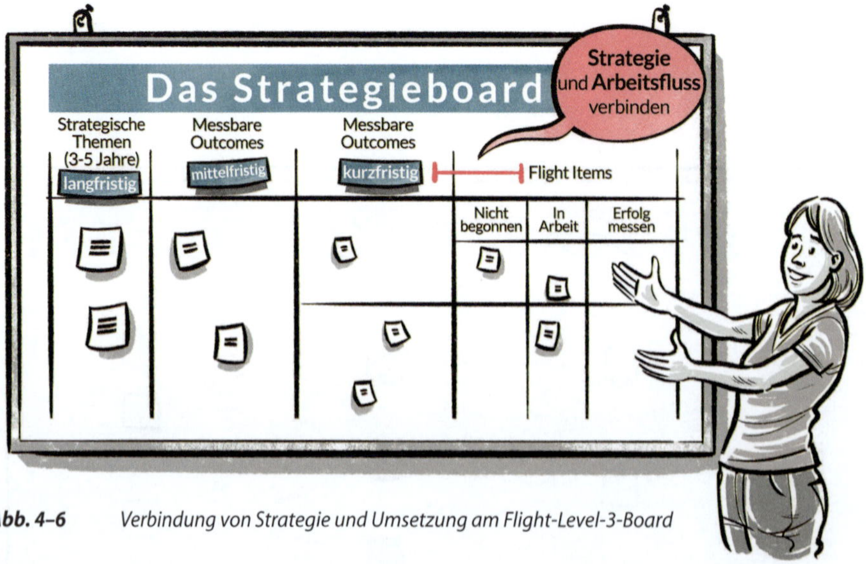

Abb. 4–6 *Verbindung von Strategie und Umsetzung am Flight-Level-3-Board*

Genau an dieser Stelle passiert das, wofür Flight Levels angetreten sind: Hier verbinden sich Strategie und operative Arbeit für alle Beteiligten sichtbar und nachvollziehbar. Die einzelnen Flight Items zahlen direkt auf die definierten Outcomes ein und bewirken, dass sich im strategischen Teil des Boards tatsächlich etwas bewegt. Sehen wir uns im nächsten Abschnitt an, wie diese Grundform eines Strategieboards in der Praxis ausgestaltet werden kann. Wie immer gilt: Es handelt sich dabei nicht um Vorgaben, sondern um Beispiele, die als Inspiration genutzt werden können.

4.1.2 Flight Level 3 am Beispiel eines Drohnenherstellers

Eine kleine Vorankündigung: In Kapitel 5 werden wir in die Luft gehen, und zwar mit einem Drohnenhersteller, der private und kommerzielle Drohnen produziert. Mehr Informationen brauchen wir aber noch nicht, denn es geht uns an dieser Stelle nur um das Flight-Level-3-Board dieses Unternehmens. Es ist höchst interessant gestaltet – deshalb wollen wir uns das jetzt genauer ansehen.

Es handelt sich um ein noch recht junges Unternehmen mit rund 400 Beschäftigten. Jetzt wird die entsetzte Leserin vielleicht denken: »Danke, ich arbeite aber in einem Unternehmen mit 5000 Leuten – was soll ich mit diesem Beispiel anfangen?« Andere arbeiten in einem Unternehmen mit nur 100 Mitarbeiterinnen – darf man dann kein Flight-Level-3-System haben?

Inhärent skaliert

Nur mit der Ruhe: Die Prinzipien des Flight Level 3 sind allgemeingültig. Sie bleiben immer gleich, ob damit nun die Strategie eines Unternehmens mit 5, 500 oder 5000 Personen zur Umsetzung gebracht werden soll.

Wie ist das Flight-Level-3-Board des Drohnenherstellers aufgebaut?

Die strategischen Entscheidungen werden in diesem Unternehmen von Personen getroffen, die auf mehrere Standorte verstreut sind. Damit alle beteiligten Personen jederzeit Zugriff auf die Informationen haben, wurde das Flight-Level-3-Board auf einem elektronischen Whiteboard angelegt (siehe Abb. 4–7). Auf dieser gemeinsamen Plattform werden Informationen festgehalten, die immer wieder daran erinnern, in welche Richtung das Unternehmen innerhalb von drei Jahren, einem Jahr und innerhalb der nächsten drei Monate gehen will. Was sehen wir auf diesem Board?

1. **Die Daseinsberechtigung** ❶
   Sofern sich ein Unternehmen nicht mit jedem Lüfterl dreht, hat es meistens ein paar Prinzipien, auf deren Grundlage es sein Business betreibt. Im Falle des Drohnenherstellers lautet dieses Prinzip: Ferngesteuerte und selbstfliegende Drohnen werden nur für den privaten und kommerziellen Gebrauch, auf keinen Fall aber für militärische Einsätze gebaut. Außerdem ist der Nachhaltigkeitsgedanke in der Produktentwicklung zentral. Ob diese Prinzipien aus Sicht von Außenstehenden sinnvoll sind oder nicht, ist ziemlich egal, denn es geht hier nur um die Gestaltung des Boards. Die Personen, die mit dem Board arbeiten, möchten sich ständig vor Augen halten, wofür das Unternehmen steht und was den Kundinnen und den Geschäftspartnerinnen geboten wird. Warum das Unternehmen tut, was es tut, gehört in dieser Organisation ganz einfach auf das Flight-Level-3-Board.
2. **Strategische Richtung** ❷
   Neue Drohnen, die besondere Fähigkeiten haben, werden selten über Nacht entwickelt. Das Unternehmen will in den kommenden drei Jahren drei spezifische Nischen besetzen:
   - eine gute Marktposition im Bereich der selbstfliegenden Drohnen;
   - das Geschäft mit Cargo-Drohnen, die mit einer Last von bis zu 100 kg rund zehn Stunden in der Luft bleiben können;
   - Drohnen als Mietservice für Unternehmen sollen ein Viertel des Kerngeschäfts ausmachen.

   Diese strategischen Richtungen werden in unterschiedlichen Farben abgebildet – wir werden gleich sehen, weshalb.
3. **Outcomes formulieren** ❸
   Die strategischen Richtungen werden in messbare Outcomes übersetzt, sowohl für ein Jahr als auch für die nächsten drei Monate. Die einzelnen Outcomes haben jeweils die Farbe der strategischen Richtung, auf die sie einzahlen. Ein angestrebter Outcome bis Ende 2022 war zum Beispiel, dass eine Ladung von 100 kg zumindest für 60 Minuten gehalten werden kann.

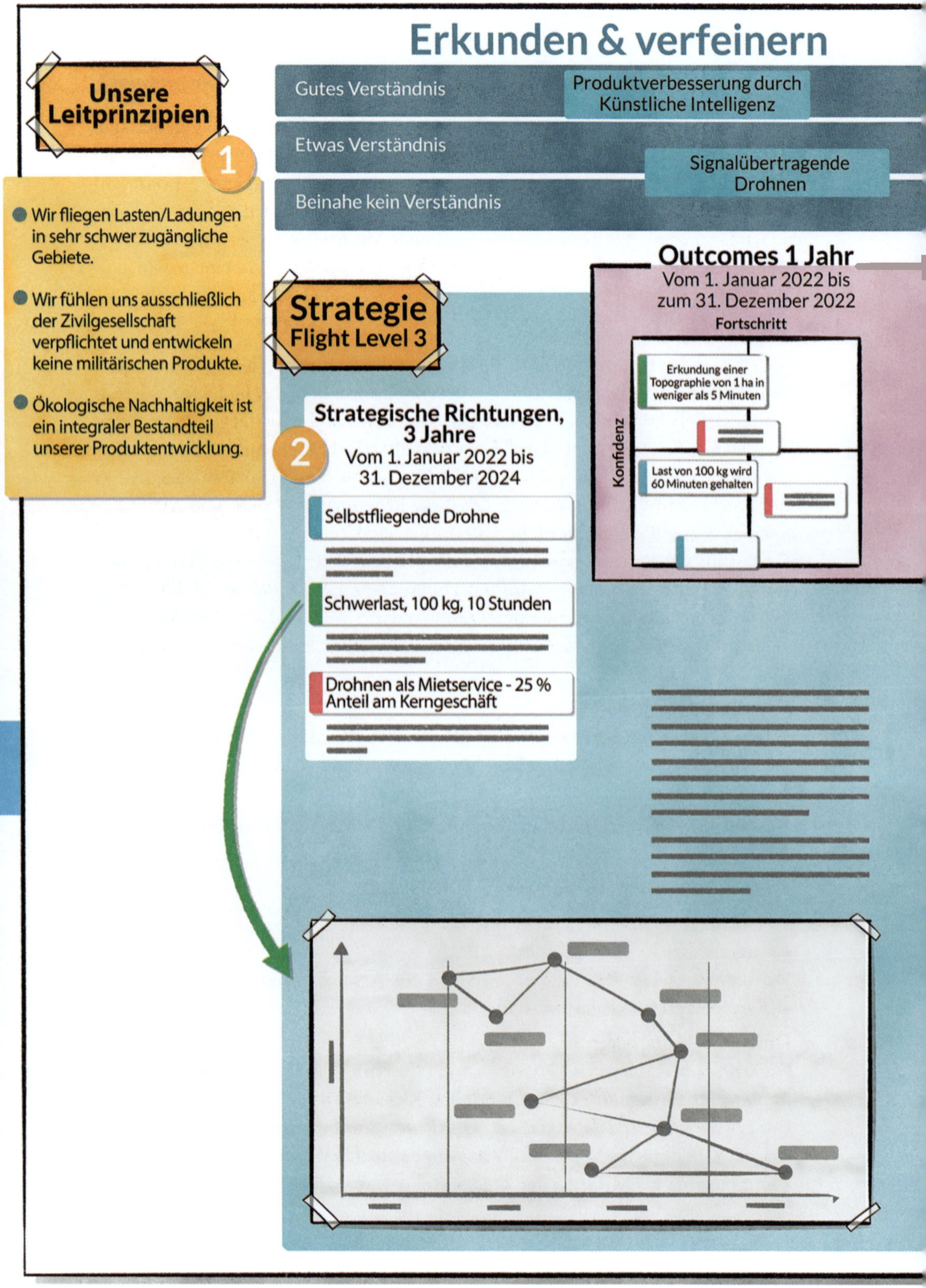

Abb. 4–7 *Das Flight-Level-3-Board des Drohnenherstellers*

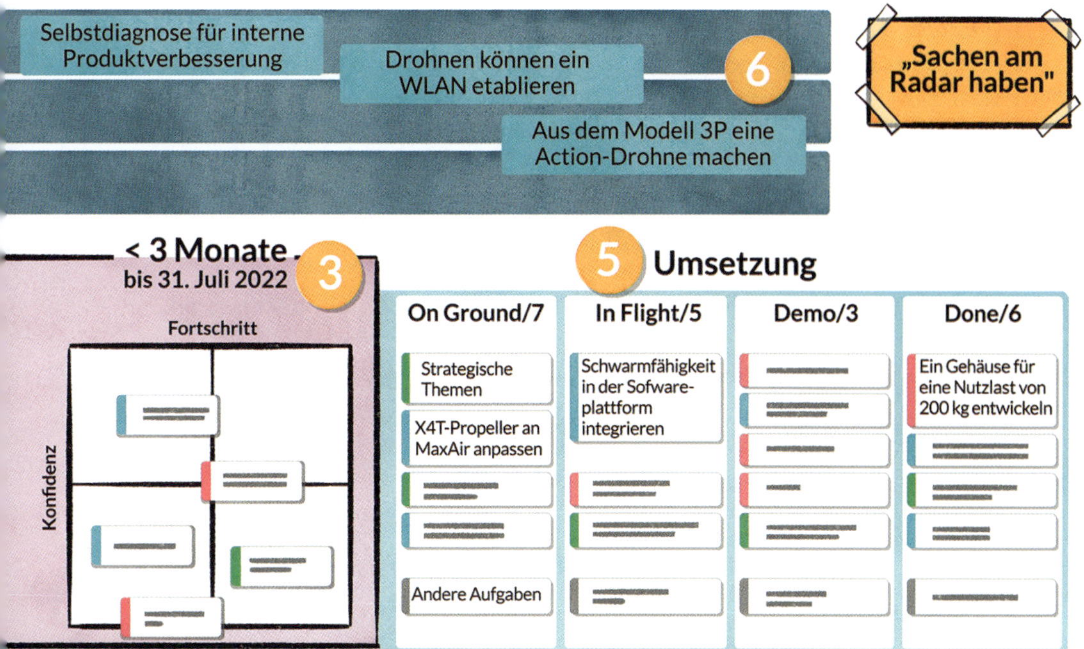

4

Last von 100 kg für 60 Minuten halten

- Ende 2022 können wir eine Last von 100 kg 60 Minuten in der Luft halten.
- Das können wir auf zwei Arten erreichen:
  (1) Wir modifizieren die Drohne MaxAir so, dass sie die Last alleine tragen kann.
  (2) Wir verteilen die Last auf mehrere Standard-Drohnen.
  Die Fracht wird automatisch und synchron transportiert.
- Warum verwenden wir dafür nicht die MaxAir-Drohne? Schließlich wollen wir das doch erreichen. Warum brauchen wir also eine IT-lastige zweite Lösung?
- Gemäß unserer Nachhaltigkeitsrichtlinien nehmen wir Drohnen zurück, die von unseren Kundinnen nicht mehr gebraucht werden und entsorgen sie umweltfreundlich.
- Wir überholen alle flugfähigen Drohnen ab Q1 2023 und verkaufen sie als Cluster-Lösungen wieder.
- Damit sparen wir Entsorgungskosten und wir können unsere hochpreisigen Modelle an ein preissensibles Marktsegment verkaufen.

MaxAir kann 100 kg Last heben

- Unsere MaxAir-Drohne kann eine Last von 100 kg heben und einige Minuten ohne Flugbewegung in der Luft halten.
- Die Arbeit mit unseren Kundinnen hat gezeigt, dass eine Nutzlast von 100 kg etwa 85 % des Bedarfs abdecken kann.
- Der Kaufpreis für eine MaxAir mit 100 kg Nutzlast liegt etwa 40 % höher als der einer Standard-5P-Drohne. Das Be- und Entladen der Drohne verringert sich um 60 %, was den Wechsel zur MaxAir rechtfertigt.
- Bei einer Nutzlast von mehr als 100 kg wären die Anschaffungskosten zu hoch und für die Kundinnen nicht mehr profitabel.

5P-Drohnencluster hebt 100 kg

- Unsere 5P-Drohnen können eine Nutzlast von 100 kg in einem Cluster heben und ohne Flugbewegung für einige Minuten in der Luft halten.
- Dieser skalierbare Ansatz erlaubt unseren Kundinnen, mehr als 100 kg zu transportieren, wenn der Bedarf besteht.

4. **Outcomes beschreiben** ❹
Outcomes wie die 100 gehaltenen Kilogramm Ende 2022 werden nicht ohne Kontext ausgegeben. Dazu werden Begründungen, Erklärungen und Zusatzinformationen mitgeliefert, also »Geschichten« (Stories), die den Mitarbeiterinnen zeigen, **weshalb** sie tun, was sie tun. 100 kg können zum Beispiel von einem Cluster aus recycelten 5P-Drohnen gehalten werden oder von der speziell entwickelten MaxAir-Drohne – der Kontext beider Lösungen wird an dieser Stelle des Boards erläutert.

   Übrigens sehen wir auf dem Flight-Level-3-Board des Drohnenherstellers, dass nicht nur der Kontext der kurzfristigen Outcomes beschrieben wird, sondern auch der für ein Jahr sowie der Kontext der strategischen Richtungen. Dabei muss es sich nicht immer um Prosa handeln: Im Falle der strategischen Richtungen wird der Kontext zum Beispiel durch eine Wardley Map [Wardley 2022] wiedergegeben.

5. **Hier passiert die Arbeit** ❺
Der linke, bisher beschriebene Teil des Flight-Level-3-Boards ist im Prinzip mit guten Absichten gepflastert, die absolut wichtig und notwendig sind. Es ist aber noch keine »echte« – operative – Arbeit passiert, mit der aus Absichten auch Tatsachen werden. Die echte Arbeit wird in Form von Flight Items – in diesem Fall sind es verschiedene Initiativen – aus den Outcomes abgeleitet, die auf einem einfachen Board im rechten Teil abgebildet werden. An den Farben ist wieder leicht erkennbar, welches Flight Item welchen Outcome bedient. Auf diesem »Board im Board« gibt es aber nicht nur bunte Flight Items, sondern auch graue. Das sind die Dinge, die zwar keinen direkten Bezug zu den Outcomes bzw. zur Strategie haben, aber erledigt werden müssen, damit das Business weitergeführt werden kann: zum Beispiel die Beachtung datenschutzrechtlicher Vorschriften oder Investitionen in die IT-Infrastruktur. Das können ziemliche Brummer sein, die unter Umständen viel Zeit und Ressourcen von den anderen Flight Items abziehen, daher werden sie in diesem Unternehmen ebenfalls am Flight-Level-3-Board sichtbar gemacht.

6. **Möglichkeiten offenhalten** ❻
Zwar zeigt eine Strategie den Weg an, den eine Organisation in den kommenden Jahren bzw. Monaten gehen will, aber in dieser Zeit werden trotzdem ständig neue Ideen bzw. Geschäftsmöglichkeiten entstehen. Jede Idee sofort umzusetzen, ist aus WIP-Perspektive suboptimal, weil dann irgendwann das System mit Arbeit verstopft ist. Ideen einfach wieder zu vergessen, weil man gerade keine Zeit dafür hat, ist auch blöd. Im Falle des Drohnenherstellers werden überlegenswerte Ideen und Möglichkeiten daher bewusst sichtbar gemacht und am Flight-Level-3-Board in einem eigenen Bereich gesammelt. Es geht darum, die Ideen zu verstehen und zu klären: »Bringt uns das etwas oder bringt es uns nichts?« Dieser Bereich bildet im Prinzip eine Skala ab, die auf einer Zeitachse anzeigt, wel-

ches Know-how zu einer Idee in der Organisation vorhanden ist und wie umsetzungsreif die Idee ist. Je weiter rechts sich ein Item befindet, desto früher könnte es realisiert werden, und je weiter oben es ist, desto besser wird es bereits verstanden.

In Workshops bekommen wir zu diesem Beispiel immer wieder begeistertes Feedback, weil die Darstellung der Zusammenhänge zwischen Strategie und Umsetzung sehr einfach ist und andererseits die detaillierte Beschreibung der angestrebten Outcomes viel mehr Kontext und damit Verständnis dafür gibt, warum Mitarbeiterinnen tun, was sie tun.

Gleichzeitig taucht aber eine Frage auf: Jedes Unternehmen arbeitet auf der strategischen Ebene mit unterschiedlichen Werkzeugen. Während in einer Organisation OKRs (Objectives & Key Results) eingesetzt werden, nutzt eine zweite Organisation Wardley Maps und eine dritte setzt ganz traditionell auf KPIs (Key Performance Indicators) – in manchen Unternehmen wird alles verwendet. Lassen sich die Informationen aus diesen Tools mit Flight Levels kombinieren oder muss das Unternehmen in diesem Fall leider auf Flight Levels verzichten? Wie wir anhand des Drohnenherstellers sehen, lautet die Antwort: Natürlich kann deine Organisation mit Flight Levels arbeiten, wenn für das Formulieren und Abbilden der Strategie in deinem Unternehmen alle Strategietools quer durch den Gemüsegarten verwendet werden! Die Ansätze müssen lediglich zusammengeführt werden. Das Ziel ist jedoch nicht, dass alle Flight-Level-3-Boards der Welt so aussehen wie das des Drohnenherstellers, es ist nur ein Beispiel. Diese Lösung funktioniert sicher nicht für jede Organisation.

Was auch immer an Strategieinformationen vorhanden ist, kannst du in die Flight-Levels-Welt übertragen. Das erledigt die »SOFI«, die wir in Abschnitt 4.2 kennenlernen werden.

4.1.3 Skalierungsinhärenz: Connection Patterns

Da nicht jede Leserin in einem kleinen oder mittleren Unternehmen arbeitet, stellt sich die Frage, wie sich Flight Level 3 in größeren Dimensionen präsentiert. Wir haben bereits gesagt: Ob 5 Personen, 500 oder 5000 – die Prinzipien bleiben immer gleich. Es gibt kein Flight-Level-Skalierungsframework oder sonstige teure Späßchen, um Flight Levels einsetzen zu können. Das Skalieren ist bei Flight Levels quasi inhärent.

Worin es Unterschiede zwischen verschiedenen Organisationsgrößen geben kann, ist die Art und Weise, *wie* Flight Level 3 mit der operativen Umsetzung verbunden wird. In der Praxis haben sich unterschiedliche **Connection Patterns** entwickelt, also Arten der Verbindung zwischen Flight Level 3 und den übrigen Flight-Level-Systemen in einer Organisation. Die fünf wesentlichsten (und uns bekannten) wollen wir an dieser Stelle erklären.

4.1.3.1 Connection Pattern 1: Ein Flight-Level-3-System ist mit anderen Flight-Level-3-Systemen verbunden

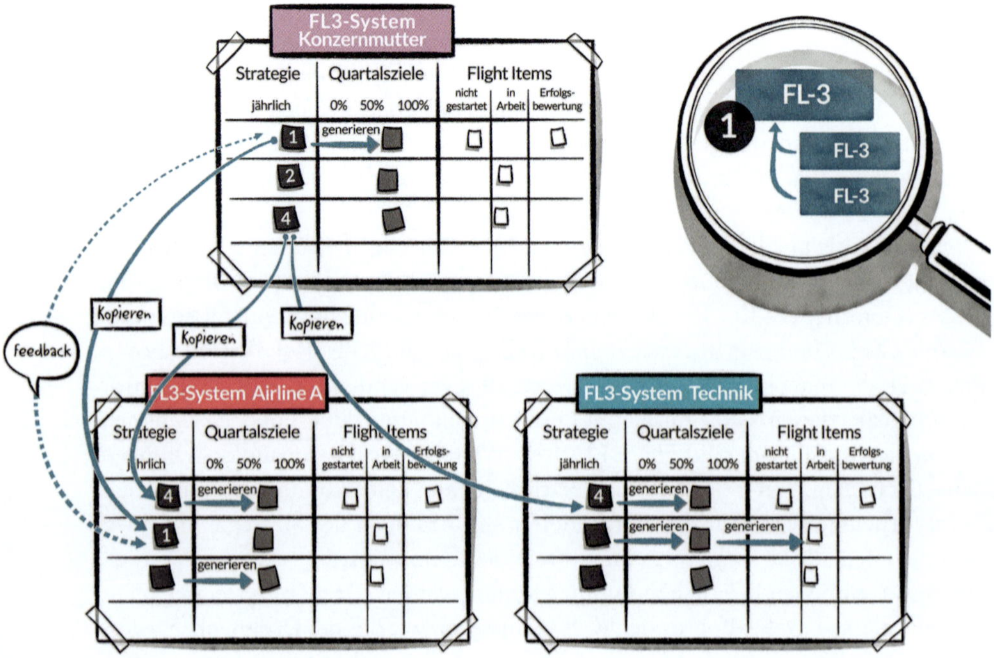

Abb. 4–8 *Connection Pattern 1: Flight Level 3 mit anderen Flight-Level-3-Systemen verbinden*

Das ist ein typisches Konzernmuster, zum Beispiel bei Airlines. Große Fluglinien haben meistens mehrere Tausend Beschäftigte und bündeln Spezialaufgaben zusätzlich in vielen Tochterunternehmen, die in diversen Sparten und unter verschiedenen Marken agieren. Das heißt, es gibt in solchen Fällen eine Konzernstrategie, die sich in irgendeiner Form in den Strategien der Tochterunternehmen widerspiegeln sollte – etwa die Einsparung von X Tonnen CO_2 innerhalb der kommenden fünf Jahre (vgl. dazu auch Board Pattern 13 »Slicing« in Abschnitt 3.2.13).

Dieses Konzernziel findet sich in Abbildung 4–8 am obersten Board, nämlich auf jenem der Konzernmutter (nennen wir es daher liebevoll das »Motherboard«). Nehmen wir an, es ist das zweite Strategie-Item in der linken Spalte des Boards: Dieses Strategie-Item wird nun an die Flight-Level-3-Systeme der Töchter »vererbt«, etwa an die Cargo-Tochter, an die Technik, an die diversen Fluglinien im Konzern etc. Die Tochterunternehmen müssen sich überlegen, wie sie in ihrer Organisation zu diesem Strategie-Item beitragen können und welche Maßnahmen sie dafür setzen sollten. Selbstverständlich haben sie zusätzlich jeweils ihre eigenen Strategien für ihr spezifisches Produkt- oder Dienstleistungsangebot, die unabhängig von der Konzernmutter umgesetzt werden.

Bei diesem Pattern ist es häufig der Fall, dass sich am Motherboard gar keine Flight Items befinden, sondern ausschließlich Outcomes. Das ist auch gut so, denn eine Konzernchefin will wahrscheinlich nicht ihre Nase in jedes Projekt im Konzern stecken müssen und umgekehrt wollen die Tochterunternehmen auch eine gewisse Unabhängigkeit in der Umsetzung wahren.

4.1.3.2 Connection Pattern 2: Ein Flight-Level-3-System ist mit mehreren Flight-Level-2-Systemen verbunden

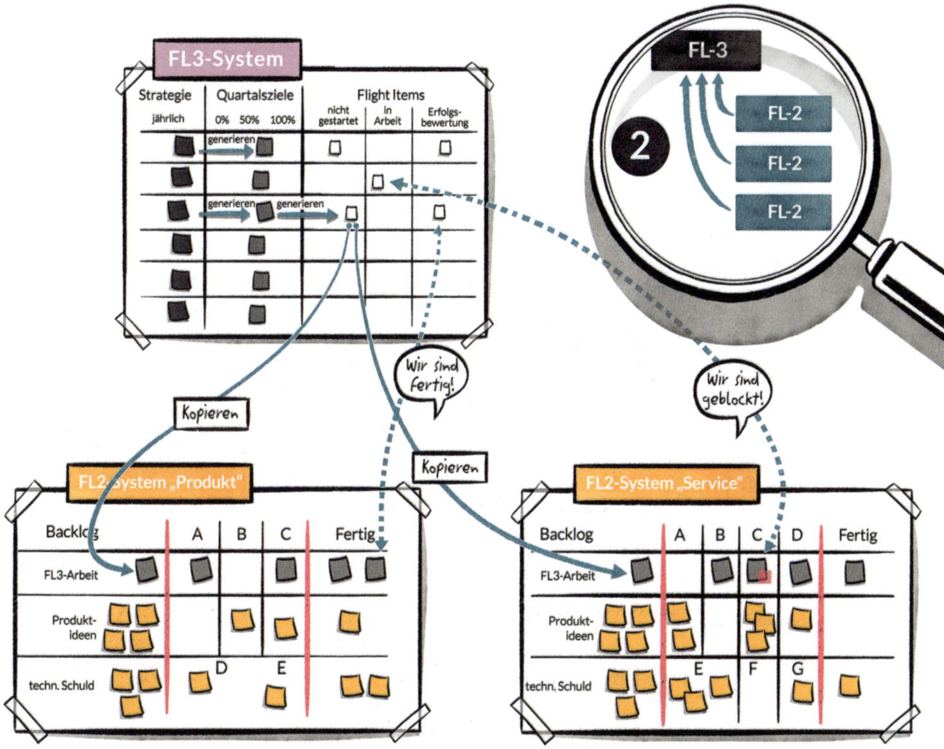

Abb. 4–9 *Connection Pattern 2: Flight Level 3 mit mehreren Flight-Level-2-Systemen verbinden*

Im Gegensatz zu Connection Pattern 1 befinden sich bei diesem Pattern die Flight Items auf dem Flight-Level-3-Board, allerdings in einem hohen Abstraktionsgrad, denn der Fokus liegt auf den Outcomes. Deshalb gibt es am Flight-Level-3-Board nur einen rudimentären Überblick über den Fortschritt der Flight Items.

Die Flight-Level-2-Systeme arbeiten mit Kopien der Flight Items (vgl. dazu Board Pattern 14 »Flight Levels miteinander verbinden« in Abschnitt 3.2.14) und spalten sie so auf, wie sie es für die Umsetzung brauchen. Auf den Flight-Level-2-Boards werden daher Details sichtbar, zum Beispiel größere Blockaden, die den Fortschritt aller Flight Items beeinflussen und an Flight Level 3 rückgemeldet werden. Unter anderem deshalb wird die Arbeit für Flight Level 3 besonders gekennzeichnet.

In Abbildung 4–9 sehen wir aber auch, dass die Flight Items von Flight Level 3 nur einen Teil der gesamten alltäglichen Arbeit auf Flight Level 2 ausmachen. Damit am Flight-Level-3-Board überhaupt sichtbar werden kann, ob es bei den Flight Items Fortschritte oder Blockaden gibt, muss es zwischen Flight Level 2 und 3 eine Koordination geben. Die einfachste Lösung ist, dass sich Vertreterinnen der diversen Flight-Level-2-Systeme regelmäßig vor dem Flight-Level-3-Board zusammenfinden, um den Stand der Dinge zu besprechen.

Dieses Pattern sehen wir hauptsächlich in Organisationen mit weniger als 1000 Beschäftigten, die eine gemeinsame, einheitliche Strategie haben. Es gibt also ein zentrales Produkt oder eine zentrale Dienstleistung, um das bzw. die sich die ganze Arbeit dreht.

4.1.3.3 Connection Pattern 3: Ein Flight-Level-3-System ist direkt mit Flight-Level-1-Systemen verbunden

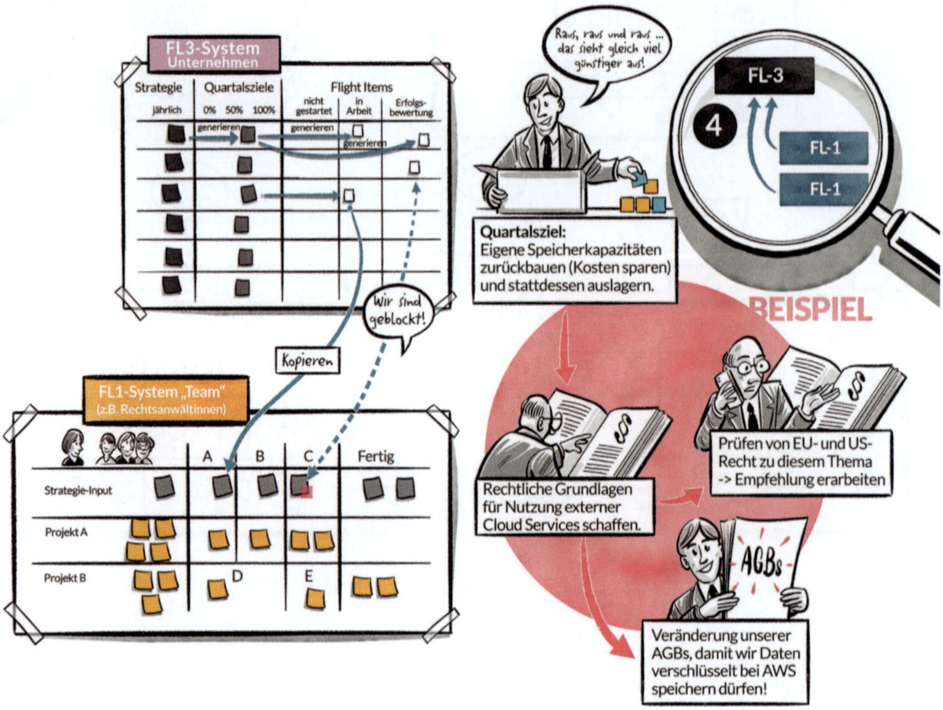

Abb. 4–10 *Connection Pattern 3: Direkte Verbindung zwischen Flight Level 3 und Flight Level 1*

Für manche strategische Fragen werden ausschließlich Spezialistinnen gebraucht, die es in Unternehmen sehr häufig in den unterstützenden Funktionen gibt. Nehmen wir an, ein Unternehmen setzt sich aus strategischen Gründen das Quartalsziel, die eigenen Speicherkapazitäten zu verkleinern, um Kosten zu sparen. Stattdessen sollen die Kapazitäten von externen Cloud Services genutzt werden. Das ist nicht nur eine technische Frage, sondern auch eine rechtliche – daher soll ein spezielles Team aus der Rechtsabteilung (= Flight Level 1) zunächst die rechtlichen Bedingungen dafür klären und die Basis für die Auslagerung schaffen. Das zugehörige Flight Item wird direkt auf das Board des Teams kopiert und dort entsprechend bearbeitet.

4.1.3.4 Connection Pattern 4a/b: Ein Flight-Level-3-System wird (a) mit einem oder (b) mit mehreren Flight-Level-2- und Flight-Level-1-Systemen auf einem gemeinsamen Board abgebildet

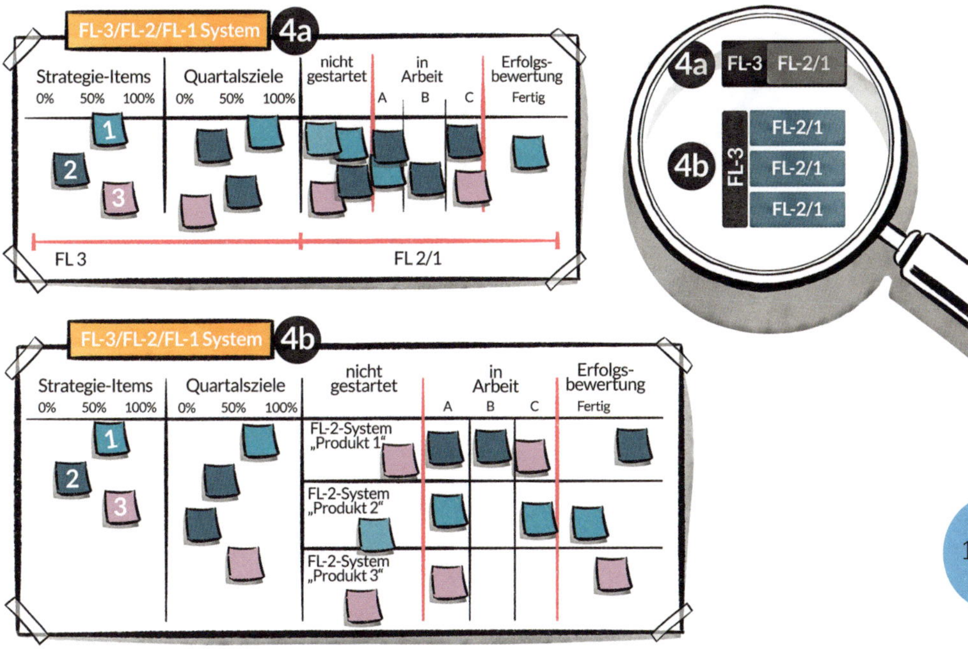

Abb. 4–11 *Connection Pattern 4a/b: Verbindung von Flight Level 3 mit einem oder mehreren Flight-Level-2- und Flight-Level-1-Systemen auf einem Board*

Hauptsächlich in kleinen Unternehmen oder Start-ups haben die handelnden Personen mit Strategie und Umsetzung zugleich zu tun. Ein oder mehrere Teams oder Bereiche verfolgen gemeinsam *eine* Strategie. Daher ergibt es am meisten Sinn, alle notwendigen Boards in einer Übersicht zusammenzufassen (4a). Wenn es mehrere Bereiche oder Produkte gibt, lässt sich dieses kombinierte System ganz einfach mithilfe von Swimlanes erweitern (4b).

4.1.3.5 Connection Pattern 5: Ein Flight-Level-3-System ist mit mehreren kombinierten Flight-Level-3-2-1-Systemen verbunden

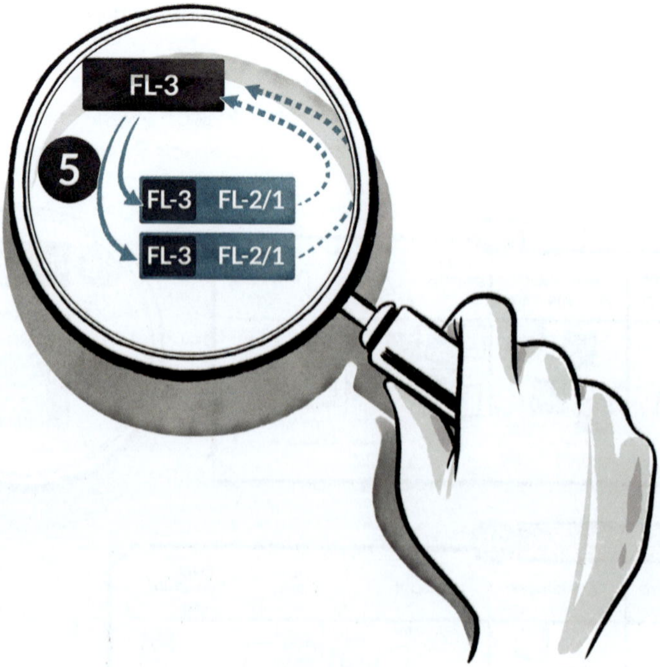

Abb. 4–12 *Connection Pattern 5: Verbindung von Flight Level 3 mit mehreren kombinierten Flight-Level-Systemen*

Haben die Produktbereiche in einem Unternehmen sehr viel Autonomie sowie Gewinn-und-Verlust-Verantwortung, ist dieses Pattern häufig anzutreffen. Ein Beispiel dafür könnte ein Digitalunternehmen sein, das Online-Marktplätze und -Portale anbietet, zum Beispiel für Immobilien, Autos und Dating.

Die Produktbereiche erben also die Unternehmensstrategie, durch die eine allgemeine Ausrichtung vorgegeben wird – zum Beispiel: Wir wollen einen neuen Markt betreten, und zwar Frankreich. Diese Unternehmensstrategie wird in den Produktbereichen wiederum auf die jeweilige Produktstrategie umgemünzt und daraus werden die notwendigen Outcomes, Initiativen etc. abgeleitet. Dieses Pattern wird häufig in sogenannten »Tribe«-Strukturen eingesetzt, wo es Ergebnisverantwortung und ein hohes Maß an strategischer Selbstständigkeit gibt [Kniberg & Ivarsson 2012].

4.2 Bestehende Strategien und Flight Levels zusammenführen – hallo SOFI!

Wir haben festgehalten, dass Flight Levels nicht im Wettbewerb der Strategieentwicklungsinstrumente antreten. Wie gute Strategien entwickelt werden können, ist in einem der unzähligen Bücher nachzulesen, die es allein zum Thema »Geschäftsstrategien« gibt. Flight Levels helfen dabei, eine bereits ausgearbeitete, bestehende Strategie zu operationalisieren.

Wir waren selbst lange Zeit der Meinung, dass die Ausarbeitung eines Flight-Level-3-Systems eine derart organisationsindividuelle Sache ist, dass wir uns ebenso lange geweigert haben, dazu öffentliche Workshops anzubieten, an denen Menschen aus verschiedenen Unternehmen teilnehmen – eben, weil so viele unterschiedliche Strategieinstrumente kursieren. Je mehr Flight-Level-3-Systeme wir mit unseren Kundinnen gebaut haben, desto deutlicher wurde für uns aber auch, dass die Zusammenführung bestehender Strategien mit den Flight Levels immer wieder – ganz generisch – über drei Schnittstellen funktioniert. Bei diesen Schnittstellen handelt es sich um Informationen und Kontextbeschreibungen, die sich in beinahe 100 Prozent der Fälle aus den in einer Organisation vorhandenen Materialien herauslesen lassen:

- Stories
  Auf einem Flight-Level-3-Board wollen wir die Outcomes sehen, managen und koordinieren, die eine Organisation in der Zukunft erzielen will. Nur zu sagen, was die Organisation will, ist aber zu wenig. Es muss auch klar werden, was getan werden muss, um diese Outcomes zu liefern (Flight Items) und im Idealfall wird sogar eine Erklärung mitgeliefert, *warum* die Organisation das alles braucht und tut. Diese zusätzlichen erklärenden und erläuternden Informationen bezeichnen wir als »Stories«. Sie beschreiben den Kontext zu den Geschäftsabsichten und angestrebten Outcomes eines Unternehmens. Stories können ganz banal in alltäglicher Prosa formuliert sein oder aus den Strategiewerkzeugen hervorgehen, die in einem Unternehmen eingesetzt werden (z.B. Wardley Map, Vision, Mission, Business Model Canvas).

Stories vs. User Story

Als Stories verstehen wir in Zusammenhang mit Flight Level 3 Informationen, die aus Texten oder Werkzeugen hervorgehen und für die ausführenden Personen zu einem besseren Verständnis der strategischen Ausrichtung des Unternehmens beitragen. Sie liefern Hintergrundinformationen zu getroffenen Entscheidungen. Uns ist bewusst, dass im agilen Kontext eine Verwechslungsgefahr mit »User Stories« besteht, aber diese sind hier nicht gemeint. Sollten wir an einer anderen Stelle von User Stories sprechen, bezeichnen wir sie auch als solche.

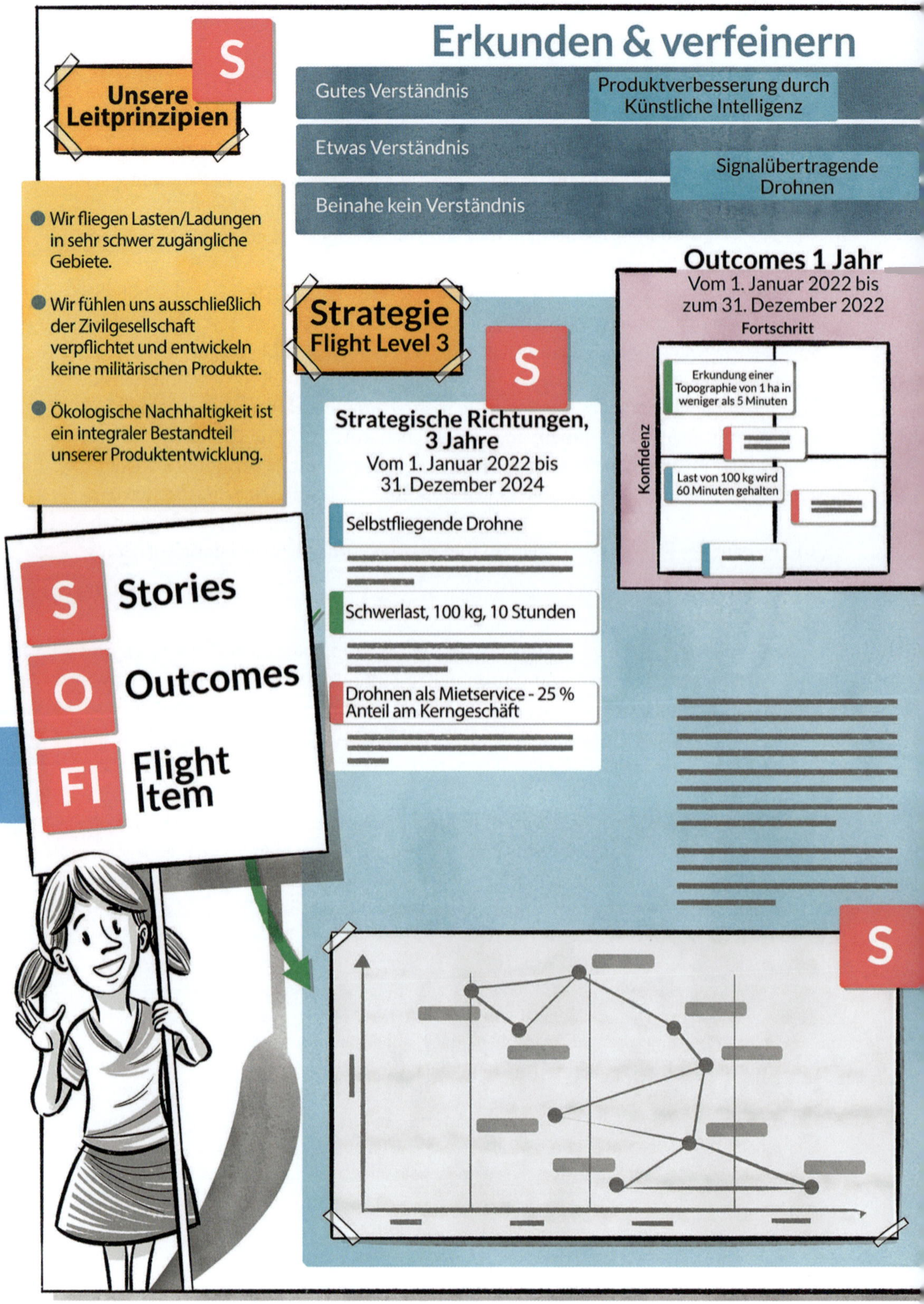

Abb. 4–13 *Wo die SOFI auf dem Board im Beispiel des Drohnenherstellers zu finden ist.*

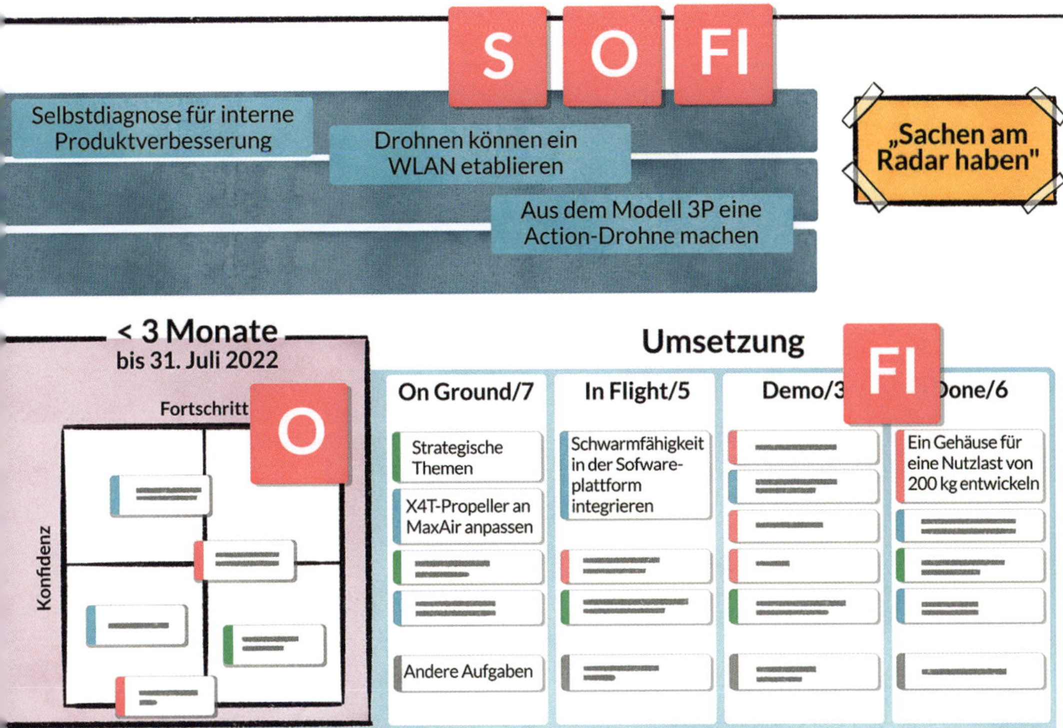

S

Last von 100 kg für 60 Minuten halten

- Ende 2022 können wir eine Last von 100 kg 60 Minuten in der Luft halten.
- Das können wir auf zwei Arten erreichen:
  (1) Wir modifizieren die Drohne MaxAir so, dass sie die Last alleine tragen kann.
  (2) Wir verteilen die Last auf mehrere Standard-Drohnen.
  Die Fracht wird automatisch und synchron transportiert.
- Warum verwenden wir dafür nicht die MaxAir-Drohne? Schließlich wollen wir das doch erreichen. Warum brauchen wir also eine IT-lastige zweite Lösung?
- Gemäß unserer Nachhaltigkeitsrichtlinien nehmen wir Drohnen zurück, die von unseren Kundinnen nicht mehr gebraucht werden und entsorgen sie umweltfreundlich.
- Wir überholen alle flugfähigen Drohnen ab Q1 2023 und verkaufen sie als Cluster-Lösungen wieder.
- Damit sparen wir Entsorgungskosten und wir können unsere hochpreisigen Modelle an ein preissensibles Marktsegment verkaufen.

MaxAir kann 100 kg Last heben

- Unsere MaxAir-Drohne kann eine Last von 100 kg heben und einige Minuten ohne Flugbewegung in der Luft halten.
- Die Arbeit mit unseren Kundinnen hat gezeigt, dass eine Nutzlast von 100 kg etwa 85 % des Bedarfs abdecken kann.
- Der Kaufpreis für eine MaxAir mit 100 kg Nutzlast liegt etwa 40 % höher als der einer Standard-5P-Drohne. Das Be- und Entladen der Drohne verringert sich um 60 %, was den Wechsel zur MaxAir rechtfertigt.
- Bei einer Nutzlast von mehr als 100 kg wären die Anschaffungskosten zu hoch und für die Kundinnen nicht mehr profitabel.

5P-Drohnencluster hebt 100 kg

- Unsere 5P-Drohnen können eine Nutzlast von 100 kg in einem Cluster heben und ohne Flugbewegung für einige Minuten in der Luft halten.
- Dieser skalierbare Ansatz erlaubt unseren Kundinnen, mehr als 100 kg zu transportieren, wenn der Bedarf besteht.

- Outcomes sind Werte, die ein Unternehmen in einem gewissen Zeitraum erreichen will. Diese Werte sind in den meisten Fällen sowohl für das Unternehmen als auch für die Kundinnen relevant. Businesswerte sind quantifizierbar (z.B. operative Ziele, KPIs, Key Results).
- Flight Items, die aus der Strategie direkt abgeleitet werden, sind Arbeitsaufgaben, die erledigt werden müssen, damit die Organisation beim Erreichen der angestrebten Outcomes einen Fortschritt macht. Solche Arbeitsaufgaben können zum Beispiel in Form von konkreten Initiativen, Projekten, Features, Epics etc. auftreten.

Diese drei Elemente sind alles bzw. die SOFI ist alles, was wir brauchen, um ein Flight-Level-3-System beschreiben und abbilden zu können. SOFI finden wir auch im Fallbeispiel des Drohnenherstellers:

- In recht ausführlichen **Stories** in Form von Erklärungen, Wardley Maps und Notizen zu Ideen und Opportunitäten wird beschrieben, was das Unternehmen weshalb und bis wann erreichen will.
- Mit Fortschritts-/Konfidenzskalen wird verfolgt, wie sich die angestrebten **Outcomes** entwickeln.
- Auf einem einfachen Board bewegen sich die **Flight Items,** die aus den Outcomes abgeleitet und zurechtgeschnitten werden, derart, dass sie in einem überschaubaren Zeitraum abgearbeitet werden können.

4.2.1 Allgemeines zur SOFI

Auf einem prototypischen Flight-Level-3-Board, wie wir es in den Grundlagen dargestellt haben (siehe Abb. 4–14), lässt sich die SOFI sehr leicht erkennen. Allerdings entsteht bei dieser Darstellung der Eindruck, dass es sich bei der Umsetzung der Strategie um einen linearen Ablauf handelt: Zuerst müssen die langfristigen strategischen Ziele definiert werden, daraus werden die mittelfristigen Outcomes formuliert, aus denen wiederum die kurzfristigen Outcomes und daraus schließlich die Flight Items abgeleitet werden.

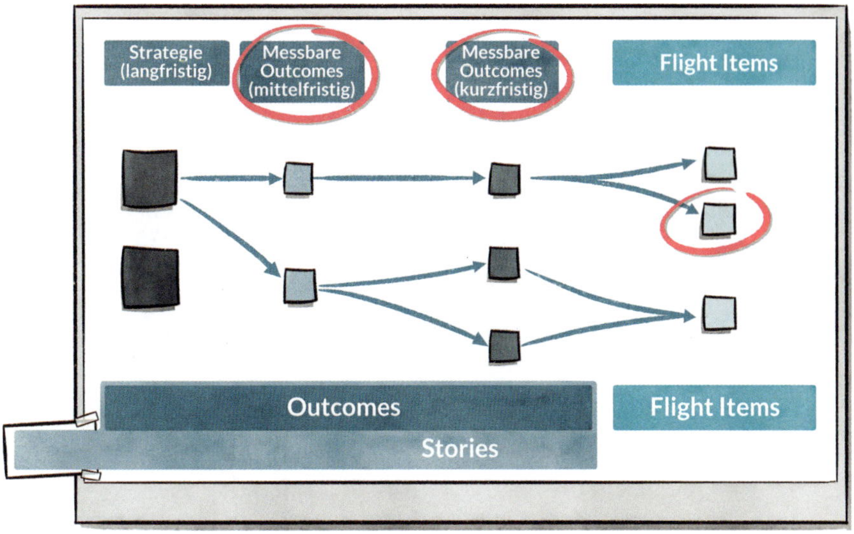

Abb. 4–14 *SOFI auf einem prototypischen Flight-Level-3-Board*

Zum einen ist diese Linearität nicht zwingend nötig und zum anderen sollte die Umsetzung ein adaptiver Prozess sein (siehe Abb. 4–15) – eine kontinuierliche Feedbackschleife, die die Strategie vom aktuellen, realen Standpunkt aus immer wieder neu bewertet. Und wenn es notwendig ist, kann die Umsetzung der Strategie und natürlich die Strategie selbst immer wieder verbessert und angepasst werden.

Ganz häufig ist es ja so: Die wahre Magie (wie unser Kollege Markus Brandl es so schön nennt) passiert, sobald die »echte« Arbeit beginnt. Erst im Tun wird klar, was funktioniert, was nicht funktioniert und wo wir falschen Annahmen aufgesessen sind. Strategie ist eben nicht der statische, 300-seitige Foliensatz eines international tätigen Beratungsunternehmens! Flight Level 3 ist hochdynamisch: Strategie betrifft immer die Zukunft, und wenn wir etwas sicher nicht kennen, ist es die Zukunft. Also ist es sinnlos, mit einem Foliensatz die Zukunft planen zu wollen. Das haut nicht hin. Jedes Mal, wenn sich Menschen vor dem Strategieboard versammeln, sollen sie dort den aktuellen Stand des Irrtums vor sich sehen und überlegen, ob die Annahmen von gestern der Realität von heute noch standhalten.

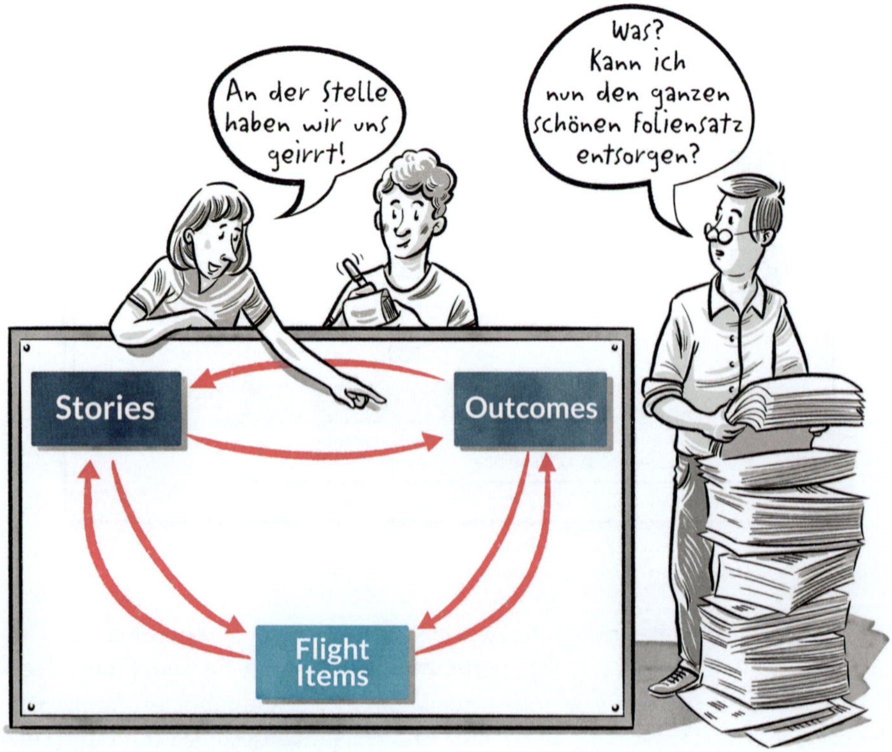

Abb. 4–15 *Strategie als Feedbackschleife*

Auf Flight Level 3 herrscht Bewegung

Auf Flight Level 3 ist Veränderung essenziell! In vielen Organisationen ist es aber genau umgekehrt: Es wird einmal eine Strategie festgelegt, die für fünf Jahre Gültigkeit haben soll, und die gesamte Organisation soll die Strategie nach dem Wasserfallmodell umsetzen. Das ist **nicht** die Pointe von Flight Level 3! Deswegen werden Strategie und gewünschte Outcomes in der Flight-Levels-Denkweise wöchentlich reflektiert.

4.2.2 Patterns für Flight-Level-3-Boards

Bei einem Flight-Level-3-Board (nennen wir es der Einfachheit zuliebe FL3-Board) geht es darum, die Verbindung zwischen den langfristigen (strategischen) Outcomes und den Flight Items in der operativen Umsetzung herzustellen (siehe Abb. 4–5). In Abbildung 4–6 haben wir gesehen, wie sich daraus ein Grundmuster für ein Board ergibt. So wie auf Flight Level 2 gibt es nun auch auf Flight Level 3 wiederkehrende Anforderungen, was das Board abbilden soll. Deshalb zeigen sich hier wieder einige Patterns, die in der Praxis häufig vorkommen und die wir uns daher als Inspiration für das eigene Board zunutze machen können.

Hinweis zur Verwendung

In den seltensten Fällen wird ein einziges Pattern genügen, um ein aussagekräftiges Flight-Level-3-Board zu gestalten. Es ist daher sinnvoll, mehrere Patterns miteinander zu kombinieren!

4.2.2.1 FL3-Board Pattern 1: Die führende Spalte definieren

Warum ist die ganz linke Spalte auf einem FL3-Board ein eigenes Pattern wert? Nun ja: Aus den Inhalten dieser Spalte entwickelt sich der gesamte Verbindungspfad zu den Flight Items. Deshalb sollte schon etwas Hirnschmalz in die Frage investiert werden, was sich darin wiederfinden soll.

In dieser »führenden« Spalte sieht man auf diversen Boards häufig Inhalte wie »strategische Business-Outcomes«, »strategische Richtung«, »strategische Fokusthemen« oder »Ziele«.

Abb. 4–16 Die führende Spalte definieren

4.2.2.2 FL3-Board Pattern 2: Verbindung durch Swimlanes, Avatare oder Farben

Auf dem »Ur-Board« in Abbildung 4–5 haben wir die Verbindung zwischen den langfristigen Outcomes und der operativen Umsetzung mit Pfeilen visualisiert. Diese Art der Darstellung wäre aber höchst unpraktisch, wenn sich auf einem Board mehr als drei Outcomes und zwei Flight Items befinden. Um Ordnung in die Sache zu bringen, können wir auf ein altbekanntes Hilfsmittel zurückgreifen, nämlich auf Swimlanes – also Zeilen am Board. Dadurch wird deutlich sichtbar, welche Flight Items auf welche Outcomes einzahlen und welche Outcomes miteinander verbunden sind.

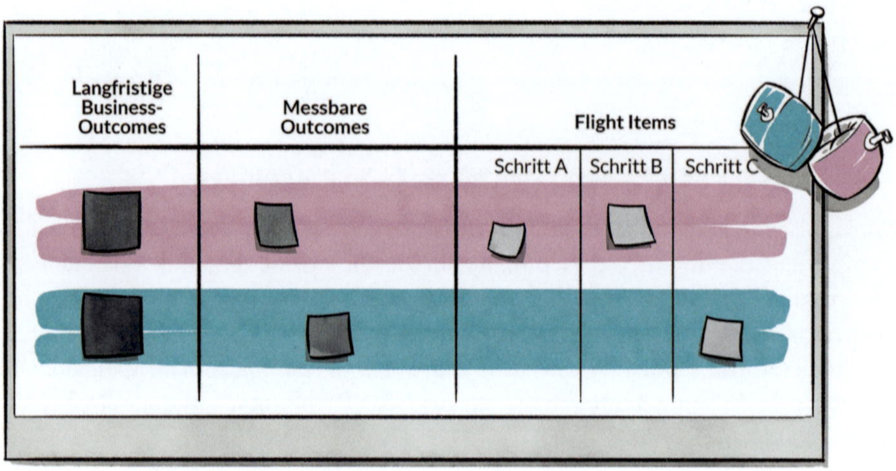

Abb. 4–17 *Verbindung durch Swimlanes*

Natürlich sind diese Zuordnungen aber nicht immer so trennscharf möglich. Ein Flight Item kann durchaus mehrere Outcomes beeinflussen – in diesem Fall wird es schwierig, Swimlanes zu ziehen. Zwei andere Möglichkeiten, die Zugehörigkeit von Flight Items zu bestimmten Outcomes zu signalisieren, sind daher Avatare (Sticker auf den Zetteln für die Flight Items – siehe Abb. 4–18) oder unterschiedliche Farben für die einzelnen Outcomes (siehe Abb. 4–19). Das Positive an Farben ist: Es gibt eine endliche Menge wirklich gut unterscheidbarer Farben. Diese Endlichkeit zwingt dazu, es mit der Menge der Outcomes nicht zu sehr zu übertreiben und die Organisation daher auch nicht zu überlasten.

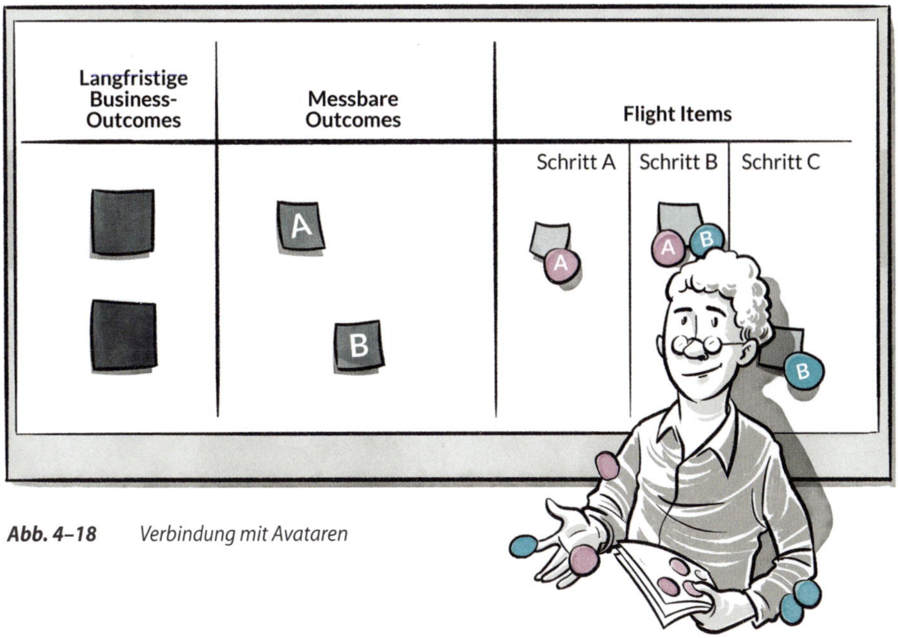

Abb. 4–18 *Verbindung mit Avataren*

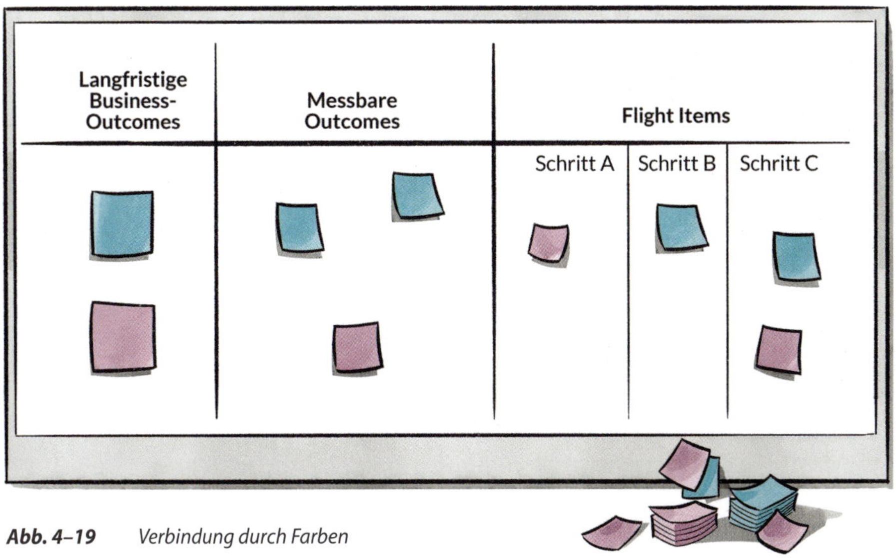

Abb. 4–19 *Verbindung durch Farben*

4.2.2.3 FL3-Board Pattern 3: Objectives, Key Results, Actions – OKRA

Flight Levels und diverse andere Tools und Methoden schließen einander nicht aus – das zeigt uns ja auch die SOFI. Viele Unternehmen arbeiten zum Beispiel mit Objectives und Key Results, um ihre gesteckten Ziele zu erreichen. Das lässt sich auch auf einem Board abbilden, nur ist aus Flight-Levels-Sicht eine Ergänzung essenziell: die Actions, die gesetzt werden müssen, um die Key Results tatsächlich Realität werden zu lassen. Wie wir inzwischen wissen, spielt sich in der Flight-Levels-Welt die Action – die operative Arbeit – in Form der Flight Items ab. Bei diesem Pattern kann auch wieder mit Farben deutlich gemacht werden, welche Action (welches Flight Item) auf welche Key Results und damit auf welche Objectives einzahlt.

Abb. 4–20 *Objectives, Key Results & Actions*

4.2.2.4 FL3-Board Pattern 4: Skalen

Zu Beginn dieses Kapitels haben wir darüber gesprochen, warum der traditionelle Weg der Strategieumsetzung selten funktioniert. Am Anfang des Jahres werden Ziele ausgegeben und am Ende des Jahres wird das, was getan wurde, passend für die Ziele zurechtgebogen – oder es wundern sich alle, warum dies und jenes nicht erreicht wurde. Dieses Problem entsteht unter anderem, wenn während des gesamten Jahres der Fortschritt auf dem Weg zu den gewünschten Outcomes nicht mitverfolgt wird. Auf Flight Level 3 sehen sich die Beteiligten in kurzen – am besten wöchentlichen –

Zyklen an, ob und um wie viel die Organisation den gesetzten Outcomes nähergekommen ist. Das heißt, auf einem Flight-Level-3-Board wollen wir keine binären Ergebnisse à la »erreicht – nicht erreicht« sehen, sondern wir wollen in Echtzeit erfassen, ob wir uns auf einen Outcome hinbewegen oder ob wir nicht weiterkommen. Dabei helfen uns Skalen, von denen es im Wesentlichen zwei gibt.

Der Fortschritt beim Erreichen der Outcomes wird in der Praxis meistens auf einer horizontalen Skala mit Intervallen von 0 bis 100 Prozent abgebildet (siehe Abb. 4–21).

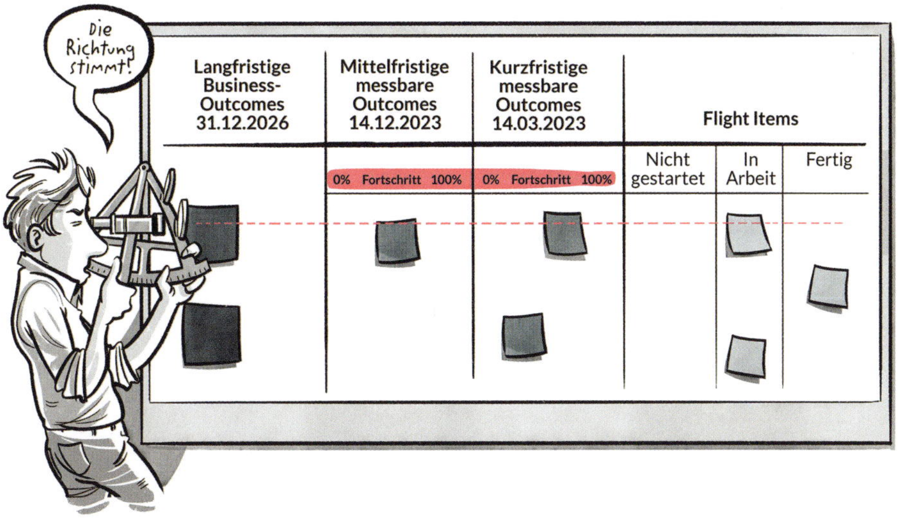

Abb. 4–21 *Fortschrittsskala*

Eine andere Möglichkeit ist eine vertikale Konfidenzskala (siehe Abb. 4–22), auf der – häufig nach dem kollektiven Bauchgefühl – eingeordnet wird, mit welcher Wahrscheinlichkeit die Outcomes erreicht werden. Konfidenzskalen werden eingesetzt, wenn schwer greifbar ist, ab welchem Punkt der Umsetzung sich tatsächlich eine Bewegung in die richtige Richtung bemerkbar machen wird. Das ist zum Beispiel der Fall, wenn Verkaufszahlen nach oben gedreht werden sollen: Wegen der vielen Vorarbeiten, die für eine Absatzsteigerung notwendig sind, würde sich auf einer Fortschrittsskala, die nur auf messbaren Ergebnissen beruht, sehr lange nichts bewegen. Sehr wohl lässt sich aber mit jeder umgesetzten Maßnahme immer besser einschätzen, ob das gesetzte Ziel erreichbar ist oder nicht. Selbstverständlich können Fortschritts- und Konfidenzskalen auch kombiniert werden, denn dadurch wird noch deutlicher, ob Outcomes gegebenenfalls adaptiert werden sollten.

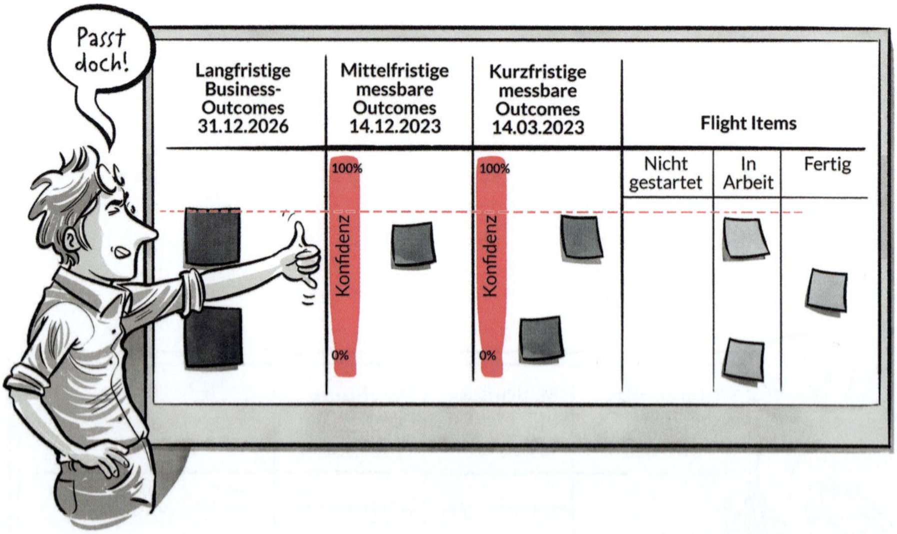

Abb. 4–22 *Konfidenzskala*

Genau darum geht es auf Flight Level 3: Die Frage ist hier nicht, wie viele Flight Items umgesetzt wurden, sondern ob die angestrebten Outcomes erreicht werden können und wenn nicht, ob

a) etwas getan werden kann, um sie doch noch zu erreichen, oder ob

b) die Outcomes nicht passend formuliert wurden und adaptiert werden sollten.

Erst nachdem diese Frage geklärt ist und sich die Ergebnisse nicht so wie gewünscht bemerkbar machen, können die Beteiligten überprüfen, ob gegebenenfalls etwas bei der Umsetzung klemmt.

> **Tipp**
>
> Egal, welche Skala verwendet wird: Es ist sinnvoll, in den Spaltenüberschriften festzuhalten, bis zu welchem Datum die Outcomes erreicht werden sollen. Das ist auch für jedes andere Pattern eine gute Ergänzung!

4.2.2.5 FL3-Board Pattern 5: Stories hinzufügen

Am Beispiel des Drohnenherstellers haben wir gesehen, dass es ganz hilfreich ist, zu den einzelnen Outcomes und über die Ambitionen des Unternehmens im Allgemeinen etwas mehr Kontext (Stories) mitzuliefern. Diese Hintergrundinformationen, die den Menschen in der operativen Umsetzung mehr Aufschluss über das »Warum« geben, werden nicht in 300-seitigen Foliensätzen geparkt, sondern sind in kurzer und knackiger Form ebenfalls Teil des Flight-Level-3-Boards.

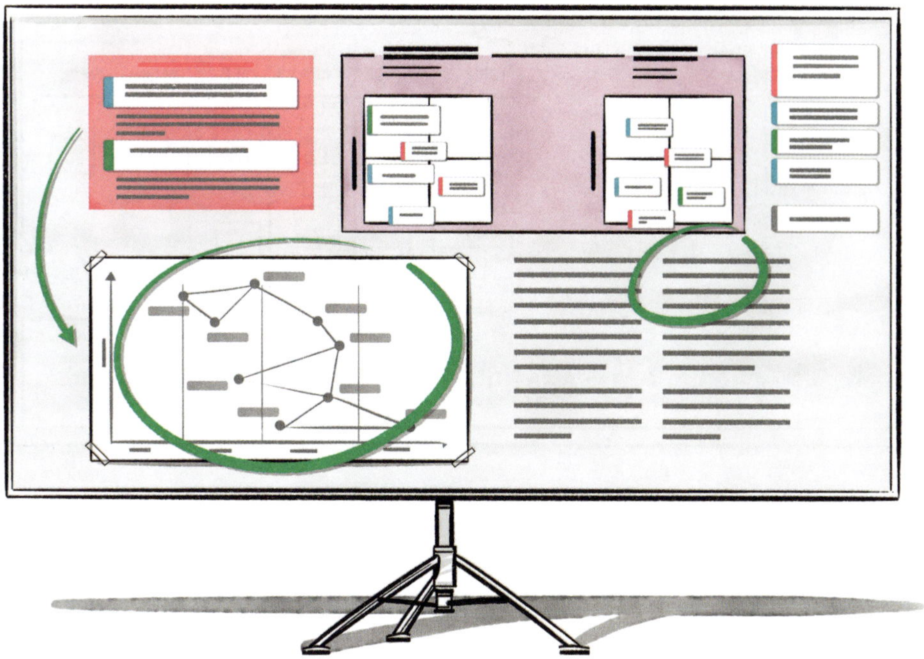

Abb. 4–23 *Stories hinzufügen*

4.2.2.6 FL3-Board Pattern 6: Viele Flight Items

In größeren Organisationen kommt es oft vor, dass sich sehr viele Flight Items auf dem Flight-Level-3-Board befinden. Durch die Natur der Arbeit auf Flight Level 3 ist es aber sehr schwer, mit WIP-Limits die Menge der Arbeit zu begrenzen. Durch die Gestaltung des Boards ergibt sich jedoch eine recht einfache Möglichkeit, trotzdem einen klaren Fokus aufzubauen.

Sehen wir uns das Board in Abbildung 4–24 von rechts nach links an: In der »Fertig«-Spalte erkennen wir offenkundig das bereits abgeschlossene Flight Item. In der Spalte »Messen« sind die Flight Items zwar fürs Erste abgeschlossen, aber es wird noch überprüft, ob damit der gewünschte Outcome tatsächlich erreicht werden kann – hier können daher noch Arbeiten anfallen.

Jetzt wird es interessant: Ab der dritten Spalte von rechts sehen wir nun alle Flight Items, die zwischen Januar und Dezember abgeschlossen werden sollen. Was kurz vor Jahresende passiert, ist aus heutiger Sicht vielleicht nicht so relevant. Der Fokus für die Fertigstellung sollte eher auf den Items liegen, die gerade gemessen werden bzw. die vor Februar und April fertig werden müssen. Das können wir verdeutlichen, indem wir diese Items in einem »Fokusbereich« hervorheben. Zusätzlich ist es sinnvoll, die Flight Items in den einzelnen Spalten nach ihrer Priorität zu sortieren. An oberster Stelle gereihte Items haben eine höhere Priorität als die Items darunter.

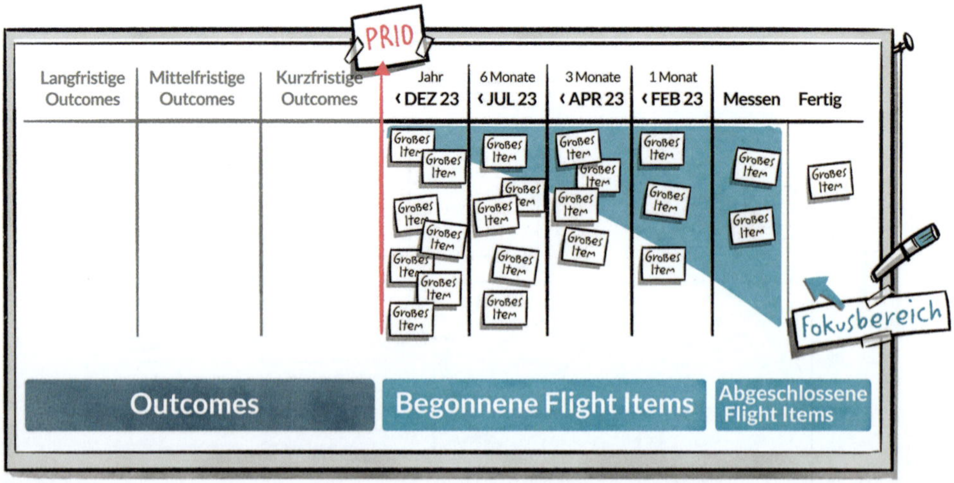

Abb. 4–24 *Viele Flight Items*

4.2.2.7 FL3-Board Pattern 7: Verfeinern, erkunden, analysieren

Erinnern wir uns wieder an das Beispiel des Drohnenherstellers: Das Unternehmen verfolgt nicht sofort jede auftauchende Idee, aber Ideen werden auch nicht einfach verworfen, nur weil es gerade nicht genügend Kapazitäten dafür gibt. Stattdessen werden Ideen, aufkommende Geschäftsmöglichkeiten oder wichtige Trends in einem eigenen Bereich über dem Board sichtbar gemacht.

Wichtig ist an diesem zusätzlichen Informationsbereich die Kombination von zeitlicher Achse und Verständnis der Materie. Nehmen wir an, es ergibt sich gerade die Möglichkeit, einen Mitbewerber aufzukaufen. Sofern es sich dabei zum Beispiel um einen gut bekannten Drohnenhersteller handelt, muss wahrscheinlich nicht viel zusätzliches Wissen aufgebaut werden und die Entscheiderinnen sollten sich in den nächsten Tagen überlegen, ob sie diesen Schritt gehen wollen. Hingegen kann die Idee für ein neues Feature viel neues Wissen verlangen und deshalb braucht es einige Zeit, bis die technischen Details geklärt sind.

Einen solchen eigenen Bereich anzulegen, hat zum einen den Effekt, dass Ideen und Möglichkeiten nicht einfach verloren gehen. Zum anderen kann er aber auch dabei helfen, Missverständnissen vorzubeugen. Wenn Personen – vor allem in Führungspositionen – neue Ideen einbringen, entsteht oft der Eindruck, dass diese auch gleich umgesetzt werden sollen bzw. müssen. Das ist aber häufig gar nicht so gemeint, trotzdem wird die Idee sukzessive durch Einwände zerstört, weil ja noch so viele andere Dinge zu tun sind. Die zeitliche Komponente hilft dabei, den empfundenen Druck herauszunehmen, wenn die Ideengeberin klarmacht, von welchem Zeithorizont sie überhaupt spricht.

Das Ziel ist natürlich, dass es die Ideen und Möglichkeiten irgendwann aus diesem Wartebereich auf das eigentliche Board schaffen und umgesetzt werden. Genauso kann sich nach einiger Zeit aber herausstellen, dass eine Umsetzung nicht sinnvoll ist – dann werden sie wieder aussortiert.

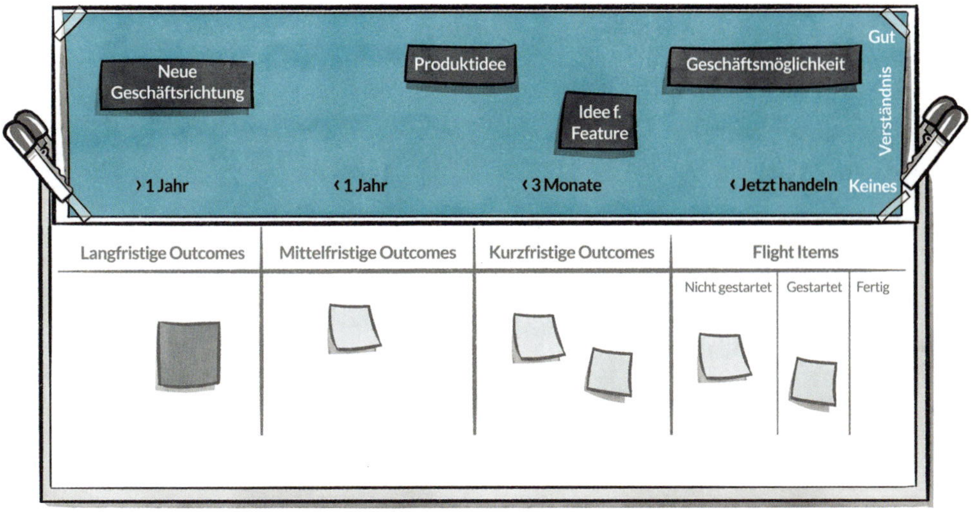

Abb. 4–25 *Verfeinern, erkunden, analysieren*

4.2.2.8 FL3-Board Pattern 8: SAFe® Portfolio

Wer sich bereits mit dem agilen Skalierungsframework »SAFe®« befasst hat, hat in FL3-Board Pattern 7 vielleicht schon eine Kombinationsmöglichkeit mit Flight Levels erkannt. Im Portfolio-Kanban-System von SAFe® finden sich die Schritte »Funnel«, »Reviewing« und »Analyzing«. Ideen und Möglichkeiten werden gesammelt, begutachtet und analysiert, bevor sie als Epic im Portfolio-Backlog aufgenommen und schließlich implementiert werden. So wie bei unserem Drohnenhersteller geht es auch hier einfach darum, etwas zu verstehen, bevor es umgesetzt wird.

Die Schritte Funnel, Reviewing und Analyzing lassen sich auf einem Flight-Level-3-Board also in dem gleichen Bereich der Möglichkeiten abbilden, den wir in Pattern 7 vorgestellt haben. Ergänzt um die zeitliche Achse wird dann auch gut sichtbar, wann Epics wirklich in die Umsetzung gelangen – also in den Flight-Items-Bereich eines FL3-Boards (in Abb. 4–26 »Epics in Process«). Dort können die Flight Items den übrigen Teil des SAFe®-Portfolio-Kanban mit den Schritten »MVP«, »Persevere« und »Done« durchlaufen.

SAFe® empfiehlt, jedem Epic einen Businesswert zuzuweisen, das heißt, es muss klar sein, welcher Outcome mit einem Epic erreicht werden soll. Aber: Hier geht es um den Outcome des Epics. Wir müssen daher noch abgleichen, inwieweit der Outcome des Epics mit den angestrebten Outcomes der Organisation zusammenpasst – dabei ist das Flight-Level-3-Board eine visuelle Hilfe.

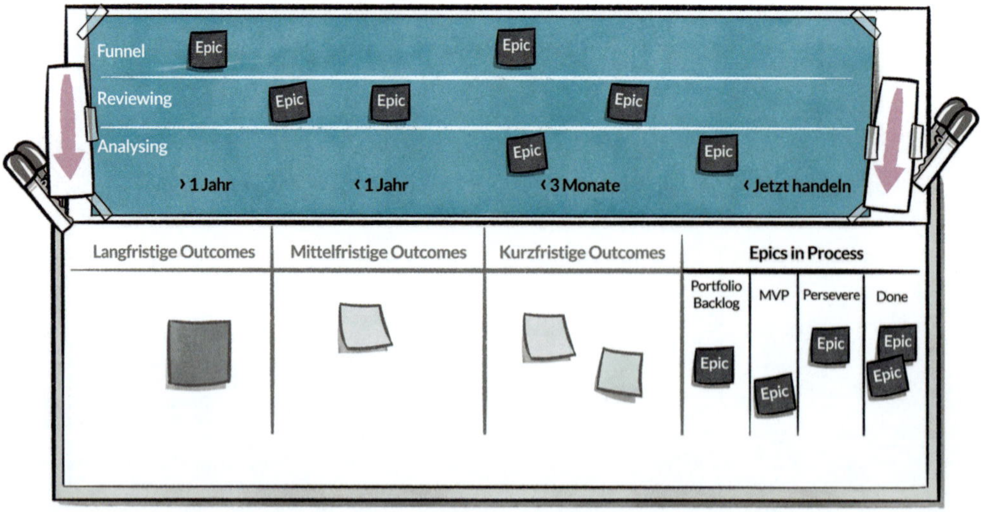

Abb. 4–26 *SAFe®-Portfolio-Kanban*

4.2.3 SOFI verbessern

Die liebe SOFI kann auf zwei Arten eingesetzt werden:

1. Vorhandene Informationen aus diversen strategischen Frameworks können in Stories, Outcomes und Flight Items umgeformt werden, um sie im Rahmen des Flight-Levels-Modells zu nutzen.
2. Wenn es keine anderen strategischen Instrumente gibt, kann SOFI selbst als Strategieansatz verwendet werden – so wie wir das am Beispiel des Drohnenherstellers gezeigt haben.

Egal, welche Variante genutzt wird: Es gibt einige Kriterien, die dafür sorgen, dass die SOFI eine schöne SOFI ist und ihre Wirksamkeit entfalten kann. Diese Kriterien werden aber nicht dabei helfen, schönere OKRs zu formulieren oder beeindruckendere Wardley Maps zu zeichnen – darum geht es hier nicht. Im Mittelpunkt steht die Frage, wie Stories, Outcomes und Flight Items formuliert werden können, um den Weg von der Strategie zur operativen Umsetzung so reibungslos wie möglich zu gestalten.

4.2.3.1 Flight Items formulieren

Wie Flight Items abgebildet bzw. am besten formuliert werden, hängt in vielen Unternehmen davon ab, wie auf Flight Level 2 und 1 gearbeitet wird (siehe zum Beispiel Connection Pattern 3 der Skalierung in Abschnitt 4.1.3.3). Wird die Arbeit beispielsweise von Scrum-Teams ausgeführt, dann sollten sich die Flight Items gegebenenfalls über mehrere Flight-Level-Boards bis auf User Stories herunterbrechen lassen.

In jedem Fall ist aber wichtig, dass es auf Flight Level 3 eine Verbindung zwischen den Flight Items und den angestrebten Outcomes gibt. Das heißt, jedes Flight Item, das seinen Ursprung in der Strategie des Unternehmens hat, sollte direkt auf einen definierten Outcome einzahlen – denn das ist die Pointe bei der Arbeit mit Flight Levels. Diese Eindeutigkeit sollte sich durch alle Flight-Level-Systeme ziehen, die mit Flight Level 3 direkt verbunden sind: Auf den »Kopien« der Flight Items, die an die Flight-Level-2-Systeme weitergegeben werden, sollte also klar festgehalten werden, welcher Outcome damit unterstützt wird. Das ist vor allem wichtig, damit auf Flight Level 2 die Möglichkeit entsteht, Erfolge zu messen (siehe dazu auch Board Pattern 9 »Output vs. Outcome«, Abschnitt 3.2.9). »Erfolg« bedeutet in diesem Fall: Es wurde der Outcome erreicht, der auf Flight Level 3 definiert wurde.

Noch eine Anmerkung zum »Weitergeben«: Zwischen den Flight Levels sollte Einigkeit über Formate und Bezeichnungen für Flight Items herrschen. Verwirrend wird es zum Beispiel, wenn auf Flight Level 2 mit Epics gearbeitet wird, während auf Flight Level 3 ständig von Initiativen die Rede ist (siehe dazu auch Abschnitt 5.3).

Zu guter Letzt kommt es auch auf die Größe an. Egal, ob man sich auf Flight Level 1 oder 3 bewegt: Wenn Arbeiten zu groß geschnitten sind, kann das schnell in Frustration ausarten. Klarerweise gibt es am Flight-Level-3-Board weniger Bewegung als am Flight-Level-1-Board; Drei-Jahres-Flight-Items sind aber auch hier keine gute Idee.

4.2.3.2 Outcomes formulieren

»Fortschritt messen« ist bekanntlich eine der fünf Aktivitäten des Systemdesigns, die wir auf allen Flight Levels immer wieder durchführen (siehe Abb. 1–2). Auf den Flight Levels 2 und 1 müssen wir eigene Metriken finden, die unterschiedliche Schlaglichter auf den Fortschritt der Arbeit werfen. Flight Level 3 hat hingegen die Besonderheit, dass die Metriken in Form der Outcomes bereits inhärenter Bestandteil des Boards sind. Wie wir wissen, können Outcomes aber auf unterschiedliche Art und Weise beschrieben sein – da hat jedes gängige Framework seine eigene Philosophie. Damit wir mit den Begrifflichkeiten nicht durcheinanderkommen, wollen wir an dieser Stelle noch einmal festhalten, wie Output, Outcome und Messung in der Flight-Levels-Welt verstanden werden:

- Ein **Output** ist die Menge von etwas, das von jemandem oder etwas (Fabrikartigem) produziert wird. Zum Beispiel: die Anzahl der abgeschlossenen Projekte oder die Menge der gedruckten Zeitungen. Der Output allein schafft in der Regel noch keinen Wert (solange zum Beispiel eine Kundin die Zeitung nicht kaufen kann, hat sie keinen Nutzen und das Unternehmen hat keinen Umsatz).
- **Outcomes** sind wirtschaftliche Resultate, die durch die Kombination mehrerer Outputs erzielt werden. Zum Beispiel: neue zahlende Kundinnen, verkaufte Zeitungen. Ein Outcome stiftet einen (wirtschaftlichen) Wert für das Unternehmen und für die Kundinnen.

- Bei einer **Messung** werden die Charakteristiken eines Objekts oder Ereignisses quantifiziert, um sie mit anderen Objekten oder Ereignissen vergleichen zu können. Zum Beispiel: der Umsatz im Jahr 2022, die Anzahl der Kundinnen.

Auf Flight Level 3 wollen wir primär Outcomes formulieren, die messbar sind. Das klappt vielleicht nicht immer, aber es ist den Versuch wert. Worauf du dabei achten solltest, ist jetzt das Thema.

Nicht messbare Outcomes

Folgendes Problem tritt immer wieder auf: Es ist unklar, wie die definierten Outcomes gemessen werden sollen. Zum Beispiel: Woran erkennt man eine Verbesserung der Produktqualität? Wann führt man ein gesünderes Leben? Wie lässt sich messen, ob die IT-Sicherheit erhöht wurde? Bei solchen Fragen kann uns Douglas Hubbard helfen, der das schöne Buch »How to Measure Anything« geschrieben hat [Hubbard 2014].

Bleiben wir bei dem gewünschten Outcome: »Wir wollen die IT-Sicherheit erhöhen.« Der Messbarkeit nähern wir uns, indem wir diesen Outcome in Teilaspekte zerlegen, die sich erkennen oder beobachten lassen. Ein Indikator für höhere IT-Sicherheit könnte etwa sein, dass weniger Viren die IT lahmlegen. Weitere beobachtbare Anzeichen wären:

- Weniger Virusinfektionen
- Weniger verlorene Daten durch entwendete Rechner
- Weniger nicht legitimierte Zugriffe durch Hacks
- Weniger Vorfälle, die gemäß DSGVO meldepflichtig wären

Es wird also näher beschrieben, was IT-Sicherheit überhaupt ist, und dabei stoßen wir auf Teilziele, die durchaus messbar sind, wenn in den aufgezählten Punkten das »weniger« auch noch quantifiziert wird.

Indikatoren

Die Qualität der Beschreibung von Outcomes kann mithilfe von Früh- und Spätindikatoren verbessert werden. Das Ziel »10 Kilo abnehmen« ist zum Beispiel ein Spätindikator (Lagging Indicator), weil dieses Ziel nur verifiziert werden kann, indem ein Resultat gemessen wird: Man steigt auf die Waage und sieht, ob sie 10 Kilo weniger anzeigt, 3 Kilo weniger oder 5 Kilo mehr. Für ein Unternehmen wären Umsatz, Gewinn, Cashflow, Marktanteil und Kundenzufriedenheit Beispiele für solche Spätindikatoren. Der Vorteil eines Spätindikators ist, dass er sehr eindeutig beschreibt, ob ein Ziel erreicht oder verfehlt wurde. Andererseits lässt sich dadurch nur die Vergangenheit beschreiben, denn das Resultat gibt bis zu einem gewissen Maß Aufschluss darüber, was passiert ist, um zu diesem Resultat zu gelangen.

Deswegen ist es sinnvoll, auch Frühindikatoren zu definieren. Ein Frühindikator (Leading Indicator) zeigt an, ob es wahrscheinlich ist, dass das Ziel in der Zukunft erreicht wird. So lässt sich die Wahrscheinlichkeit, 10 Kilo abzunehmen, erhöhen, indem man solche Frühindikatoren definiert: pro Tag maximal 1500 Kalorien zu sich nehmen und jeden Tag 15.000 Schritte gehen. Diese beiden Indikatoren können jeden Tag gemessen werden, und wenn das Programm konsequent durchgehalten wird, ist die Wahrscheinlichkeit sehr hoch, dass die betreffende Person in absehbarer Zeit tatsächlich 10 Kilo abgenommen haben wird. Frühindikatoren sind daher so etwas wie ein Frühwarnsystem, aber sie sind keine hinreichenden bzw. eindeutigen Beweise.

Das Praktische an Frühindikatoren ist, dass sie am Board eingebaut werden können. Auf dem Board in Abbildung 4–27 könnte in der ersten Swimlane als Outcome zum Beispiel definiert sein »10 Kilo abnehmen«. In der Spalte rechts daneben werden die Frühindikatoren angegeben, die durch einen regelmäßigen Check anzeigen, ob das Ziel erreicht werden kann. Genauso können für das Quartalsziel in der dritten Spalte (zum Beispiel »3 Kilo weniger bis 31. März«) Frühindikatoren formuliert werden. Wie immer ist das nur eine Variante von vielen. Wo die Indikatoren am Board platziert werden, ist eine Frage der persönlichen Präferenzen. Idealerweise befinden sie sich in der Nähe des zugehörigen Outcomes, damit die Verbindung deutlich wird. Eine Warnung: Natürlich kann man es auch bei der Formulierung von Indikatoren übertreiben und viel Zeit darauf verschwenden. Die angepeilten Ergebnisse müssen nicht auf zehn Nachkommastellen genau definiert werden!

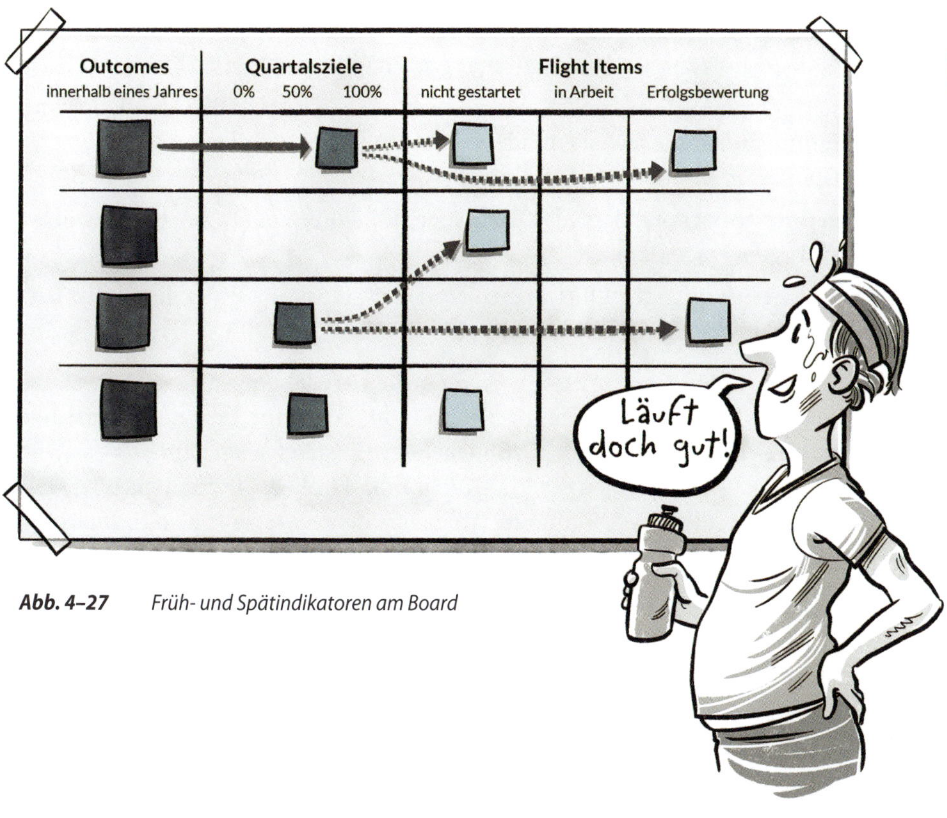

Abb. 4–27 *Früh- und Spätindikatoren am Board*

4.2.3.3 Die Qualität von Outcomes verbessern

Haben wir sinnvolle, nachvollziehbare und messbare Outcomes formuliert – ja oder nein? Diese Frage lässt sich anhand eines Gegenchecks in den folgenden sechs Punkten beantworten:

1. Die Outcomes sind mit anderen Outcomes und Flight Items verbunden.
2. Es wurden Outcomes statt Outputs definiert.
3. Die Outcomes sind messbar und beweglich.
4. Hilft der Outcome den Kundinnen oder dem Unternehmen?
5. Die Outcomes sind realistisch und erreichbar.
6. Die Outcomes sind mit einem Zeitpunkt verknüpft, zu dem sie erreicht sein sollen.

Verbindung mit anderen Outcomes und Flight Items

Wenn ausgehend von einer Strategie ein langfristiger Outcome formuliert wird, sollten sich die mittel- und kurzfristigen Outcomes daraus ergeben. Aus den kurzfristigen Outcomes sollten schließlich Flight Items ableitbar sein, die direkt darauf einzahlen, dass die kurzfristigen Outcomes erreicht werden können. In Abbildung 4–28 sehen wir diese Ableitung anhand eines Beispiels aus der Welt unseres Drohnenherstellers:

- Langfristig sollen selbstfliegende Drohnen eine Last von 500 Kilogramm oder mehr über eine Distanz von 500 Kilometern transportieren können. Dieser Service soll 20 Prozent des Jahresumsatzes ausmachen.
- Dieser Outcome kann erreicht werden, wenn mittelfristig 100 Drohnencluster verkauft werden, die jeweils mindestens 100 Kilogramm über einen Kilometer transportieren können.
- Dazu ist es notwendig, dass als kurzfristiger Outcome ein Drohnencluster überhaupt Lasten tragen kann.
- Um diesen kurzfristigen Outcome zu erreichen, muss eine Koordinationsplattform für Cluster entwickelt werden.

Wir können es auch umgekehrt lesen: Wenn es die Entwicklungsteams schaffen, die Koordinationsplattform zu bauen, ist das ein Indikator dafür, dass der kurzfristige Outcome erreicht wird. Wenn ein Drohnencluster Lasten tragen kann, ist das wiederum ein Indikator dafür, dass der 100-Kilogramm-Drohnencluster umgesetzt werden kann, usw. In dieser Verbindungskette liefert die rechte Seite also Indikatoren für die linke Seite.

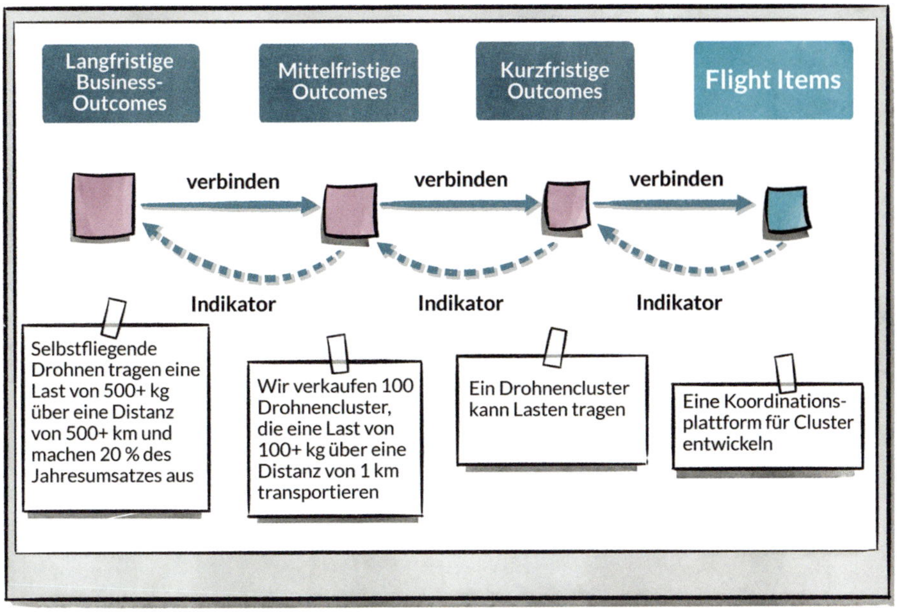

Abb. 4–28 *Outcomes und Flight Items sind miteinander verbunden.*

In Outcomes statt Output denken

In Abschnitt 4.2.3.2 haben wir noch einmal zusammengefasst, was Outcome und Output – aus unserer Sicht – unterscheidet: Ein Output ist die Menge von etwas, die von jemandem oder etwas (Fabrikartigem) produziert wird. Der Outcome ist hingegen das wirtschaftlich bewertbare Resultat eines Outputs.

Wenn du also Outcomes definierst, ist es zunächst einmal sinnvoll, zu überprüfen, ob du nicht doch versehentlich einen Output formuliert hast. Ein Output wäre zum Beispiel: Die Marketingkampagne wurde ausgeliefert. Es ist zum einen ein binäres Ergebnis – erledigt oder nicht erledigt. Zum anderen wissen wir bei dieser Formulierung nicht, ob die Kampagne etwas gebracht hat oder nicht.

Bei einem Outcome wurde hingegen ein (wirtschaftlicher) Wert erzielt, zum Beispiel: Aufgrund der Marketingkampagne sind die Verkäufe von Produkt P von 100.000 auf 110.000 gestiegen. Die Anzahl der Social Media Shares auf der Produktseite ist von 80 auf 110 gestiegen.

Dir sollte aber noch ein zweiter Punkt bewusst sein, wenn du die Qualität der Beschreibung von Outcomes beurteilst: Je weiter man sich der operativen Umsetzung nähert, desto schwieriger wird es, Outcomes klar zu formulieren. Das Beispiel unseres Drohnenherstellers zeigt das sehr schön: Der kurzfristige Outcome hat schon einiges an Messbarkeit eingebüßt – hier geht es im Grunde darum, einen Drohnencluster zu haben oder nicht zu haben.

Der Punkt ist: Bleib dabei, in Outcomes zu denken, auch wenn die Formulierung nicht mehr ganz den Qualitätskriterien entspricht. Denn es geht auch darum, von der Output-Getriebenheit wegzukommen, durch die viele der schlechten Angewohnheiten (zum Beispiel das Starten von zu viel Arbeit) angefeuert werden. Wir raten aber, mehr Hirnschmalz in die lang- und mittelfristigen Outcomes zu investieren als in die kurzfristigen, weil die Abgrenzung zum Output zur rechten Seite hin eben immer schwieriger wird.

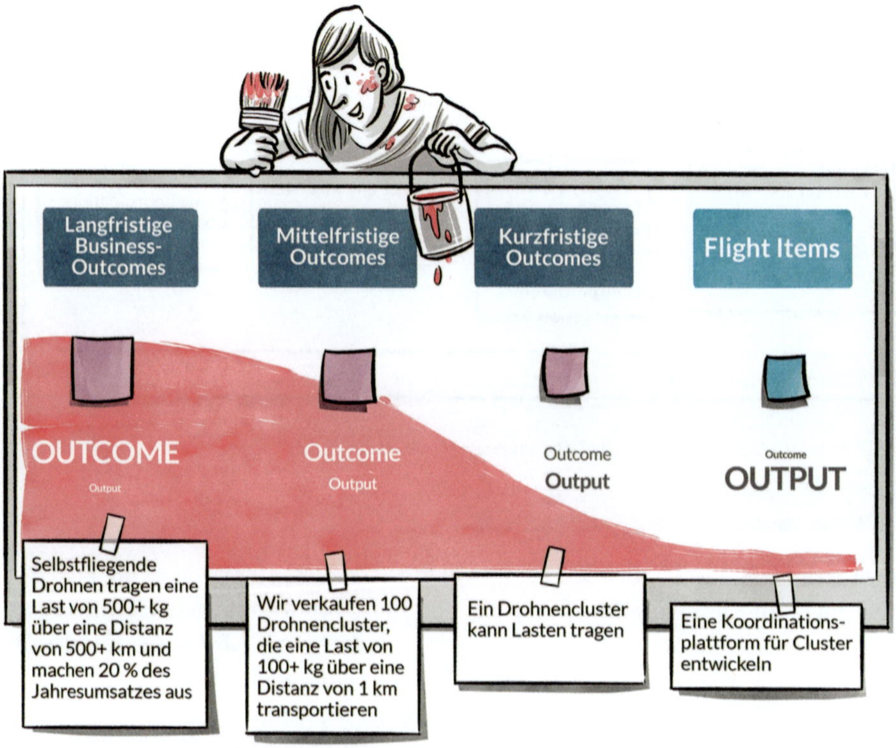

Abb. 4–29 *Je weiter sich das Flight Item auf dem Board nach rechts bewegt, desto schwieriger ist die Formulierung des Outcomes.*

Messbarkeit und Beweglichkeit

Ein Outcome ist messbar und beweglich, wenn am Board in den regelmäßigen Abstimmungsmeetings Bewegung erkennbar wird. Das ist einer der springenden Punkte auf Flight Level 3: Es werden nicht einfach Outcomes ausgegeben und dann sieht man sich im nächsten Quartal wieder, um festzustellen, dass die Outcomes nicht erreicht wurden. Stattdessen treffen sich die Beteiligten einmal pro Woche und sehen sich gemeinsam an, ob es Fortschritte gibt. Und wenn sich am Board nichts bewegt, stellen sie sich die Frage, woran das liegt. Das Ziel ist also, rechtzeitig die Kurve zu kriegen, bevor man an die Wand fährt, bzw. erst gar nicht blind auf die Wand zuzusteuern.

Die Beweglichkeit eines Outcomes entsteht, wenn es nicht binär formuliert wird. Machen wir es mal an zwei Beispielen fest:

- **Schlecht formulierter Outcome**
  »Die App ist im App-Store verfügbar.«
- **Besser formulierter Outcome**
  »1000 Personen haben unsere App heruntergeladen.«
- **Besserer formulierter Outcome**
  »1000 Personen haben unsere App heruntergeladen, davon haben 100 die App mit fünf Sternen bewertet.«

Um eine Bewegung nachvollziehen zu können, muss sie aber auch noch sichtbar und offensichtlich gemacht werden.

- **Ein schlecht formulierter Outcome wäre zum Beispiel:**
  »Die Produktverkäufe sind um fünf Prozent gestiegen.« Hier fehlt es an Eindeutigkeit, weil zuerst einmal geklärt werden müsste, von welcher Basis die fünf Prozent berechnet werden sollen.
- **Ein besser formulierter Outcome würde folgendermaßen lauten:**
  »Die Produktverkäufe sind von 1000 auf 1050 gestiegen.«

Mehrwert für die Kundin oder das Unternehmen

Hilft der Outcome unseren Kundinnen oder hilft er in erster Linie unserem Unternehmen? Diese Frage klingt zwar trivial, aber in der Realität ist selten klar umrissen, für wen der Outcome einen Mehrwert stiftet. Das ist mit ein Grund, warum in der Umsetzung dann die Menschen nicht wissen, warum sie die Dinge tun, die sie tun sollen. Mit dieser Frage geht eine Organisation sich selbst auf den Grund: Beschäftigen wir uns zu sehr mit uns selbst und verlieren wir dabei völlig aus den Augen, was der Markt braucht? Oder sind wir so auf die Außenwelt fixiert, dass wir uns selbst vernachlässigen und zum Beispiel technische Schulden aufbauen?

Es sollte eine gute Balance zwischen dem Fokus auf die Kundinnen und dem Fokus auf das eigene Unternehmen geben. Natürlich wird es nicht immer ein absolut ausgewogenes 1:1-Verhältnis zwischen den Outcomes für die Kundinnen und jenen für die Organisation geben. In Summe betrachtet sollten die Outcomes aber nicht zu viel Schlagseite in eine der beiden Richtungen bekommen.

Realistisch und erreichbar

Wie Outcomes formuliert werden, ist oft auch eine kulturelle Angelegenheit. Wird zum Beispiel mit OKRs gearbeitet, lautet das Motto bei der Definition von Outcomes immer wieder: »Shoot for the stars – zumindest können wir dabei den Mond erreichen.« Bei diesen sogenannten »Stretch Goals« geht es gar nicht darum, das Ziel tatsächlich zu erreichen, sondern es absichtlich so herausfordernd wie möglich zu formulieren, um ein Team zu inspirieren. Das Wort »erreichbar« gibt es in der OKR-Welt also gar nicht, dennoch entspringen die Ziele nicht einer Fantasie, sondern sollen das Gefühl des Erreichbaren bei gleichzeitiger Ambitioniertheit vermitteln. Wenn du also mit OKRs arbeitest oder arbeiten musst, dann formuliere auch im Flight-Level-Rahmen durchaus deine Outcomes als Stretch Goals. Bleib dabei aber realistisch: »Wir gewinnen im kommenden Monat eine Milliarde Userinnen« ist eine Formulierung, die bei aller Ambitioniertheit niemandem etwas bringt. Manche Unternehmen geben auch die Wahrscheinlichkeit an, mit der ein Outcome erreicht werden kann, zum Beispiel: 50 neue Referenzkundinnen (70 Prozent Wahrscheinlichkeit).

Zeitgebundenheit

Wenn wir Outcomes definieren, dann definieren wir damit idealerweise auch einen Zeitpunkt, zu dem sie erreicht sein sollen.

- **Schlecht formulierter Outcome**
  »Wir möchten XY erreichen.«
- **Besser formulierter Outcome**
  »Wir möchten XY in den kommenden drei Monaten erreichen.«
- **Besserer formulierter Outcome**
  »Wir möchten XY bis zum 18. Juli 2023 erreichen.«

Ganz hilfreich ist es, die Outcomes in einer Kadenz zu setzen. Das heißt, es gibt bestimmte Zeitpunkte im Jahr, zu denen Outcomes geliefert werden sollen (zum Beispiel 21. März, 30. Juni, 15. September, 18. Dezember). Statt für jeden Outcome ein Lieferdatum zu suchen, kann auf diese Weise einfach geplant werden, wie viele Outcomes zum nächsten Datum geliefert werden können.

Gegenseitige Beeinflussung von Outcomes

Ob ein bestimmter Outcome erreicht werden kann, hängt oft von der Gesamtheit der definierten Outcomes ab. Deshalb werden Outcomes sinnvollerweise daraufhin abgeklopft, ob sie sich gegenseitig überhaupt nicht beeinflussen, ob sie sich ergänzen oder ob sie sich gegenseitig behindern. Sollen zum Beispiel in der IT möglichst viele Kosten eingespart werden, wäre es ein Widerspruch in sich, wenn gleichzeitig möglichst viel Innovation von der IT verlangt wird oder die Marketingabteilung eine völlig neue Plattform für eine Kampagne umsetzen soll.

In unseren Workshops handhaben wir das ganz simpel: Alle Outcomes werden auf Flipchartpapier (oder bei virtuellen Workshops auf digitalen Pendants) aufgeschrieben und anschließend sehen wir uns gemeinsam mit den Teilnehmenden an, ob und wie sich die Outcomes gegenseitig beeinflussen. Voneinander isolierte Outcomes verteilen wir im Raum; Outcomes, die voneinander abhängig sind, platzieren wir nebeneinander. Während wir die isolierten Outcomes vernachlässigen können, sehen wir uns bei den eng zusammenhängenden Outcomes genau an, ob sie einander positiv oder negativ beeinflussen. Im negativen Fall werden Outcomes neu formuliert.

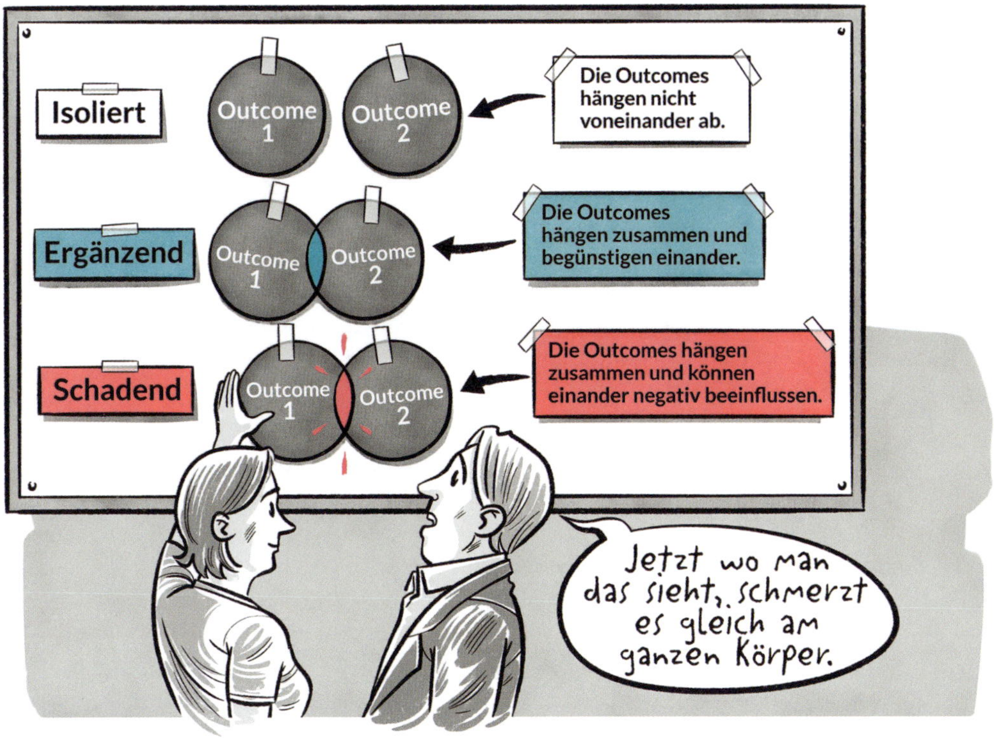

Abb. 4–30 *Gegenseitige Beeinflussung von Outcomes*

4.2.3.4 Stories formulieren

Um die Strategie nachvollziehen zu können, sollen die Menschen, die sie umsetzen sollen, mehr Kontext bekommen: zur Strategie selbst, zu den Outcomes, zur gesamten Organisation und zu den Problemen, die sie für ihre Kundschaft löst. Denn die Kundschaft zahlt dem Unternehmen Geld, damit es ihre Probleme löst. Natürlich gäbe es für ein und dasselbe Problem Tausende Lösungsmöglichkeiten, doch Strategie bedeutet, sich für einen spezifischen Lösungsraum zu entscheiden. Bei unserem Drohnenhersteller gibt es zum Beispiel die Einschränkung, dass keine Drohnen für den militärischen Einsatz hergestellt werden. Stories sind die Leitplanken dieses Lösungsraums, es wird den Mitarbeiterinnen damit aber keine bestimmte Lösung vorgegeben.

Nun bedeutet »Story« im Zusammenhang mit Flight Level 3 nicht »Geschichten erzählen« – wir müssen keine Heldenreisen konstruieren und möglichst emotional werden, um die Menschen in der Organisation zur Umsetzung zu animieren. Was diese wirklich brauchen, sind Fakten sowie klare, verständliche und verlässliche Aussagen und Begründungen. Wenn der Drohnenhersteller das Ziel anstrebt, dass eine Drohne 100 kg für zehn Stunden halten können soll, fragen sich die Leute vielleicht: »Warum nicht 150 oder 8000 kg? Warum für zehn Stunden? Wieso nicht für 15 oder 20?« Die Antworten auf solche Fragen sollten sich in den Stories wiederfinden.

Bei Flight-Level-3-Workshops in Unternehmen bringen wir deshalb das strategische Management und die umsetzenden Personen in einem Raum zusammen. Dabei fällt uns immer wieder eines auf: Dem Management ist das *Warum* – also die Verbindung zwischen Strategie und einem spezifischen Outcome – sehr oft völlig klar. Aus seiner Sicht haben sie mit der Strategie und den Outcomes den Beschäftigten bereits alles gegeben, was diese für ihre Arbeit wissen müssen. Wenn wir allerdings die Leute fragen, ob sie bei allen Outcomes verstanden haben, wie diese zur Lösung bestimmter strategischer Probleme beitragen, lautet die Antwort: »Nein«. Und die CxOs fallen aus allen Wolken, weil ihnen nicht klar war, dass etwas nicht klar ist.

Im Workshop bedienen wir uns in dieser Situation einer bewährten Kulturtechnik: des Gesprächs. Die Strategiemenschen erzählen den Umsetzungsmenschen in wenigen Sätzen, was hinter diesem und jenem Outcome steckt, ganz ohne Hochglanzfolien und Marketingschmähs – und plötzlich lichtet sich der Nebel. Es wird einfach Kontext geliefert. Das verschriftlichen wir in kurzen, knackigen Stories und montieren sie an jene Stellen am Board, wo sie relevant sind – zum Beispiel bei bestimmten Outcomes. Wir bekommen immer wieder das Feedback, dass genau das Füllen dieser Verständnislücke zwischen Strategie und Outcomes mit Stories eine der wichtigsten und wirksamsten Verbesserungen ist.

Auf Flight Level 3 machen Stories die einzelnen Aspekte der Strategie und der dazugehörigen Outcomes besser begreifbar. Stories sind das Versatzstück, das Mitarbeitende für das Verstehen des Problems brauchen.

Neben dem direkten Gespräch gibt es in einem Unternehmen meistens genug Input für Stories. Die Informationen stecken in den unterschiedlichen Instrumenten, die für die Steuerung eines Unternehmens eingesetzt werden. Genau für diesen Input gilt: Nicht alles ist für alle verständlich, weil nicht jede Person im Unternehmen diese Tools ständig nutzt. Die Arbeit an Stories bedeutet somit in erster Linie »Übersetzungsarbeit«, um für die betroffenen Personen einen für sie relevanten Bezug herzustellen. Deshalb ist es wichtig, dass die Beteiligten auf Flight Level 3 wissen, welche »Sprache« die Menschen in der Umsetzung sprechen. Wenn es sich hauptsächlich um Technikerinnen handelt, werden organisationsphilosophische Abhandlungen wahrscheinlich nicht weiterführen. Die erste Frage, bevor Stories geschrieben oder erzählt werden, lautet also immer: Wer muss diese Stories verstehen können?

Die beste Story nützt nichts, wenn sie nicht zugänglich ist bzw. veröffentlicht wurde. Das Verlautbarungsorgan ist im Falle von Flight Level 3 natürlich das Board. Welche Stories werden nun idealerweise wo am Flight-Level-3-Board platziert? Für die Umsetzung ist in erster Linie der Zusammenhang mit den lang-, mittel- und kurzfristigen Zielen eine wichtige Information, daher ist es sinnvoll, die entsprechenden Stories in die jeweiligen Spalten zu hängen. Informationen zu den Werten der Organisation, zur Vision und Mission sollten zwar immer wieder ins Gedächtnis gerufen werden, aber dafür genügt es, sie als Zusatzmaterial irgendwo am Board – außerhalb des »Arbeitsbereichs« – anzubringen.

4.3 Fokus schaffen und Rahmenbedingungen setzen

In Kapitel 3 haben wir uns bereits mit der Frage beschäftigt, wie man in einem Flight-Level-System Fokus schaffen kann. Die gleiche Frage stellt sich selbstverständlich und in besonderem Maße auf Flight Level 3, denn hier sitzen wir an der Schleuse, mit der die Arbeit in der Organisation reguliert werden kann. Die operative Ebene soll eben nicht mit unzähligen Wünschen überflutet werden, sondern ihr soll so viel Arbeit zufließen, wie realistisch machbar und strategisch sinnvoll ist.

Für Flight Level 2 haben wir vier Instrumente hervorgehoben, mit denen sich Fokus schaffen lässt: den Work in Process limitieren (WIP-Limits), Timeboxes, Sequencing Work und Start Policies. Timeboxes und Sequencing Work können wir auch auf Flight Level 3 gut brauchen. Aufgrund der Inhalte, mit denen wir uns auf Flight Level 3 befassen, kommen hier aber noch zwei andere Instrumente zum Einsatz:

- Outcomes in Process
- Budgeting

Während Sequencing Work und Outcomes in Process die Zahl der behandelten Themen limitiert, setzen Timeboxes und die Budgetierung einen Rahmen bei den verfügbaren Ressourcen. 191

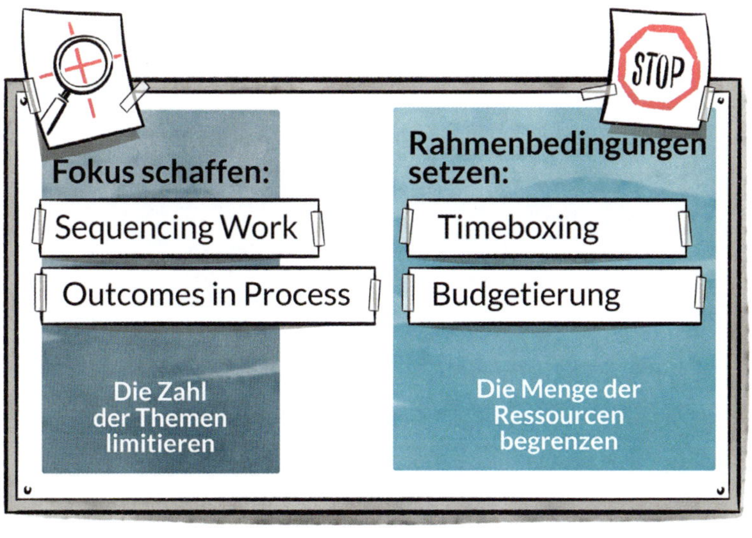

Abb. 4–31 *Fokus durch Begrenzung der Themen und Ressourcen*

4.3.1 Outcomes in Process

Alles, was wir bereits in den Abschnitten 3.4.2 bis 3.4.4 über WIP-Limits erzählt haben, lässt sich 1:1 auf Flight Level 3 anwenden. Das Prinzip ist auf Flight Level 3 das gleiche: Dort, wo man einen signifikanten Fortschritt sehen will, muss auch der Fokus (das Limit) gesetzt werden. Auf Flight Level 3 wollen wir sehen, dass die angestrebten Outcomes erreicht werden. Daher stellt sich hier die Frage: Wollen wir bei wenigen, ausgewählten Outcomes große Fortschritte sehen? Oder wollen wir bei vielen Outcomes wenig Fortschritt sehen?

Aber Achtung: Mit den Outcomes ist es eine andere Sache als mit Initiativen und Epics. Was, wenn der einzige gewünschte Outcome »Weltherrschaft« lautet? Dann liegt der Fokus zwar nur auf einer Sache, aber diese Sache ist doch ein zu großes Vorhaben. Während Epics in ihrem Umfang meistens vergleichbar sind, ist das bei Outcomes oft nicht der Fall. Deshalb sollte bei der Limitierung der Outcomes nicht nur auf die Menge geachtet werden, sondern vor allem auf die Größe der definierten Outcomes. Ein wichtiger Anhaltspunkt ist die Frage, wie viele Outcomes sich ein Mensch überhaupt merken kann. Erfahrungsgemäß liegt die Grenze der kognitiven Überlastung bei 5 bis 6 Outcomes. Demnach sind Aussagen wie »das sind unsere 37 Fokusthemen für das nächste Quartal« total sinnfrei.

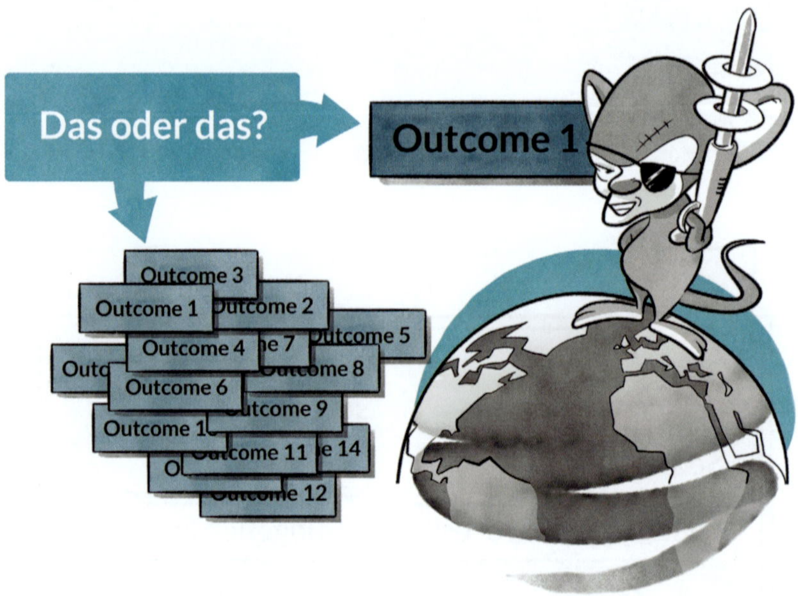

Abb. 4–32 *Viel Fortschritt bei wenigen Themen oder wenig Fortschritt bei vielen Themen?*

4.3.2 Budgeting

Bleibt die Frage: Passt die traditionelle Budgetierung noch mit dem Denken in Outcomes zusammen? Klassischerweise wird in vielen Unternehmen auf der strategischen Ebene das Budget für einzelne Projekte festgelegt. Damit bewegen wir uns zum einen schon im Bereich der Flight Items, die auf Flight Level 2 umgesetzt werden. Zum anderen ist meistens die bloße Umsetzung des Projekts bereits das Ziel: Technik Y ersetzt Technik X. Fertig. Diese Unternehmen sind nicht vom Outcome getrieben, sondern vom Output.

Wie wir inzwischen wissen, denken wir auf Flight Level 3 aber nicht in Projekten, sondern in Outcomes, die erzielt werden sollen – also in Mehrwerten für die Kundinnen und/oder das Unternehmen. Konsequenterweise müssen wir daher die Outcomes budgetieren, nicht die Projekte. Gleichzeitig wird der Outcome mit einer – für alle sichtbaren – Cash-Burnrate hinterlegt: Das heißt, es wird laufend mitverfolgt, wie viel Geld dafür bereits ausgegeben wurde.

Die kurzfristigen Outcomes »erben« das Budget, sie können aber auch noch einmal separat budgetiert werden. Das Budget auf diese Weise am Board sichtbar zu machen, hat einen wesentlichen Vorteil: Es ermöglicht den Mitarbeitenden genau das, was gerne von ihnen verlangt wird – nämlich unternehmerisches Denken. Möglich ist das jedoch nur, wenn man wie eine Unternehmerin behandelt wird und Zugang zu den notwendigen Informationen hat.

Haben wir es in der Organisation zwischen den Flight Levels mit dem Connection Pattern 2 »Ein Flight-Level-3-System ist mit mehreren Flight-Level-2-Systemen verbunden« (Abschnitt 4.1.3.2) zu tun, dann wird Flight Level 3 in den meisten Fällen dafür verantwortlich sein, die Budgets für Flight Level 2 zu allokieren. Dadurch wird der Rahmen gesetzt: Für die einzelnen Produkte und Services stehen bestimmte Budgets zur Verfügung, mit denen die verantwortlichen Personen haushalten müssen.

Abb. 4–33 *Allokierung des Budgets von Flight Level 3 auf Flight Level(s) 2*

Möglicherweise sollten wir aber darüber nachdenken, ob »budgetieren« überhaupt der richtige Ausdruck ist. Genau genommen ist das strategische Portfolio ein Investmentportfolio – zumindest sollte es das sein. Wenn du in eine Aktie investierst, denkst du wahrscheinlich auch nicht permanent an die Kosten. Im Vordergrund steht die Überlegung, welchen Mehrwert die Investition kurz-, mittel- und langfristig bringen kann. Ähnlich ist es mit den Outcomes: Statt ständig die
194 Frage nach den Kosten zu stellen, sollte über die Möglichkeiten nachgedacht werden, die durch die Investition in einen Outcome entstehen.

Du weißt jetzt also, wie du Arbeitssysteme auf Flight Level 2 und Flight Level 3 bauen kannst. Doch wie findet man eigentlich heraus, welche Teile einer Organisation überhaupt zu diesen Systemen gehören? Anders ausgedrückt: Wo in der Organisation verstecken sich die Flight-Level-Systeme? Gibt es Verbindungen zwischen diesen Systemen und wenn ja, an welchen Punkten? Diese Fragen sind das Thema der Flight-Levels-Systemarchitektur, mit der wir uns in Kapitel 5 beschäftigen.

Zusammenfassung

Zweck der Arbeit auf Flight Level 3 ist es, die Strategie eines Unternehmens für die operative Umsetzung vorzubereiten. Das geschieht durch die Formulierung von Outcomes für **lang-, mittel- und kurzfristige Zeithorizonte,** aus denen sich schließlich die Flight Items – konkrete Arbeiten – ableiten, die auf die Outcomes einzahlen.

Die **Strategie** eines Unternehmens wird im Flight-Levels-Modell nicht als Aufgabe für einen spezifischen Zeitpunkt im Jahresablauf betrachtet, sondern **als ständiger Verbesserungsprozess:** Anhand der erreichten Outcomes wird immer wieder evaluiert, ob die gewählte Strategie Bestand hat oder ob Anpassungen vorgenommen werden sollten. Um das beurteilen zu können, werden die angestrebten Outcomes, Hintergrundinformationen (Stories) zu diesen Outcomes sowie die Flight Items für Flight Level 2 auf einem Flight-Level-3-Board visualisiert.

»**Stories, Outcomes und Flight Items**« (**SOFI**) bilden auch die Schnittstelle, über die Informationen aus diversen Strategiewerkzeugen in ein Flight-Levels-Arbeitssystem übersetzt werden können. Um diese Verbindung so aussagekräftig wie möglich zu gestalten, sollte besonderes Augenmerk auf die Formulierung der Stories, Outcomes und Flight Items gelegt werden.

Die grundlegende Struktur eines Flight-Level-3-Systems kann in Organisationen jeder Größe eingesetzt werden – sie skaliert also inhärent. Unterschiede kann es zwischen Organisationen in der Art und Weise geben, wie Flight-Level-3-Systeme mit der operativen Umsetzung (Flight-Level-2-Systeme) verbunden werden. Dazu gibt es sogenannte »**Connection Patterns**«.

Auch in einem Flight-Level-3-System stellt sich die Frage, auf welche Weise **Fokus** geschaffen werden kann. Die Antwort darauf ist auf Flight Level 3 besonders wichtig, denn davon hängt ab, ob die Menge der Arbeit auf der operativen Ebene bewältigt werden kann. Darüber hinaus muss auch der Rahmen für die Menge der verfügbaren Ressourcen abgesteckt werden. Mit den Methoden **Sequencing Work** und **Outcomes in Process** wird die Zahl der Themen limitiert, die in einem bestimmten Zeitraum behandelt werden sollen. **Timeboxing** und **Budgeting** begrenzen die Menge der Ressourcen.

5 Flight-Levels-Systemarchitektur

Beim Design der Flight Levels 2 und 3 haben wir uns ausschließlich damit beschäftigt, konkrete Arbeitssysteme innerhalb einer Organisation abzubilden, zu betreiben und zu verbessern. Flight Levels gehen aber mit dem Anspruch an den Start, die Teilbereiche einer Organisation zu einem großen Ganzen zusammenzufügen. Deshalb ist die Systemarchitektur das eigentliche Herzstück des Flight-Levels-Modells. Wir zoomen aus den Details heraus und sehen uns die Organisation aus der Vogelperspektive an. Unser Ziel ist jetzt das reibungslose Zusammenspiel der verschiedenen Arbeitssysteme.

Was ist die Flight-Levels-Systemarchitektur?

Als Flight-Levels-Systemarchitektur bezeichnen wir die Abbildung aller vorhandenen Flight-Level-Systeme sowie von deren Zusammenhängen und Wechselwirkungen. Sie hilft uns zu identifizieren, welche Flight-Level-1-, Flight-Level-2- und Flight-Level-3-Systeme es in einer Organisation gibt, wie sie miteinander verbunden sind bzw. verbunden werden können und auf welchen Wegen sich Arbeit in und zwischen den einzelnen Systemen weiterbewegt.

Du fragst dich vielleicht, warum wir erst jetzt über die Systemarchitektur sprechen. Schließlich klingt es ganz so, als bräuchten wir die Architektur, bevor wir die einzelnen Flight-Level-Systeme bauen. Tatsächlich haben wir es hier mit einem Henne-Ei-Problem zu tun. Ja, idealerweise ist die Systemarchitektur im Rahmen einer Flight-Levels-Initiative einer der ersten Punkte, die wir in Angriff nehmen. Voraussetzung dafür ist allerdings, dass die Beteiligten bereits wissen, wie Flight Levels funktionieren und im Idealfall haben sie die Arbeit damit schon einmal live und in Farbe erlebt. In der Praxis setzen wir daher darauf, dass die beteiligten Personen parallel Erfahrungen mit dem Bau und Betrieb von Flight-Level-Systemen sammeln. Das ist in einem Buch natürlich schwer abzubilden, aber auch hier gilt: Wenn du weißt, wie Flight Level 2 und 3 funktionieren, kannst du den Ausführungen zur Systemarchitektur leichter folgen.

Eine Flight-Levels-Systemarchitektur lässt sich für eine gesamte Organisation mit mehreren Tausend Menschen genauso darstellen wie für die Teilbereiche einer Organisation. Die Größe einer Organisation ist für die Ausarbeitung der Systemarchitektur nicht so relevant wie ihre innere Komplexität, also die Anzahl der Teilbereiche bzw. Fachdisziplinen, die in einer Organisation miteinander koordiniert werden müssen. Es ist sogar wesentlich einfacher, die Systemarchitektur eines Unternehmens mit 5000 Personen abzubilden, die alle einigermaßen das Gleiche machen, als jene eines Unternehmens mit 300 Personen in 50 verschiedenen Spezialgebieten, die benötigt werden, um Wert für die Kundinnen zu generieren.

In einem Softwareunternehmen arbeiten zum Beispiel hauptsächlich Informatikerinnen – dort gibt es selten Chemikerinnen, Physikerinnen oder Aerodynamikerinnen. Jede Informatikerin hat womöglich ein gewisses Spezialgebiet, dennoch ist es in einem reinen Softwareunternehmen wesentlich einfacher, sich fachlich gegenseitig zu unterstützen. In einem Unternehmen, das Flugzeuge baut, sieht es hingegen anders aus, weil viele verschiedene Disziplinen involviert sind. Eine Aerodynamikerin kann dort nicht mal schnell in der Softwareentwicklung aushelfen. Je breiter die Palette des Fachwissens bzw. der Spezialisierungen in einer Organisation also ist, desto schwieriger ist es, eine Systemarchitektur zu erstellen – aber: umso wichtiger ist es auch, sie zu erstellen!

Um die Flight-Levels-Systemarchitektur darstellen zu können, sind vier Komponenten nötig:

- Die **Arbeitssystem-Topologie** beschreibt, welche Flight-Level-1-, Flight-Level-2- und Flight-Level-3-Systeme es in der Organisation oder einem Teilbereich gibt bzw. welche gebraucht werden und wie diese miteinander verbunden sind.
- **Flight Item Types** zeigen, welche Kategorien von Arbeit sich durch die vorhandenen Flight-Level-Systeme bewegen (siehe Abschnitt 3.1.1).
- Die **Flight Routes** bilden ab, wie sich die Arbeit durch die Systeme bewegt. Sie zeigen, an welchen Stellen sich Flight Item Types verändern und welche Flight Item Types für den Arbeitsfluss zwischen den Systemen kopiert werden (siehe Abschnitt 5.3).
- **Trigger** sind Startereignisse für eine Flight Route, zum Beispiel eine neue Idee oder eine gesetzliche Anforderung. Eine Flight Route kann mehrere Trigger haben und ein Trigger kann mehrere Flight Routes anstoßen (siehe Abschnitt 5.3).

Die Zusammenhänge zwischen diesen Komponenten sehen in jedem Unternehmen ein wenig anders aus. Während in einer Organisation crossfunktionale Teams arbeiten, setzt eine andere Organisation auf klassische Projektstrukturen. Die einen sind stark funktional aufgestellt, die anderen nach Kundengruppen und wieder andere haben einen starken Produktfokus.

Für die weiteren Erklärungen kehren wir hier wieder zum Beispiel des Drohnenherstellers aus Kapitel 4 zurück. Dabei werden natürlich nicht alle, aber sehr viele verschiedene Themen vorkommen, die bei der Ausarbeitung der Flight-Levels-Systemarchitektur für eine Organisation relevant sein könnten.

Achtung!

Das Beispiel ist keine Vorlage, von der die Flight-Levels-Systemarchitektur für jedes Unternehmen dieser Erde abgeleitet werden kann, muss oder sollte! Jedes Unternehmen hat seine individuelle Architektur.

5.1 Fallbeispiel: Systemarchitektur eines Drohnenherstellers

Jede Drohne, die in diesem Unternehmen gebaut wird, setzt sich aus vier grundlegenden Komponenten zusammen, für deren Fertigung jeweils eine eigene Abteilung zuständig ist: Batterie, Gehäuse, Propeller und Software. Eine fünfte Gruppe – »Montage« – baut diese Komponenten zusammen. Das heißt, wir haben es mit einem Unternehmen zu tun, das Hard- und Software teils selbst entwickelt und mit zugekauften Komponenten zu Gesamtsystemen integriert.

Derzeit gibt es drei Drohnen-Basismodelle: 3P, 4P und 5P (P steht für Propeller). Die Komponenten der Drohnen – Batterie, Gehäuse, Propeller und Software – können an die Wünsche der Kundinnen angepasst werden, wofür die jeweiligen Komponententeams zuständig sind.

Natürlich setzt das Unternehmen auf Innovation, daher wird ständig an neuen Drohnenmodellen getüftelt. Sofern die Produktmanagerinnen schlau sind, lassen sie auch die Erkenntnisse aus den Sonderanfertigungen in die Entwicklung der nächsten Drohnengeneration einfließen. Die Kehrseite der Spezialwünsche: Je mehr Sonderanfertigungen es gibt, desto weniger Zeit kann das Unternehmen in die Umsetzung eigener Ideen investieren und die Cashcow der Standarddrohnen melken.

Die Aufbauorganisation

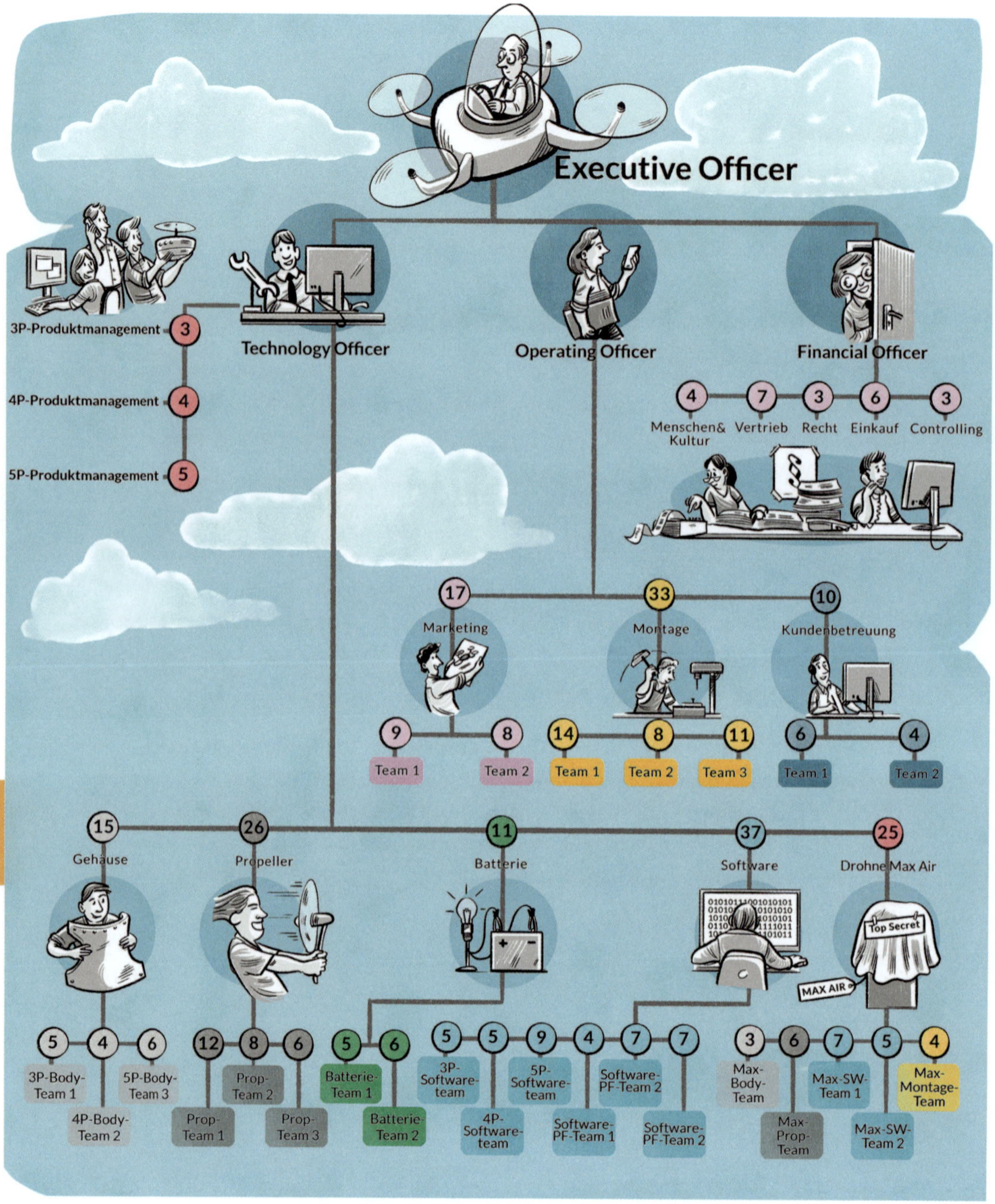

Abb. 5–1 *Das Organigramm des Drohnenherstellers*

Werfen wir zuerst einen Blick auf das Organigramm (die Zahlen in den Kreisen zeigen die Anzahl der Mitarbeitenden in den einzelnen Abteilungen an):

- An der Position des **Chief Technology Officer** hängen drei **Stabsstellen**, nämlich das jeweilige Produktmanagement für die Modelle 3P, 4P und 5P.
- Die **Abteilung Gehäuse (Body)** ist mit drei produktspezifischen Teams dafür verantwortlich, die Gehäuse für die einzelnen Modelle zu bauen.
- In der **Abteilung Propeller (Prop)**, die für den Propellerbau zuständig ist, sieht es ähnlich aus: Auch hier kümmert sich jeweils ein Team um den Bau der Propeller für ein Modell.
- Die **Abteilung Batterie** setzt sich nur aus zwei Teams zusammen, weil derzeit nur zwei Batteriearten für die drei Modelle verfügbar sind.
- Am größten ist die **Abteilung Software**: Drei Teams entwickeln die Steuerungssoftware für die einzelnen Drohnenmodelle und drei weitere Teams kümmern sich um die Software für die Plattformen, von denen wir später noch mehr hören werden.
- Schließlich gibt es noch eine Einheit, die aus dem Muster ausbricht: In der Abteilung »**MaxAir-Drohne**« wird ein neues Modell entwickelt. Wir haben es hier mit einer klassischen Produktumgebung zu tun, vergleichbar mit einem sogenannten »Tribe«, wie man es zum Beispiel von Spotify kennt [Kniberg & Ivarsson 2012]. Ein Gehäuseteam, ein Propellerteam, zwei Softwareteams (SW) und ein Montageteam entwickeln in dieser Abteilung gemeinsam die neue Superdrohne.
- Etwas kleiner sind die Verantwortungsbereiche des **Chief Operating Officer**: Hier finden wir die drei Abteilungen Marketing (zwei Teams), Montage (drei Teams) sowie die Kundenbetreuung mit zwei Teams.
- Unter der Führung des **Chief Financial Officer** sind die Teams für Menschen & Kultur, Vertrieb, Recht, Einkauf und Controlling angesiedelt.

Zusätzlicher wichtiger Kontext

Hier sind noch einige zusätzliche Informationen aufgeführt, die uns dabei helfen werden, die Systemarchitektur des Drohnenherstellers abzubilden.

- **Produkte**
  Die Drohnen 3P, 4P und 5P unterscheiden sich in den Basismodellen durch ihre Form sowie die Anzahl der Propeller, um unterschiedliche Lasten tragen zu können. Jedes Drohnenmodell kann auch nach den Wünschen der Kundinnen angefertigt werden, das kostet entsprechend mehr.
- **Produktmanagement**
  Die drei Stabsstellen für das Produktmanagement der einzelnen Modelle bestehen jeweils aus einem crossfunktionalen Team. Jedes dieser Teams setzt sich aus mindestens drei Personen zusammen: eine für die technische Leitung (Chief Tech-

nology Officer), eine für die Finanzangelegenheiten (Chief Financial Officer) und eine für Marketing & Vertrieb (Chief Operating Officer).

- **Komponenten**
  Eine Drohnenlieferung besteht aus einer Batterie, einem von drei Gehäusen, den Propellern und der Steuerungssoftware.
- **Dedizierte Produktteams**
  Jedes Drohnenmodell wird von einem eigenen, zugewiesenen Gehäuseteam gebaut. Das heißt, dass jedes Team sehr fokussiert an seiner 3P-, 4P- oder 5P-Drohne arbeiten kann. Genauso wird die Software für die einzelnen Modelle von jeweils spezialisierten Teams geschrieben.
- **Software-Plattform**
  Alle Drohnen nutzen für bestimmte Funktionen dieselbe Software-Plattform. Diese Software wird von drei Teams geschrieben: Software-PF-Team 1, -Team 2 und -Team 3.
- **Koordination Plattform – Modell**
  Die Funktionen der Plattform können von den Softwareteams für die einzelnen Drohnenmodelle adaptiert und erweitert werden. Das verursacht Abstimmungsbedarf zwischen den Plattformteams und den Softwareteams für die einzelnen Drohnenmodelle.
- **Propellerantrieb**
  Drei Teams entwickeln die Propellerantriebe für die Drohnen: Propellerteam 1, 2 und 3.
- **Propeller der ersten Generation**
  Propellerteam 1 entwickelt die Propeller der ersten Generation, die in den Modellen 3P und 4P eingesetzt werden. Aus Sicht des Produktmanagements haben wir hier eine klassische Konkurrenzsituation: Ein Team arbeitet für zwei Produkte.
- **Propeller der zweiten Generation**
  Das Drohnenmodell 5P kann mehr Gewicht mit weniger Energieverbrauch heben. Die Propeller der zweiten Generation werden exklusiv für 5P genutzt und von den Propellerteams 2 und 3 gebaut.
- **Propeller-Plattform**
  Alle drei Propellerteams arbeiten an der gemeinsamen Propeller-Plattform für die verschiedenen Produkte. Die Teams entwickeln also gleichzeitig Plattform und Produkt, was einen großen Vorteil hat: Es wird keine Verantwortung abgeschoben, sondern ausgewogen entschieden, was in die Plattform und was in das Produkt einfließt.
- **Batterie-Plattform**
  Zwei Teams entwickeln die Batterien für alle Drohnentypen, genauso wie die notwendige Batterie-Plattform.

- **Montage**
  Der Zusammenbau der Modelle 3P, 4P und 5P sowie der Sonderanfertigungen nach Wünschen der Kundinnen wird von drei Montageteams erledigt.
- **Support-Einheiten**
  In unterschiedlicher Intensität sind alle Produkte und Plattformen von der Unterstützung durch die Supportabteilungen Menschen & Kultur, Vertrieb, Recht, Einkauf und Controlling sowie Marketing und Kundenbetreuung abhängig. Das typische Los solcher Einheiten: Sie werden überall in der Organisation gebraucht, aber immer zu verschiedenen Zeitpunkten und in unterschiedlichem Ausmaß.
- **Innovation**
  Neben dem Tagesgeschäft mit Serienfertigung und Sonderwünschen schafft es das Unternehmen, am Prototyp für die hochinnovative »MaxAir-Drohne« zu arbeiten: superleicht, superleistungsfähig, mit den stärksten Propellern am Markt. Um die Entwicklung der MaxAir-Drohne voranzutreiben, wird viel Geld in die Hand genommen. Fünf Teams können sich dem Projekt zu 100 Prozent widmen: das Max-Gehäuseteam, das Max-Propellerteam, zwei Max-Softwareteams und das Max-Montageteam. Um die Bedeutung des Projekts zu unterstreichen und damit die Entwicklung vorankommt, wurde eine Vollzeit-Projektmanagerin eingestellt.
- **Strategie**
  Für die Produkte 3P, 4P und 5P können eigene strategische Entscheidungen getroffen werden, sofern sie im Einklang mit der Unternehmensstrategie stehen. Ein Schmerzpunkt in der Organisation ist es, dass Strategie und Umsetzung in zwei verschiedenen Welten angesiedelt sind. Ziel des Unternehmens ist es, in Zukunft ein besseres strategisches Alignment zu schaffen.

Die Organisation hatte bisher das Problem, dass die Fertigung recht chaotisch abgelaufen ist. Die ambitionierten Vertriebsmitarbeiterinnen zogen laufend Aufträge an Land und gaben diese sofort in die Teams weiter.

Durch den ungehinderten Zufluss an Arbeit gerieten die Teams immer mehr unter Druck (was dabei passiert, haben wir bereits im Flussexperiment »Schiffe falten«, siehe [Leopold 2017] und Abschnitt 3.4.1, gesehen). Deshalb lautet der Plan, dass sich die Teams in Zukunft über ein Flight-Level-2-System koordinieren. Wie wir an dieses Ziel gelangen, haben wir am Anfang des Kapitels angeführt:

1. Wir visualisieren zunächst die **Arbeitssystem-Topologie** der Organisation.
2. Wir identifizieren die **Flight Item Types**.
3. Wir bilden die **Flight Routes** ab.
4. Wir finden heraus, welche **Trigger** eine Flight Route eröffnen.

5.2 Visualisierung der Arbeitssystem-Topologie

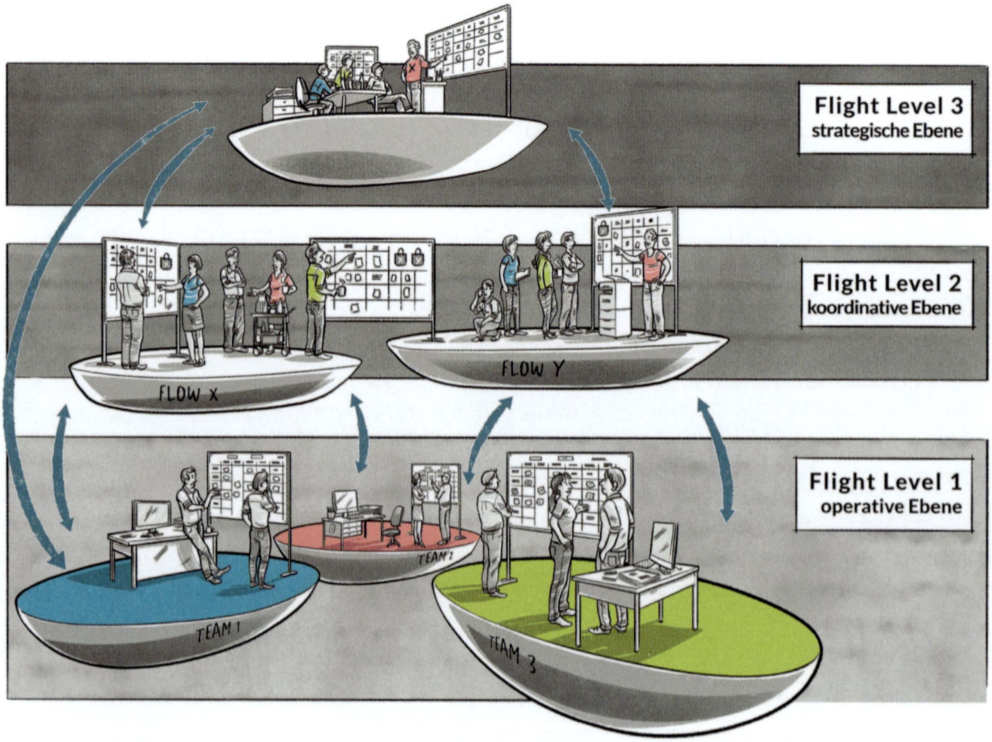

Abb. 5–2 *Flight Levels und ihre Verbindungen finden*

Bevor wir mit dem Beispiel des Drohnenherstellers weiter fortfahren, werfen wir wieder einmal einen Blick auf unsere schöne Flight-Levels-Übersicht. Wir sind zunächst auf der Suche nach der Arbeitssystem-Topologie. Es geht also darum, in der Organisation das zu finden, was in dieser Abbildung zu sehen ist: Flight Level 1, 2 und 3 sowie die Verbindungen zwischen den Flight Levels. Das klingt nach einer völlig trivialen Aufgabe, oder? Wir kramen einfach unser schönstes Organigramm hervor und ordnen die Flight Levels zu: Flight Level 1 sind die Teams, in denen die tägliche Arbeit erledigt wird. Flight Level 2 sind die Abteilungen und/oder das mittlere Management, das die Arbeit verteilt. Flight Level 3 sind die Menschen in den Kästchen an der Spitze des Organigramms, Geschäftsführung und Vorstand, die fleißig Strategien entwickeln und den Dampfer in Richtung Zukunft lenken.

Irrtum, es ist doch nicht so einfach! Natürlich könnte man versuchen, mit einer Laubsäge Suppe zu essen, aber »Flight Levels« ist nicht ein anderer Name für »Organigramm«. Es kann auf Flight Level 1 mitunter Entsprechungen geben, doch damit ist auch schon das Ende der Fahnenstange erreicht.

> **Die Topologie ist kein Organigramm!**
>
> Eine Arbeitssystem-Topologie bildet die **Ablauforganisation** ab. Die Aufbauorganisation spielt bei der Identifikation der einzelnen Flight-Level-Systeme eine untergeordnete Rolle, deshalb lassen wir die Organigramme bei der Ausarbeitung der Topologie in der Schublade!

Wenn wir uns Beispiele für Arbeitssystem-Topologien ansehen (zum Beispiel jene des Drohnenherstellers in Abbildung 5–3, auf die wir noch genauer eingehen werden), dann wird schnell klar, dass es hier nicht um die Übertragung von Organigrammen in die Flight-Levels-Logik geht. Diese Darstellung hat nicht mehr viel mit der bunten Übersicht zu tun.

Was sieht man auf so einer Landkarte der Flight-Level-Systeme? Jedes der abgebildeten Kästchen entspricht einem Arbeitssystem, in dem die fünf Aktivitäten durchgeführt werden. Anders als in einem Organigramm sehen wir hier die Arbeitssysteme nicht als Inseln, die lediglich eine lineare Verbindung zur Abteilungsleitung haben, sondern als mal mehr und mal weniger vernetzte und voneinander abhängige Knotenpunkte im Gesamtgefüge.

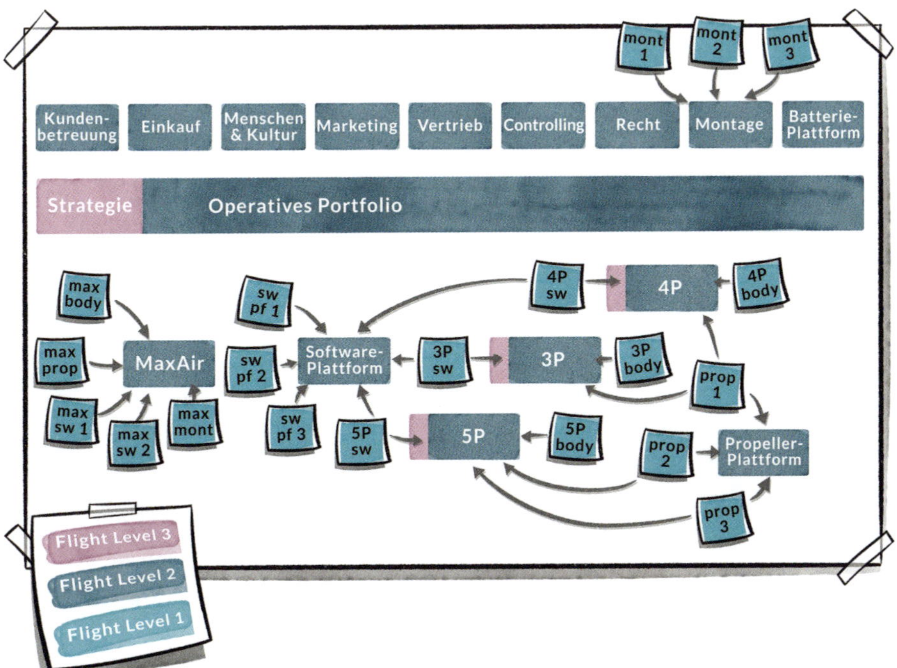

Abb. 5–3 *Landkarte der Flight-Level-Systeme*

Wie kommt man zu so einer Topologie? Für diesen Zweck haben sich in der Praxis die folgenden fünf Schritte bewährt:

1. Zunächst werden potenzielle Flight-Level-2-Systeme identifiziert.
2. Die Teams von Flight Level 1 werden den identifizierten Flight-Level-2-Systemen zugeordnet.
3. Unnötige Flight-Level-1-Systeme werden aus der Topologie gelöscht.
4. Der Koordinationsbedarf zwischen den Flight-Level-2-Systemen wird identifiziert.
5. Flight-Level-3-Systeme werden identifiziert, um Strategie und Arbeitsfluss miteinander zu verbinden.

5.2.1 Potenzielle Flight-Level-2-Systeme identifizieren

Warum sollen Flight-Level-2-Systeme identifiziert werden? Die Idee der Flight Levels ist es ja, sich von den Restriktionen eines Organigramms zu lösen. Im Mittelpunkt steht der Mehrwert, der für die Kundinnen erbracht wird: Um diesen Mehrwert herum sollen sich die Beschäftigten eines Unternehmens so organisieren, dass die Wertschöpfung möglichst effizient vonstattengeht. Für die Kundin selbst ist nämlich vollkommen irrelevant, welche Abteilung oder welches Team welchen Teil der Wertschöpfung erbracht hat – sie möchte einfach ein gutes Produkt oder einen guten Service haben, das oder der ihren Bedarf bestmöglich erfüllt. Ein Flight-Level-2-System wird deshalb rund um das Produkt oder den Service gebaut, um den Fluss zur Kundin zu optimieren. Unabhängig vom Organigramm müssen wir also herausfinden, ob es Flight-Level-2-Systeme in einer Organisation gibt und wenn ja, welche das sind und wo sie angesiedelt sind.

Für die Identifikation von Flight-Level-2-Systemen stellen wir vier Fragen. Je nachdem, wie die Antworten auf diese Fragen ausfallen, finden sich hier Kandidaten für Flight-Level-2-Systeme. Aber bitte betrachte diese Antworten nur als gute Startpunkte. Die Idee ist, zunächst den eigenen Kontext zu analysieren, zu verstehen, und dann die Flight-Level-2-Systeme zu identifizieren.

1. **Gibt es Produkte und Services für zahlende Kundinnen?**
   Werden durch das identifizierte Arbeitssystem Leistungen erbracht, die sich direkt an Endkundinnen richten? Die drei Drohnen 3P, 4P und 5P richten sich eindeutig an zahlende externe Kundinnen. Auch wenn sich die MaxAir-Drohne erst im Entwicklungsstadium befindet: Sie ist ein Produkt für Endkundinnen, für das sich mehrere Teams im Unternehmen koordinieren müssen, das spricht für ein Flight-Level-2-System.
2. **Gibt es unterstützende Produkte und Services?**
   Diese Produkte und Services sind Bausteine eines Endprodukts oder einer Dienstleistung und tragen dazu bei, dass die Performance erbracht werden kann, die

von den Kundinnen erwartet wird. Für diese haben die unterstützenden Produkte und Services keine direkte Relevanz, zumindest nicht, solange sie gut funktionieren. Sofern ein Unternehmen mehrere Produkte und/oder Services anbietet, greift meistens ein Großteil davon auf die unterstützenden Services zu.

Es gibt bei unserem Drohnenhersteller eindeutig unterstützende Produkte und Services, nämlich die Plattformen für Propeller, Software und Batterien sowie Montage.

3. **Gibt es befähigende Funktionen, die das Erstellen von Produkten und Services erst ermöglichen?** Produkte und Services können nur hergestellt bzw. angeboten werden, wenn dafür »Rohstoffe« im wörtlichen Sinn oder in Form von Wissen geliefert werden.

   Damit die Drohnen nicht nur fliegen, sondern auch am Markt abheben, gibt es die Funktionen Kundenbetreuung, Einkauf, Marketing, Vertrieb, Controlling, Recht sowie Menschen & Kultur.

4. **Gibt es in der Organisation sogenannte »Pop-up-Systeme«?** Einige Herausforderungen im Prozess der Produkterstellung oder Serviceerbringung können nicht von fixen Funktionen allein bewältigt werden. Oft werden temporäre Einheiten – »Pop-up-Systeme« – eingerichtet, die sich um ein spezifisches Problem oder eine spezielle Anforderung von außen kümmern.

   Bei »MaxAir« handelt es sich um ein Innovationsprojekt, das als Ergebnis einen Prototyp für die neue Superdrohne liefern soll. Wir könnten es also als Pop-up-System betrachten. Dass MaxAir zu zwei Kategorien zugeordnet werden kann, ist völlig in Ordnung. Es geht in diesem Schritt lediglich um die Feststellung, dass es sich dabei um ein Flight-Level-2-System handelt. Wir entscheiden uns in diesem Rahmen dafür, MaxAir als Pop-up-System zu sehen.

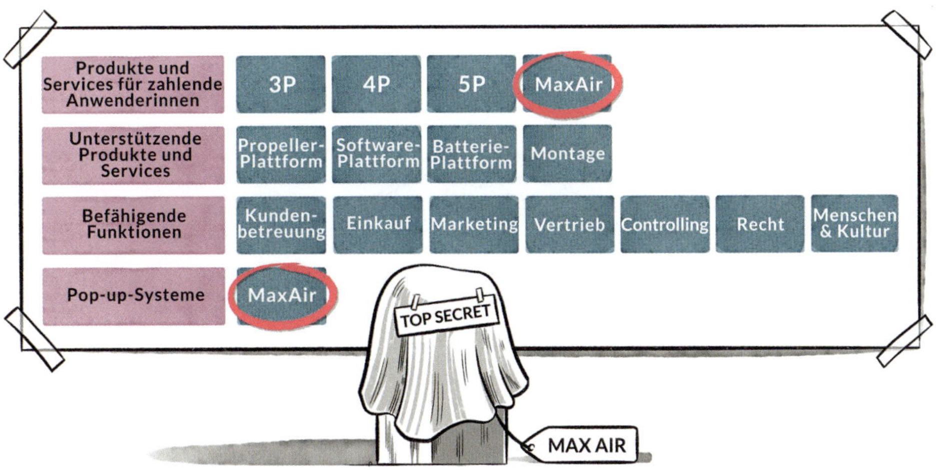

Abb. 5-4 *Flight-Level-2-Systeme des Drohnenherstellers*

5.2.2 Die einzelnen Teams den Flight-Level-2-Systemen zuordnen

Jetzt kommt der einzige Moment, in dem wir tatsächlich das Organigramm zurate ziehen. Die Zuordnung von Teams zu den identifizierten Flight-Level-2-Systemen ist auf diese Weise am einfachsten. Dabei lassen wir fürs Erste die Produkte 3P, 4P und 5P sowie die Software-Plattform weg, denn da wird es etwas komplizierter.

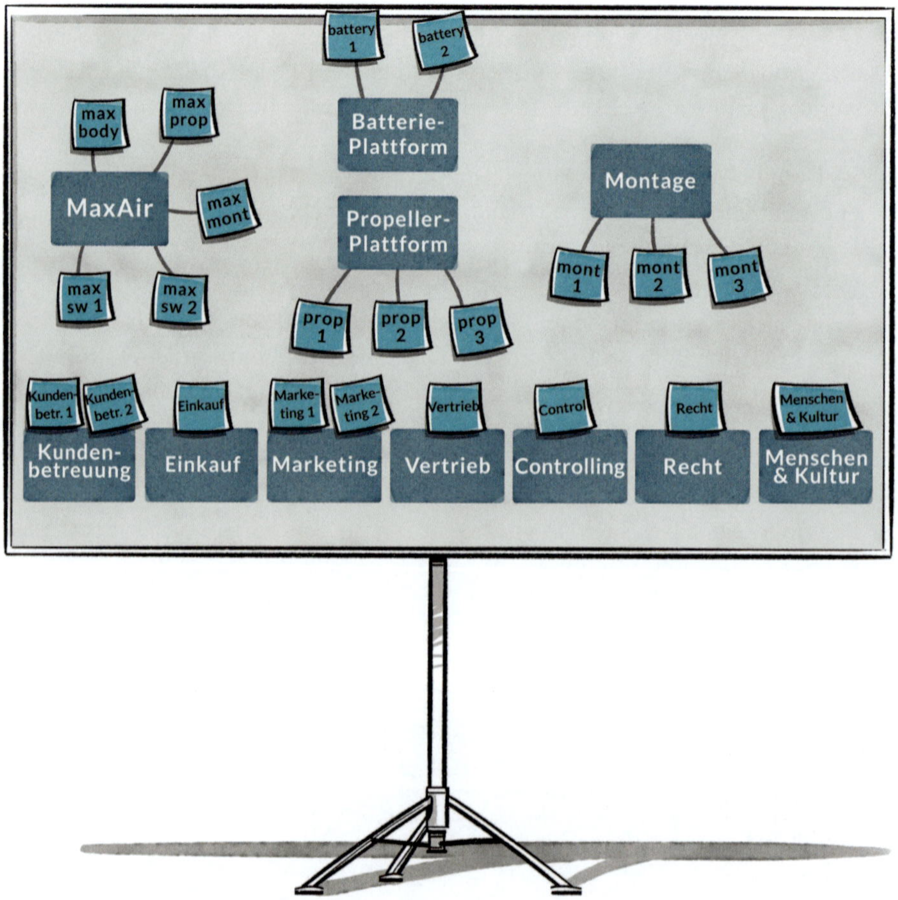

Abb. 5-5 *Zuordnung der Teams zu den Flight-Level-2-Systemen*

Aus dem Organigramm lässt sich herauslesen, dass es in den unterstützenden Funktionen

- zwei Kundenbetreuungsteams,
- ein Einkaufsteam,
- zwei Marketingteams,
- ein Vertriebsteam,

- ein Controllingteam und
- ein Team für Rechtsfragen sowie
- ein Team für Menschen & Kultur

gibt. Um das Pop-up-System MaxAir kümmern sich zwei Softwareteams (max sw 1 und 2) sowie drei Plattformteams für Gehäuse (max body), Propeller (max prop) und Montage (max mont). Bei den unterstützenden Produkten und Services wird die Batterie-Plattform von zwei Batterieteams (battery 1 und 2) gebaut, die Propeller-Plattform braucht drei Teams (prop 1 bis 3) und mit der Montage sind ebenfalls drei Teams (mont 1 bis 3) beschäftigt.

Was die Produkte 3P, 4P und 5P anbelangt, so müssen wir uns noch einmal den Kontext etwas genauer ansehen, denn hier wird es schon komplizierter:

- Jedem Drohnenmodell ist ein Gehäuseteam und ein Softwareteam zugeordnet (3P body, 4P body, 5P body und 3P sw, 4P sw, 5P sw).

Abb. 5–6 *Zuordnung der Teams zu 3P, 4P und 5P*

- In jeder Drohne wird eine Software-Plattform eingesetzt, die von drei Teams entwickelt wird: Software-Plattform-Team 1, 2 und 3 (sw pf 1, 2, 3).
- Die Softwareteams der einzelnen Produkte müssen sich mit den Software-Plattform-Teams 1, 2 und 3 koordinieren (sw pf 1 bis 3). In erster Linie sind die Meetings vor den Boards solche Koordinationspunkte (wo Menschen miteinander reden), das heißt, die Mitglieder der Produkt-Softwareteams müssen sowohl an ihren eigenen Standups, Retrospektiven, Reviews etc. teilnehmen als auch an jenen, die im Rahmen der Entwicklung der Software-Plattform stattfinden. Hier sehen wir schon: Wenn ein Team an mehreren Stellen gebraucht wird, steigt der

Koordinationsaufwand. Das ist auch genau das Problem bei einem hohen Spezialisierungsgrad: Je größer das Expertentum, desto höher der Koordinationsaufwand.

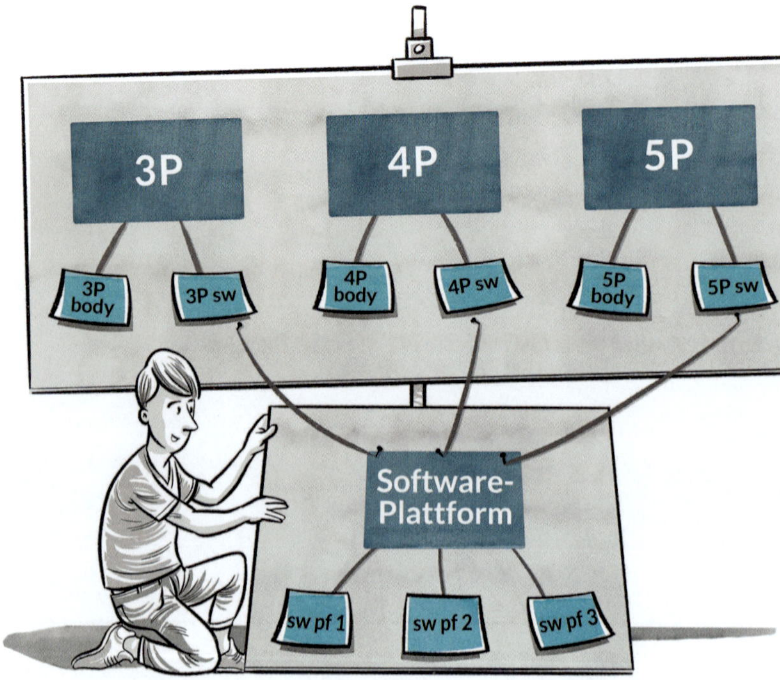

Abb. 5–7 *Koordination zwischen Produkt-Softwareteams und Software-Plattform-Teams*

Was können wir aus dem vorhandenen Kontext noch herauslesen?

- Propellerteam 1 (prop 1) entwickelt die Propeller der ersten Generation für die Drohnen 3P und 4P.
- Die Propellerteams 2 (prop 2) und 3 (prop 3) befassen sich mit der Entwicklung der zweiten Propeller-Generation, die mehr Gewicht bei weniger Energieverbrauch heben kann. Diese Propeller-Generation wird exklusiv für die Drohne 5P eingesetzt.
- Alle drei Propellerteams bauen zusammen die Propeller-Plattform.

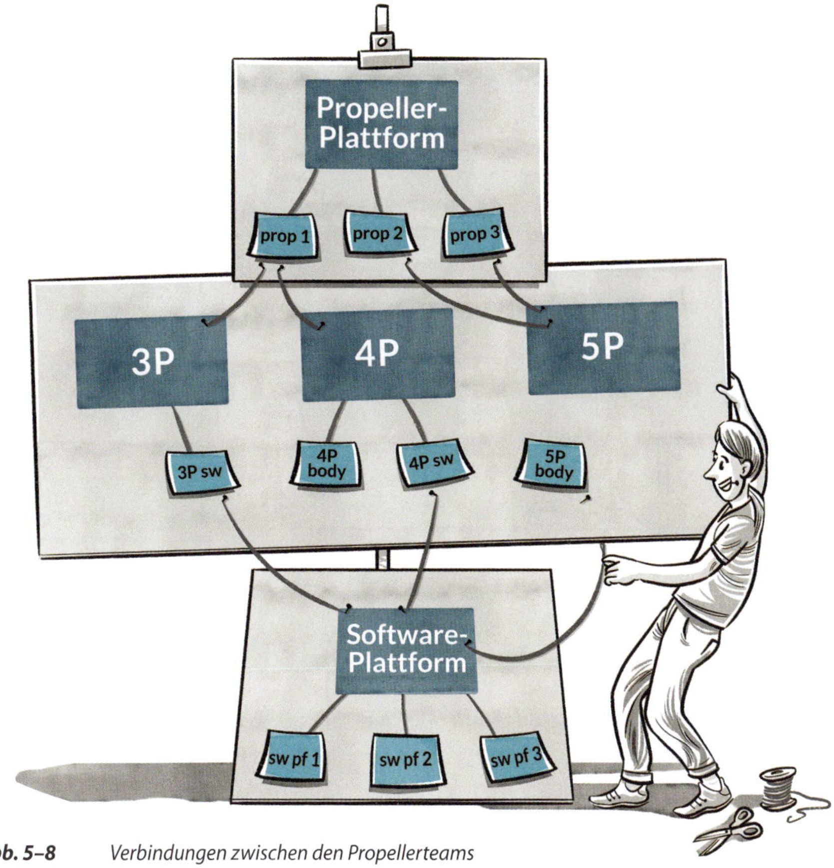

Abb. 5–8 *Verbindungen zwischen den Propellerteams*

Hier wird sehr gut sichtbar, dass eine Arbeitssystem-Topologie etwas völlig anderes ist als ein Organigramm. Wir sehen uns das Organigramm zwar an, um die Verteilung der Teams herauslesen zu können. Doch wir bilden in der Topologie auch die Verbindungen ab, die in einem Organigramm gar nicht aufscheinen, weil ein Organigramm eben keine Abläufe wiedergibt. Und obwohl die Kundschaft Produkte kauft, kommen die Produkte in einem Organigramm nie vor. Doch genau das bezwecken wir: Auf Flight Level 2 koordinieren sich Teams um die (potenziellen) Abläufe herum.

Wir haben uns Stück für Stück durch diese Verbindungen gearbeitet und können nun ein Gesamtbild der vorhandenen Flight-Level-2-Systeme und der zugehörigen Teams zusammenfügen (siehe Abb. 5–9). Was wir also herausgefunden haben, ist die Antwort auf die Frage: **Wer muss wo mitarbeiten?**

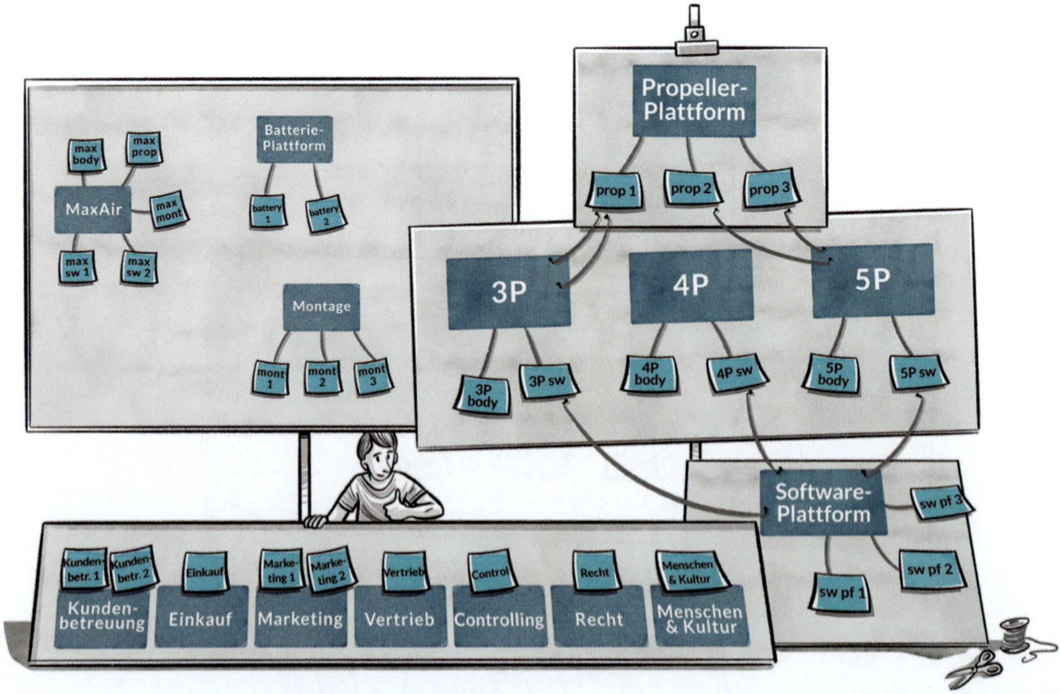

Abb. 5–9 *Gesamtbild der Teamzuordnungen*

5.2.3 Unnötige Flight-Level-1-Systeme aus der Topologie entfernen

Wir sollten uns immer vor Augen halten, dass wir die Koordination und die Abläufe verbessern wollen. Greifen wir als Beispiel das Flight-Level-2-System »Batterie-Plattform« heraus (siehe Abb. 5–10): In unserer Darstellung bedeutet das Kästchen »Batterie-Plattform«, dass hier in naher Zukunft die fünf Aktivitäten für den Betrieb eines Flight-Level-2-Systems ausgeführt werden (siehe Kap. 3). Die Abläufe werden auf einem Board visualisiert, es wird Fokus geschaffen, regelmäßig agil interagiert, der Fortschritt gemessen und die Abläufe werden verbessert.

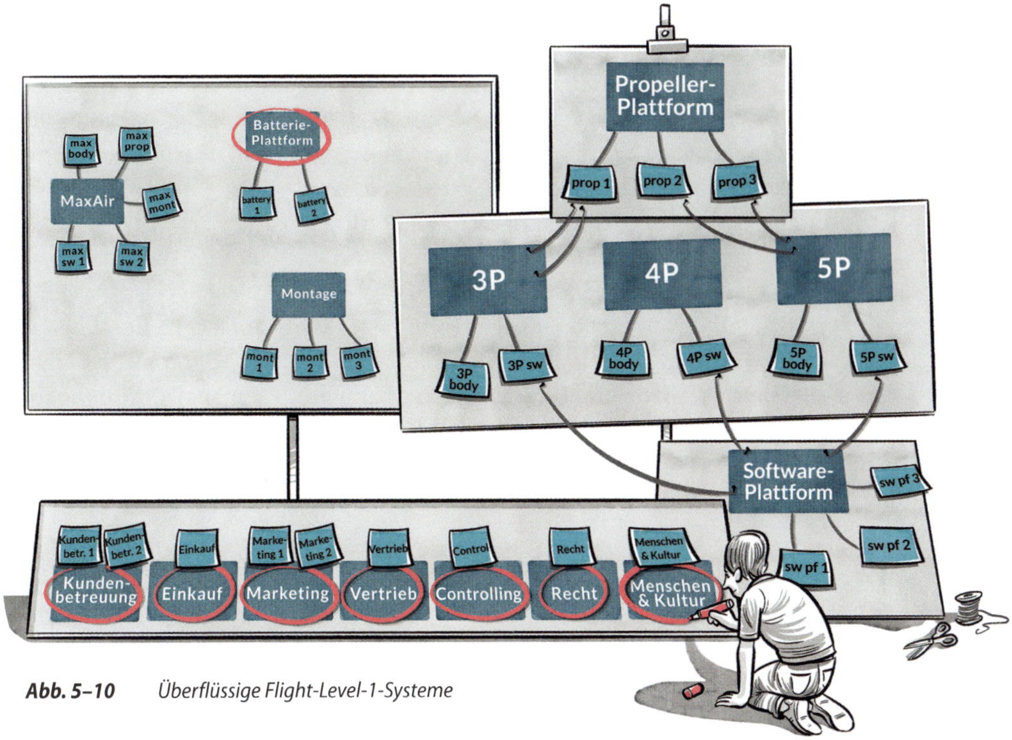

Abb. 5–10 *Überflüssige Flight-Level-1-Systeme*

Die Frage ist: Sollen wir auch für die Teams Batterie 1 und Batterie 2 jeweils eigene Flight-Level-Systeme aufbauen? Die Teammitglieder würden im Prinzip zwei Mal das Gleiche machen müssen: Was sie für die Koordination auf Flight Level 2 tun, müssten sie noch einmal auf Flight Level 1 wiederholen. Gemäß Organigramm bestehen die beiden Teams aus insgesamt 11 Leuten. Aus unserer Sicht ist es ein ziemlicher Overhead, für 11 Leute drei Systeme zu bauen: In Batterie 1 würden sich 5 Leute koordinieren, in Batterie 2 wären es 6 Leute, und dann würden wiederum Vertreterinnen der beiden Teams losgeschickt, um sich für den Bau der Plattform zu koordinieren. Wesentlich einfacher wäre es, lediglich *ein* Board zu bauen, nämlich jenes für die Plattform. Teamspezifische Angelegenheiten könnten auf dem Plattform-Board zum Beispiel in Swimlanes abgebildet werden (das ist nur eine Variante – es gibt viele andere Möglichkeiten).

Weniger ist meistens mehr

Die Koordination von Arbeit soll durch Flight Levels einfacher werden. Daher ergibt es keinen Sinn, so viele Arbeitssysteme wie möglich auf sämtlichen Flight Levels zu betreiben, nur weil wir es können.

Eine ähnliche Situation wie bei den Batterieteams finden wir an mehreren Stellen: in der Kundenbetreuung, im Einkauf, im Marketing, im Vertrieb, im Controlling, in der Rechtsabteilung und bei Menschen & Kultur. Hier entfernen wir ebenfalls die Darstellung der einzelnen Teams aus der Topologie, damit klar ist: Für diese Teams werden wir keine eigenen Flight-Level-Systeme bauen.

Für Einkauf, Vertrieb, Controlling und Recht tritt ein Fall ein, der in der Praxis manchmal für Verwirrung sorgt: Diese Abteilungen generieren einen Wert von Ende zu Ende. Das heißt, sie sind Team und Flight-Level-2-System zugleich, da sie eine unterstützende Funktion haben. Sie agieren in erster Linie auf Flight Level 2, daher streichen wir die Abbildung der jeweiligen Teams aus der Topologie. Es wäre vollkommen sinnfrei, wenn zum Beispiel das Marketingteam sowohl ein Teamboard als auch ein Flight-Level-2-Board bauen würde. Bereinigen wir also die Visualisierung der Topologie um diese Teams, dann erhalten wir die Darstellung in Abbildung 5–11.

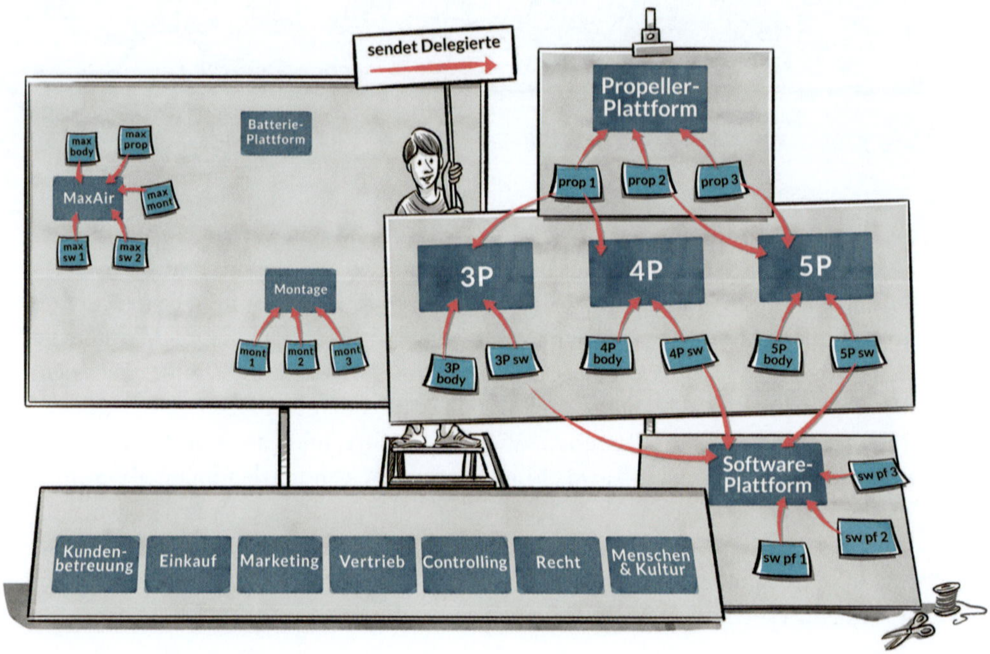

Abb. 5–11 *Bereinigte Topologie*

An manchen Flight-Level-2-Systemen hängen nach wie vor Kästchen, die einzelne Teams darstellen. Ziehen wir als Beispiel unser Supermodell MaxAir heran: Insgesamt fünf Teams müssen sich koordinieren, um diese Drohne zur Marktreife zu entwickeln. Das heißt in der Praxis, dass die einzelnen Teams jeweils Vertreterinnen zu den Meetings schicken, in denen diese Koordination für MaxAir erfolgt. Das machen wir in der Topologie durch gerichtete Pfeile explizit.

Warum sollten wir einzeichnen, wer woran teilnimmt? Solange es nur die Kombination »Team & Flight Level 2« gibt, ist klar, dass Vertreterinnen der Teams zu den Meetings für Flight Level 2 entsendet werden. Auf den nächsten Seiten werden wir aber sehen, dass es diese Verbindungen auch zwischen den einzelnen Flight-Level-2-Systemen, zwischen Flight-Level-2- und Flight-Level-3-Systemen sowie zwischen zwei oder mehreren Flight-Level-3-Systemen geben kann, und in diesem Fall ist dann schon nicht mehr so eindeutig, wer wo teilnehmen sollte.

5.2.4 Den Koordinationsbedarf zwischen Flight-Level-2-Systemen identifizieren

Wir haben die Flight-Level-2-Systeme des Unternehmens identifiziert. Wir haben herausgefunden, welches Team in welchem Flight-Level-2-System mitarbeitet. Wir haben uns darauf geeinigt, welche Flight-Level-1- und Flight-Level-2-Systeme wir überhaupt bauen wollen, indem wir redundante Flight-Level-1-Systeme aus der Topologie entfernt haben.

Jetzt stellt sich für unseren Drohnenhersteller die Frage: Gibt es Koordinationsbedarf zwischen den einzelnen Flight-Level-2-Systemen? Für die Antwort müssen wir wieder einen Blick in den Kontext werfen:

- Die wesentlichen Komponenten jeder Drohne sind das Gehäuse, die Propeller, die Batterie und die Software.

In Abbildung 5–11 kommt »Gehäuse« als Flight-Level-2-System nirgends vor. Die Propeller sind als Plattform ersichtlich. Batterie und Montage haben wir als Flight-Level-2-Systeme zwar identifiziert, aber sie stehen noch in keiner Verbindung mit den Produkten 3P, 4P und 5P. Eigentlich müssten also Vertreterinnen aus den Batterieteams (die durch die Batterie-Plattform repräsentiert werden) an der Koordination zu den einzelnen Produkten teilnehmen. Das Gleiche gilt für die Montageteams, denn der Kontext besagt:

- Drei Montageteams kümmern sich um den Zusammenbau der Drohnen.

Aus dem Kontext können wir außerdem die folgende Information herauslesen:

- In unterschiedlicher Intensität sind alle Produkte und Plattformen von der Unterstützung durch die befähigenden Funktionen Recht, Controlling, Vertrieb, Marketing, Kundenbetreuung, Einkauf sowie Menschen & Kultur abhängig.

Das bedeutet nun, dass sich diese unterstützenden Funktionen mit den Produkten und Plattformen koordinieren müssen – und wenn wir alle diese Verbindungen visualisieren, sieht das schließlich so aus wie in Abbildung 5–12. Nicht besonders übersichtlich.

Abb. 5–12 *Koordinationsbedarf zwischen den Flight-Level-2-Systemen*

Wenn wir so viele gegenseitige Verbindungen entdecken, können wir uns mit einem Board für das operative Portfolio behelfen. Das heißt, die Menschen werden nicht einfach wild von Koordinationspunkt zu Koordinationspunkt geschickt, sondern je nach Bedarf versammeln sich die richtigen Personen zur richtigen Zeit vor einem zentralen Board. Selbstverständlich versuchen wir, so viel wie möglich dezentral zu koordinieren bzw. bilateral zu lösen, aber es gibt mit dem Board für das operative Portfolio eine gemeinsame Anlaufstelle für den Gesamtüberblick über die Abhängigkeiten.

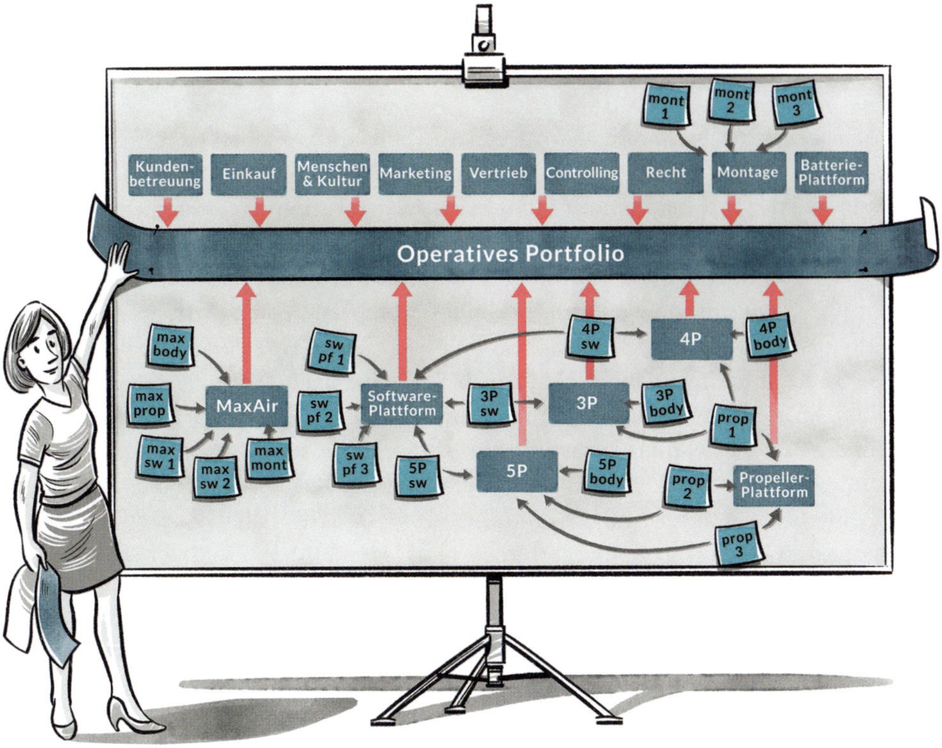

Abb. 5–13 *Koordination über ein Board für das operative Portfolio*

Übersichtlicher ist ein Portfolioboard deshalb, weil darauf *nicht* die gesamte Arbeit abgebildet wird, sondern nur diejenige, die teaminterne Relevanz hat. Auf diesem Board würden wir zum Beispiel folgende Informationen finden: Das Marketing setzt gerade eine Kampagne für die 3P-Drohne um und soll im Anschluss eine Kampagne für das Modell 4P starten. Allerdings verzögert sich der Start, weil bei der Kampagne für 3P ein Problem aufgetreten ist. Das wirkt sich nicht nur auf die Kampagne für 4P aus, sondern früher oder später auch auf die Vermarktung der 5P-Drohne, die ebenfalls die Marketingunterstützung braucht. Was können wir tun, um dieses Problem zu lösen?

Ohne gemeinsame Anlaufstelle für die Koordination bekommt in solchen Situationen jede involvierte bzw. betroffene Person meistens nur einen Bruchteil der Information mit – der ideale Boden für Mutmaßungen, Annahmen und Missverständnisse. Das Portfolioboard macht das Problem für alle in dem Moment transparent, in dem es auftritt oder besser gesagt: bereits dann, wenn es sich entwickelt.

Wann ein Portfolioboard sinnvoll ist

Ein operatives Portfolioboard ist für die Koordination zwischen Flight-Level-2-Systemen immer dann ein Gewinn, wenn Vorgänge in *einem* Arbeitssystem des Flight Level 2 auch Auswirkungen auf *andere* Arbeitssysteme haben können. Und das ist in Organisationen ab einer bestimmten Größe so gut wie immer der Fall.

5.2.5 Flight-Level-3-Systeme identifizieren, um Strategie und Arbeitsfluss zu verbinden

Flight Levels treten mit dem Anspruch an, die Kluft zwischen Unternehmensstrategie und operativer Umsetzung überbrücken zu wollen. Damit das passieren kann, müssen wir herausfinden, wo in der Organisation die Strategien entwickelt werden. Das heißt, wir begeben uns im letzten Schritt auf die Suche nach den Flight-Level-3-Systemen, um die Arbeitssystem-Topologie zu vervollständigen.

Rufen wir uns in Erinnerung: »Flight Level 3« ist keine hierarchische Bezeichnung. Es ist hier also nicht ausschließlich von Führungspersonen die Rede, die an der Spitze mit einer Gefolgschaft an Beraterinnen die großen Strategien entwickeln. Strategische Maßnahmen und Entscheidungen finden wir auf allen hierarchischen Ebenen. Wann immer eine strategische Entscheidung getroffen werden kann oder muss, ist das ein Hinweis auf ein Flight-Level-3-System.

Ein Beispiel dafür sind die Produkte 3P, 4P und 5P (siehe »Zusätzlicher wichtiger Kontext«, letzter Punkt »Strategie« auf Seite 203): Für jedes dieser Produkte gibt es einen klaren strategischen Entscheidungsspielraum, um es weiterzuentwickeln und am Markt zu positionieren. Das heißt, dass sich an die identifizierten Flight-Level-2-Systeme von 3P, 4P und 5P auch jeweils ein Flight-Level-3-System anschließt (siehe Abb. 5–14 sowie Abschnitt 4.1.3.4).

Es gibt aber auch eine Unternehmensstrategie, die direkten Einfluss auf das operative Portfolio hat. Da das Unternehmen mit rund 400 Mitarbeitenden (noch) nicht sehr groß ist, ist es möglich, die Unternehmensstrategie und die Umsetzung auf Flight Level 2 räumlich nahe zusammenzubringen. Idealerweise werden Strategie und Portfolio-Überblick also auf einem gemeinsamen Board abgebildet (siehe Abb. 5–14).

Wann ist es sinnvoll, Strategie- und Portfolioboard miteinander zu kombinieren und wann sind getrennte Boards die bessere Wahl?

Eigene Strategieboards ergeben in der Logik eines großen Konzerns Sinn, in der gar nicht gewollt ist, dass sich Personen, die Strategien entwickeln, mit irgendwelchen Umsetzungsdetails befassen, oder wo aus einer Gesamtstrategie weitere Strategien abgeleitet werden, zum Beispiel für diverse Niederlassungen. Strategie und Umsetzung betreffen in diesem Fall zwei völlig verschiedene Personenkreise. Das heißt nicht, dass sich Flight Level 3 und Flight Level 2 nicht miteinander koordinieren sollen, aber man wird (hoffentlich) selten eine Vorstandsvorsitzende finden, die jeden Tag die Boards der operativ arbeitenden Menschen im Unternehmen inspiziert und gut gemeinte Ratschläge erteilt. Der Informationsfluss verläuft in diesen Größenordnungen von unten nach oben: Vertreterinnen der operativen Ebene sollen an der Koordination vor dem Flight-Level-3-Board teilnehmen, die Unternehmensstrategie verstehen und ihren Input geben, warum die Strategie schlau oder weniger schlau ist. Damit können sie die Strategie mitbestimmen und/oder gegebenenfalls anpassen.

→

Ein Flight-Level-3-Board mit einem Flight-Level-2-Board zu kombinieren ergibt vor allem in kleineren Unternehmen Sinn, in denen die Personen, die die Strategie entwickeln, mit den für die Umsetzung verantwortlichen Personen eng zusammenarbeiten oder sogar Teil ein und derselben Personengruppe sind. Hier sind unmittelbare Feedbackschleifen zwischen operativem Geschäft und Strategie möglich.

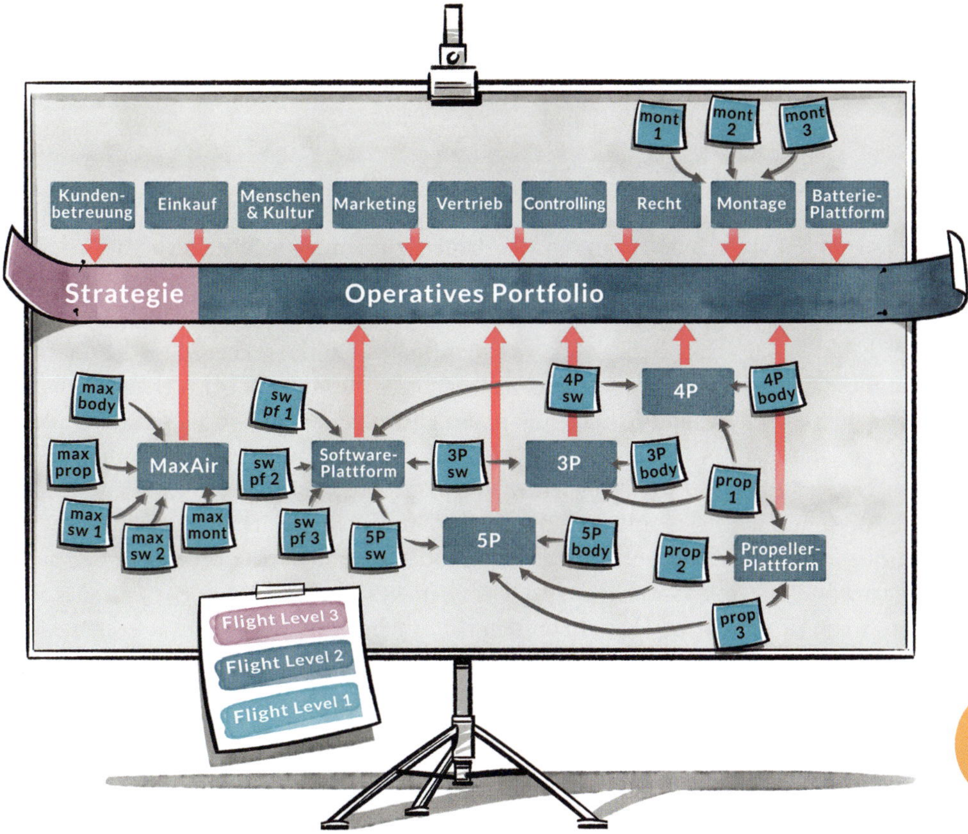

Abb. 5–14 *Flight-Level-3-Systeme im Unternehmen*

5.3 Flight Routes

Eine der Pointen von Flight Levels ist es, einen guten Arbeitsfluss durch die Organisation zu etablieren, bei dem alle Abläufe so geschmeidig wie möglich ineinandergreifen. Bisher haben wir für unseren Drohnenhersteller die Arbeitssysteme auf den drei Flight Levels identifiziert und sichtbar gemacht, welche Arbeitssysteme miteinander verbunden sind. Diese Verbindungen zeigen bis zu einem gewissen Grad bereits, wo Arbeit entsteht und wie sie in der Organisation weitergereicht wird.

Für die Ausarbeitung der Flight-Levels-Systemarchitektur wollen wir uns aber noch genauer ansehen, wo und wie die Wege verlaufen, die von der Arbeit in diesem Unternehmen zurückgelegt werden. Wir begeben uns also auf die Suche nach den Flight Routes.

Was ist eine Flight Route durch die Organisation?

Flight Routes beschreiben, wie Arbeit von einem Start-Event bis zum angestrebten Outcome durch die Organisation fließt. Sie zeigen, an welchen Stellen Flight Item Types aus anderen Flight Item Types entstehen und welche Flight Item Types zwischen Flight Levels kopiert werden, um den Arbeitsfluss zwischen den Flight Levels zu ermöglichen.

Der Weg von der Idee zur Umsetzung bei unserem Drohnenhersteller

Dazu greifen wir aus der Topologie des Unternehmens zwei Systeme heraus (siehe Abb. 5–14): das kombinierte Arbeitssystem »Strategie – operatives Portfolio« (auch als »Company Wall« bezeichnet) und das Flight-Level-2-System »4P«. Um das Prinzip der Flight Routes besser erklären zu können, gehen wir davon aus, dass die Boards für diese Arbeitssysteme bereits gebaut wurden (siehe Abb. 5–14). Verständlicherweise gibt es keine Flight-Routes-Blaupause, die man über alle Arbeitssysteme aller Organisationen dieser Welt legen kann – Flight Routes sind eine unternehmensspezifische Sache. Alle Ausführungen dienen hier also nur zu Demonstrationszwecken!

Beginnen wir bei den Teams, die die 4P-Drohne bauen. Die klugen Menschen in diesen Teams haben immer wieder gute Ideen für neue Features, zum Beispiel Wärmebildkameras. Natürlich beginnen sie nicht jedes Mal sofort daran zu arbeiten, wenn sie eine Idee haben. In diesem Unternehmen wird die Idee zunächst einmal in einem »Feature Canvas« (siehe auch Abschnitt 3.1.1) möglichst konkret beschrieben[1]. Dieses Canvas umfasst folgende Informationsfelder:

- **Beschreibung**
  Die Idee wird in zwei bis drei Sätzen dargelegt.
- **Warum**
  Mit dem »Warum« wird die Begründung geliefert, weshalb die Idee für die Kundinnen und für das Unternehmen wichtig ist. Mit der sogenannten »5W-Technik«[2] wird dabei versucht, zur Root Cause, also zum ursächlichen »Warum«, vorzudringen.

---

1. Siehe zum Beispiel *http://featurecanvas.com*.
2. *https://de.wikipedia.org/wiki/5-Why-Methode*

- **Problem**
  Es muss auch eine Antwort auf die Frage geliefert werden, welches Problem die Idee für die Kundinnen und für das Unternehmen löst und wie dieses Problem überhaupt identifiziert wurde.
- **Outcomes**
  »Outcomes« beschreibt die Werte, die mit dem neuen Feature erzielt werden sollen. Bei unserem Drohnenhersteller wird zwischen Jahres- und Quartals-Outcomes unterschieden. Im Fall der 4P-Drohne lautet der Jahres-Outcome: »1000 Kundinnen haben eine Drohne mit Wärmebildkamera bestellt. Innerhalb der kommenden drei Monate haben vier Referenzkundinnen je einen Prototyp im Einsatz.«
- **Rahmen**
  Zu guter Letzt werden unter »Constraints« noch die Rahmenbedingungen für die Entwicklung des Features definiert.

Die Ausführung der Idee in einem Canvas ist bereits der erste Teil der Flight Route. In diesem Canvas wird über die Outcomes gesprochen, die durch die Entwicklung des Features erzielt werden sollen. Die Outcomes dienen den Teams als Orientierung und werden daher im linken Teil des Flight-Level-2-Boards gut sichtbar angebracht.

Verbindung mit der Strategie

Damit das Unternehmen darüber Bescheid weiß, was die 4P-Teams vorhaben und was sie erreichen wollen, wird eine Kopie der Outcomes auf der Company Wall platziert, die – wie wir wissen – Strategie und operatives Portfolio an einem Platz zusammenbringt. Natürlich kopieren nicht nur die 4P-Teams ihre Outcomes auf die Company Wall, sondern auch die Teams für die Propeller-Plattform, für das Gehäuse etc. Deshalb gibt es alle drei Monate etwas, das »Flight Level 3 Strategy Planning« genannt wird. Alle Outcomes werden durchleuchtet und es wird beurteilt, ob sie für das Unternehmen relevant und wichtig sind. Die Bestätigung von Outcomes im Flight Level 3 Strategy Planning gibt somit den Startschuss für die Umsetzung einer Idee.

Hat sich herausgestellt, dass die angestrebten Outcomes für das Unternehmen sinnvoll sind, wird die Idee im »Flight Level 2 Delivery Planning« weiterverfolgt. Dieses Planning findet ebenfalls vor der Company Wall statt: Vertreterinnen aus den Flight-Level-2-Systemen sehen sich gemeinsam an, welche Outcomes in den kommenden drei Monaten erreicht werden sollen, und leiten daraus konkrete Arbeitsaufträge – die Initiativen – ab.

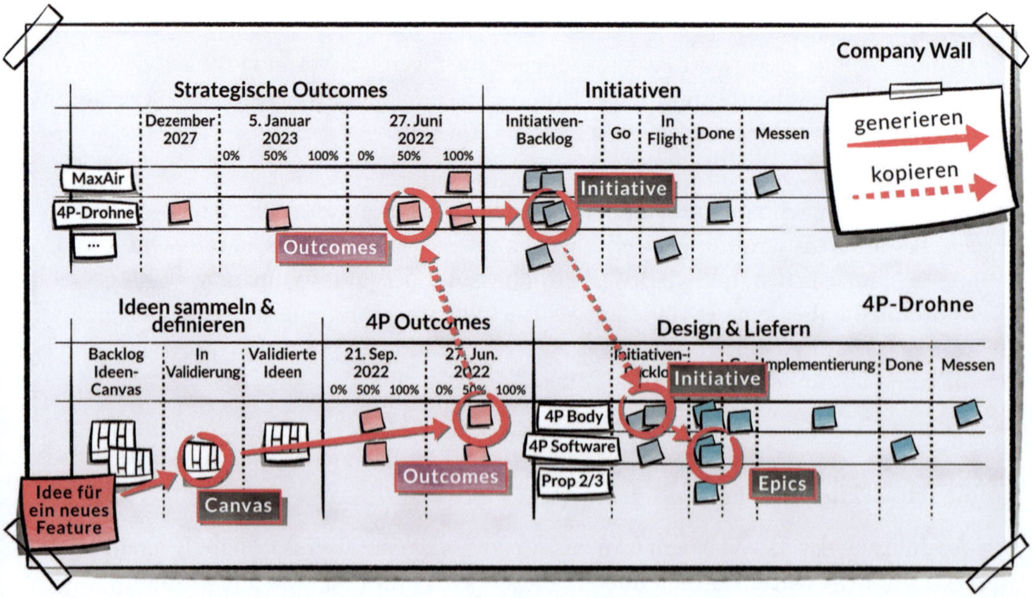

Abb. 5–15 *Die Flight Route von der Idee zur Umsetzung*

Initiativen sollen in diesem Unternehmen so dimensioniert sein, dass sie innerhalb von drei Monaten eine Wirkung erzielen können. Während der Outcome aus der Sicht »Was wollen wir erreichen?« erklärt wird, beschreibt eine Initiative, was technisch zu tun ist, um den angestrebten Outcome zu erreichen. Außerdem erfahren die Beteiligten an diesem Punkt, welche Teams für die Umsetzung gebraucht werden und in welcher Reihenfolge die einzelnen Teile der Initiative abgearbeitet werden sollen.

Die grundlegende Idee des Flight Level 2 Delivery Planning ist es, dass alle wissen, was zu tun ist, um den gewünschten Outcome zu erreichen. Natürlich kann das Ergebnis aber auch lauten: »Diesen Outcome erreichen wir aus technischen Gründen nicht.« Für diese Situationen gibt es einen Feedbackkanal zum Flight Level 3 Strategy Planning. In diesem Unternehmen werden solche Hürden allerdings nicht nach dem Motto »schöne Idee, schaffen wir aber nicht« abgehandelt. Aus dem Flight Level 2 Delivery Planning kommen gleichzeitig Vorschläge zurück, auf welche Weise die Initiative tatsächlich bewältigt werden könnte.

Von der Strategie zur Umsetzung

Sobald geklärt ist, was machbar ist und was nicht, wird die Initiative nicht einfach in die Flight-Level-2-Systeme gepusht. Die Vertreterinnen von Flight Level 2 halten vor der Company Wall regelmäßig ihre Standup-Meetings ab und ziehen sich die Initiative, sobald sie Kapazitäten dafür haben. Eine Kopie der Initiative wandert dann von der Company Wall in das Backlog des Flight-Level-2-Boards jener Teams, die an der 4P-Drohne arbeiten. Um die Initiative umsetzen zu können, wird sie in kleinere Einheiten – die Epics – zerteilt, auf denen ebenfalls festgehalten wird, welche Teams für die Bearbeitung eines Epics gebraucht werden.

Jetzt kann die Arbeit beinahe beginnen! Die beteiligten Teams holen sich eine Kopie des Epics in das Backlog ihres jeweiligen Teamboards und zerlegen das Epic noch einmal in Stories und/oder Aufgaben.

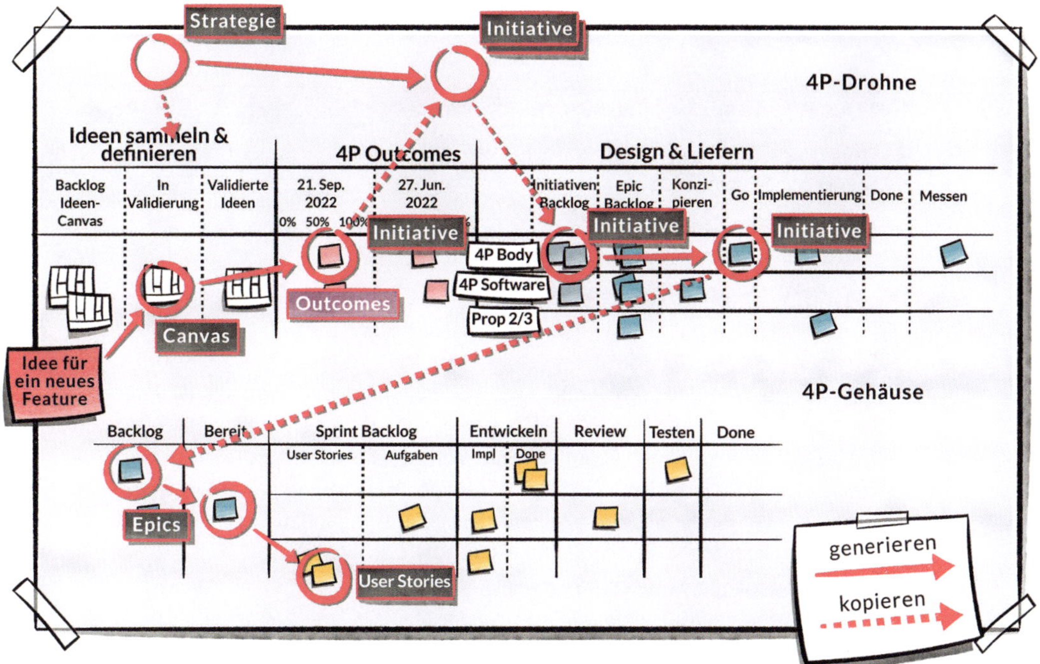

Abb. 5–16 *Wie die Flight Route die Flight Levels verbindet.*

Was wir hier sehen, ist genau **eine** Flight Route und natürlich gibt es bei unserem Drohnenhersteller – so wie in allen Unternehmen – verschiedene Flight Routes für verschiedene Flight Item Types. Auch auf Flight Level 3 kann Arbeit getriggert werden, wenn sich zum Beispiel die gesetzlichen Rahmenbedingungen für die Organisation verändern. Eine Idee könnte auch auf Flight Level 2 gestartet und abgeschlossen werden, ohne jemals mit Flight Level 3 in Berührung zu kommen, weil das Budget für die Idee auf Flight Level 2 selbst verantwortet werden kann. Genauso können Flight Routes ausschließlich auf Flight Level 1, auf der Teamebene, verlaufen.

Jetzt stellt sich die Frage: Flight Routes in diesem Beispiel schön und gut – aber wie komme ich zu den Flight Routes in *meinem* Unternehmen? Dazu müssen wir zunächst untersuchen, was wir auf der zuvor dargestellten Flight Route so alles gesehen haben. Beim Nachzeichnen der Flight Route sind uns einige Artefakte begegnet:

- Der Ausgangspunkt der Flight Route war die Idee zu einem neuen Feature für die 4P-Drohne. Die Idee war der **Trigger.**
- Aus der Idee bzw. dem Feature Canvas wurde eine Initiative, aus der Initiative wurden Epics und aus den Epics wurden Stories. Auf dem Weg zwischen den

Flight Levels sind also verschiedene **Flight Item Types** entstanden bzw. die Flight Item Types haben sich im Laufe der Flight Route verändert.

- In den **Outcomes** haben die 4P-Teams festgehalten, was sie mit dem neuen Feature innerhalb unterschiedlicher Zeiträume erreichen wollen. Wenn sie die Ergebnisse der gesetzten Aktivitäten kontinuierlich messen, können sie daraus ablesen, ob sie auf dem richtigen Weg sind oder ob entweder die Erwartungen oder die Aktivitäten korrigiert werden müssen.

Woraus sich eine Flight Route zusammensetzt

- **Trigger** sind die Ausgangspunkte oder Start-Events einer Flight Route. Diese kann mehrere Trigger haben, zum Beispiel:
  - Change Requests
  - Ideen für neue Projekte, Produkte oder Features
  - Gesetzliche Vorschriften
  - Business as usual
  - Mehr Umsatz
- **Flight Item Types** definieren, welche Kategorie von Arbeit auf welchem Flight Level behandelt wird (siehe Abschnitt 3.1.1). Gängige Flight Item Types sind Initiativen, Epics und Stories – doch unter diesen Begriffen werden sehr oft unterschiedliche Dinge verstanden. Deshalb sollte für jedes Unternehmen individuell herausgefunden werden, welche Flight Item Types verwendet und wie sie spezifisch in dieser Organisation definiert werden. Die folgenden Definitionen sind daher **nur als Beispiele zu verstehen**!
  - **Initiativen (Flight 3 und Flight Level 2)**
    Der Outcome kann innerhalb von maximal drei Monaten erreicht werden.
  - **Epics (Flight Level 2 und Flight Level 1)**
    Kurzfristige Aktivitäten, die innerhalb von zwei bis sechs Wochen abgeschlossen werden können.
  - **Stories (Flight Level 1)**
    Kurzfristige Aktivitäten, die in weniger als zwei Wochen abgeschlossen werden können.
- **Outcomes** beschreiben, was auf einer Flight Route erreicht werden soll. Sie sind Navigationspunkte, die zeigen, ob die Organisation noch auf Kurs ist oder ob der Kurs korrigiert werden muss.

5.3.1 Flight Routes definieren

Um die Idee hinter den Flight Routes zu demonstrieren, sind wir im Beispiel davon ausgegangen, dass es für die einzelnen Flight Levels bereits Boards gibt. In der Realität sind solche Boards aber meistens noch nicht vorhanden, wenn die Arbeit mit Flight Levels erst beginnt. Was es zunächst gibt bzw. geben sollte, ist die Arbeitssystem-Topologie. Wie kommt ihr jetzt also von der Topologie zu den Flight Routes? Ganz einfach: Ihr sortiert zunächst die Topologie. Du fragst dich sicher, was das jetzt heißen soll.

Abbildung 5–17 zeigt noch einmal die Topologie, die wir aus den vorhandenen Informationen für unseren Drohnenhersteller abgeleitet haben. In dieser Topologie sehen wir die Flight Levels, die nicht die Hierarchien der Organisation beschreiben, sondern einen *Inhalt:* Flight Level 1 bedeutet, dass Teams operativ arbeiten. Flight Level 2 sagt aus: Hier findet Koordination statt und es gibt eine Ende-zu-Ende-Verantwortung. Flight Level 3 heißt: Hier wird über Strategie und Outcomes nachgedacht. Die Topologie zeigt genaugenommen aber vier Ebenen – und trotzdem nur drei Flight Levels. Wie geht das?

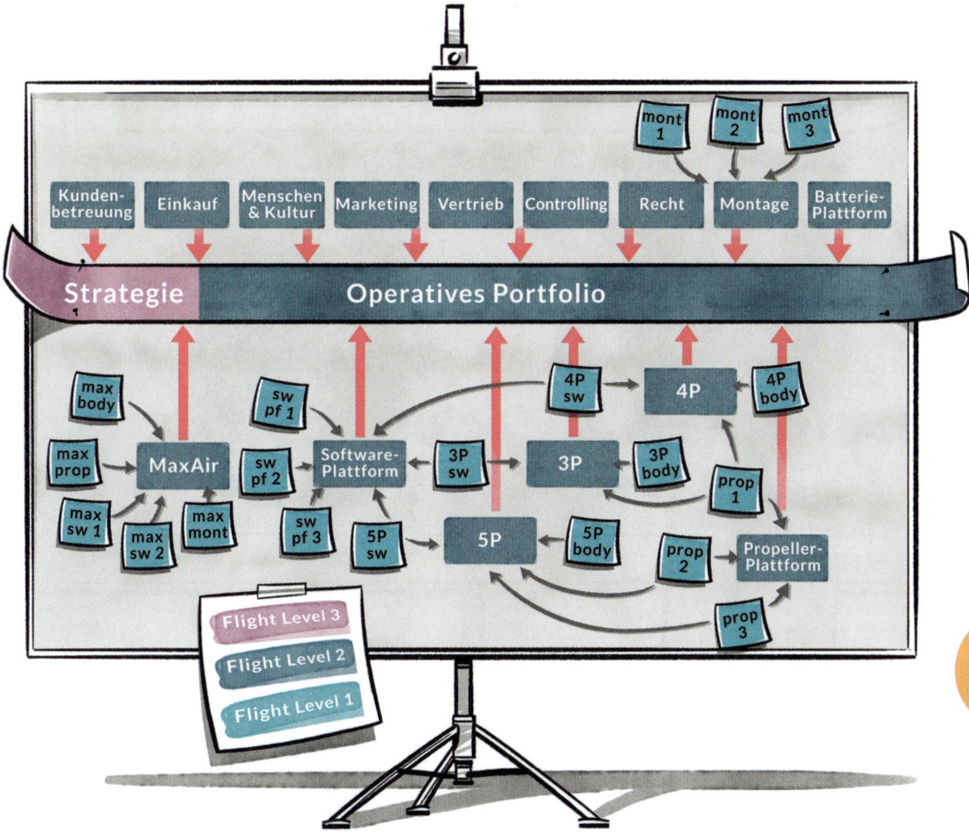

Abb. 5–17 *Topologie des Drohnenherstellers*

Die klassischen Flight-Level-1- und Flight-Level-2-Systeme lassen sich leicht identifizieren: Das sind die hellblauen bzw. dunkelblauen Kästchen. Es gibt aber auch Flight-Level-2-Systeme, an die sich ein Flight-Level-3-System anschließt und an denen gleichzeitig mehrere Teams hängen – das sehen wir bei den Systemen für die 3P-, 4P- und 5P-Drohnen, die wir deshalb in einen eigenen Container sortieren. Außerdem gibt es noch die Company Wall, die ein Flight-Level-3- mit einem Flight-Level-2-System kombiniert und mit der mehrere Flight-Level-2-Systeme verbunden sind.

In diese Kombinationen zerlegt bzw. »sortiert« sieht die Arbeitssystem-Topologie nun aus wie in Abbildung 5–18.

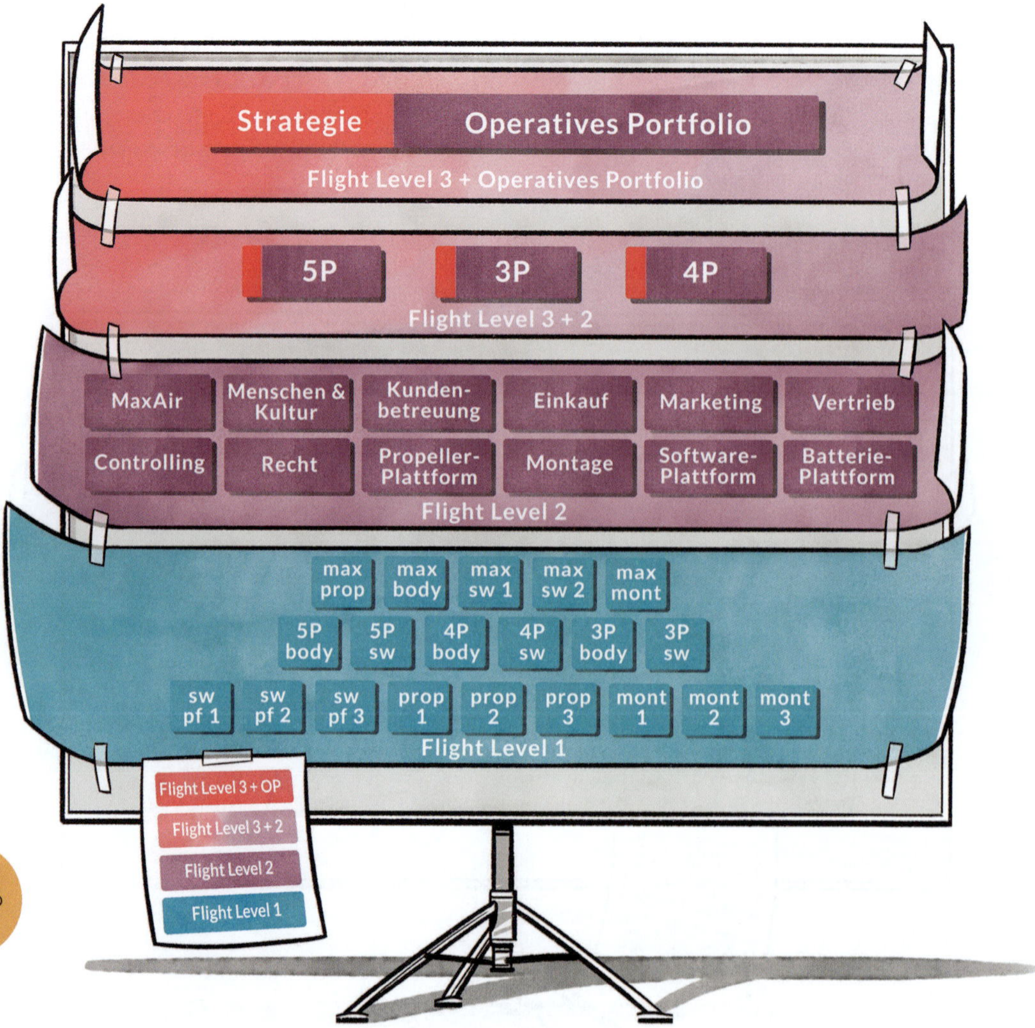

Abb. 5–18 *Sortierte Topologie*

Als Nächstes werfen wir die Kästchen für die einzelnen Flight-Level-Systeme aus der Darstellung raus. Danach bleiben nur noch die farbigen Flächen übrig, mit denen wir die genannten vier Ebenen hervorgehoben haben. Das ist quasi unsere Leinwand, auf der wir die Flight Routes nachzeichnen können. Damit uns das gelingt, müssen wir ein gemeinsames Verständnis zu den folgenden Fragen finden:

- Welche Trigger gibt es in der Organisation?
- Wo treten diese Trigger auf?
- Welchen Weg nimmt die Arbeit, nachdem der Trigger aufgetreten ist?

Die Abbildungen 5–19 bis 5–21 zeigen drei Beispiele für unseren Drohnenhersteller:

- Die **Idee für ein neues Feature** kann auf Flight Level 2 geboren werden (siehe Abb. 5–19). Aus dem Trigger »Idee« wird zuerst ein Canvas generiert, aus dem wiederum die angestrebten Outcomes hervorgehen. Wenn es sich dabei um eine Idee handelt, die für das Unternehmen strategische Relevanz hat, werden diese Outcomes auf Flight Level 3 »kopiert«. Sofern die strategische Entscheidung fällt, an diesen Outcomes zu arbeiten, entsteht daraus eine Initiative, die geliefert werden muss. Das heißt, das Flight-Level-3-Board muss so gebaut werden, dass jederzeit nachvollziehbar ist, wie weit die Umsetzung der Initiative gediehen ist. Um liefern zu können, wird die Initiative auf Flight Level 2 kopiert und dort in Epics aufgespalten, die von den Teams schließlich noch in Stories zerteilt werden.

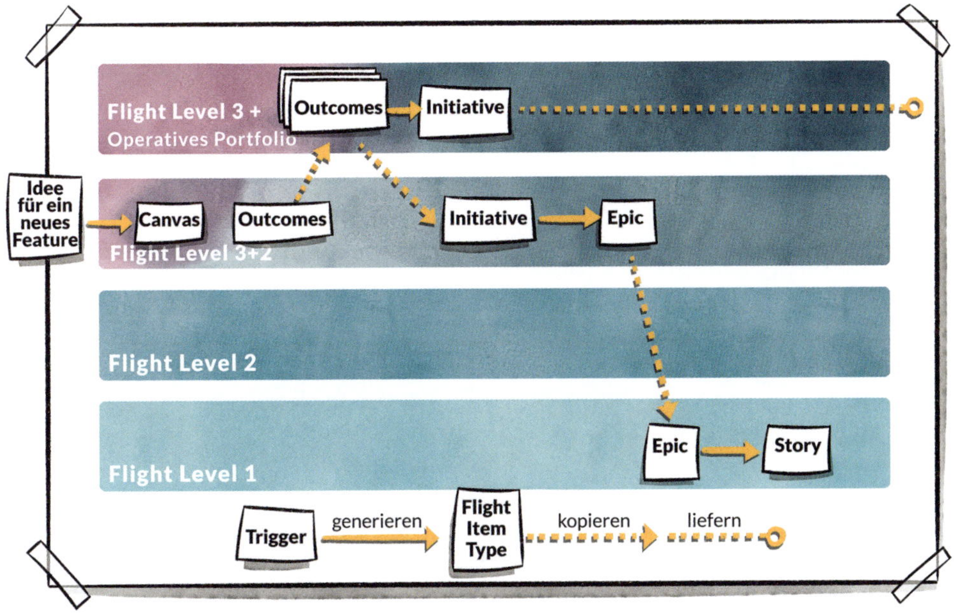

Abb. 5–19 *Flight Route für eine Idee*

- Wie wir gesehen haben, können für die einzelnen Drohnenmodelle auch eigenständige **strategische Entscheidungen** getroffen werden (kombiniertes FL-3/2-System). Es hat also nicht alles strategische Relevanz für das gesamte Unternehmen. Daher gibt es in diesem Unternehmen den Fall, dass neue Features ausschließlich auf Flight Level 2 initiiert und von den Teams des Flight Level 1 umgesetzt werden (siehe Abb. 5–20). In diesem Fall werden Epics ausgeliefert. Diese Möglichkeit, Ideen ohne Freigabe umsetzen zu können, braucht natürlich ein Regelwerk, damit klar ist, wie viel Energie (im Sinne von Zeit und Geld) auf diese eigenständigen Projekte verwendet werden kann.

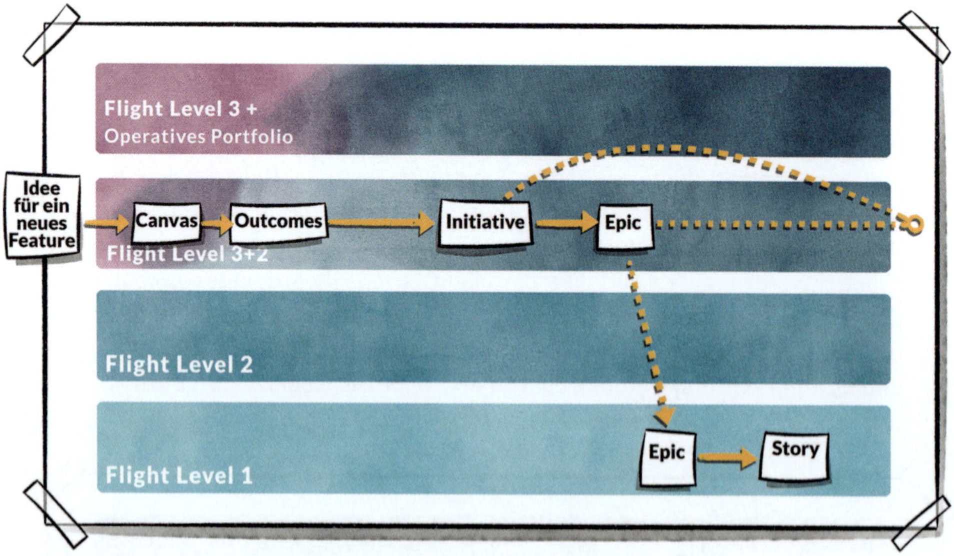

Abb. 5–20 *Flight Routes für strategische Entscheidungen auf Flight Level 2*

- Und schließlich löst ein **Trigger wie zum Beispiel eine Fehlermeldung** eine Flight Route aus, die sich ausschließlich auf Flight Level 1 bewegt, weil sie von den Teams direkt behoben wird (siehe Abb. 5–21).

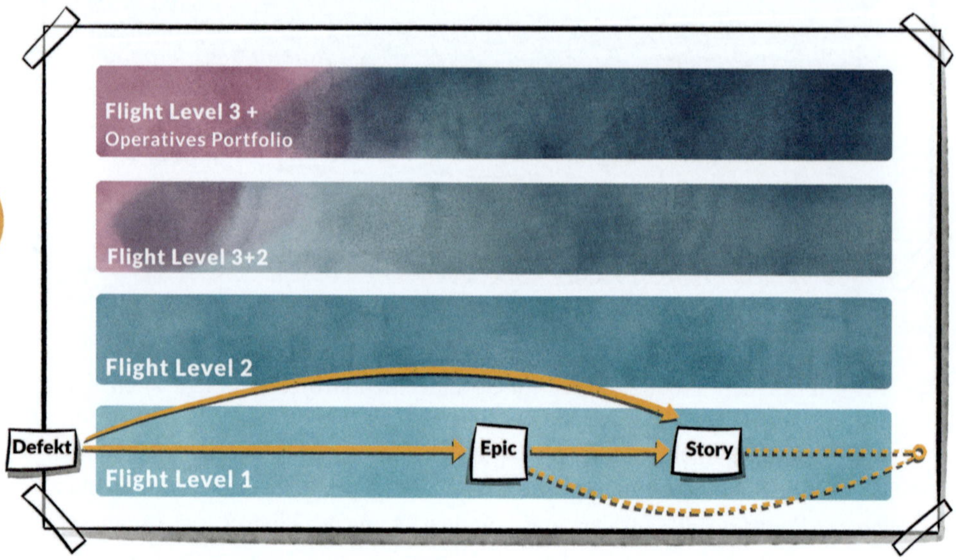

Abb. 5–21 *Flight Route für eine Fehlermeldung*

Tipp für die Praxis

Wenn euer Unternehmen erst mit Flight Levels zu arbeiten beginnt, ist es nicht sinnvoll, **alle** Trigger identifizieren zu wollen, die es geben könnte. Begebt euch auf die Suche nach den **aktuell häufigsten** Triggern und damit nach den wichtigsten Flight Routes, also jenen, die einen Großteil der Arbeit bestimmen.

Eine Anmerkung zum Kopieren und Generieren von Flight Item Types

In Kapitel 3 beschreiben wir unter anderem das Board Pattern 13 »Slicing« (siehe Abschnitt 3.2.13). Der Auftrag – zum Beispiel eine Initiative – wird in jenes Flight-Level-System **kopiert,** in dem er auf- und ausgearbeitet wird. Dort werden einzelne Stücke **generiert**, und diese Stücke wandern über das Board. Diese Vorgänge des Kopierens und Generierens sind auf den Flight Routes sichtbar.

Wenn etwas *generiert* wird, entsteht aus einem Flight Item Type ein anderer Flight Item Type. Dieser Vorgang passiert in erster Linie auf demselben Flight Level und erfordert meistens bestimmte Aktivitäten. Was sind solche Aktivitäten auf Flight Level 2? In erster Linie handelt es sich dabei um Spalten oder Meetings, in denen die neuen Flight Item Types entstehen bzw. aus einem anderen Flight Item Type abgeleitet werden.

Das *Kopieren* von Flight Item Types findet hingegen zwischen verschiedenen Flight Levels statt. Deswegen sind Feedbackschleifen notwendig, damit alle Flight Levels, die das Original oder eine Kopie des Flight Item Type haben, immer auf demselben Stand der Information über den Fortschritt sind. Kopien werden meistens in einem Optionenpool gesammelt, das heißt wenn ein Kopiervorgang auf einer Flight Route sichtbar ist, braucht das »empfangende« Flight-Level-System zum Beispiel eine Backlog-Spalte.

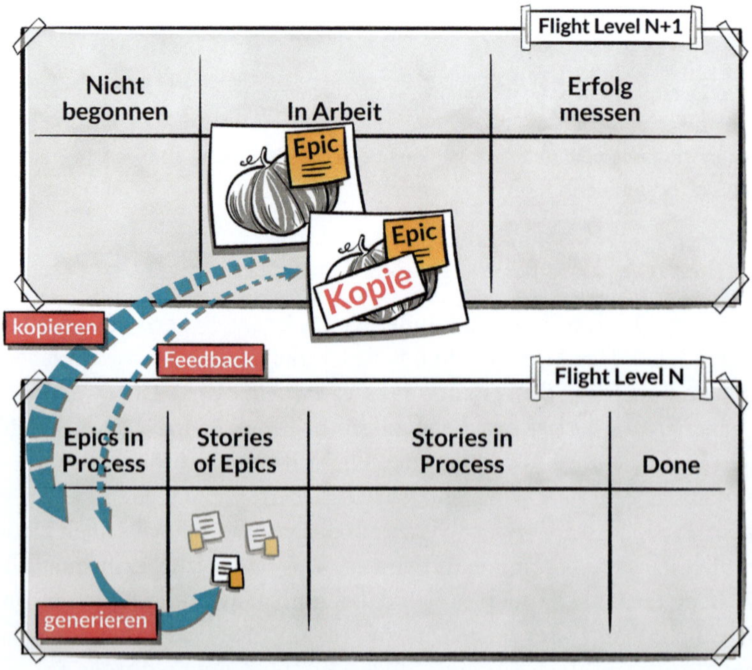

Abb. 5-22 *Kopieren und Generieren von Flight Item Types*

5.3.2 Wozu werden Flight Routes benötigt?

Schön und gut, wenn wir wissen, wie sich Arbeit durch die Organisation bewegt: Aber wozu müssen wir das wissen? Wir werden sogar noch einen Schritt weiter gehen: Wir werden die Flight Routes abstrahieren, sodass wir am Ende nur noch eine Darstellung wie in Abbildung 5-23 haben. Wozu soll das gut sein?

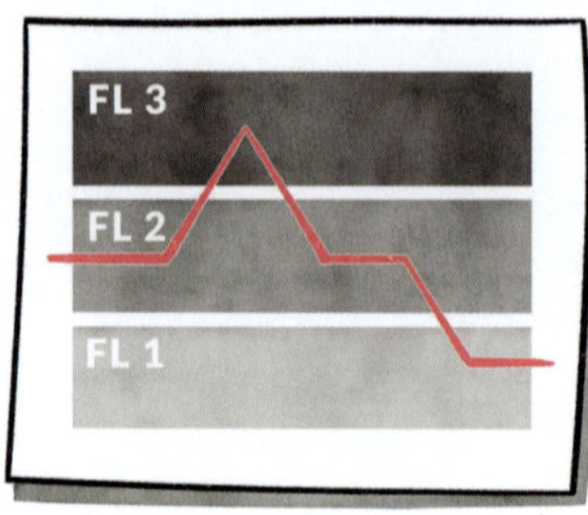

Abb. 5-23 *Was sagt uns eine abstrahierte Flight Route?*

Auf diese Frage gibt es eine kurze und eine längere Antwort. Beginnen wir mit der kurzen:

Alle Flight-Level-Systeme, die gebaut werden, müssen zusammenpassen. Das bedeutet: Wenn Arbeit auf einem Flight Level generiert und auf einem anderen Flight Level weiterbearbeitet wird, müssen die beteiligten Personen zumindest von denselben Flight Item Types sprechen. Es ist aber einigermaßen mühsam, das am Reißbrett für die gesamte Organisation für alle möglichen Arbeiten zu definieren. Deshalb werden zunächst nur die wichtigsten Flight Routes identifiziert, und wenn die Realität im Laufe der Zeit zeigt, dass es noch weitere wichtige gibt, werden diese später nachgepinselt.

Die längere Antwort hat ihren Ursprung in der Frage: Welches Zielbild hat das Unternehmen? Sollen mehr Selbstorganisation und Selbstverantwortung auf der operativen Ebene entstehen? Kollaboratives Arbeiten? Bessere Abstimmung zwischen Strategie und Umsetzung? Proaktives Handeln und Innovation durch die Menschen, die im ständigen Austausch mit den Märkten sind?

Je nachdem, ob bestimmte »Flight Route Patterns« in einem Unternehmen dominieren oder ob Variationen davon existieren, lässt sich daraus schließen, wie eine Organisation tickt und ob sie für ihre Ziele passend aufgestellt ist. Flight Routes sind im Grunde also ein Diagnoseinstrument, daher nennen wir diese Abstraktionen »Heartbeats«.

Flight Route Pattern: Top-down-Entscheidungen

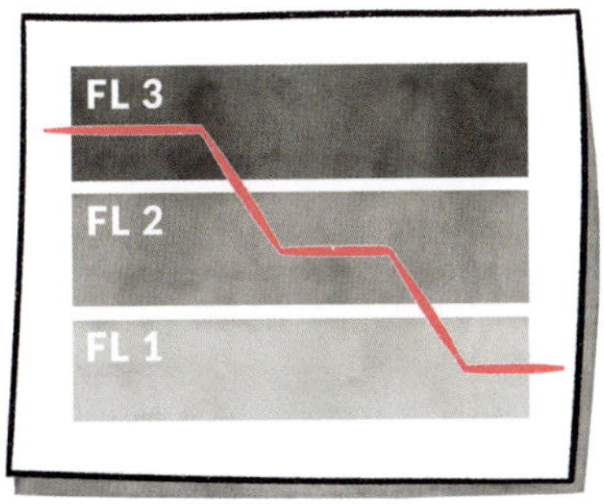

Abb. 5–24 *Top-down-Entscheidungen*

Womit haben wir es zu tun?

Entscheidungen werden auf Flight Level 3 getroffen und top-down zur operativen Ebene weitergereicht. Das kann zum Beispiel der Fall sein, wenn gesetzliche Vorschriften umgesetzt werden müssen und es keinen Gestaltungsspielraum gibt. Genauso könnte es sich um Themen handeln, die für die gesamte Organisation relevant sind.

Wenn dieses Pattern dominiert

Der Vorteil ist, dass es in der Organisation ein starkes Alignment mit den strategischen Entscheidungen geben dürfte. Allerdings müssen dafür entweder sehr viele Personen involviert werden, oder es gibt unter den Personen, die strategische Entscheidungen treffen, ausschließlich Genies, die genau wissen, was für die gesamte Organisation das Richtige ist. Information fließt immer nur von der strategischen zur operativen Ebene, aber nie zurück. Autonomie und Selbstorganisation werden hier kaum zu finden sein.

Flight Route Pattern: Team only

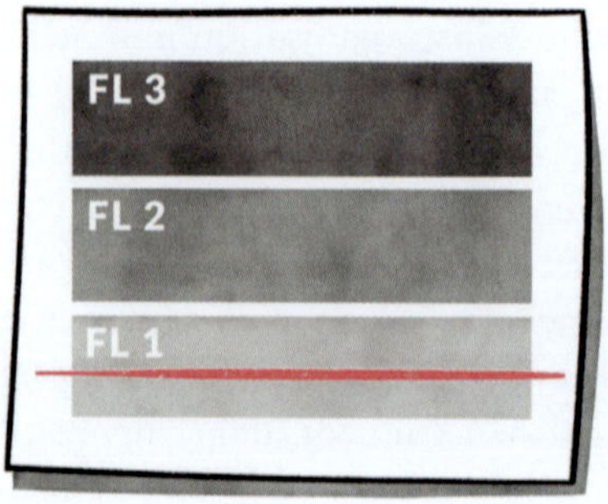

Abb. 5-25 *Hier findet alles auf Teamebene statt.*

Womit haben wir es zu tun?

Die Arbeit entsteht auf Teamebene und wird vom betreffenden Team direkt umgesetzt. Niemand sonst in der Organisation ist involviert. Dieser Fall tritt zum Beispiel auf, wenn nur ein bestimmtes Team Fehler beheben kann. Business as usual würde sich ebenfalls so darstellen.

Wenn dieses Pattern dominiert

Super, die Teams dürfen völlig autonom entscheiden! Entweder handelt es sich um ein Unternehmen, das nur aus einem Team besteht, oder es existiert ein massives Alignment-Problem, da es nie einen Austausch mit der strategischen Ebene oder anderen Einheiten gibt. Möglicherweise erfahren Beteiligte außerhalb des Teams gar nichts von Dingen, die sie eigentlich betreffen würden.

Flight Route Pattern: Abstimmung zwischen operativer und strategischer Ebene

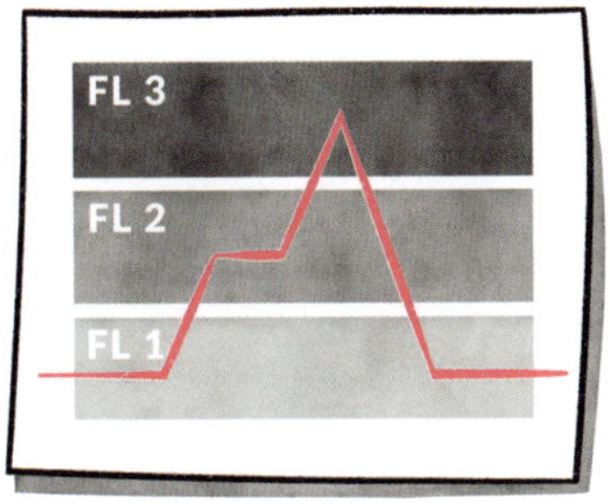

Abb. 5–26 *Hier findet ein Austausch zwischen den Flight Levels statt.*

Womit haben wir es zu tun?

Dieses Pattern kann bedeuten, dass Ideen auf der Teamebene entstehen, auf der strategischen Ebene bestätigt werden müssen und dann von mehreren Teams umgesetzt werden.

Wenn dieses Pattern dominiert

Der große Vorteil dieses Patterns ist, dass es einen Informationsfluss von unten nach oben und von oben nach unten zu geben scheint. Sehen wir in einem Unternehmen aber hauptsächlich dieses Pattern, dann kann es sein, dass alles, was ein Team machen will, von einer strategischen Instanz abgesegnet werden muss, und die Fähigkeit, auf Marktentwicklungen zu reagieren, darunter leidet.

Flight Route Pattern: Autonome Entscheidungen

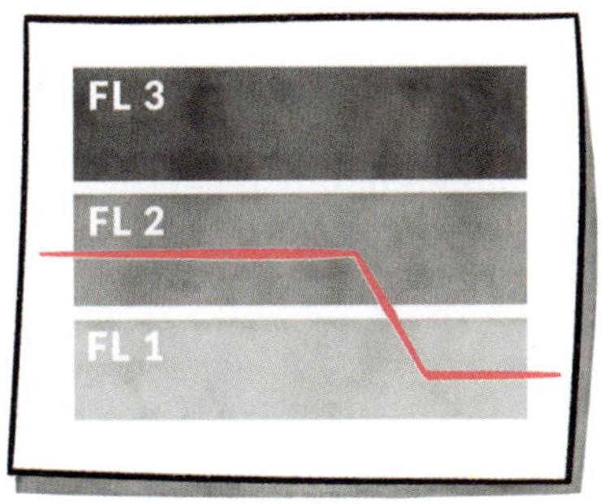

Abb. 5–27 *Hier werden auf Flight Level 2 autonome Entscheidungen getroffen.*

Womit haben wir es zu tun?

Dieses Pattern könnte zeigen, dass im Produktmanagement autonome Entscheidungen möglich sind.

Wenn dieses Pattern dominiert

Wenn die Koordination fehlt, zum Beispiel durch ein Flight-Level-3-System, das die strategische Richtung vorgibt, könnten sich die einzelnen Produkte gegenseitig unterminieren und suboptimieren. »Mein Produkt ist das beste« – diese Denkweise kann eine interne Konkurrenzsituation schaffen, die dem gesamten Unternehmen schadet.

Natürlich hängt es immer vom jeweiligen Kontext ab, aber meistens ist es ideal, wenn es in einem Unternehmen einen ausgewogenen Mix der Patterns gibt, also sowohl Autonomie als auch »Zacken« im Verlauf. Denn immer wenn Flight Routes Spitzen aufweisen, ist das ein Indiz dafür, dass eine Abstimmung bzw. ein Informationsaustausch zwischen den Flight Levels stattfindet. Es sollte also nie von einem einzigen vorhandenen Pattern auf die gesamte Organisation geschlossen werden.

Tipp für die Praxis

Zeichnet gemeinsam im Team die wichtigsten und häufigsten Flight Routes auf, die ihr in eurem Unternehmen finden könnt: So könnt ihr feststellen, ob Patterns fehlen, die der Organisation guttun und sie weiterbringen könnten.

5.3.3 Das große Flight-Levels-Antipattern

Zum Abschluss der Flight-Levels-Systemarchitektur möchten wir noch einmal prominent darauf hinweisen, wie die Arbeitssystem-Topologie und die Flight Routes **nicht** entstehen sollten.

Wir haben schon das eine oder andere Mal erwähnt, dass ein Flight Level keine Hierarchieebene darstellt. In der Realität werden wir aber immer wieder damit konfrontiert, dass nicht richtig informierte Personen, die ihre Flight-Levels-Ausbildung nicht bei einem von uns akkreditierten Flight Levels Guide gemacht haben, genau diese fehlerhafte Auffassung in die Welt hinausposaunen. Das verursacht leider sehr viel Schaden in einer Organisation und hat mit dem Flight-Levels-Modell überhaupt nichts zu tun. Was passiert, wenn solche Antipatterns entworfen werden?

Es wird einfach das Organigramm herangezogen und die einzelnen Hierarchieebenen werden als Flight Levels bezeichnet: Die Teams sind Flight Level 1, die Abteilungen sind Flight Level 2, die Business Units sind Flight Level 3 und ... hoppla. Was machen wir mit der Geschäftsführung und dem Vorstand? Egal, auch wenn das Konzept eigentlich sagt, dass es nur drei Flight Levels gibt, bezeichnen wir das Management einfach als Flight Level 4.

Manche gehen subtiler vor: Damit die Tatsache, dass es nur drei Flight Levels gibt, diesem Antipattern nicht in die Quere kommt, werden die Business Units zu Flight Level 2a, die Abteilungen werden zu Flight Level 2b – so kann die Geschäftsführung dann doch noch Flight Level 3 sein.

Der richtige Weg, um zu den Flight Routes zu gelangen, führt über die Darstellung der Arbeitssystem-Topologie. Statt sich mit der Topologie zu befassen, wird aber einfach das Organigramm in eine falsche Flight-Levels-Logik gezwängt. Anschließend werden keine Flight Routes identifiziert, sondern es wird einfach ein Prozess nachgezeichnet (siehe Abb. 5–28). So doof es klingt: Dieses Nachzeichnen eines Prozesses kann manchmal ganz hilfreich sein, um zu zeigen, wie dysfunktional die Organisation aufgestellt ist. Es zeigt, wie viel Zeit auf langwierige Entscheidungen und wie wenig Zeit auf die tatsächliche Arbeit verwendet wird.

Dennoch: Das hat mit Flight Levels nichts zu tun. Weder sind Flight Levels ein Abklatsch der Organisationsstruktur noch haben wir es bei Flight Routes mit der Abbildung von Prozessabläufen zu tun. Wir wollen in der Flight-Levels-Systemarchitektur herausfinden, welche Flight Item Types auf welchen Flight Levels gehandhabt und aus welchen Flight Item Types andere Flight Item Types generiert werden.

Abb. 5–28 *Ein absolutes Flight-Levels-Antipattern – so bitte nicht!*

Jetzt haben wir dir alles darüber erzählt, wie du die Flight-Level-Systeme in einer Organisation identifizierst und verbindest, wie du Arbeitssysteme auf Flight Level 2 und 3 visualisiert und mit welchen Mitteln du in diesen Systemen Fokus schaffen kannst. Im letzten Kapitel gehen wir nun noch auf die übrigen drei der fünf Kernaktivitäten des Systemdesigns ein und zeigen dir, wie agile Interaktionen gefördert werden können, wie der Fortschritt gemessen werden kann und wie sowohl Verbesserungen im System als auch am System durchgeführt werden können. Kurz gesagt geht es um den täglichen Betrieb von Flight-Level-Systemen in einer Organisation.

Zusammenfassung

Damit einzelne Flight-Level-Systeme ideal zusammenwirken können, müssen wir herausfinden, welche Systeme es in der Organisation überhaupt gibt, wo sie angesiedelt sind und wie sie zusammenhängen. Wir versuchen also, die **Flight-Levels-Systemarchitektur** der Organisation abzubilden.

Die Systemarchitektur besteht aus vier Komponenten:

- Die **Arbeitssystem-Topologie** beschreibt, welche Flight-Level-1-, Flight-Level-2- und Flight-Level-3-Systeme es in der Organisation oder in einem Teilbereich gibt bzw. welche gebraucht werden und wie sie miteinander zusammenhängen. Wichtig: Die Topologie ist kein Organigramm! Sie veranschaulicht nicht die Aufbauorganisation, sondern die Ablauforganisation.
- **Flight Item Types** zeigen, welche Kategorien von Arbeit sich durch die identifizierten Flight-Level-Systeme bewegen.
- **Flight Routes** bilden die Wege ab, auf denen sich die Arbeit durch die Systeme bewegt, und weisen die Stellen auf, an denen sich Flight Item Types verändern. Bei den Flight Routes können sich bestimmte Patterns zeigen, die andeuten, wie eine Organisation tickt. Die Häufung von Patterns kann ein Indikator dafür sein, ob ein Unternehmen für seine Ziele passend aufgestellt ist.
- **Trigger** sind die Auslöser von Flight Routes.

In der Praxis stoßen wir immer wieder auf »Antipatterns«, die durch ein falsches Verständnis des Flight-Levels-Modells entstehen. Der Fehler besteht hier darin, dass einfach die vorhandenen Hierarchieebenen als »Flight Levels« herangezogen werden. Dadurch gibt es plötzlich nicht drei, sondern vier, fünf oder noch mehr Flight Levels. Anschließend werden statt echter Flight Routes lediglich die Prozesse zwischen diesen Hierarchieebenen abgebildet. Dieses Vorgehen ist vollkommen nutzlos und falsch! Es gibt nur drei Flight Levels und der richtige Weg zur Flight-Levels-Systemarchitektur führt über die Auseinandersetzung mit den oben genannten vier Komponenten.

6 Flight Levels betreiben

Mittlerweile hast du alles erfahren, um dein Flight-Levels-System startklar zu machen. Du hast sowohl die sozialen als auch die technischen Voraussetzungen für unternehmerische Verbesserung kennengelernt, um den dafür notwendigen Veränderungsprozess agil zu gestalten, für ein angemessenes Engagement der wichtigsten Stakeholder zu sorgen und ein Basissystem zu bauen, das gut genug für einen regulären Flugbetrieb ist. Nun stellen sich noch Fragen zur Strukturierung des Betriebs:

- Welche Interaktionen sind sinnvoll?
  Welche regelmäßigen Meetings willst du etablieren?
  Welche Messungen hast du angedacht?
- Wozu brauchst du diese Interaktionen?
  Wofür setzt du die jeweiligen Meetings und Messungen ein?
  Was genau willst du damit erreichen?
- Wie laufen die einzelnen Interaktionen ab?
  Wie oft finden sie statt und wie lange dauern sie?
  Wer nimmt daran teil?
  Und wie werden sie moderiert?

Richtig erkannt: Das sind dieselben Fragen, die sich auch im Veränderungsprozess stellen! Deine Veränderungsreise geht nämlich ungebremst weiter. Genau genommen hebt sie mit dem Eintritt in den Betrieb sogar in neue Dimensionen ab. Immerhin geht es nunmehr darum, messbare Verbesserungen im Arbeitsalltag zu erzielen. Mit anderen Worten: das einzulösen, was dir dein »Change Flow« von Anfang an in Aussicht gestellt hat.

In diesem Kapitel erfährst du, wie du die eingangs aufgeworfenen Fragen in einer für dein Unternehmen und eure Flight-Level-Systeme passenden Form beantworten kannst. Zunächst zeigen wir anhand eines Fallbeispiels, was es bei der Gestaltung agiler Interaktionen zu beachten gilt. Wir erläutern, warum du den Betrieb eurer Flight-Level-Systeme genauso maßschneidern solltest wie deren Bau. Und wir verdeutlichen, wie Interaktionsformate in einer Weise gestaltet werden können, die genau zum jeweiligen Arbeitsfluss und den Verbesserungszielen passen. Danach stellen wir dir vier Formate vor, die jeweils auf bestimmte Outcomes fokussieren:

1. Die Synchronisation von Flight-Level-Systemen
2. Die Messung der Systemverbesserung
3. Die Verbesserung der Interaktionen
4. Das Setzen neuer Impulse

Warum interessieren wir uns gerade für diese Outcomes? Und was ist das Besondere an diesen Formaten? Nun, im Unterschied zu den Interaktionen, die du für deinen regulären Flugbetrieb, also deine auf dem Board abgebildeten Abläufe einsetzt, heben dich diese vier Formate auf eine andere Ebene. Sie sind eben kein organischer Teil eures Wertschöpfungsprozesses wie etwa Planung, Priorisierung oder Verfeinerung. Um Synchronisation sicherzustellen, systemische Verbesserungen zu reviewen bzw. zu prüfen, Interaktionen zu verbessern oder neue Impulse einzuholen, kannst du nicht im Arbeitssystem ansetzen, sondern musst am System arbeiten. Diese Interaktionen helfen dem Team, ein gesamtes Flight-Level-System gemeinsam zu reflektieren und richtungsweisende Erkenntnisse für den weiteren Betrieb zu gewinnen.

6.1 Agile Interaktionen im Systembetrieb am Beispiel eines Flight-Level-2-Systems

Bereits in Kapitel 1 haben wir darauf hingewiesen, dass sich nichts verbessern kann, wenn die Menschen in einer Organisation nicht gut zusammenarbeiten. Visualisierung und Fokus allein sind dafür zu wenig. Gebraucht wird auch ein passendes System agiler Interaktionen, damit sich die richtigen Menschen zur richtigen Zeit mit den richtigen Dingen beschäftigen.

Indem auf einem Board Fokus geschaffen wird, können sich die Interaktionen grundsätzlich auf diejenigen Punkte konzentrieren, die aus Sicht der Beteiligten das größte Verbesserungspotenzial haben – seien das nun hoch priorisierte Themen, teamübergreifende Abhängigkeiten oder Blockaden im Arbeitsfluss.

Was macht Interaktionen eigentlich agil?

Agil werden Interaktionen schon allein dadurch, dass sich die wichtigsten Verbesserungspunkte rasch verändern lassen und daher reaktionsschnell und adaptiv vorgegangen werden kann. Agil werden sie aber auch durch die unterschiedlichen Kommunikationsformate, die im Flight-Levels-Betrieb eingesetzt werden:

- informelle Gespräche, die den Kontext bestimmter Arbeiten erhellen,
- bilaterale Abstimmungen, um rasche Entscheidungen zu einzelnen Aufgaben zu treffen,
- crossfunktional besetzte Kleingruppen, die komplexere Lösungsschritte zu Blockaden ausarbeiten, oder
- ein eigenes Betriebsteam mit Vertreterinnen aus unterschiedlichen Bereichen, das sich eine bestimmte Zeit lang um alle wesentlichen Interaktionen kümmert.

→

Kurzum: Es sind nicht immer Meetings im herkömmlichen Sinn nötig, um zu interagieren. Deswegen wollen wir im Flight-Levels-Kontext weder neue Meetings erfinden noch vorschreiben, wie bestmöglich zusammengearbeitet werden soll.

Selbstverständlich gibt es mittlerweile eine Menge guter Praktiken, an denen sich die Menschen im Flight-Levels-Betrieb orientieren können. Entscheidend ist allerdings, dass neben einem maßgeschneiderten Board auch ein passendes System agiler Interaktionen für die spezifische Unternehmenssituation gestaltet wird.

Die Flight-Levels-Initiative eines Unternehmens aus dem Automobilsektor zeigt beispielhaft, wie dabei vorgegangen werden kann:

- In einem seiner Produktentwicklungsbereiche wollte dieses Unternehmen für eine bessere Koordination zwischen den einzelnen Softwareentwicklungs- und Fachbereichsteams sorgen.
- Die dafür anvisierte Flight-Level-2-Initiative umfasste knapp 100 der insgesamt mehr als 1000 Mitarbeitenden des Unternehmens.
- Die CIO fungierte als Sponsorin der Verbesserungsinitiative, die auf den Nordstern »kürzere Durchlaufzeiten« abzielte.
- Sieben Vertreterinnen aus unterschiedlichen Fachbereichen bildeten das initiale Change-Team.
- Vier Mitglieder des Change-Teams entwarfen gemeinsam mit fünf weiteren Change Agents und uns als externen Experten das initiale System.
- Im Rahmen eines Sounding Board, an dem rund 30 Fach- und Führungskräfte aus den unterschiedlichsten Bereichen teilnahmen, wurde dieses System noch einmal auf Herz und Nieren geprüft und für flugfähig befunden.
- Vier Leute aus der Designgruppe meldeten sich für das Flight-Levels-Betriebsteam, das sich initial um den Betrieb kümmern wollte.

Schon bald nach dem Take-off und den ersten beiden Synchronisationsmeetings meldete das Betriebsteam erste Zweifel an. In der ersten Retrospektive, die wir als externe Berater unterstützten, verstärkten sich diese Zweifel. Unzufrieden war das Betriebsteam vor allem mit der Tatsache, dass die sich am Board manifestierende Ablauforganisation in bestehende Meetings hineingezwängt wurde. Statt uns an den Standardkatalog an Besprechungen zu halten, begaben wir uns also noch einmal zurück zum Start, um einer fundamentalen Frage nachzugehen: »An welchen Punkten in unserer Ablauforganisation brauchen wir eigentlich welche Interaktionen?«

Ihre Antworten schrieben die Teammitglieder auf Post-its. So entstand eine Sammlung von Themen und Verben, die betonten, dass hier tatsächlich etwas passieren musste: von »Arbeit planen« und »Arbeit priorisieren« über »Arbeitspakete schneiden« und »Arbeitspakete verfeinern« bis hin zu »fertige Arbeiten vorstellen«, »Feedback einholen« und »abgeschlossene Arbeiten validieren«. Die einzelnen Post-its wurden anschließend an jenen Stellen am Board platziert, an denen diese Interaktionen stattfinden sollten.

Der Blick auf das ausschnitthaft in Abbildung 6–1 dargestellte Board zeigt, dass sich Interaktionen gerne in oder zwischen den Spalten verstecken. Es stärkt die Klarheit des Vorgehens, wenn diese Interaktionen direkt zu den Spaltenüberschriften hinzugefügt werden: also zum Beispiel, dass die Flight Items fertig für die Planung sind, ein Refinement brauchen, oder bereit für die Demo oder die Erfolgsmessung sind. Damit lassen sich alle notwendigen Interaktionen hervorheben und in eine zeitliche Abfolge bringen.

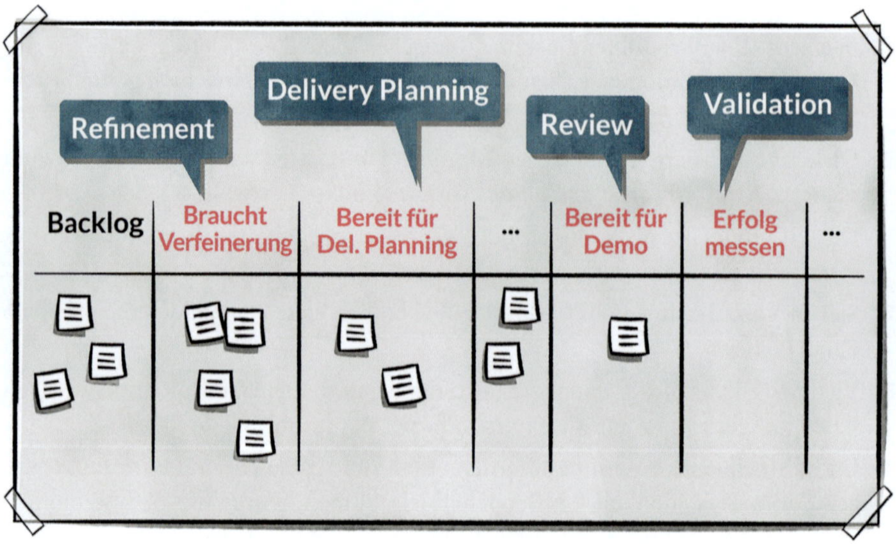

Abb. 6–1 *Beispiel für ein Mapping von Interaktionen und Aktivitäten*

Im nächsten Schritt suchten wir nach der Möglichkeit, einige dieser Interaktionen zu bündeln, weil sie einander bedingten oder ergänzten. Aus dieser Bündelung von Interaktionen entstanden sogenannte »Meeting-Container«, die jeweils auf ein bestimmtes Ergebnis fokussierten. Abbildung 6–2 zeigt am Beispiel des Reviews, wie ein solcher Container ausgesehen hat.

Abb. 6–2 *Beispiel für Interaktionen und einen Meeting-Container*

6.1.1 Interaktionen im Arbeitsfluss

Und die Moral von der Geschicht'? Um Meetings zu definieren, die genau für euer Flight-Levels-System sinnvoll sind, solltet ihr euch zuerst von den vorhandenen Organisationsstrukturen und von sämtlichen Rahmenbedingungen lösen. Macht euch stattdessen bewusst, wann, wo und wie ihr miteinander interagieren solltet, um Entscheidungen treffen zu können und die Arbeit gemeinsam voranzubringen.

»Arbeit voranbringen« bedeutete auch für die Flight-Levels-Praktikerinnen unseres Automobilzulieferers, dass die jeweiligen Interaktionen tatsächlich für Bewegung am Board sorgten. Was dafür noch fehlte, war eine zeitliche Komponente, denn die gleichen Interaktionen – ob einzeln oder in Meetings gebündelt – mussten immer wieder gesetzt werden. Die Mitglieder des Betriebsteams überlegten daher als Nächstes, wie häufig die Interaktionen stattfinden sollten und wie viel Zeit sie dafür jeweils benötigen würden. Anschließend verteilten sie die einzelnen Interaktionen und Meeting-Container auf einem Zeitstrahl und hatten somit einen für ihr Flight-Level-System maßgeschneiderten Interaktionsplan gefunden. Damit konnten sie experimentieren, um eine passende Anordnung zu finden, die den Terminkalender nicht unnötig überfrachtete.

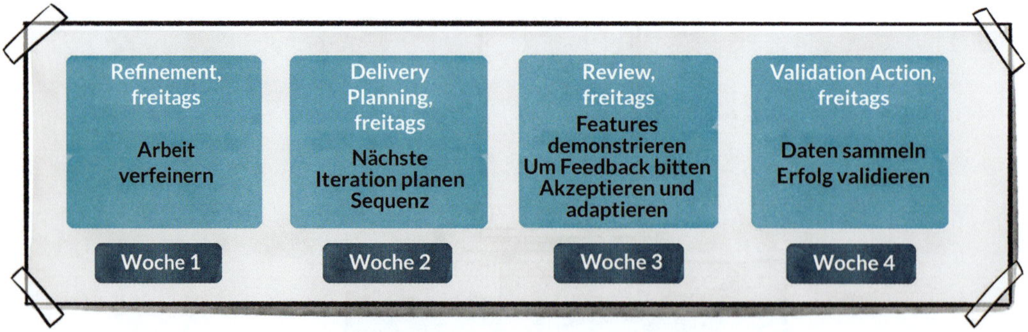

Abb. 6–3 *Interaktions- und Meetingfluss eines Automobilunternehmens*

Auf Basis des bisher beschriebenen Vorgehens konnte das Betriebsteam allen am Betrieb Beteiligten eine klare Kadenz von Interaktionen mit unterschiedlichen Konzentrationspunkten vorschlagen. Was noch fehlte, war ein gemeinsames Verständnis von den Eckpfeilern der einzelnen Meeting-Container. Dafür galt es unter anderem folgende Fragen zu beantworten:

- Wozu gibt es das jeweilige Meeting?
- Welche Ergebnisse sollen damit erarbeitet werden?
- Welche Informationen werden dafür gebraucht?
- Wie werden Entscheidungen getroffen?
- Wer soll bei diesem Meeting dabei sein?
- Wie oft soll das Meeting stattfinden?
- Wie lange soll es dauern?
- Wer moderiert das Meeting?
- Wie werden die Ergebnisse des Meetings gesichert – und wer sollte davon erfahren?

Der agile Charakter des Flight-Levels-Betriebs bringt es mit sich, dass dieser Fragenkatalog weder vollständig noch für jede Anwendung richtig ist. Wie genau euer Canvas aussieht, ergibt sich einmal mehr aus dem Kontext, in dem ihr arbeitet. Überlegt euch also, welche Eckpfeiler ihr abstecken wollt, um ein gemeinsames Verständnis sicherzustellen.

Abb. 6–4 *Beispiel für ein Meeting-Canvas*

6.1.2 Interaktionen und Meetings gestalten

Anhand des Praxisbeispiels können wir zusammenfassen, was ihr in welcher Reihenfolge tun könnt, um passende Interaktionen und Meeting-Container für euren Flight-Levels-Betrieb zu finden.

1. Führt ein Brainstorming anhand eures Boards durch:
   Welche Interaktionen braucht ihr an welchen Stellen in eurem Arbeitssystem, um die Wertgenerierung voranzubringen?
2. Klärt, welche Ergebnisse ihr mit den jeweiligen Interaktionen erzielen wollt.
3. Zerlegt die Meetings, die ihr bisher abgehalten habt, ebenfalls in einzelne Interaktionen und Outcomes. Macht sichtbar, was ihr in diesen Meetings getan und was ihr damit erreicht habt.
4. Nun gleicht ihr die identifizierten Interaktionen und Outcomes aus eurer »alten Welt« mit denen ab, die ihr für den Flight-Levels-Betrieb angedacht habt. Ähnliche Vorhaben fasst ihr in Clustern zusammen. Wenn sich die eine oder andere Interaktion nicht zuordnen lässt, wird sie vielleicht gar nicht gebraucht.

5. Fasst Interaktionen und Outcomes gegebenenfalls in Meeting-Containern zusammen und ordnet sie auf eurem Zeitstrahl zu.
6. Erarbeitet für jeden Meeting-Container ein Canvas, auf dem alle wesentlichen Eckpfeiler zusammengefasst sind.

Diese Schrittfolge gilt im Grunde für alle Flight Levels. Ob ihr nun auf strategische, koordinative oder operative Herausforderungen fokussiert – es lohnt sich auf jeder Ebene, gemeinsam über die notwendigen Interaktionen nachzudenken, statt einfach Meeting-Blaupausen einzusetzen.

Dennoch werden wir immer wieder gefragt, welche Interaktionen wir empfehlen, um ein Flight-Level-2-System zu betreiben. Im Folgenden wollen wir dazu einen kleinen Merkzettel mit dir teilen, um gewisse Betriebsblindheiten zu vermeiden.

Merkzettel

In der Praxis achten wir vor allem auf folgende vier Interaktionen:

- **Delivery Planning**
  Eine Besonderheit von Flight Level 2 ist, dass mehrere Teams gemeinsam etwas liefern müssen. Das wird nur mit einer regelmäßigen teamübergreifenden Planung gut funktionieren, in der geklärt wird, welche Teams für eine Lieferung gebraucht werden, in welcher Reihenfolge sie ihren Beitrag leisten sollen, welche Abhängigkeiten es gibt etc.
- **Refinement**
  Auf Flight Level 2 müssen Flight Items meistens detailliert werden, um sie bearbeitbar zu machen. Die Verfeinerung der einzelnen Arbeiten ist eine wichtige Interaktion, um beispielsweise Anforderungen der Businesswelt besser zu verstehen und darauf basierend die richtigen Entscheidungen für die technische Vorgehensweise zu treffen.
- **Synchronisation**
  Es ist sinnvoll, dass sich alle Beteiligten regelmäßig vor dem Board treffen, um sich gegenseitig auf den neuesten Stand zu bringen und festzulegen, wo es Abstimmungsbedarf gibt und wo bis zum nächsten Meeting weitere Lösungsschritte ausgearbeitet werden müssen.
- **Verbesserungsmaßnahmen**
  Wenn sich die Teams auf dem Weg zum Nordstern laufend verbessern wollen, sind auch Interaktionen erforderlich, die auf konkrete Verbesserungsmaßnahmen fokussieren. Es ist für das gesamte Flight-Levels-System essenziell, regelmäßig aus der Arbeit hinauszuzoomen und sich anzuschauen, ob Dinge anders gemacht werden könnten oder sollten.

Agile Interaktionen auf Flight Level 3

Bei den agilen Interaktionen auf Flight Level 2 dreht sich die Kommunikation in den meisten Fällen um die Flight Items, also um die konkret zu erledigende Arbeit. Auf Flight Level 3 ist die Sache etwas anders gelagert: Hier geht es nur indirekt um Flight Items; im Vordergrund stehen Stories und Outcomes, aus denen sich die Flight Items ableiten. Flight Level 3 ist jene Ebene, auf der vieles entsteht: Stories und Outcomes müssen – in Abstimmung mit Flight Level 2 – definiert werden. Die Outcomes sollten kontinuierlich einem Review unterzogen werden, um herauszufinden, wie gut die Organisation unterwegs ist oder ob die angestrebten Outcomes adaptiert werden sollten. Die strategische Ebene ist auch jene Ebene, auf der die Beteiligten eine grundlegende Übereinkunft über die Richtung erzielen wollen, in die sich die Organisation in den kommenden Monaten und Jahren bewegen soll. Auf diesen Übereinkünften basieren die Budgets, die ausgehandelt werden. Und natürlich findet auch auf Flight Level 3 Koordination statt und es wird danach gestrebt, die Zusammenarbeit immer wieder zu verbessern. Auch wenn auf Flight Level 3 keine »Arbeit« im operativen Sinne passiert, gibt es hier also einige Interaktionen mehr als auf Flight Level 2. Das bedeutet nicht zwangsläufig, dass es auf Flight Level 3 mehr Meetings geben muss! Es bedeutet lediglich, dass in einem Meeting mehrere Arten der Interaktion berücksichtigt werden müssen.

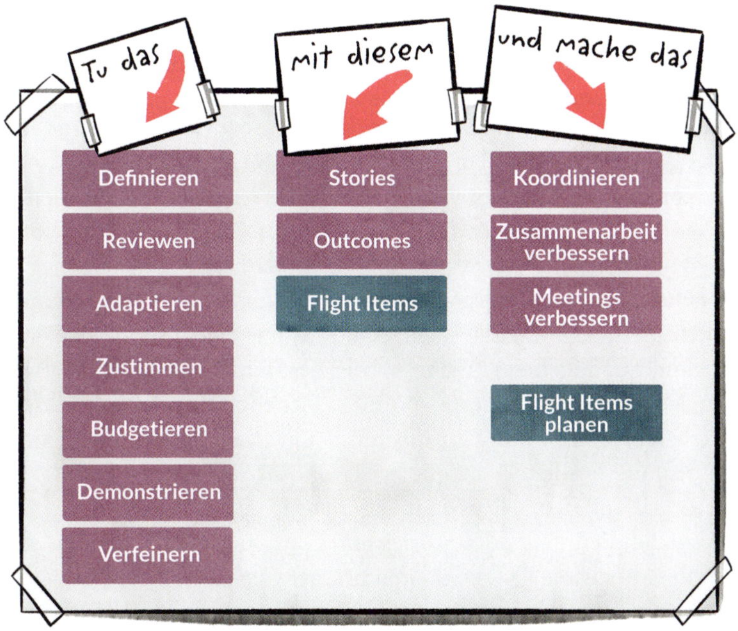

Abb. 6–5 *Interaktionen auf Flight Level 3*

Sehen wir uns anhand unseres Drohnenherstellers an, wie diese Interaktionen in Meeting-Containern sinnvoll zusammengefasst werden können. Wie wir wissen, bietet dieses Unternehmen mehrere Drohnenmodelle am Markt an, die in der Organisation in mehreren Flight-Level-2-Systemen entwickelt und gebaut werden. Das jeweilige Produktmanagement arbeitet mit dem Senior Management wiederum im Flight-Level-3-System zusammen. So wie viele andere Unternehmen arbeitet der Drohnenhersteller auf Flight Level 3 in Zyklen von drei Monaten. Am Ende eines Zyklus gibt es jedes Mal eine Wechselphase, die in drei hintereinander stattfindenden Meetings abläuft (Abb. 6–6):

1. **Zyklusreview**
   Wurden im vergangenen Zyklus die definierten Outcomes erreicht? Was waren die Gründe dafür, dass Outcomes nicht erreicht wurden? Was wurde übererfüllt? Lässt sich die Zusammenarbeit verbessern? Das sind die Fragen, die sich das Flight-Level-3-Team in diesem Meeting stellt. Der Drohnenhersteller baut in seinem Zyklusreview aber noch ein besonders cooles Feature ein: Die Outcomes werden demonstriert. Anders als auf Flight Level 2 geht es dabei nicht nur um die technischen Aspekte, sondern um das Gesamtbild: Wenn zum Beispiel durch eine neue Drohne zusätzliche Zielgruppen gewonnen wurden, wird nicht nur die Funktionalität der Drohne gezeigt. Es wird auch vorgestellt, wie das Marketing die Kommunikation mit der Zielgruppe gestaltet hat oder welche Fragen die Rechtsabteilung im Vorfeld zu klären hatte. Es sind also immer alle Bereiche bei der Demonstration vertreten, die zur Lieferung des Outcomes beigetragen haben.
2. **Zyklus-Kick-off**
   Ziel dieses Meetings ist es, eine Übereinkunft über die Stories und Outcomes zu finden, die im kommenden Zyklus erreicht werden sollen. Lässt sich so eine Übereinkunft innerhalb eines Tages überhaupt erreichen? Nun ja: Die Kunst liegt in der Vorbereitung. Während des gesamten vergangenen Zyklus hat sich eine Gruppe von Menschen bereits mit dem Definieren der neuen Stories und Outcomes befasst, damit diese im Zyklus-Kick-off für die finale Abstimmung bereit sind. Diese Gruppe besteht aus dem Senior Management und zwei Personen aus dem Produktmanagement. Während der gesamten drei Monate eines Zyklus sind die Mitglieder der Gruppe mithilfe eines digitalen Whiteboards in einem öffentlichen Prozess ständig im Austausch mit jenen Personen, die am Kick-off teilnehmen, um Feedback einzuholen. Grundsätzlich haben aber alle Mitarbeitenden Zugriff auf dieses Board und können sich inhaltlich einbringen. Im Kick-off selbst sind die Inhalte der Stories und Outcomes dann meistens so weit gediehen, dass höchstens Kleinigkeiten geklärt oder umformuliert werden müssen. Daher ist es so gut wie sicher, dass im Kick-off selbst alle Beteiligten den Stories und Outcomes zustimmen werden.

3. **FL2-Zyklusplanung**
   Für die kommenden drei Monate werden die Flight Items definiert, mit denen die Outcomes erreicht werden können. Hier findet also die Verbindung zwischen Strategie und Umsetzung statt, daher sind in diesem Meeting Vertreterinnen des Flight Level 2 mit dabei, die den technischen Blick auf die Machbarkeit einbringen können. In den Entstehungsprozess für die neuen Stories und Outcomes waren bereits die Produktvertreterinnen von Flight Level 2 involviert – doch in der Zyklusplanung geht es nun wirklich um die technischen Aspekte. Sollte sich in diesem Meeting herausstellen, dass Flight Items nicht oder nur unter bestimmten Voraussetzungen umgesetzt werden können, werden die Outcomes gegebenenfalls angepasst.

Diese Wechselphase findet drei Mal pro Jahr jeweils an einem Tag statt. Die vierte Wechselphase, rund um Weihnachten, dauert zwei Tage, weil zum einen das Anstoßen des nächsten Jahreszyklus etwas länger braucht, und zum anderen findet als krönender Abschluss danach gleich die Weihnachtsfeier statt.

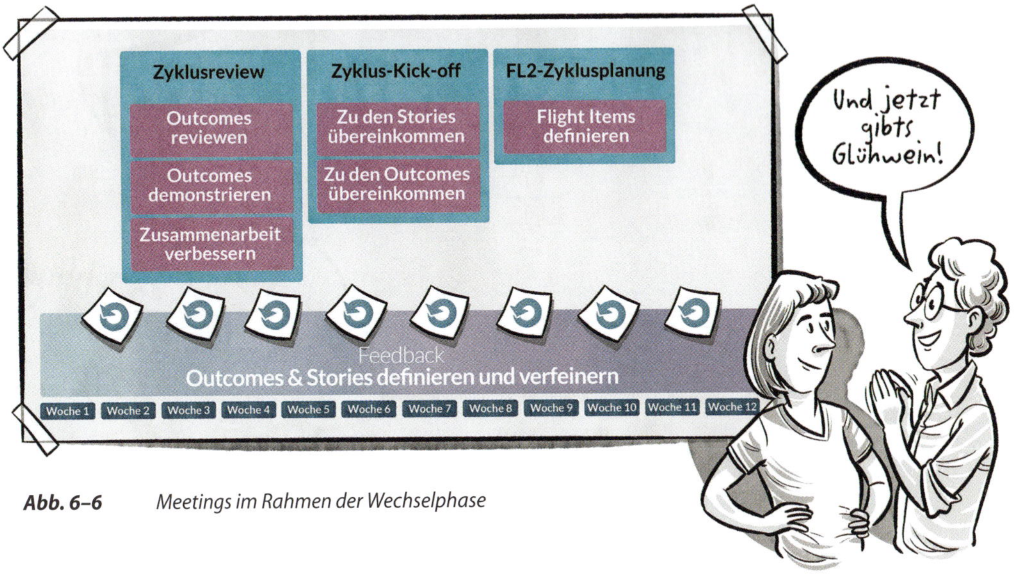

Abb. 6–6 *Meetings im Rahmen der Wechselphase*

Nach den ein bis maximal zwei Tagen der Wechselphase gehen die Meetings in diesem Unternehmen wieder in den »Normalbetrieb« über. Das bedeutet in diesem Fall:

- In den ungeraden Kalenderwochen findet mittwochs das Synchronisationsmeeting 1 statt. Es bietet den Rahmen, um Outcomes zu reviewen und anzupassen. Das heißt, hier wird ein Blick darauf geworfen, ob konkrete Fortschritte gemacht wurden, ob etwas an der Vorgehensweise geändert werden muss, ob ein Outcome in der ursprünglichen Form nicht erreichbar ist oder ob sich etwas an der Wahrscheinlichkeit verändert hat, bestimmte Outcomes zu erreichen. Es kann dabei durchaus die Entscheidung fallen, einen Outcome in diesem Zyklus aus dem Rennen zu nehmen, wenn die Voraussetzungen nicht passen. Ein Ziel dieses Meetings ist also, die Energie der Organisation nicht mit unerreichbaren Outcomes zu vergeuden, sondern die Kräfte für das Erreichbare zu bündeln. Deshalb ist auch die Koordination ein wichtiger Punkt, bei der gemeinsam nach Wegen gesucht wird, um Blockaden für die operative Umsetzung zu beseitigen.
- In den geraden Kalenderwochen werden im Synchronisationsmeeting 2 ebenfalls die Outcomes reviewt, aber nicht angepasst. Stattdessen werden aber Ideen aufgegriffen und genauer ausgearbeitet, die – siehe Abschnitt 4.2.2.7 – in dem Bereich über dem eigentlichen Board gesammelt werden. Für diese Verfeinerung reicht die Expertise des Flight-Level-3-Teams aber nicht immer aus, daher werden je nach Bedarf Spezialistinnen zu diesem Meeting hinzugezogen.

Abb. 6–7 *Reguläre Meetings auf Flight Level 3 des Drohnenherstellers*

Merkzettel

Welche Interaktionen sollten nun aus unserer Sicht im Betrieb eines Flight-Level-3-Systems auf keinen Fall fehlen?

Wirf noch einmal einen Blick auf Abbildung 6–5: Hier halten wir die ersten vier Interaktionen für essenziell, also

- das Definieren von Stories und Outcomes,
- das Reviewen und Adaptieren von Outcomes
- sowie die Zustimmung der Beteiligten zu den definierten Outcomes.

Wie immer sagen wir nicht, dass diese Interaktionen stattfinden müssen. Wenn die Outcomes aber keinem Review unterzogen und im Falle des Falles nicht adaptiert werden, würden wir gerne wissen, weshalb das in einer Organisation so gehandhabt wird – es ergibt im Sinne der Business-Agilität nämlich wenig Sinn.

Natürlich sind auch die Koordination unter den Beteiligten sowie das Streben nach Verbesserung in der Zusammenarbeit das Um und Auf jedes Flight-Level-Systems. Wenn diese Interaktionen in den Flight-Level-3-Systemen deiner Organisation gelebt werden, seid ihr auf einem guten Weg.

Alles in allem stehen also sowohl Interaktionen im System auf unseren Merkzetteln als auch solche, die am System ansetzen. Zu ersteren haben wir dir in diesem Abschnitt Tipps geliefert; über zweitere erfährst du nun Genaueres.

6.2 Synchronisation sicherstellen

Ob nun mit Scrum gearbeitet wird, mit Kanban, mit Design Thinking oder mit Lean Startup: Keine agile Methode kommt ohne regelmäßige Koordination aus. Auch im Flight-Levels-Kontext setzen wir dieses Format ein, um gemeinsam die aktuelle Situation eines bestimmten Systems zu erfassen und unsere Arbeitseinsätze zu synchronisieren. Mit diesen Synchronisationsmeetings wollen wir:

- regelmäßig innehalten,
- die direkte Kommunikation zwischen den Systembetreiberinnen fördern,
- gemeinsam den Status quo prüfen,
- wesentliche Arbeitsfortschritte, aber auch Probleme erfassen,
- vereinbaren, wer sich um detailliertere Lösungen kümmert, und
- erkennen, was als Nächstes ins System kommt.

Diese Gemeinsamkeiten helfen dir hoffentlich für eine erste Verortung der Synchronisation. Gerade wenn du bereits Erfahrung mit Scrum Dailys oder Kanban Standups gesammelt hast, solltest du jedoch auch die Unterschiede wahrnehmen:

1. **Fokus**
   Der erste Unterschied im Flight-Levels-Kontext ist der Fokus der Synchronisation. Denn egal, auf welcher Ebene ihr unterwegs seid, konzentriert ihr euch konsequent auf das, was ihr für eure Kundinnen und Userinnen erreichen wollt. Es geht also nicht um den persönlichen Arbeitsstatus à la »Was habe ich gestern gemacht?« und »Was mache ich heute?«, sondern um die gemeinsame Wertschöpfung – sei es nun im Sinne des konkreten Lieferns (Flight Level 1), der Koordination von Ende-zu-Ende-Wertströmen (Flight Level 2) oder um strategische Vorhaben (Flight Level 3).
2. **Medium**
   Ein weiterer fundamentaler Unterschied ergibt sich dadurch, dass eure Synchronisation nicht nur einen klaren Fokus, sondern auch ein zentrales Medium hat. Ein produktiver Betrieb steht und fällt nämlich mit der akkuraten Visualisierung des Wertschöpfungsprozesses auf einem (analogen oder digitalen) Board, das ihr laufend aktualisiert und gemeinsam reflektiert.
3. **Kommunikation**
   Da ihr viele Informationen auf eurem Board seht, kann sich die Reflexion auf jene Punkte konzentrieren, zu denen ihr noch genauere Informationen geben oder einholen wollt. Und zwar Punkte, in denen ihr businessrelevante Fortschritte erzielt oder Probleme identifiziert habt. Das gelingt am besten, wenn ihr in Synchronisationsmeetings das Flight-Levels-Board und die Teilnehmenden gleichermaßen im Auge habt. Wie uns die Pandemie gelehrt hat, sieht das Setup in virtuellen Standups mit digitalen Flight-Level-Systemen deutlich anders aus. Wer steht schon vor seinem Computer? Wie behältst du 15, 25 oder noch mehr

Kolleginnen im Blick? Wie kann denn da ein schöner Halbkreis gebildet werden? Trotz dieser in vieler Hinsicht erschwerten Bedingungen geht es auch im virtuellen Rahmen um eine gute Balance zwischen gemeinsamem Medium und persönlicher Interaktion.

4. **Teilnehmende**
   Eine vierte Besonderheit im Flight-Levels-Kontext ergibt sich durch die Personen, die an der Synchronisation teilnehmen. Jenseits von Flight-Level-1-Systemen sind nämlich nur in Ausnahmefällen alle beteiligt, deren Arbeit auf den jeweiligen Boards abgebildet ist. Auf Flight-Level-2-Ebene nehmen in den meisten Fällen Vertreterinnen aus unterschiedlichen Fachbereichen teil, während es auf Flight-Level-3-Ebene eher Linien- und Produktverantwortliche sind, die eine breite Palette von Arbeitsvorhaben überblicken.

Abb. 6-8 *Das Medium und die Leute gleichermaßen im Blick behalten*

6.2.1 Gute Praktiken der Synchronisation

Trotz dieser Unterschiede bei der Visualisierung und den beteiligten Menschen gibt es auf allen Ebenen ein ähnliches Set an guten Praktiken für das »Wie« des Flugbetriebs. Dieses Set ist für alle, insbesondere aber für die Moderatorinnen von Synchronisationsmeetings handlungsleitend. Als moderierende Person solltest du dabei vor allem folgende Punkte beachten:

- **Eines für alle**
  Versuche mit eurem Synchronisationsformat so viele zusätzliche Meetings wie möglich zu ersetzen. Da sowieso alle über Meetingitis klagen, solltest du alle üblichen Statusmeetings, Alignments und Reportings kritisch durchforsten und auf Redundanz prüfen. Wenn dir etwas überflüssig vorkommt, kann im Zweifelsfall ein zeitlich begrenztes Experiment gestartet werden, indem alle Interaktionen weggelassen werden, die keinen erkennbaren Zusatznutzen haben.
- **Timing**
  Etabliere eine fixe Kadenz und Dauer. Üblicherweise synchronisieren sich die Teams auf Flight Level 1 häufiger, aber kürzer (zum Beispiel jeden zweiten Tag für 15 Minuten) als auf Flight Level 2 oder 3 (zum Beispiel wöchentliche Interaktionen von 30–60 Minuten).
- **Explizite Kommunikationsregeln**
  Sorge für klare Vereinbarungen, wie das Meeting ablaufen soll, und halte diese explizit fest.

Wie wir eine effiziente Synchronisation sicherstellen

Im Folgenden listen wir die wichtigsten Vereinbarungen auf, die das Betriebsteam des eingangs erwähnten Automobilzulieferers für sein Flight-Level-2-System getroffen hat:

- Wir nutzen unsere Synchronisationsmeetings, um uns über wesentliche Fortschritte und Probleme im Wertschöpfungsprozess zu verständigen.
- Wir fokussieren auf das Board, das den aktuellen Status unseres Arbeitssystems repräsentiert.
- Alle sorgen vor jedem Meeting für ein Update aller Aufgaben, für die sie verantwortlich sind.
- Blockaden oder Fehler werden in unseren Meetings immer behandelt.
- Wir drehen alle Aufgaben, über die wir sonst noch sprechen wollen, um 90 Grad (analog) oder markieren sie (digital), sodass wir gleich zu Beginn einen Überblick über unsere jeweilige Agenda haben.
- Wir teilen uns die Zeit gut ein, um alle Aufgaben angemessen adressieren zu können.
- Wir gehen nach dem Prinzip »Stop starting, start finishing« von rechts nach links vor.
- Es redet immer nur eine Person.
- Wir hören einander zu und verzichten auf Nebengespräche oder Nebentätigkeiten (E-Mails lesen, Mailbox abhören, Social Media checken etc.).
- Wir beschränken uns auf kurze Informationen sowie Klärungsfragen und lagern detaillierte Diskussionen konsequent aus.

- **Regelmäßiges Inspect & Adapt**
  Sorge dafür, dass der Nutzen der Interaktion regelmäßig geprüft wird. Das geht beispielsweise mit einer einfachen Skala zum Return on Time Invested (ROTI) wie in Abbildung 6–9 gezeigt. Wenn die Beteiligten nur wenig oder gar keinen Nutzen aus dem Synchronisationsmeeting ziehen, sollte dieses rasch optimiert werden. Andernfalls verschwendet ihr lediglich eure Zeit. Manchmal hilft es schon, wenn alle ihre ROTI-Punkte kurz kommentieren und gegebenenfalls gleich einfache Verbesserungsvorschläge einbringen. Falls sich dadurch nichts an der gemeinsamen Einschätzung ändert, ist es ratsam, das Synchronisationsmeeting in der nächsten Retrospektive ausführlicher zu behandeln.

Abb. 6–9 *ROTI-Skala*

Der Wert der laufenden Synchronisation wird gerne unterschätzt. Das mag an der Kürze des Formats liegen, an dessen Häufigkeit oder daran, dass sich meistens dieselben Leute treffen. Vielleicht sind wir aber auch zu sehr daran gewöhnt, dass Besprechungen langweilig und ergebnislos sind. Wie es so schön heißt: Meeting ist, wenn viele hineingehen und nichts dabei herauskommt. Tatsächlich machen viele formelle Besprechungen keinen Unterschied für unsere Arbeit. Sie haben kaum Einfluss auf unser Tun. Dass viele Teilnehmende das Gefühl haben, bloß Zeit für ihre wirkliche Arbeit zu verlieren, zeigt sich unter anderem darin, dass Laptops oder Smartphones heimlich für E-Mails, Internetrecherchen oder Social-Media-Aktivitäten genutzt werden – Unsitten, die sich mit Covid-19 und Homeoffice zweifellos noch verschlimmert haben.

Umso erstaunlicher ist es, wie viele Meetings die meisten Teammitglieder haben, von Managerinnen ganz zu schweigen. Noch erstaunlicher ist wohl, dass deren Nutzlosigkeit von den allermeisten im wahrsten Sinne des Wortes teilnahmslos hingenommen wird – als wären ineffiziente Meetings ein Naturgesetz, gegen das man so wenig ankommt wie gegen die Schwerkraft.

6.2.2 Synchronisation auf dem Prüfstand

Mit der Einführung von kurzen Synchronisationsmeetings trat die agile Softwareentwicklung diesen Missständen entschieden entgegen. Ihr Heilmittel lautet: kurze Abstimmungen statt langwieriger Berichte, direkte Kommunikation zwischen den Fachexpertinnen statt hierarchisches Statusreporting, lockere Standups statt angespannter Sitzungen.

Die Flight Levels gehen diesbezüglich sogar noch einige Schritte weiter. Dadurch dass wir unsere Arbeit visualisiert haben und das Board – disziplinierte Pflege vorausgesetzt – deren aktuellen Status repräsentiert, müssen nicht mehr alle über alles reden. Es reicht, wenn sich der Austausch auf die wichtigsten Dinge konzentriert, die wir nicht sehen. Außerdem reicht es, wenn nur jene Leute reden, die wirklich etwas zu sagen haben. Was sollten alle wissen, was wir nicht – gewissermaßen auf den ersten Blick – am Board erkennen können? Welche Fragen gibt es zu einzelnen Arbeiten? Und welche Folgeschritte müssen wir vereinbaren, um detaillierte Lösungsvorschläge auszuarbeiten?

Das ist zweifellos leichter geschrieben als getan. Was können wir dennoch dafür tun, dass sich alle Beteiligten konsequent an die vereinbarten Interaktionsregeln halten? Wie verhindern wir, dass die Synchronisation in dysfunktionale Meetingmuster zurückfällt? Und wie unterstützen wir, dass etwaige Hoppalas möglichst rasch erkannt und behoben werden?

Auf diese Fragen gibt es natürlich einmal mehr keine Patentantwort. Da es kein Breitbandantibiotikum gegen alle Meetingbeschwerden dieser Welt gibt, ist es heilsam, das Synchronisationsmeeting regelmäßig auf den Prüfstand zu stellen. Und es hilft noch mehr, wenn das nicht immer nur das Betriebsteam tut. Ein kritischer Außenblick kann allen Beteiligten im wahrsten Sinne des Wortes die Augen öffnen.

Im Folgenden geben wir dir einige sachdienliche Hinweise, welche Elemente dabei geprüft werden können:

- **Teilnehmerinnen**
  Sind überhaupt die richtigen Leute anwesend? Oder fehlt jemand, der für eine effektive Koordination wichtig ist? Nehmen immer dieselben Leute teil oder wird für Abwechslung gesorgt? Die Einladung eines größeren Kreises von Stakeholdern kann die Perspektiven erfrischend erweitern.
- **Moderation**
  Gibt es ein explizites Mandat für die Leitung des Synchronisationsmeetings? Ist allen klar, was diese Leitungsfunktion umfasst (nämlich das Beachten der hier beschriebenen Qualitätskriterien)? Und wird diese Funktion im Laufe der Zeit von unterschiedlichen Leuten wahrgenommen? In Sachen Moderation hat es sich bewährt, gerade zu Beginn des Flight-Levels-Betriebs zwei Leute auszuwählen, also bewusst auf einen sogenannten »Pair Approach« zu setzen. Und ebenso hat es sich bewährt, ein sinnvolles Rotationsprinzip zu etablieren, damit auch in der Moderation für Abwechslung gesorgt wird.

- **Zeitmanagement**
  Erscheinen alle pünktlich? Wird zu Beginn geklärt, wie viele Punkte es insgesamt zu besprechen gibt? Halten sich die Teilnehmerinnen entsprechend kurz, damit alle Punkte adressiert werden können? Wird die für die Synchronisation insgesamt vereinbarte Timebox eingehalten? Und sind dann auch alle wesentlichen Punkte besprochen und sinnvolle Folgemaßnahmen vereinbart?
- **Räumliche Aufstellung (bei Präsenzmeetings)**
  Haben sich alle Teilnehmenden so positioniert, dass sie sowohl das Board als auch einander gut im Blick haben? Oder stehen alle durcheinander? Sind einige im Hintergrund, sodass sie das Board nicht wirklich sehen können? Reden einige Kolleginnen in den Rücken der anderen?
- **Setup (bei virtuellen Meetings)**
  Sind alle Teilnehmerinnen gut zu sehen und zu hören? Haben alle ihre Kamera eingeschaltet? Und sind alle Arbeiten am Board sichtbar (auf welchem Medium auch immer es sich befindet)?
- **Aktualität des Boards**
  Ist alles auf dem letzten Stand, wenn die Abstimmung beginnt? Eine gute Betriebspraktik in vielen Flight-Level-Systemen ist es, die erste Minute für eine gemeinsame Prüfung zu verwenden und die zu besprechenden Aufgaben zu markieren. Das schafft Überblick über die Agenda der jeweiligen Synchronisation und hilft, sich die Zeit gut einzuteilen.
- **Fokus**
  Ist allen Beteiligten klar, worum es im Meeting geht und was das mit Wertschätzung und Wertschöpfung zu tun hat? Das Prinzip »Stop starting, start finishing« sollte sich darin widerspiegeln, dass von rechts nach links vorgegangen wird. Die Konzentration auf geschmeidige Arbeitsflüsse macht blockierte Arbeiten wiederum zu Fixstartern jedes Synchronisationsmeetings.
- **Kommunikation**
  Wie verläuft die Kommunikation? Wird primär berichtet? Werden auch Fragen gestellt? Wird der jeweiligen sprechenden Person von allen zugehört? Es schadet mitunter nicht, im Feedback nochmals darauf hinzuweisen, dass die Synchronisation eben kein traditionelles Statusmeeting ist und nicht alle etwas sagen müssen. Ebenso wenig schadet der Hinweis, dass es jeweils nur eine Person gibt, die spricht, und diese von allen die volle Aufmerksamkeit bekommen sollte. Nebentätigkeiten (Mails checken, telefonieren, Seitengespräche etc.) sind weder respektvoll noch zweckdienlich – was ebenso für das beliebte Abtauchen in virtuellen Meetings gilt (Bin-gleich-zurück-Nachrichten, plötzliches Ausschalten der Kamera, geistige Abwesenheit und Ähnliches mehr).
- **Auslagerung komplexerer Probleme**
  Wie wird mit unerwarteten Problemen im Wertstrom umgegangen? Stürzen sich alle gleich auf die identifizierten Blockaden? Bricht gleich eine detaillierte Diskussion los? Wenn du solche Verhaltensweisen beobachtest, solltest du da-

rauf hinweisen, dass komplexere Herausforderungen zwar kurz angesprochen, die Lösungsarbeit jedoch aus dem Synchronisationsmeeting ausgelagert werden sollte.

- **Nachverfolgung ausgelagerter Probleme**
  Werden die ausgelagerten Probleme konsequent bearbeitet? Und kommen die erarbeiteten Lösungen dann auch angemessen zur Sprache? Hier zeigt sich einmal mehr der Wert einer guten Visualisierung: Werden die aus dem Synchronisationsmeeting ausgelagerten Themen bzw. Verantwortlichkeiten am Board visualisiert, ist deren Nachverfolgung jedenfalls deutlich leichter.
- **Regeln**
  Gibt es überhaupt explizite Vereinbarungen zum Rahmen und Ablauf des Meetings? Wenn ja: Kennen alle diese Vereinbarungen? Sind sie für alle Beteiligten gut sichtbar, zum Beispiel als Meeting Canvas neben dem Board? Und werden diese regelmäßig geprüft und gegebenenfalls verändert, zum Beispiel indem am Ende jedes Synchronisationsmeetings ein bis zwei Vereinbarungen verlesen und kurz auf Klarheit gecheckt werden? Wenn es keine expliziten Vereinbarungen gibt, sollte im Feedback nachdrücklich auf deren Nutzen hingewiesen werden. Idealerweise entsteht daraus gleich eine Verbesserungsaufgabe, die direkt auf dem Board platziert wird.
- **Skalierung**
  Wenn mehr als 20 Leute teilnehmen, sollte das Standup nach den Prinzipien professioneller Großgruppenarbeit moderiert werden. Etwa durch ein gutes Wechselspiel von Kleingruppen und plenarer Vernetzung, durch den Einsatz von Vertreterinnen bzw. Gruppensprecherinnen oder durch den Einsatz sogenannter »Fishbowls«, bei denen es einen aktiven Innenkreis und einen beobachtenden Außenkreis gibt. In virtuellen Meetings helfen solche Steuerungsformen, sobald die maximale Anzahl an gleichzeitig auf dem Schirm sichtbaren Leuten erreicht ist. Das geregelte Ein- und Ausschalten der Kamera verdeutlicht zudem die aktuelle Rollenteilung und schärft die Aufmerksamkeit für das Geschehen.

Synchronisationsmeetings mit großen Gruppen

Manche Unternehmen entscheiden sich bewusst dagegen, die operative Abstimmung auf eine Delegiertenrunde zu reduzieren. Es liegt auf der Hand, dass sich mit der Teilnahme von 20, 30 oder noch mehr Leuten, deren Arbeit beispielsweise auf einem Flight-Level-2-Board repräsentiert ist, der Koordinationsaufwand erheblich erhöht. Umso wichtiger ist es, den Nutzen eines größeren Kreises gut auszuloten: sei es nun im Sinne der erweiterten Transparenz, des gemeinsamen Blicks auf das große Ganze, der Möglichkeit, mit vielen Kolleginnen aus unterschiedlichen Bereichen direkt zu interagieren, oder des demonstrativen »Wir übernehmen alle Verantwortung für den laufenden Flugbetrieb!«.

Nehmen viele Leute teil, muss die Moderation besonders darauf achten, dass jemand durch das Board führt und die dabei auftauchenden Themen erst einmal nur gesammelt werden. Erst nachdem alle einen Überblick gewonnen haben, können die einzelnen Themen in kleinen Gruppen bearbeitet und im Anschluss wieder vernetzt werden.

Im Angesicht dieser Liste mögen bei der einen oder anderen Leserin Zweifel aufkommen. Ja, wir können die Fragezeichen über deinem Kopf regelrecht sehen: Wozu eine solch minutiöse Analyse? Ist ein derartiges Assessment nicht völlig übertrieben? Das Synchronisationsmeeting sollte doch eine schlanke, leichtgewichtige Abstimmung sein und nicht einem überbordenden Regelwerk unterworfen werden?

Zugegeben: Es schadet selten, sich an das gute alte Prinzip der Einfachheit zu halten. Dass wir an dieser Stelle dennoch für eine differenzierte Qualitätsprüfung eintreten, hat vor allem zwei Gründe. Erstens dürfen wir angesichts der in den meisten Unternehmen vorherrschenden Besprechungskultur nicht davon ausgehen, dass Synchronisationsmeetings quasi auf Knopfdruck so effizient ablaufen, wie wir das gerne hätten. Und zweitens ist die regelmäßige Synchronisation nun mal *die* zentrale Feedbackschleife jedes Flight-Levels-Betriebs.

Du musst keine Rechenkünstlerin sein, um die negativen Auswirkungen schlecht gestalteter Synchronisationen zu überschlagen: Leute nehmen zwar teil, bekommen aber nichts mit, weil sie gleichzeitig mit anderen Dingen beschäftigt sind; Informationen werden zwar ausgetauscht, sind aber leider nicht auf dem letzten Stand; Probleme werden zwar erkannt, allerdings führt das zu keinen Lösungsschritten; detaillierte Diskussionen werden zwar delegiert, aber nicht nachverfolgt. Die betriebswirtschaftlichen Kosten eines solchen Verhaltens willst du erst gar nicht kalkulieren – schon gar nicht, wenn viele Leute daran teilnehmen.

Kurzum: Aus unserer Sicht ist es sehr nützlich, die Qualität dieser Feedbackschleife immer wieder zu überprüfen und sich dafür im Zweifelsfall sogar externe Unterstützung zu gönnen – sei es nun über eine erfahrene Flight-Levels-Praktikerin aus einem anderen Unternehmensbereich, durch eine interne Agilitätsexpertin oder durch einen externen Flight Levels Coach.

Abschließend noch zwei kleine Zusatztipps für alle, die eine solche beobachtende Rolle einnehmen und hilfreiches Feedback liefern wollen. Jede Rückmeldung wird nämlich um einiges fokussierter, wenn in dieser Rolle noch zwei kleine Klärungsschleifen eingesetzt werden:

1. Eine individuelle Einschätzung durch alle Teilnehmenden, wie typisch das gerade durchgeführte Meeting für sie war (zum Beispiel völlig/im Großen und Ganzen/wenig/gar nicht typisch). Falls es als sehr untypisch befunden wird, kann mit dem Feedback ziemlich locker das Ziel verpasst werden. Eine solche Einschätzung legt die Frage nach dem Warum nahe. Mitunter entpuppt sich die Einschätzung à la »Eigentlich sind wir eh ganz anders, nur heute war halt …« als Abwehrverhalten.
2. Eine individuelle Nutzenschätzung durch alle Beteiligten, etwa mithilfe der bereits weiter oben beschriebenen Return-on-Time-Invested-Skala (ROTI) (siehe Abb. 6–9). Selbst wenn diesbezüglich bereits Daten vorliegen, liefert eine aktuelle Bewertung wichtige Informationen für das Feedback.

Last but not least dürfen Synchronisationscoaches nicht vergessen, vorab eine geeignete Timebox für ihre Rückmeldungen zu sichern. Als guter Rahmen hat sich dafür eine Timebox erwiesen, die der Länge des beobachteten Meetings entspricht. Also beispielsweise 30 Minuten für das Feedback, das idealerweise gleich im Anschluss an ein reguläres 30-Minuten-Synchronisationsmeeting stattfindet.

Die Kultur agiler Interaktionen legt nahe, dass nicht die ganzen 30 Minuten für die Rückmeldung verbraucht werden, sondern den Beteiligten Zeit für eine klärende Diskussion zur Verfügung steht. Beispielsweise, indem nach der Feedbackrunde sogenannte »Murmelgruppen« angeregt werden, bei denen Zweier- oder Dreiergruppen kurz die Köpfe zusammenstecken, das gelieferte Feedback reflektieren und die wichtigsten Resonanzen (»Was spricht uns am stärksten an?«) und Fragen (»Was ist uns noch am unklarsten?«) destillieren. Aber Achtung: Wie für das Synchronisationsmeeting selbst gilt auch für die Feedbackschleife im Anschluss, dass nicht alle Aspekte detailliert besprochen werden können. Im Bedarfsfall muss eine genauere Diskussion ebenso ausgelagert werden wie die Bearbeitung von Problemen und Blockaden im Betrieb.

Abb. 6–10 *Murmelgruppen, um Feedback zum Feedback zu generieren*

6.3 Systemverbesserung messen

Zwei Dinge gibt es in den meisten Organisationen im Überfluss: Meetings und Messungen. Häufig messen wir Dinge, weil wir es können. Irgendein smartes Tool, das Unmengen gekostet hat, kann Tod und Teufel messen – also nutzen wir es. Framework XY schreibt diese und jene Messung vor – also machen wir sie. Als wir selbst noch Kanban-Anhänger waren, hielten auch wir unseren Kunden Vorträge über Messungen, die man unbedingt machen sollte. Es gibt ja so viele schöne Sachen: Cumulative Flow Diagrams, Lead Time Distribution Charts, Burn-up- und Burndown-Charts und Ähnliches mehr.

Als wir vor langer Zeit im Rahmen einer unternehmensinternen Kanban-Schulung wieder einmal sämtliche Möglichkeiten aufzählten, um die Termintreue zu messen, lautete die Rückmeldung aus der Gruppe der Produktverantwortlichen: »Schön, verstehen wir, das ist intellektuell sehr stimulierend. Nur löst das keines *unserer* Probleme. Wir haben pro Jahr drei Termine, die wir einhalten müssen: Weihnachten – das ist gut prognostizierbar. Und dann gibt es noch zwei Messen, auf denen wir unsere Produktneuheiten präsentieren wollen. Was uns hauptsächlich interessiert, ist den größten Mehrwert für unsere Kundinnen zu liefern.« Das hat bei uns zu einem Umdenken geführt: Es ist Verschwendung, Sachen zu messen, nur weil man es kann oder weil eine Methode es vorschreibt.

Aus diesem Grund führen wir in der Flight-Levels-Welt Messungen nur durch, wenn wir damit etwas Bestimmtes erreichen oder in Erfahrung bringen wollen. Die Arbeit mit Flight Levels passiert – hoffentlich – nicht aus einer Laune heraus, sondern verfolgt einen gewissen Zweck, über den sich eine Organisation im Klaren sein sollte, bevor sie Flight Levels einführt. Deshalb lautet die wichtigste Frage vor jeder Messung: »Zu welchem Zweck führen wir diese Messung durch?«

Im Wesentlichen sollen Messungen drei Kriterien erfüllen:

1. Messungen sind eine **Feedbackschleife**: Sie zeigen an, ob man dem gesetzten Ziel näher gekommen ist.
2. Messungen sind ein **Kommunikationsinstrument**: Sie sollen dabei unterstützen, ein gemeinsames Verständnis eines Sachverhalts zu finden.
3. Jede Messung braucht eine **Gegenmessung**, da sonst ein verfälschtes, einseitiges Bild gezeichnet wird und die Gefahr der Suboptimierung besteht.

Was heißt das in der Praxis? Wenn die Devise »Wir wollen die Qualität erhöhen!« lautet, klatschen wahrscheinlich alle begeistert in die Hände, vor allem in einer Organisation, in der die Qualität eher als schlecht empfunden wird. Aber was bedeutet das konkret? Woran ist erkennbar, dass sich die Qualität verbessert hat? Daran, dass es weniger Tickets im Bugtracker gibt? Daran, dass nicht mehr so viele Leute bei der Support-Hotline anrufen?

Noch schwieriger wird es bei der Vermessung des größten Heißluftballons der letzten Jahre: »Wir wollen agil werden!« »Ja, eh«, würde die skeptische Leserin antworten. Für die einen bedeutet Agilität, wesentlich schneller zu liefern, für die anderen geht es dabei um den Glückszustand der Mitarbeitenden. Geben wir also nicht nur Parolen aus, sondern stellen wir Fragen, die zu einer Klärung beitragen, zum Beispiel: »Woran merken wir in drei Monaten, dass wir agiler geworden sind?« Um die Antwort auf diese Frage kann man sich nicht herumschummeln. Sie verlangt von der Organisation, ein gemeinsames Verständnis zu finden, was Agilität im eigenen Kontext bedeutet und anhand welcher Kriterien sie überprüft werden kann.

Messungen im System vs. Messungen am System

An dieser Stelle wollen wir noch einmal auf einen wichtigen Unterschied hinweisen. Wie wir bereits zu Beginn dieses Kapitels ausgeführt haben, finden Messungen regelmäßig *im* System statt. Sie sind eine zentrale agile Interaktion, um die Ergebnisse der laufenden Arbeit zu prüfen. Genau genommen besteht diese Prüfung aus einem Bündel unterschiedlicher Interaktionen: von der Demonstration funktionsfähiger Produktteile über das Feedback der beteiligten Stakeholder bis hin zur Entscheidung, ob die vorgestellte Arbeit wie geplant weiterfließen kann (zum Beispiel in Richtung Deployment) oder noch etwas nachgebessert werden muss (zum Beispiel durch eine Funktionserweiterung). Der Meeting-Container »Demo & Feedback«, der diese Interaktionen umfasst, ist ein fixer Bestandteil des Wertstroms und findet entsprechend regelmäßig statt (siehe Abschnitt 6.1).

Im Unterschied dazu fokussiert die Messung, die im Mittelpunkt dieses Abschnitts steht, das *gesamte* Flight-Levels-System. Mit Messungen am System wird geprüft, inwiefern es dem Betriebsteam gelingt, die anvisierten Verbesserungen zu realisieren: Was konnte bereits optimiert werden? Welche messbaren Fortschritte wurden erzielt? Wie haben die Flight Levels dabei geholfen, dem Nordstern näher zu kommen?

Kurzum: Bei der Messung der Systemverbesserung geht es nicht darum, den Erfolg einzelner Arbeiten zu messen, sondern den Erfolg des gesamten Flight-Levels-Systems.

Das Messen genießt grundsätzlich nicht gerade den besten Ruf. Jahrzehntelang waren Metriken eines der Lieblingswerkzeuge des traditionellen Command & Control-Managements – weswegen gerade agile Teams Metriken eher skeptisch, wenn nicht gar ablehnend gegenüberstehen. Die kategorische Ablehnung von Messungen erinnert allerdings ein wenig an das sprichwörtliche Ausschütten des Babys mit dem Badewasser.

Zweifellos könnt ihr viele Dinge messen, ohne etwas zu lernen. Ihr solltet allerdings nicht den Fehler begehen, dafür die Messungen verantwortlich zu machen. Stattdessen liegt es an euch, Messungen als probates Mittel für die Erreichung eines speziellen Ziels einzusetzen: nämlich, wie Douglas Hubbard schlüssig argumentiert, für eine deutliche Reduktion von Unsicherheit, die sich quantitativ ausdrücken lässt [Hubbard 2014]. Wenn ihr beispielsweise nicht wisst, wie lange die Fertigstellung einer bestimmten Arbeit dauert, ist es günstig, das in Erfahrung zu bringen – etwa durch die Messung der Durchlaufzeit. Andernfalls könnt ihr weder ein realistisches Forecasting betreiben noch den Kundinnen verlässliche Zusagen machen.

Ganz ähnlich verhält es sich mit dem Messen von Verbesserungen, die ihr mithilfe von Flight Levels erzielt. Um euer System verbessern zu können, müsst ihr gute Entscheidungen treffen. Entscheidungen haben aber immer mit Komplexität und Unsicherheit zu tun: Ihr könntet richtig, aber auch ganz falsch liegen. Daher stellt sich die Frage, wie ihr Komplexität effektiv reduzieren könnt. Wie stellt ihr die richtigen Weichen? Welche Entscheidungen helfen euch, wie das die Systemtheorie ausdrückt, Unsicherheit ausreichend zu absorbieren?

Der springende Punkt ist hier, dass die Betreiberinnen eines Flight-Levels-Systems selbst bestimmen müssen, was und wie sie messen wollen. Welche Daten brauchen sie? Welche sind für die Kundinnen und andere wesentliche Stakeholder relevant? Und woran lässt sich erkennen, ob gute Arbeit geleistet wird?

Messungen im Kontext

Douglas Hubbard empfiehlt, jede Messung im Kontext zu sehen. Bevor also gemessen wird, sollten folgende Fragen beantwortet werden [Hubbard 2014]:

- Was ist der Fokus der Messung?
- Welche Entscheidung soll sie erleichtern?
- Wie lässt sich die zu messende Sache über beobachtbare Konsequenzen erfassen? Woran können Auswirkungen erkannt werden?
- Wie genau trägt diese Sache zu der erforderlichen Entscheidung bei?
- Wie viel ist jetzt schon über diese Sache bekannt? Wie groß ist die aktuelle Unsicherheit diesbezüglich?
- Welche zusätzlichen Informationen sind noch erforderlich? Und wie viel sind dem Unternehmen diese Informationen wert?

Hubbard hält uns also dazu an, unsere Hausaufgaben zu machen. In den meisten Fällen muss mit der Lösung der Messprobleme nämlich nicht bei null gestartet werden. Die meisten Dinge, die in Flight-Levels-Systemen wichtig sind, wie Produktivität, Leistungsvermögen, Qualität, Risiko oder Kundenzufriedenheit, wurden bereits in den unterschiedlichsten Formen gemessen. Die meisten Unternehmen, so Hubbard, verfügen über wesentlich mehr Daten, als sie glauben – und müssen dementsprechend viel weniger zusätzliche Daten erheben, als sie das für gewöhnlich tun. Darüber hinaus ist neue Information zumeist viel einfacher zu gewinnen, als uns bewusst ist.

Eigentlich können wir alles messen, was uns wichtig ist. Letztlich geht es immer um drei Fragen:

- Wann immer wir daran denken, etwas zu messen, müssen wir definieren: »Was genau verstehen wir eigentlich darunter (was auch immer wir messen wollen)?«
- Warum ist uns das (was wir messen wollen) wichtig?
- Was erwarten wir, beobachten zu können, wenn das (was wir messen wollen) eintritt? Wenn es eine Bedeutung hat, kann es als Menge ausgedrückt und daher auch gemessen werden. »Wenn Sie das gewünschte Ergebnis definieren, Beispiele dafür geben und festlegen können, woran Sie diese Konsequenzen be-

> obachten werden, dann können Sie auch Metriken definieren, die dieses gewünschte Ergebnis messen« ([Hubbard 2014], S. 51).

Wenn wir etwas verändern, wollen wir auch sehen, ob sich dadurch etwas verbessert. Aus diesem Grund versuchen wir die Auswirkung unserer Verbesserungsinitiativen möglichst akkurat zu erfassen. Wenn sich keine Verbesserung zeigt, sollten wir das System noch einmal verändern. Und falls das ebenso wenig zum erwünschten Effekt führt, müssen wir uns wieder etwas Neues einfallen lassen.

Leider haben Messungen oft einen unerwünschten Nebeneffekt. Sobald bestimmte Messungen etabliert werden, ist die Wahrscheinlichkeit hoch, dass die Organisation diese Metriken als Ziel erfasst und sie erfüllen wird. Klingt gut, muss aber nicht gut sein: Der Durchsatz lässt sich zum Beispiel leicht erhöhen, indem einfach an der Qualität gespart wird. Ein einziges Kriterium gibt nicht die ganze Wahrheit wieder und kann sogar dazu führen, dass sich die Leistung eines Systems verschlechtert, weil es die gesamte Konzentration auf gute Ergebnisse in einem einzigen Messkriterium legt.

Ein solches Ergebnis ist nicht erwünscht, deshalb sollte vor der Einführung von Messungen immer folgende Überlegung angestellt werden: Was passiert, wenn wir zu sehr versuchen, diese Metrik zu erreichen? Welchen Schaden können wir damit im System anrichten und welche Gegenmessung hilft uns, ein vollständiges und ausgeglichenes Bild der Leistung unseres Systems zu erhalten?

Troy Magennis betrachtet in seinem Artikel »Six Dimensions of Performance« [Magennis 2020] sechs typische Performance-Dimensionen, die zueinander in Konkurrenz stehen. Diese sechs Dimensionen lauten:

- **Mehrwert**
  Die richtigen Dinge tun.
- **Verlässlichkeit**
  Die Dinge vorhersehbar tun.
- **Qualität**
  Die Dinge richtig machen.
- **Resilienz**
  Bleib dran.
- **Geschwindigkeit**
  Die Dinge schnell tun.
- **Quantität**
  Die Dinge in großer Menge tun.

Jeder dieser Dimensionen lassen sich verschiedene Messungen zuordnen: Zum Beispiel bedienen der Durchsatz und die Geschwindigkeit die Dimension der Quantität, die Durchlaufzeit zeigt die Geschwindigkeit an, die Variabilität trifft eine Aussage über die Vorhersagbarkeit. Troy zeigt auf, wie es sich im Geflecht sinnvoller Messgrößen auswirkt, wenn eine bestimmte Messung zu sehr oder zu wenig betont wird. Für den Anfang empfiehlt er, für jede Dimension nur eine einzige Metrik einzusetzen und sich dabei nicht um Perfektion zu kümmern, sondern in erster Linie zu beobachten, wie sie sich auf das Verhalten des Systems auswirkt.

Die Metriken, die Troy in diesen Dimensionen beschreibt, sind ein guter Startpunkt und es lohnt sich, zu überprüfen, ob sie für den eigenen Kontext sinnvoll sind. Allerdings sei dazugesagt, dass sie sich in erster Linie auf Delivery-Organisationen beziehen. Es ist also erlaubt und erwünscht, eigene Metriken einzusetzen, wenn die vorgeschlagenen nicht richtig passen!

6.4 Interaktionen verbessern

Was für Synchronisation und Messung gilt, gilt auch für die kontinuierliche Verbesserung: Sie gehört zu den Klassikern der agilen Interaktion am System. Manche behaupten sogar, dass regelmäßige Verbesserungsmeetings ein guter Katalysator sind, um Agilität zu fördern – gleich in welchen Umgebungen. Obwohl wir von einem gewissen Bekanntheitsgrad dieses Meetingformats ausgehen, wollen wir in diesem Abschnitt nochmals dessen Einsatz im Flight-Levels-Betrieb beleuchten. Was genau ist unter der Verbesserung von Interaktionen im Flight-Levels-Kontext zu verstehen? Wozu brauchen wir sie? Wer sollte sich dafür engagieren? Und wie können wir dieses Engagement bestmöglich fördern?

Um gleich mit der ersten Frage loszulegen: Aus unserer Sicht wird die kontinuierliche Verbesserung durch regelmäßig stattfindende Meetings vorangetrieben, in denen die Zusammenarbeit innerhalb eines bestimmten Flight-Level-Systems oder – bei systemübergreifenden Architekturen – zwischen verschiedenen Systemen untersucht wird. Der Begriff Zusammenarbeit umfasst dabei sehr unterschiedliche Aspekte: von den Interaktionen derjenigen, die sich um den Betrieb kümmern, über die Kommunikation zwischen den Flight-Levels-Delegierten, den Fachexpertinnen und den Führungskräften in den jeweiligen Systemen bis hin zu besonderen Herausforderungen, die im Betrieb immer wieder hochkommen – wie die Häufung ähnlicher Blockaden, das Management von Abhängigkeiten oder ineffiziente Synchronisationsmeetings.

Alles in allem ergeben sich daraus folgende Antworten auf die Frage, wozu ihr solche Verbesserungsmeetings etablieren solltet:

- um euch regelmäßig eine Auszeit vom operativen Betrieb zu nehmen;
- um gemeinsam relevante Erfolgsfaktoren eines Flight-Levels-Systems zu prüfen;
- um offene Kommunikation und verschiedene Perspektiven zu fördern;
- um pointierte Einsichten aus einer breiten Fülle an Informationen zu gewinnen;
- um Probleme und Handlungsbedarfe in eurer Zusammenarbeit zu verdeutlichen;
- um zu entscheiden, was ihr als Nächstes verbessern wollt, und dafür konkrete Maßnahmen zu vereinbaren;
- um organisationales Lernen zu kultivieren.

Der konkrete Nutzen der Verbesserungsmeetings hängt naheliegenderweise stark von den daran beteiligten Menschen ab. Das führt zu den Fragen, welche Personen sich eigentlich um die kontinuierliche Verbesserung kümmern sollten und wie deren Interaktionen zielführend gestaltet werden können.

Für die Wer-Frage gilt als Faustregel, dass alle dabei sein sollten, die federführend für den Betrieb des jeweiligen Flight-Level-Systems verantwortlich sind. Auf Koordinations- oder Architekturebene ist das zumeist eine Gruppe von Vertreterinnen, die jedoch gezielt erweitert werden kann. Beispielsweise indem weitere Change Agents eingeladen werden, um neue Perspektiven einzuholen und zu verhindern, dass die Vertreterinnen zu sehr »im eigenen Saft schmoren«. Es kann aber ebenso die »Weisheit der vielen« [Surowiecki 2004] zum Tragen kommen und tatsächlich alle beteiligt werden, die im jeweiligen System arbeiten.

Verbesserung und Linienmanagement

Die Frage, ob Vertreterinnen des Linienmanagements an Verbesserungsmeetings teilnehmen dürfen, scheidet die agilen Geister. Verbesserungsmeetings müssen hierarchiefrei bleiben, argumentieren die einen, denn sobald Vorgesetzte dabei sind, ist die erwünschte Offenheit nicht mehr gewährleistet. Verbesserungsmeetings sind Orte des gemeinsamen Lernens, führen die anderen an, da darf niemand ausgeschlossen werden, schon gar nicht diejenigen, die formell für die Personal- und Organisationsentwicklung verantwortlich sind.

Obwohl wir die erstere Argumentation durchaus verstehen, halten wir persönlich es für essenziell, auch Führungskräfte am Flight-Levels-Betrieb zu beteiligen. Das gilt aus unserer Sicht sowohl für die operative Abstimmung (aka Synchronisationsmeeting) als auch für die Reflexion der gesamten Zusammenarbeit (aka Verbesserungsmeeting), die ja auch das Linienmanagement inkludiert. Ja mehr noch, wir halten die Flight Levels sogar für eine gute Schule, um die aktuelle Managementkultur stärker auf die Selbststeuerung der Fachexpertinnen auszurichten.

6.4.1 Die organisatorischen Weichen stellen

Ob du es als Moderatorin nun mit einer kleinen, mittelgroßen oder ganz großen Gruppe zu tun bekommst: Du stehst immer vor der Herausforderung, das jeweilige Verbesserungsmeeting bestmöglich zu gestalten. Diana Larsens und Esther Derbys Leitfaden für die Moderation agiler Retrospektiven hilft dir dabei [Derby & Larsen 2012]. Ihr Leitfaden setzt auf fünf Phasen:

1. Den Rahmen schaffen
2. Daten sammeln
3. Erkenntnisse gewinnen
4. Entscheiden, was zu tun ist
5. Die Retrospektive abschließen

Diese Phasen sind bereits von zahlreichen Autorinnen in den unterschiedlichsten Varianten beschrieben und von noch viel mehr Praktikerinnen angewendet worden. Darüber hinaus gibt es mittlerweile eine prall mit Informationen gefüllte Schatzkiste, wie die einzelnen Phasen gestaltet werden können [Baldauf o.J.]. Aus unserer Sicht ist vieles davon auch für Verbesserungsmeetings im Flight-Levels-Kontext nützlich und soll an dieser Stelle gar nicht weiter ausgebreitet werden.

Wir wollen aber sehr wohl auf einen Aspekt eingehen, der in vielen Quellen wenig beleuchtet wird, wenn nicht sogar ein regelrechter blinder Fleck bleibt: nämlich der Aspekt der organisatorischen Vor- und Nachbereitung. Bevor wir unsere kreativen Moderationsideen sprudeln lassen können, müssen nämlich alle wesentlichen Eckpfeiler abgesteckt werden. Was wollen wir mit den Retrospektiven überhaupt erreichen? Wie zahlen diese auf unser gesamtes Verbesserungsvorhaben (aka Nordstern) ein? Wen oder was brauchen wir dafür? In welchem Rahmen sollen die Meetings stattfinden? Und was passiert eigentlich mit den dabei erarbeiteten Ergebnissen?

Kurzum, es geht um eine gute Einbettung der Verbesserungsmeetings in den gesamten Veränderungsprozess. Immerhin wollen wir damit bislang gelungene Verbesserungsschritte, aber auch die misslungenen sowie weitere sinnvolle Schritte reflektieren. Der Rahmen dafür wird lange vor dem eigentlichen Verbesserungsmeeting vorbereitet – und damit das Fundament für starke Ergebnisse geschaffen.

Aber nun im Detail:

- **Welche Ziele verfolgt ihr mit dem jeweiligen Verbesserungsmeeting?**
  Da es sich bei den Flight Levels um komplexe Systeme handelt, liegt die Antwort weder auf der Hand noch sollte sie im Zweifelsfall den Moderatorinnen überlassen bleiben. Stattdessen spricht vieles dafür, die Ziel-Frage an die Führungskoalition zu richten: Was ist der Sponsorin besonders wichtig? Worauf will das Change-Team fokussieren? Welche Aspekte präferieren einflussreiche Change Agents? Welches Thema liegt für die Organisation auch an und könnte im Verbesserungsmeeting behandelt werden?
- **Wer sollte bei den Verbesserungsmeetings dabei sein?**
  Der »ideale« Teilnehmerkreis hängt logischerweise von euren Zielen ab. Es geht um die Frage, wer gebraucht wird, um diese Ziele erreichen zu können. Die Antwort wird anders ausfallen, wenn ihr mit dem Verbesserungsmeeting alle Interaktionen im laufenden Betrieb fokussiert, als wenn ihr herausfinden möchtet, was im gesamten Arbeitssystem verbessert werden kann. Bei der ersten Option wird es genügen, die Vertreterinnen des Betriebsteams einzuladen, bei der zweiten Option könnte hingegen eine größere Gruppe von Fach- und Führungskräften zielführender sein.

- **In welchem Rahmen sollen die gesetzten Verbesserungsziele erreicht werden?**
  Diese Vorbereitungsfrage zielt auf die strukturellen Rahmenbedingungen ab. Es geht um die Festlegung eines günstigen Termins für das Verbesserungsmeeting, um dessen Dauer, um den Ort, an dem es stattfinden soll, um die Einrichtung und Ausstattung an diesem Ort oder um ein passendes digitales Setup, falls das Meeting virtuell stattfindet.
- **Wer soll das Verbesserungsmeeting moderieren?**
  Falls du zum ersten Mal ein solches Meeting moderierst, möchten wir dir dringend eines unserer »Change-Mottos« in Erinnerung rufen: »Never walk alone!« Such dir eine Partnerin, um gemeinsam einen genaueren Ablaufplan auszuarbeiten. Selbst wenn du dich schon zu den Moderationsprofis zählst, lohnt sich ein solches »Pairing« fast immer. In der Vorbereitung fördert es eine gewisse kreative Spannung, die zu besseren Ideen führt. Es hilft aber ebenso in der Durchführung – sei es im Kontakt mit den Teilnehmenden, in der Beobachtung des tatsächlichen Ablaufs oder in der agilen Anpassung des initialen Moderationsplans. Falls ihr euch entscheidet, das Verbesserungsmeeting in einer größeren Gruppe durchzuführen, kann es gut sein, dass du mit zwei oder drei Kolleginnen gemeinsam moderierst und dafür bewusst unterschiedliche Rollen festlegst.

Im Zeichen der Ko-Moderation

Eine interessante Variante eines solchen Moderationsteams haben wir bei einer Flight-Levels-Initiative im Gesundheitsbereich erlebt. Dort übernahmen nämlich kurzerhand die Abteilungsleiterinnen Verantwortung für die Ko-Moderation des Einführungsworkshops.

Diese Ko-Moderation wurde gebraucht, da über 100 Leute am Workshop teilnahmen und wir ein interaktives Programm in einem großen Raum geplant hatten (siehe Abschnitt 2.5.4). Da nur ein externer Experte hinzugezogen wurde und es zu diesem Zeitpunkt weder ein internes Pendant noch ein dezidiertes Change-Team gab, beschlossen wir kurzerhand, dass die Durchführung von den Linienverantwortlichen unterstützt werden sollte. Die dafür notwendige Vorbereitung teilten wir in drei Teile auf:

1. Eine grundsätzliche Klärung, was wir mit dem Workshop erreichen und welche Interaktionen wir dafür einsetzen wollten.
2. Ein gemeinsames Review des Skripts, das einen Überblick über den Ablauf und die einzelnen Moderationseinsätze gab.
3. Die detaillierte Klärung der genauen Aufgaben, des Timings und des Zusammenspiels zwischen Haupt- und Gruppenmoderation.

Im Debriefing des Workshops konnten wir uns nicht nur über ein sehr positives Feedback der Teilnehmenden freuen. Neben dem guten Echo auf das Flight-Levels-Modell blickten die Abteilungsleiterinnen auch auf ein gelungenes Experiment in Sachen agile Interaktion zurück.

6.4.2 Moderationsplan ausarbeiten

Wenn die Ziele, der Kreis der Teilnehmenden, der Rahmen und die Rollen festgelegt sind, geht es darum, einen differenzierten Moderationsplan zu erstellen. Unserer Erfahrung nach sollte dieser Plan die konkreten Aktivitäten (»Was soll getan werden?«) ebenso berücksichtigen wie die Zeitdimension (»Wie lange dauert welche Aktivität?«) und strukturelle Aspekte (»Was brauchen wir, um die einzelnen Aktivitäten durchzuführen – seien es nun Stehtische für Kleingruppen, Post-its, Marker, Whiteboards oder deren digitale Äquivalente auf Miro & Co«). Es fördert den flüssigen Ablauf eurer Verbesserungsmeetings, wenn ihr als Ko-Moderatorinnen ein explizites Skript erstellt, bei dem ihr für jede Aktivität in jeder Phase noch einmal die Wozu-Frage beantwortet. Was wollt ihr mit diesem Schritt erreichen? Welches Zwischenergebnis habt ihr nach jeder Phase? Wenn die Summe der Teilergebnisse nicht so recht zum Gesamtziel passt, ist auf jeden Fall Handlungsbedarf angezeigt. Abbildung 6–11 zeigt beispielhaft eine Vorlage für ein solches Skript.

In der Hitze des Gefechts wird mitunter vernachlässigt, dass diese Meetings ein Herzstück jener Verbesserungskultur darstellen, die wir mit Flight Levels fördern wollen. Auch in der Betriebsphase steht und fällt diese Kultur mit den Kernaktivitäten des Veränderungsmanagements. Deswegen sollte dein Moderationsplan stets das ko-kreative Engagement der Beteiligten fördern und auf das größere Ganze der Verbesserung (aka Nordstern) einzahlen.

Damit seid ihr als Moderatorinnen von Verbesserungsmeetings temporär für die Veränderungsarbeit verantwortlich und werdet quasi automatisch zum Teil der Führungskoalition. Umso mehr empfiehlt es sich, euer Skript gut mit den Sponsorinnen und Mitgliedern des Change-Teams abzustimmen. Zum einen kann deren Feedback wertvolle Hinweise für die konkrete Gestaltung liefern, zum anderen stärkt es das gemeinsame Vorgehen in Sachen kontinuierliche Verbesserung. Sobald es einen klaren, gut abgestimmten Gestaltungsplan gibt, stellt sich die Frage nach der vorbereitenden Kommunikation. Welche Vorinformationen benötigen die Teilnehmenden? Auf welche Weise erfolgt die Einladung? Was sollte bezüglich des Ziels, des organisatorischen Rahmens oder Ablaufs vorweg geklärt werden? Und was könnt ihr als Moderatorinnen noch tun, um die Leute bestmöglich auf das Verbesserungsmeeting einzustimmen? Die Beantwortung dieser Fragen eröffnet ein weiteres Kapitel jener Veränderungskommunikation, der auch im Flight-Levels-Betrieb eine nicht zu unterschätzende Bedeutung zukommt.

Abb. 6–11 *Vorlage für ein Retrospektive-Skript*

6.4.3 Das Momentum wahren

Bleibt noch die Frage, was eigentlich nach dem Verbesserungsmeeting passiert. »Nach dem Verbesserungsmeeting ist vor dem Verbesserungsmeeting« ließe sich eine alte Fußballweisheit paraphrasieren, wenn es um die längerfristige Perspektive geht. Als Moderatorin solltest du nämlich von Anfang an über den Tellerrand des einzelnen Meetings hinausdenken. Erst einmal geht es um eine gute Ergebnissicherung: Wie werden die wesentlichen Erkenntnisse dokumentiert? Was passiert mit den Maßnahmen, die im Verbesserungsmeeting ausgearbeitet wurden? Wie schaffen wir es, diese Maßnahmen konsequent umzusetzen? Darüber hinaus geht es aber auch um die Kommunikation dieser Ergebnisse auf breiterer Ebene: Wer sollte noch davon erfahren? Was davon sollte in andere Meetings einfließen? Wie bleiben wir am Ball? Last but not least geht es darum, ausreichend Zeit für eine differenzierte Auswertung abzusichern. Was lief gut? Was lief weniger gut? Was wollen wir beim nächsten Mal besser machen? Und was ist uns sonst noch aufgefallen, das für unsere Verbesserungsarbeit relevant ist?

Holt eure Verbesserungsmaßnahmen ans Board!

Eine gute Praktik für das konsequente Monitoring der im Verbesserungsmeeting vereinbarten Maßnahmen ist einmal mehr die Visualisierung. Damit ist freilich nicht bloß gemeint, dass Verbesserungsmaßnahmen im Meeting sauber dokumentiert werden. Vielmehr ist es sinnvoll, diese Maßnahmen auf dem Board darzustellen, damit sie im Betrieb leichter im Blick sind. Manche Flight-Levels-Expertinnen richten sich sogar eine eigene Verbesserungs-Swimlane ein, um dort die Umsetzung der anvisierten Maßnahmen laufend prüfen zu können.

Es liegt auf der Hand, dass die vereinbarten Maßnahmen einen fixen Startplatz im nächsten Verbesserungsmeeting haben. Was davon wurde wie geplant umgesetzt? Wie genau erfolgte die Umsetzung? Und welche Ergebnisse wurden dabei erzielt?

Ebenso auf der Hand liegt, dass Verbesserungsmeetings auf allen Flugebenen stattfinden. Oft werden diese Ebenen bewusst miteinander verknüpft: Beispielsweise, indem alle Delivery-Teams auf Flight Level 1 die von ihnen identifizierten teamübergreifenden Themen in das Verbesserungsmeeting auf Flight Level 2 einbringen. Oder indem in kongenialer Weise die Themen, die in verschiedenen Flight-Level-2-Systemen strategierelevant sind, in einem Verbesserungsmeeting auf Flight Level 3 nochmals aufgegriffen werden. Oder indem alle Themen, die etwas mit der gesamten Unternehmensentwicklung zu tun haben, in das Backlog für systemarchitektonische Verbesserung wandern.

Selbstverständlich läuft eine solche Verzahnung der Verbesserungsarbeit nicht nur in eine Richtung. Folglich braucht es auf allen Ebenen kurze Follow-ups, in denen die jeweils erarbeiteten Maßnahmen auf den höheren Flugebenen kommuniziert werden. Gut möglich, dass dabei auch einzelne Verbesserungsarbeiten auf den unteren Flight Levels anfallen, die wiederum in das Backlog für die jeweils nächsten Verbesserungsmeetings auf diesen Ebenen wandern.

Es dürfte dich nicht überraschen, dass dieses flugtechnische Auf- und Absteigen nicht nur Aufwand, sondern auch Missverständnisse mit sich bringt. Deswegen sind Verbesserungsmeetings in großen, team- und ebenenübergreifenden Gruppen immer mal wieder eine smarte Option. Sie generieren zwar ebenfalls Aufwand, fördern dafür aber die direkte Kommunikation. Informationen werden rasch über verschiedene Flight Levels hinweg ausgetauscht, ähnliche Themen ebenso rasch identifiziert und in geeigneten Gruppen von Expertinnen lösungsorientiert bearbeitet Dazu kommt, dass Unklarheiten schneller ausgeräumt und stärkere Vereinbarungen im Hinblick auf das größere Ganze getroffen werden können. Du könntest sie als Labore der Unternehmensentwicklung betrachten, in denen hier und jetzt Verbesserung passiert und weitere Maßnahmen auf den unterschiedlichsten Ebenen angestoßen werden.

6.5 Neue Impulse setzen

Während du dieses Buch liest, steckst du vielleicht gerade mitten im Betrieb eines Flight-Levels-Systems. Kann sein, dass du sogar Teil des Change-Teams bist, das sich um die kontinuierliche Systemverbesserung auf allen Ebenen kümmert. Eventuell moderierst du all eure Synchronisations-, Mess- oder Verbesserungsmeetings und hast schon viele der bislang beschriebenen Praktiken umgesetzt. Was auch immer du bereits getan hast und welche messbaren Fortschritte euer Flight-Levels-System damit realisieren konnte: Irgendwann kommt unweigerlich der Punkt, an dem du auf der Stelle zu treten beginnst. Euer System ändert sich nur noch in Spurenelementen, eure Messungen halten euch immer wieder denselben Spiegel vor und eure Meetings erinnern irgendwie an den Filmklassiker »Und täglich grüßt das Murmeltier«. Spätestens dann ist frischer Wind gefragt.

Jetzt wirst du vielleicht sagen: Ja, aber genau für solche Situationen haben die agilen Großmütter doch das Format des Verbesserungsmeetings erfunden! Und wir sagen: Stimmt! Möglicherweise schafft ihr es tatsächlich, mit eurem nächsten Verbesserungsmeeting für neue Inspiration zu sorgen. Eventuell braucht ihr dafür nur ein verändertes Setup: einen neuen Fokus, einen anderen Rahmen, die Teilnahme weiterer Change Agents oder sogar einer großen Gruppe unterschiedlichster Stakeholder. All das ist allemal einen Versuch wert. Die Erfahrung zeigt jedoch, dass der Flugbetrieb zwangsläufig gewisse Verschleißerscheinungen mit sich bringt. Je länger du unterwegs bist, desto wichtiger wird ein professioneller Service.

Genau dafür haben wir das Format des Verbesserungsworkshops entwickelt, mit dem wir für neue Impulse sorgen wollen.

Don't Do it Yourself!

Natürlich können die Pilotinnen selbst an ihrem Flugsystem herumschrauben. Sie können das sogar mitten im Flugbetrieb tun. Sicherer ist es allerdings, wenn das Fluggerät für eine Weile im Hangar abgestellt wird und Wartungsspezialistinnen beauftragt werden.

Weniger bildhaft gesprochen: Es fördert eine lebendige Verbesserungskultur, wenn ihr euch an bestimmten Punkten externe Expertise gönnt und dafür den Service erfahrener Flight Levels Coaches in Anspruch nehmt.

6.5.1 Johari-Fenster trifft auf Flight Levels

Was genau bietet nun so ein Workshop – nicht zuletzt im Unterschied zu den bereits beschriebenen Interaktionen, die sich ja ebenfalls der kontinuierlichen Verbesserung widmen. Abbildung 6–12 versucht diesen Unterschied möglichst klar zu veranschaulichen.

Abb. 6–12 *Johari-Fenster trifft auf Flight Levels*

Dafür ziehen wir ein Modell aus der Kategorie »Oldies but Goldies« heran, nämlich das sogenannte Johari-Fenster [Luft & Ingham 1955]. Wenn nun, wie in unserer Adaption, Flight-Levels-Praktikerinnen mit Flight Levels Coaches interagieren, so tun sie das auf der Basis unterschiedlichen Wissens. Vereinfacht gesagt, gibt es Dinge, die den an der Interaktion Beteiligten bekannt sind und solche, die ihnen unbekannt sind. Wenn wir diese Unterschiede nicht auf soziale Aspekte beschränken (à la »Was wissen wir voneinander, was nicht?«), lassen sich im Flight-Levels-Betrieb vier Wissensbereiche unterscheiden:

1. **Der Quadrant der Dinge, die sowohl den Praktikerinnen als auch den Flight Levels Coaches bekannt sind** (links oben). Das ist üblicherweise eine ganze Menge – schließlich sind ja viele wesentliche Aspekte der Flight Levels offensichtlich. Dadurch können sich auch systemfremde Coaches relativ schnell einen ersten Überblick verschaffen.
2. **Der Quadrant der Dinge, die den Praktikerinnen bekannt, den Coaches aber unbekannt sind** (links unten). Ein gutes Beispiel für solche Dinge sind die Verbesserungsideen, die sich aus dem laufenden Betrieb ergeben – sei es nun, wie links außen aufgelistet, im Rahmen der regelmäßig stattfindenden Interaktionen, in von Flight Levels unabhängigen Workshops, in Communities of Practice (CoPs) oder im Rahmen von sogenannten »Pair Approaches«. Ein Coach kann hier moderierend unterstützen, es geht aber primär um Selbsterkenntnis. Mit anderen Worten: Verbesserung ergibt sich aus den Ideen derer, die im System arbeiten.
3. **Der Quadrant der Dinge, die den Praktikerinnen und den Coaches unbekannt sind** (rechts unten). Dieser Quadrant repräsentiert alle Dinge, von denen wir nicht einmal wissen, dass wir sie nicht wissen. Ein Klassiker ist diesbezüglich die Zukunft, die bekanntlich auch nicht mehr das ist, was sie einmal war.
4. **Der Quadrant der Dinge, die den Coaches bekannt, den Praktikerinnen aber unbekannt sind** (rechts oben): Im Johari-Original wird dieser Quadrant nicht grundlos als »blinder Fleck« bezeichnet. Auf Flight Levels gemünzt, versammelt dieser Quadrant unter anderem alle Verbesserungsoptionen, die zwar schon in unterschiedlichen Kontexten umgesetzt wurden, den Betreiberinnen des bestehenden Systems jedoch unbekannt sind. Und zwar schlicht und ergreifend deswegen, weil sie diese Optionen entweder übersehen oder gar nicht auf dem Radar haben. Dazu gibt es zwei effektive Gegenmittel: Einerseits kann professionelles Feedback von außen helfen, diese blinden Flecken der Praktikerinnen zu erhellen (à la »Betrachtet euer System doch einmal unter diesem Blickwinkel!«). Andererseits geht es darum, neues Know-how aufzubauen, um weitere Verbesserungsmöglichkeiten zu entdecken. Beispielsweise, indem Flight Levels Coaches weiterführenden Input zum Thema Fokus, zu Messungen oder zum Abhängigkeitsmanagement liefern (à la »Probiert mal einen neuen Blickwinkel aus!«).

Abbildung 6–12 dokumentiert, dass wir uns beim Setzen neuer Impulse vor allem im letzten Quadranten bewegen. Mit der Reflexions-Metapher gesprochen, polieren wir gewissermaßen den Spiegel des Flight-Levels-Systems oder halten allen Beteiligten einen neuen Spiegel vor. Dabei geht es allerdings weder um Besserwisserei noch um das Pushen bestimmter Lösungen. Obwohl wir als Workshop-Leiterinnen nicht bloß moderieren, sondern auch Wissen vermitteln, steht der Verbesserungsworkshop im Zeichen der Hilfe zur Selbsthilfe. Wir möchten bislang wenig beachtete oder gänzlich unbekannte Optionen aufzeigen, gemeinsam deren Nutzen erkunden und beim Optimieren des aktuellen Flight-Levels-Systems unterstützen. Die Entscheidung, welche Verbesserungsoptionen gewählt werden, bleibt aber immer bei den Praktikerinnen.

Wozu neue Impulse?

Die Glücksversprechen eines Verbesserungsworkshops lassen sich also wie folgt zusammenfassen:

- Feedback von Flight-Levels-Expertinnen bekommen, und zwar sowohl zum technischen Systemdesign als auch zu den sozialen Interaktionen im Betrieb.
- Blinde Flecken im Sinne ungenutzter Potenziale, übersehener Widersprüche oder dysfunktionaler Verhaltensformen beleuchten.
- Neues Know-how erhalten, um die vorhandenen Steuerungsfähigkeiten zu erweitern.
- Konkrete Tipps und Tricks für die praktische Lösung bestimmter Betriebsprobleme kennenlernen.
- Praktische Unterstützung für die Umgestaltung bekommen, sei es nun hinsichtlich des Flight-Levels-Systemdesigns oder hinsichtlich der bestehenden Veränderungskultur.

In der Praxis gibt es vor allem zwei Anlässe, frische Impulse von außen zu holen: schmerzgetriebene und vorsorgeorientierte. Erstere finden sich überall dort, wo Flight-Levels-Systeme nicht die erwünschten Ergebnisse bringen – etwa, wenn trotz längerem Betrieb keine messbaren Verbesserungen erzielt werden können.

Freilich muss nichts weh tun, um nach neuen Impulsen Ausschau zu halten. Der vorsorgeorientierte Ansatz gleicht eher einem regelmäßigen Gesundheitscheck, bei dem es um Pflege, aber auch um Stärkung geht. Umso wichtiger erscheint es uns, so einen Check als Katalysator systemischer Verbesserung anzusehen und frühzeitig für den Betrieb einzuplanen.

6.5.2 Die systemische Schleife zur Vorbereitung

Wie auch immer der konkrete Anlass aussieht: Für neue Verbesserungsimpulse zu sorgen, ist und bleibt anspruchsvoll. Immerhin müssen wir als Impulssetzerinnen den aktuellen Status eines Systems und dessen Kontext gut erfassen, damit wir potenzielle blinde Flecken identifizieren und angemessen adressieren können.

Erfreulicherweise stellen uns Flight-Levels-Systeme zahlreiche Informationsquellen zur Verfügung. Zur Vorbereitung eines Verbesserungsworkshops für das Flight-Level-3-System eines auf Softwaretesten spezialisierten Unternehmens haben wir beispielsweise dessen aktuelles Board analysiert, drei der wöchentlich stattfindenden Synchronisationsmeetings beobachtet und die Ergebnisse der ersten Retrospektive gecheckt. Darüber hinaus haben wir auch persönlich mit vier der insgesamt zwölf Mitglieder des Flight-Levels-Strategieteams gesprochen, um mehr über deren persönliche Betriebserfahrungen herauszubekommen.

Du fragst dich jetzt wahrscheinlich, wie wir aus der Fülle der uns zur Verfügung stehenden Informationen einen hilfreichen Workshop entwickelt haben. Wie konnten wir verhindern, dass wir uns vor lauter Analysen selbst paralysieren? Wie fanden wir die Verbesserungsoptionen mit der größten Hebelwirkung heraus? Und wie schufen wir aus diesen Optionen ein passendes Workshop-Design?

Abb. 6–13 *Systemische Schleife, um maßgeschneiderte Impulse zu erarbeiten*

Um richtungsweisende Antworten zu finden, nutzten wir erst einmal die sogenannte »systemische Schleife« [Königswieser & Exner 1998]. Wie Abbildung 6–13 zeigt, führte uns diese Schleife von den Basisinformationen zur Ist-Situation über Hypothesen, mit denen wir diese Situation interpretierten, zu inhaltlichen Optionen, aus denen wir letztendlich die Interventionen auswählen konnten, die aus unserer Sicht das größte Verbesserungspotenzial hatten.

Bildlich gesprochen schliffen wir unsere potenziellen Verbesserungsimpulse für unsere Flight-Levels-Praktikerinnen, also Testspezialistinnen, Schritt für Schritt ein. Abbildung 6–14 zeigt die Ergebnisse der beiden internen Sparring-Sessions, die wir dazu vornahmen.

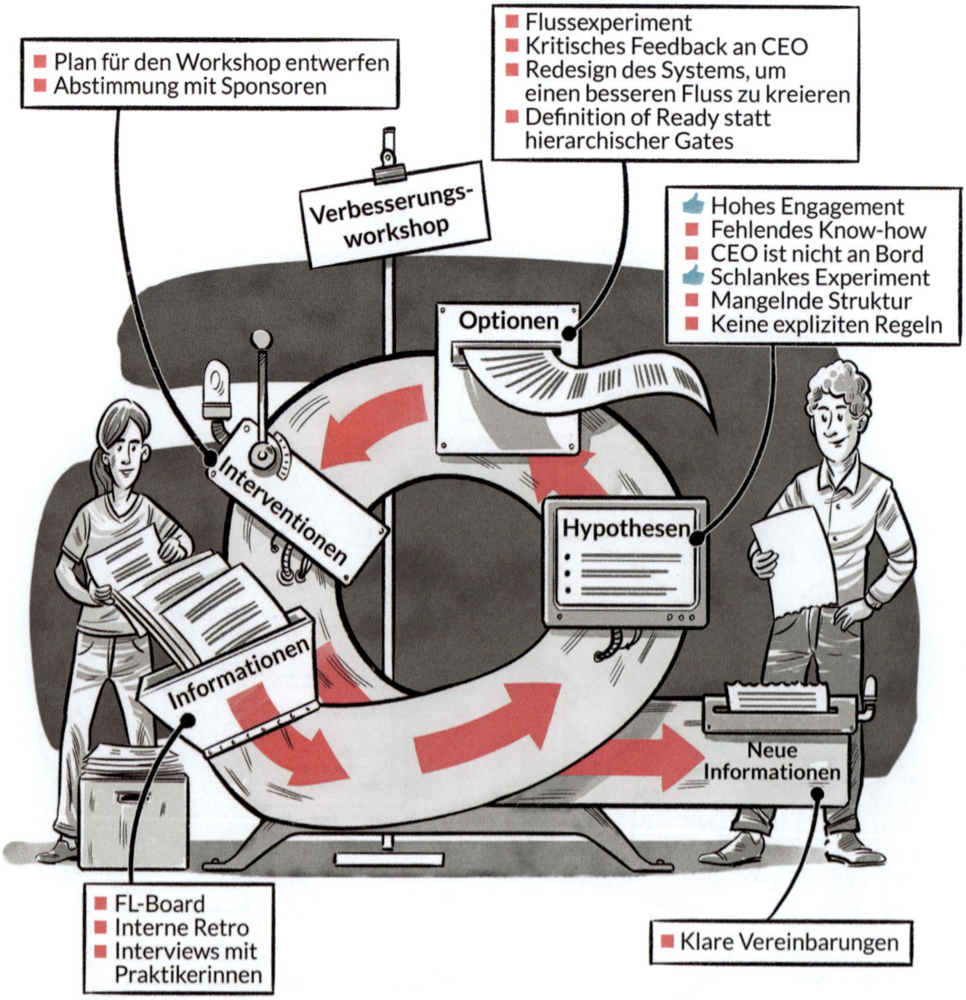

Abb. 6–14 *Systemische Schleife in der Praxis*

Uns war klar, dass wir diese Ideen noch einer kritischen Rüttelstrecke aussetzen mussten, bevor wir uns an ein detailliertes Workshop-Konzept machen konnten. Und es war ebenso klar, dass wir uns dafür sowohl an die zwei Mitglieder des Change-Teams wenden würden, die auch der Flight-Level-3-Betriebsgruppe angehörten, als auch an die beiden Sponsorinnen des gesamten Verbesserungsvorhabens.

Uns ein explizites Mandat von der bestehenden Führungskoalition zu holen war umso wichtiger, als es uns mit dem Verbesserungsworkshop ja darum ging, das vielzitierte Momentum zu stärken. Was konnten wir tun, damit die Testspezialistinnen ihrem Nordstern, neue strategische Initiativen schneller fruchtbar zu machen, näher kamen? Welche neuen Schritte konnten wir dafür in der Entwicklung, Umsetzung und Auswertung ins Auge fassen? Und wie konnten die Flight-Levels-Betreiberinnen diese Schritte noch trittsicherer setzen?

Im vorliegenden Fall war die vorausgehende Abstimmung mit den Sponsorinnen nicht zuletzt deswegen wichtig, da sie auch ein kritisches Feedback enthielt. Eine der beiden Sponsorinnen, nämlich die CEO, sorgte als Gatekeeper für gehörige Wartezeiten im Strategieentwicklungsprozess (siehe die entsprechenden Hypothesen und Optionen in Abb. 6–14). Unter vier Augen gelang es uns gut, das Feedback so zu kommunizieren, dass sich die CEO weder unter Druck gesetzt noch vorgeführt fühlte. Dass wir die Abhängigkeit von ihrer persönlichen Entscheidung durch ein Set an objektiven Kriterien ersetzten (aka »Definition of Ready«), war jedenfalls eine wichtige Voraussetzung für die systemische Verbesserung, die wir mit dem Workshop anstrebten. Gleichzeitig erprobten wir damit bereits im Vorfeld einen jener neuen Impulse, die wir liefern wollten. Und sorgten last but not least für ein mutiges Engagement in Sachen Verbesserung, das mitunter eben auch die Veränderung dysfunktionaler Verhaltensformen beinhaltet.

You'll never fly alone

Falls du im Cockpit für einen Verbesserungsworkshop sitzt, vergiss nicht: »You'll never fly alone!« Finde zumindest eine verlässliche Co-Pilotin, mit der du den Workshop gemeinsam vorbereitest und idealerweise auch gemeinsam durchführst. Nehmt euch Zeit für eure Hausaufgaben, arbeitet die aus eurer Sicht vielversprechendsten Optionen heraus und stimmt diese mit den Sponsorinnen und dem Change-Team ab.

Egal, wie euer finales Skript aussieht und was ihr schlussendlich tut: Am Ende eures Workshops solltet ihr gemeinsam mit den Teilnehmerinnen praxisrelevante Antworten auf diese Fragen erarbeitet haben. So unterschiedlich die Themen sein können, die ihr dafür bearbeitet, so wichtig ist es, nicht die agilen Interaktionen zu vergessen. Die Dynamik, die ihr mit neuen Verbesserungsimpulsen erzeugen wollt, hängt eben nicht nur von eurem Feedback und dem Input ab, den ihr als Flight-Levels-Expertinnen liefert. Genauso wichtig ist das Engagement der beteiligten Praktikerinnen.

6.5.3 Bausteine eines Verbesserungsworkshops

Um dieses Engagement möglichst gut zu fördern, haben sich folgende Bausteine bewährt:

- **Check-in**
  Wir können an dieser Stelle nur wiederholen, wie wichtig die frühzeitige Aktivierung aller Teilnehmenden ist. Gerade weil im Verbesserungsworkshop der Input externer Flight-Levels-Expertinnen wichtig ist, solltest du bereits mit dem Check-in deutlich machen, dass die Bühne immer noch den Praktikerinnen gehört. Ihr Austausch, ihre Anliegen und Fragen und ihr Transfer müssen im Mittelpunkt stehen. Falls du also den Verbesserungsworkshop mitgestaltest, sei es nun als Expertin, Sponsorin oder Mitglied des Change-Teams, dann achte darauf, dass gleich zu Beginn alle Beteiligten in Aktion kommen. Je nach Teilnehmerzahl kann eine solche Aktivierung etwa durch ein Speed-Dating zu zweit

erfolgen, in gut durchmischten Kleingruppen oder als simples Go-Around, bei dem alle kurz zu Wort kommen.

- **Aktuelle Verbesserungsideen**
  Selbst wenn bereits Verbesserungsergebnisse vorliegen, zahlt es sich unserer Erfahrung nach aus, nochmals den Dreisprung von Rückschau, Einsicht und Ausblick vorzunehmen – sofern das letzte Verbesserungsmeeting nicht erst ein paar Tage zurückliegt und genau dieselben Leute beteiligt waren wie beim aktuellen Workshop. Dieser Dreisprung ist vor allem deswegen wertvoll, weil ihr damit eine quasi druckfrische Bestandsaufnahme ausarbeitet und alle Workshop-Teilnehmerinnen hier und jetzt daran beteiligt werden (andernfalls haben die Leute deutlich diversere Ausgangspunkte). Eine andere Gruppenzusammensetzung, etwa durch eine bewusste fach- und hierarchieübergreifende Mischung, bringt außerdem fast immer neue Blickwinkel hervor – und stärkt darüber hinaus die Vertrauensbasis in die gemeinsam geschaffene Grundlage. Das gelingt leichter, wenn die Moderation auch methodisch etwas Neues bietet, beispielsweise eine Interviewstruktur oder eine strukturierte Verdichtung wie »1-2-4-Alle«, bei der die individuelle Perspektive (1) im Dialog mit einer Kollegin ausgetauscht (2), mit zwei weiteren Personen abgeglichen (4) und schließlich final von allen Beteiligten geclustert wird (Alle) [Lipmanowicz & McCandless 2013].
- **Feedback und Input von außen als Teil der gemeinsamen Verbesserungsarbeit**
  Was auch immer du aus Expertensicht zurückmelden möchtest: Die Kommunikation gelingt leichter, wenn dieses Feedback als Teil der gemeinsamen Retrospektive gesehen wird. Das bedeutet nicht, dass der Blick von außen mit der Innensicht vermischt werden sollte, etwa dadurch, dass sich Flight Levels Coaches ganz normal an der Gruppenarbeit beteiligen. Es bedeutet jedoch sehr wohl, dass diese Außensicht eben nur eine von vielen möglichen Perspektiven darstellt und Feedback sowie Input eben weder schulmeisterliche Urteile noch übertriebene Konfrontationen im Sinn haben. Üblicherweise fördert es die Akzeptanz der eingebrachten Impulse, wenn diese an die interne Verbesserungsarbeit anschließen. Etwa dadurch, dass das eigene Feedback dezidiert auf die von der Gruppe erarbeiteten Punkte aufbaut (à la »Was sehe ich ähnlich? Was sehe ich anders? Warum sehe ich das anders? Und was fällt mir auf, wenn ich euer Flight-Levels-System mit anderen Systemen vergleiche?«).
- **Gelegenheit zur Klärung und Resonanz**
  Selbst das vermeintlich pointierteste Feedback bewirkt gar nichts, wenn es unklar bleibt. Deswegen schaffen wir Raum für eine kurze Rückkopplung: Was löst die externe Rückmeldung aus? Was findet ein besonders starkes Echo? Was ist noch unklar? Ein paar Minuten Köpfe-Zusammenstecken in kleinen Murmelgruppen (Abb. 6–10) und eine Kurzpräsentation der wichtigsten Resonanzen und Fragen reichen dafür völlig aus. Es liegt nahe, dass du dir als Flight Levels Coach anschließend Zeit für erste Antworten nimmst. Oft reicht bereits eine kurze Frage-und-Antwort-Runde aus, um grobe Missverständnisse auszuräumen und die gemeinsame Fokussierung zu stärken.

- **Menü an Vertiefungsthemen**
  Sind die beiden Feedbackschleifen und eine gewisse Klärung absolviert, steht eine Entscheidung an: Worauf soll im Folgenden fokussiert werden? Was wollen die Teilnehmenden noch weiter vertiefen? Welche Themen haben aus ihrer Sicht das größte Verbesserungspotenzial? Die Formulierung dieser Fragen ruft das Mehrheitsprinzip auf den Plan. Sprich: Die Entscheidung über das weitere Vorgehen treffen die Flight-Levels-Praktikerinnen und nicht die externe Expertin. Das ist umso wichtiger, als mit dieser Entscheidung sowohl Interesse als auch ein gewisses Commitment bekundet werden (à la »Dieses Thema ist mir besonders wichtig!«). Dieses Commitment wird durch die Möglichkeit bestärkt, aus verschiedenen Optionen auszuwählen. Mithilfe der systemischen Schleife hast du als Workshop-Leiterin bereits im Vorfeld ein entsprechendes Menü kreiert und kannst dies nun durch weitere Themen aus der Retrospektive oder der Klärungs- und Resonanzphase ergänzen. Für die Auswahl eignen sich sogenannte »Raumanker« und das »Gesetz der zwei Füße« (in unserem Kontext: Jede Person geht zu der am Boden oder an der Wand visualisierten Option, die ihr am vielversprechendsten erscheint) oder äquivalent das Setzen digitaler Avatare (es werden die virtuellen Namenskarten auf die jeweiligen Favoriten gezogen).
- **Themenarbeit**
  So wichtig es ist, die Entscheidung über die vielversprechendsten Verbesserungsthemen den Teilnehmerinnen zu überlassen: Die Entscheidung über die Anzahl der Themen, die im Workshop sinnvoll bearbeitet werden können, sollte ebenso in der Hand der Flight-Levels-Expertinnen bleiben wie die Entscheidung über die Methodik, mit der die gewählten Themen bearbeitet werden. Ersteres ist abhängig von der Komplexität des jeweiligen Themas, vom Zeitrahmen und natürlich auch davon, welche Expertise du liefern möchtest. Letzteres richtet sich wiederum nach deinen Zielen und den Erfahrungen, die du einbringen kannst. Je nach Thema kann ein plenarer Input, der Einsatz kollegialer Beratung in kleinen Gruppen oder eine transparente »Lean Coffee«-Diskussion am besten passen [Kaltenecker 2021a].
- **Modellierung von Lösungen**
  Die visuelle Natur von Flight-Levels-Systemen bietet den großen Vorteil, dass sich viele Verbesserungsideen sofort konkretisieren lassen – sei es nun, dass probehalber das Systemdesign verändert wird, neue Betriebsregeln formuliert werden oder eine kurze Simulation durchgeführt wird. Als interne oder externe Expertin solltest du jede Gelegenheit zu praktischen Experimenten nutzen, da dadurch deine Hilfestellung im wahrsten Sinne des Wortes greifbar wird. Wie würde es sich auf den Wertstrom auswirken, wenn die WIP-Limits verändert werden? Wenn Prioritäten besser abgebildet werden? In ein transparentes Planning investiert wird? Die bilaterale Koordination optimiert wird? Reserviere ausreichend Zeit, um mögliche Verbesserungsschritte nicht nur theoretisch zu

diskutieren, sondern praktisch durchzuspielen. Pass aber gleichzeitig auf, dass du als Flight Levels Coach nicht zur Vorturnerin wirst, während sich alle anderen bequem zurücklehnen. Es geht darum, dass die Praktikerinnen selbst Hand an ihr System legen und verschiedene Gestaltungsexperimente durchführen.

- **Klare Vereinbarungen**
  Es kommt häufig vor, dass Lösungen zwar im Verbesserungsworkshop modelliert, aber noch nicht komplett umgesetzt werden können. In solchen Fällen müssen klare Entscheidungen getroffen werden, welche Schritte im Nachgang gesetzt werden sollen und wer sich bis wann darum kümmert. Es stärkt den sprichwörtlichen »Zug zum Tor«, wenn die dazu vereinbarten Aufgaben nicht in einem geduldigen Workshop-Protokoll verschwinden, sondern direkt auf dem Board sichtbar gehalten werden. Idealerweise gibt es schon einen Bereich für diese Aktivitäten, etwa eine eigene Verbesserungs-Swimlane. Es versteht sich, dass sich selbst die vielversprechendsten Maßnahmen an den vorhandenen Betriebsregeln orientieren müssen. Schließlich geht es auch in der Verbesserung um Fokus. Und ein umsichtig gesetztes »Change in Process«-Limit, also ein bewusstes Einschränken paralleler Veränderungsaktivitäten schadet auch den ehrgeizigsten Optimiererinnen nicht.
- **Check-out**
  »Close the loop« heißt es so schön. Der große Workshop-Bogen hält dazu an, dem initialen Check-in ein kongeniales Check-out folgen zu lassen. Deswegen sollte am Ende jedes Verbesserungsworkshops genügend Zeit übrig sein, um gut miteinander abzuschließen. Bitte alle Teilnehmerinnen um Feedback zum aktuellen Verbesserungsworkshop, aber auch um Optimierungsideen für zukünftige Workshops, etwa mit einer abschließenden Gruppenarbeit, mit individuellen »Blitzlichtern« (zum Beispiel »(M)ein Satz zu heute«) oder mit einem einfachen Gästebuch, wie es in Abbildung 6–15 zu sehen ist.

Abb. 6–15 *Gästebuch zu einem Verbesserungsworkshop*

6.5.4 Debriefing

Das agile Vorgehen hält uns nicht allein zu einem feedbackorientierten Workshop-Abschluss an. Zumindest ebenso wichtig ist eine differenzierte Nachbereitung dieses Workshops. Wie bei allen größeren Verbesserungsevents sollte deshalb bereits im Vorfeld das Debriefing abgesichert werden.

Wir setzen hier gerne auf eine gepflegte Doppelschleife: Es gibt eine erste Feedbackschleife unmittelbar nach Ende des Workshops und eine zweite, ausführlichere Auswertungsrunde, die mit ein bisschen Abstand stattfindet. Wozu diese Dopplung? Nun, nach dem Ende eines intensiven Workshops darf man keine raketenwissenschaftlichen Erkenntnisse mehr erwarten. Für gewöhnlich sind alle Beteiligten, nicht zuletzt die internen oder externen Coaches selbst, ausreichend reflexionsgesättigt und entsprechend müde. Eine kurze Runde im Kreise der Workshop-Verantwortlichen dient vor allem dem emotionalen Auspendeln.

Vom Leistungssport wissen wir, dass nach kraftvollen Einsätzen eine angemessene Regeneration angesagt ist. Wenigstens einmal über die Ereignisse zu schlafen, hilft indes nicht bloß beim Wiederaufladen der eigenen Batterien. Alle Beteiligten gewinnen damit auch Distanz zur Workshop-Aktion und einen frischen Blick. Umso interessanter ist es, wie Prozess und Ergebnisse ein paar Tage später gesehen werden: Was ist am stärksten in Erinnerung geblieben? Welche Erkenntnisse beschäftigen noch? Und wie schätzt man mit ein wenig Abstand die vereinbarten Verbesserungsmaßnahmen ein?

Egal, in welcher Rolle du an solchen Reflexionsfragen beteiligt bist: Sobald du aus dem Workshop-Labor in den alltäglichen Flight-Levels-Betrieb zurückkehrst, wirst du manche Dinge anders sehen. Erschrick also nicht, wenn du zu neuen Schlussfolgerungen kommst. Es kann gut sein, dass in einer Nachbesprechung weitere Verbesserungsmaßnahmen oder andere Prioritäten aufkommen. Das ist durchaus im Sinne der Erfinder, schließlich geht es uns um kontinuierliches Lernen!

Der ko-kreative Geist der Flight Levels verbietet es freilich, die Ergebnisse des Verbesserungsworkshops einfach auszuhebeln. Weder die Sponsorin noch das Change-Team sollten so weit gehen, sich über die im Workshop vereinbarten Folgeschritte hinwegzusetzen. Selbstverständlich können neue Ideen aus der Nachbetrachtung gewissermaßen nachgereicht werden. Das ist sogar wichtig, da diese Ideen möglicherweise eine starke Resonanz bei den Beteiligten auslösen und noch bessere Maßnahmen auf den Weg gebracht werden können. Es sollte aber gut darauf geachtet werden, die Ahas in einem passenden Rahmen mitzuteilen. Vielleicht eignet sich das nächste Synchronisationsmeeting dazu oder ein Gespräch mit anderen Change Agents oder es wird informell mit wichtigen Stakeholdern die Stimmung getestet. Egal, welcher Weg gewählt wird: Er sollte zur Veränderungskultur passen, die wir mit Flight-Levels-Systemen fördern wollen.

Zusammenfassung

Der Betrieb des Flight-Levels-Systems in einer Organisation sollte genauso maßgeschneidert sein wie dessen Bau, denn damit bekommt die Business-Agilität erst richtig Schwung. Es geht darum, sowohl innerhalb eines einzelnen Flight-Level-Systems als auch zwischen den einzelnen Flight-Level-Systemen den Austausch, die Synchronisation und die gemeinsame Verbesserung in Gang zu halten.

»Betrieb« bedeutet zunächst, **Interaktionen** sinnvoll in regelmäßigen Meetings (oder Meeting-Containern) zusammenzufassen, die für einen guten Fluss der Arbeit sowie für die notwendigen Feedback- und Verbesserungsschleifen essenziell sind. Während sich diese Interaktionen auf Flight Level 2 in erster Linie auf die Umsetzung der konkreten Flight Items beziehen, steht auf Flight Level 3 die Definition von Stories und Outcomes im Mittelpunkt.

Um überhaupt die passenden Verbesserungen finden zu können, sind wenige, aber dafür gezielte **Messungen** notwendig, die immer durch Gegenmessungen ausbalanciert werden sollten. Sonst besteht die Gefahr, dass ein System auf Zielgrößen hin (sub-)optimiert wird und sich andere Faktoren dadurch verschlechtern. Grundlage jeder Messung sollte immer ein abgestimmtes, gemeinsames Verständnis sein, das die beteiligten Personen von dieser Messung haben. Neben Messungen im System, die sich im Wesentlichen auf die Qualität und Geschwindigkeit der Lieferungen beziehen, sollten auch Messungen am System stattfinden. Diese zeigen, inwieweit die angestrebten Verbesserungen bereits erreicht wurden bzw. wie nahe der »Nordstern« inzwischen ist.

Verbesserung findet aber nur statt, wenn Maßnahmen tatsächlich umgesetzt werden. Regelmäßige Verbesserungsmeetings verleihen den guten Absichten einen entsprechenden Nachdruck und stellen Verbindlichkeit her. Gegenstand dieser Meetings ist die Zusammenarbeit innerhalb eines Flight-Level-Systems bzw. zwischen mehreren Systemen: Es geht um Themen des täglichen Betriebs wie das Management von Abhängigkeiten, wiederkehrende Blockaden oder die Effizienz von Synchronisationsmeetings. Der Kreis der Teilnehmenden an diesen Meetings hängt von den Zielen ab.

Glossar der wichtigsten Begriffe im Flight-Levels-Modell

Arbeitssystem-Topologie Eine Visualisierung, die abbildet, welche Flight-Level-1-, Flight-Level-2- und Flight-Level-3-Systeme es in der Organisation oder in einem Teilbereich gibt bzw. welche gebraucht werden und wie diese miteinander verbunden sind.

Flight Item Die konkrete Ausprägung eines Flight Item Type, zum Beispiel »das Projekt DSGVO-Änderungen«.

Flight Item Type Ein Flight Item Type definiert, welche Kategorie von Arbeit auf welchem Flight Level behandelt wird – zum Beispiel »Projekt«, »Initiative«, »Epic«, »Task«.

Flight-Level-System Ein Ausschnitt der Organisation, in dem die fünf Kernaktivitäten – Situation visualisieren, Fokus schaffen, agil interagieren, Fortschritt messen und Verbesserungen durchführen – angewendet werden. Zu einem Flight-Level-System zählen das Board, die Personen, die gemeinsam mit diesem Board arbeiten, und die Kommunikation zwischen diesen Personen. Die Gesamtheit aller einzelnen Flight-Level-Systeme ergibt das Flight-Levels-System einer Organisation.

Flight-Levels-Betrieb Die laufende Arbeit mithilfe eines Flight-Levels-Systems, die über agile Interaktionen rund um ein (analoges oder digitales) Board erfolgt.

Flight Levels Change Der Veränderungsprozess, der nötig ist, um unternehmerische Verbesserungen mithilfe von Flight Levels zu erzielen.

Flight Levels Change Leadership Die Führungsleistungen, die notwendig sind, um unternehmerische Verbesserungen mithilfe von Flight Levels zu erzielen.

Flight-Levels-Change-Team Eine Gruppe von Fach- und Führungskräften, die Verantwortung für die operative Umsetzung des Flight Levels Change übernimmt.

Flight-Levels-Initiative Ein Vorhaben, eine bestimmte Organisation mithilfe von Flight Levels gezielt zu verbessern.

Flight-Levels-Sponsorin Die Person im System, die das Verbesserungsvorhaben initiiert, fokussiert, mit Ressourcen versorgt und aktiv mitgestaltet.

Flight-Levels-Systemarchitektur Die Abbildung von allen Flight-Level-Systemen in einer Organisation sowie von deren Zusammenhängen, Abhängigkeiten und Wechselwirkungen.

Flight Route Der Weg, den ein Flight Item Type bzw. ein Flight Item als dessen konkrete Ausprägung in einem bzw. zwischen mehreren Flight-Level-Systemen nimmt, um einen Wert entstehen zu lassen. Für verschiedene Flight Items bzw. Flight Item Types kann es unterschiedliche Flight Routes geben.

Nordstern Die Business Challenge, die mithilfe von Flight Levels gemeistert werden soll und die der Flight-Levels-Initiative Orientierung liefert.

Outcome Ein Wert, der entsteht, wenn ein bestimmter Output geliefert wird. Der Outcome beschreibt, was auf einer Flight Route erreicht werden soll.

Output Die Menge der gelieferten Arbeiten (Flight Items).

SOFI Abkürzung für Stories, Outcomes und Flight Items. Über diese drei Schnittstellen kann die bestehende Strategie einer Organisation, die meistens durch Informationen in unterschiedlichen Strategieinstrumenten abgebildet wird, mit dem Flight-Levels-Modell zusammengeführt werden. Aus diesen Informationen ergibt sich die Gestaltung eines Flight-Level-3-Systems.

Story Eine Story auf Flight Level 3 stellt die einzelnen Aspekte einer Strategie und der dazugehörigen Outcomes in einen Kontext, um sie für die ausführenden Personen besser nachvollziehbar zu machen.

Trigger Ein Startereignis, das die Arbeit an einem Flight Item auslöst und damit eine Flight Route eröffnet.

Literaturverzeichnis

[Baldauf o.J.] Baldauf, Corinna: *Retromat*, o.J.; *https://retromat.org/en/?id=85-133-55-24-44*.

[Beck et al. 2001] Beck, Kent et al.: *Manifesto for Agile Software Development*. 2001; *http://agilemanifesto.org/*.

[Derby & Larsen 2012] Derby, Esther; Larsen, Diana: *Agile retrospectives: Making good teams great*. Pragmatic Bookshelf, 2012. [dt. Ausgabe: *Agile Retrospektiven: Übungen und Praktiken, die die Motivation und Produktivität von Teams deutlich steigern*. Vahlen, 2018.]

[Hubbard 2014] Hubbard, Douglas: *How to Measure Anything: Finding the Value of »Intangibles«* in Business. 3rd ed., John Wiley & Sons Inc, 2014.

[Kaltenecker 2017] Kaltenecker, Siegfried: *Selbstorganisierte Unternehmen. Management und Coaching in der agilen Welt*. dpunkt.verlag, 2017.

[Kaltenecker 2019] Kaltenecker, Siegfried: *Tatort Kanban: Ein agiler Kriminalroman*. dpunkt.verlag, 2019.

[Kaltenecker 2021a] Kaltenecker, Siegfried: *Selbstorganisierte Teams führen. Arbeitsbuch für Lean & Agile Professionals*. 3, überarb. u. erw. Aufl., dpunkt.verlag, 2021.

[Kaltenecker 2021b] Kaltenecker, Siegfried: *Tod dem Management: Ein agiler Kriminalroman*. dpunkt.verlag, 2021.

[Kaltenecker & Eybl 2020] Kaltenecker, Siegfried; Eybl, Sabine: *Agile Zwischenbilanz. Erfolgsfaktoren der Pionierunternehmen*. In: *managerSeminare 269*, August 2020; *https://www.managerseminare.de/ms_Artikel/Erfolgsfaktoren-der-Pionierunternehmen-Agile-Zwischenbilanz,279072*.

[Kniberg & Ivarsson 2012] Kniberg, Henrik; Ivarsson, Anders: *Scaling Agile @Spotify with Tribes, Squads, Chapters and Guilds*. Whitepaper, Oct. 2012; *https://blog.crisp.se/wp-content/uploads/2012/11/SpotifyScaling.pdf*.

[Königswieser & Exner 1998] Königswieser, R.; Exner, A.: *Systemische Intervention: Architekturen und Designs für Berater und Veränderungsmanager*. Klett-Cotta, 1998.

[Kotter 1996] Kotter, John P.: *Leading Change*. Macmillan, 1996.

[Lennon 1981] Lennon, John: *Beautiful Boy*, 1981; *http://www.johnlennon.com*.

[Leopold 2017] Leopold, Klaus: *Kanban in der Praxis. Vom Teamfokus zur Wertschöpfung*. Carl Hanser Verlag, 2017.

[Leopold 2022] Leopold, Klaus: *Agilität neu denken. Mit Flight Levels zu echter Business-Agilität*. 2., akt. u. erw. Aufl., dpunkt.verlag, 2022.

[Leopold & Kaltenecker 2018] Leopold, Klaus; Kaltenecker, Siegfried: *Kanban in der IT. Eine Kultur kontinuierlicher Verbesserung schaffen*. 3. Aufl., Carl Hanser Verlag, 2018.

[Leopold & Magennis 2014] Leopold, Klaus; Magennis, Troy: *Blockades – Treasures of Improvements* – Klaus Leopold and Troy Magennis at LKCE14, 2014; *https://vimeo.com/114540706*.

[Leopold & Magennis 2015] Leopold, Klaus; Magennis, Troy: *Using Blocker Clustering, Defect Clustering, and Prioritization for Improvement*, 2015; *https://www.infoq.com/articles/blockers-defects-process-improvement*.

[Lipmanowicz & McCandless 2013] Lipmanowicz, H.; McCandless, K.: *The Suprising Power of Liberating Structures*. Liberating Structure Press, 2013.

[Little & Graves 2008] Little, John D. C.; Graves, Stephen C.: *Little's Law*. In: Chhajed, Dilip; Lowe, Timothy J. (eds.): *Building Intuition. Insights from Basic Operations Management Models and Principles*. Springer US, 2008, S. 81–100.

[Luft & Ingham 1955] Luft, Joseph; Ingham, Harry: *The Johari window, a graphic model of interpersonal awareness*. Proceedings of the western training laboratory in group development. UCLA, Los Angeles, 1955.

[Magennis 2020] Magennis, Troy: *Six Dimensions of Performance*, 2020; *https://www.flightlevels.io/blog/six-dimensions-of-performance*.

[Manns & Rising 2005] Manns, Mary Lynn; Rising, Linda: *Fearless Change. Patterns for Introducing New Ideas*. Addison-Wesley Professional, 2005.

[Mezick & Sheffield 2018] Mezick, Daniel; Sheffield, Mark: *Inviting Leadership. Invitation-Based Change™ in the New World of Work*. Inviting Leadership, 2018.

[Surowiecki 2004] Surowiecki, James: *The Wisdom of the Crowds. Why the Many are Smarter than the Few and How Collective Wisdom Shapes Business, Economics, Society and Nations*. Anchor Books, 2004.

[Vacanti 2015] Vacanti, Daniel S.: *Actionable Metrics for Predictability. An Introduction*. Actionable Agile Press, 2015.

[Wardley 2022] Wardley, Simon: *Wardley Maps*. Independently published, 2022. *https://learnwardleymapping.com/book*.

Websites

Flight Levels Academy; *https://www.flightlevels.io*.

Event: Flight Levels Day; *https://fld.inside-agile.com*.

Monty Python's 100 Yards For People With No Sense Of Direction
https://www.youtube.com/watch?v=ksrItPfz6A0.

Index

T

U

V

W

Z

Lerne mit uns!

FLIGHT LEVELS ACADEMY

www.flightlevels.io

Unsere Flight-Levels-Trainingsprogramme helfen dir, die Veränderung in deiner Organisation optimal zu gestalten. Dabei spielt es keine Rolle, ob du bereits mit agilen Methoden wie Kanban, Scrum oder SAFe® arbeitest oder ob noch nichts dergleichen im Einsatz hast. Mit Flight Levels führst du Unternehmen mit Business-Agilität.

Bei allen Trainings steht eines im Mittelpunkt: **Theorie ist notwendig, der praktische Einsatz ist jedoch das Wichtigste.** Alle Schulungen der Flight Levels Academy sind so konzipiert, dass das Erlernte am nächsten Tag in der Praxis angewendet werden kann. Erfahre auch, wie andere Unternehmen Flight Levels umsetzen – unsere Trainerinnen und Trainer bringen jede Menge echte, selbst erlebte Praxisbeispiele aktiv in die Trainings ein, damit aus Wissen schnell deine eigene Anwendung wird.

Die Trainings orientieren sich dabei an den Kapiteln dieses Buches:

WORKSHOP FL2D

Flight-Level-2-Design (FL2D):
Baue ein FL2-System, um die Arbeit teamübergreifend in Produkten, Produktgruppen, Abteilungen, Tribes etc. zu koordinieren.

Zielgruppe: Leute, die teamübergreifend Arbeit koordinieren müssen, Mittelmanager, Abteilungsleiter, Projektleiter, Tribe Leads, Agile Coaches, Scrum Master.

WORKSHOP FL3D

Flight-Level-3-Design (FL3D):
Baue ein FL3-System, um die bestehende Strategie und Outcomes mit der operativen Arbeit der Mitarbeiterinnen zu verbinden.

Zielgruppe: Personen, deren Aufgabe es ist, Strategie in die Umsetzung zu bringen, Mittelmanager, Produktverantwortliche, Product Owner, Tribe Leads, Agile Coaches.

WORKSHOP FLSA

Flight-Levels-Systemarchitektur (FLSA):
Definieren, was die Flight-Level-1-, 2-, 3-Systeme eines Unternehmens sind, wie die Systeme miteinander verbunden sind und wie Arbeit durch die ganze Organisation »fliegt«.

Zielgruppe: Leute, die Organisationsentwicklung betreiben, Ablauf- und Aufbauorganisationen gestalten, Organisationsdesigner, Change Leader, Senior-Manager, Mittelmanager, Senior Agile Coaches.

WORKSHOP FLCL

Flight Levels Change Leadership (FLCL):
Setze einen agilen Veränderungsprozess auf, mit dem Flight Levels (oder anderes) in Organisationen kollaborativ eingeführt wird.

Zielgruppe: Personen, die aktiv in eine agile Transformation involviert sind, Change Leaders, Senior- und Mittelmanager, Agile Coaches.